산업안전보건법령해석(도해식)

산업안전보건법령 해석(도해식)

INDUSTRIAL SAFETY AND HEALTH ACT

위국환 · 방원석 · 장소은 · 김선화
염미숙 · 최보경 · 권시연 · 이현정
김희영 · 홍영숙 · 민윤경 공저

동문사

산업안전보건법 재정 · 개정 이유

[시행 2020. 1. 16.]
[법률 제16272호, 2019. 1. 15., 전부개정]

[전부개정]

◇ 개정이유

산업재해로 인한 사고사망자 수가 연간 천 여명에 이르고 있고, 이는 주요 선진국보다 2배 이상 높은 수준으로서 산업재해로 인한 피해는 당사자뿐만 아니라 국가적으로도 큰 손실을 초래함.

이에 산업재해를 획기적으로 줄이고 안전하고 건강하게 일할 수 있는 여건을 조성하기 위하여 이 법의 보호대상을 다양한 고용형태의 노무제공자가 포함될 수 있도록 넓히고, 근로자가 작업을 중지하고 긴급대피할 수 있음을 명확히 규정하여 근로자의 작업중지권 행사를 실효적으로 뒷받침하고자 함.

또한, 근로자의 산업 안전 및 보건 증진을 위하여 도금작업 등 유해·위험성이 매우 높은 작업에 대해서는 원칙적으로 도급을 금지하고, 도급인의 관계수급인 근로자에 대한 산업재해 예방 책임을 강화하며, 근로자의 안전 및 건강에 유해하거나 위험한 화학물질을 국가가 직접 관리할 수 있도록 하고, 그 밖에 법의 장·절을 새롭게 구분하며 법 조문을 체계적으로 재배열하여 국민이 법 문장을 이해하기 쉽도록 하기 위하여 산업안전보건법을 전부개정하려는 것임.

◇ 주요내용

가. 법의 보호대상을 확대(제1조, 제77조부터 제79조까지 등)

1) 최근 변화된 노동력 사용실태에 맞게 법의 보호대상을 넓히려는 입법 취지를 명확히 하기 위하여 이 법의 목적을 노무를 제공하는 자의 안전 및 보건을 유지·증진하는 것으로 확대함.

2) 특수형태근로종사자의 산업재해 예방을 위하여 그로부터 노무를 제공받는 자는 특수형태근로종사자에 대하여 필요한 안전조치 및 보건조치를 하도록 하고, 이동통신단말장치로 물건의 수거·배달 등을 중개하는 자는 물건을 수거·배달 등의 노무를 제공하는 자의 산업재해 예방을 위하여 필요한 안전조치 및 보건조치를 하도록 함.

3) 가맹본부는 가맹점사업자에게 가맹점의 설비나 기계, 원자재 또는 상품 등을 공급하는 경우에 가맹점사업자와 그 소속 근로자의 산업재해 예방을 위하여 가맹점의 안전 및 보건에 관한 프로그램을 마련·시행하도록 하는 등 일정한 조치를 하도록 함.

나. 근로자에게 작업중지권 부여와 실효성 확보수단 마련(제52조)

산업재해가 발생할 급박한 위험이 있는 경우에는 근로자가 작업을 중지하고 대피할 수 있음을 명확히 규정하고, 산업재해가 발생할 급박한 위험이 있다고 근로자가 믿을 만한 합리적인 이유가 있을 때에는 작업을 중지하고 대피한 근로자에 대하여 해고나 그 밖의 불리한 처우를 금지하도록 함.

다. 도금작업 등 유해·위험한 작업의 도급금지(제58조)

유해성·위험성이 매우 높은 작업의 사내도급 등 외주화로 인하여 대부분의 산업재해가 수급인의 근로자에게 발생되고 있는 문제점을 개선하기 위하여, 지금까지 사업주 자신의 사업장에서 도금작업 등 유해·위험성이 매우 높은 작업을 고용노동부장관의 인가를 받으면 도급할 수 있던 것을, 앞으로는 사업주 자신의 사업장에서 그 작업에 대한 도급을 원칙적으로 금지하되, 일시·간헐적으로 작업을 하는 등의 경우에만 도급할 수 있도록 함.

라. 도급인의 산업재해 예방 책임 강화(제63조 및 제65조제4항)

1) 관계수급인 근로자에 대하여 도급인이 안전조치 및 보건조치를 하여야 하는 장소를 도급인의 사업장뿐만 아니라 도급인이 제공하거나 지정한 장소로 확대하여 도급인의 관계수급인에 대한 산업재해 예방 책임을 강화함.

2) 도급인이 폭발성・발화성・인화성・독성 등의 유해성・위험성이 있는 화학물질을 제조・사용・운반・저장하는 저장탱크 등으로서 고용노동부령으로 정하는 설비를 개조・분해・해체 또는 철거하는 작업 등을 수행하는 수급인에게 관련 안전 및 보건에 관한 정보를 제공하지 아니하는 경우에는 수급인은 해당 도급 작업을 하지 아니할 수 있고, 계약의 이행 지체에 따른 책임을 지지 아니하도록 함.

마. 물질안전 보건자료의 작성・제출 등(제110조 및 제112조 등)

1) 현재 화학물질 및 이를 함유한 혼합물을 양도하거나 제공하는 자가 이를 양도받거나 제공받는 자에게 물질안전 보건자료를 작성하여 제공하도록 하였으나, 앞으로는 해당 화학물질 등을 제조하거나 수입하는 자가 물질안전 보건자료를 해당 물질을 양도받거나 제공받는 자에게 제공하도록 하는 외에 고용노동부장관에게도 제출하도록 함으로써 국가가 근로자의 건강장해를 유발하는 화학물질에 대한 관리를 강화하여 산업재해를 예방하고 건강장해를 유발하는 사고에 대하여 신속히 대응하도록 함.

2) 현재 화학물질 등을 양도하거나 제공하는 자는 영업비밀로서 보호할 가치가 있다고 인정되는 화학물질 등에 대하여 물질안전 보건자료에 스스로 판단하여 적지 아니할 수 있었으나, 앞으로는 영업비밀과 관련되어 화학물질의 명칭 및 함유량을 적지 아니하려는 자는 고용노동부장관의 승인을 받아 그 화학물질의 명칭 및 함유량을 대체할 수 있는 자료를 적도록 함.

바. 법 위반에 대한 제재 강화(제167조)

안전조치 또는 보건조치 의무를 위반하여 근로자를 사망하게 한 자에 대하여 7년 이하의 징역 또는 1억원 이하의 벌금에 처하도록 하던 것을, 앞으로는 제1항의 죄로 형을 선고받고 그 형이 확정된 후 5년 이내에 다시 같은 죄를 범한 자는 그 형의 2분의 1까지 가중처벌을 할 수 있도록 함.

사. 그 밖에 법의 체계 정비

법의 장·절을 새롭게 구분하고, 위임근거가 필요한 경우 그 근거를 마련하며, 법 조문을 체계적으로 재배열하는 등 법 체계를 일괄적으로 정비함으로써 국민이 법 문장을 이해하기 쉽게 함.

[시행 2020. 3. 31.] [법률 제17187호, 2020. 3. 31. 일부개정]

[일부개정]

◇ 개정이유

국가전문자격증을 대여·알선 등을 통해 돈벌이 수단으로 악용하는 것을 방지하기 위하여 산업안전지도사와 산업보건지도사의 자격증의 대여·알선 등을 한 자에 대한 제재를 강화하고,

산업체에서 현장실습을 실시하고 있는 현장실습생의 안전도 근로자와 같은 수준으로 보호하기 위하여 산업안전보건법상의 안전·보호 관련 주요 규정을 현장실습생에 적용하도록 하는 한편,

이수명령의 실효성을 확보하기 위하여 이수명령 이행 지시에 불응한 경우에 대한 벌칙을 신설하는 등 현행 제도의 운영상 나타난 일부 미비점을 개선·보완하려는 것임.

◇ 주요내용

가. 산업안전지도사와 산업보건지도사 자격증·등록증의 대여·알선 행위 등을 금지하고, 이를 위반한 경우 1년 이하의 징역 또는 1천만원

이하의 벌금을 부과하도록 함(제153조제2항 및 제170조제7호 · 제8호 신설).

나. 현장실습을 받기 위하여 현장실습산업체의 장과 현장실습계약을 체결한 직업교육훈련생에 대해서는 제5조(사업주 등의 의무), 제29조(근로자에 대한 안전보건교육) 등의 조항을 적용하도록 특례 규정을 신설함(제166조의2 신설).

다. 이수 명령을 부과 받은 사람이 보호관찰소의 장 등의 이수 명령 이행에 관한 지시에 불응하여 경고를 받은 후 재차 정당한 사유 없이 이수명령 이행에 관한 지시에 불응한 경우에 대한 벌칙 조항을 신설함(제170조의2 신설).

라. 수강명령은 형의 집행을 유예하는 경우에 그 집행유예기간 내에서 병과하고, 이수명령은 벌금 이상의 형을 선고하거나 약식명령을 고지하는 경우에 병과하도록 함(제174조제2항 신설).

[시행 2020. 5. 26.] [법률 제17326호, 2020. 5. 26. 타법개정]

• 법률 제17326호(2020.5.26)

법률용어 정비를 위한 환경노동위원회 소관 65개 법률 일부개정을 위한 법률

[일괄개정]

◇ 제정이유 및 주요내용

어려운 한자어, 축약된 한자어, 부자연스러운 일본식 용어 등을 한글화하거나 보다 쉬운 표현으로 개정함으로써 법률에 대한 국민의 이해 정도와 접근가능성을 높이려는 것임.

[시행 2020. 6. 9.] [법률 제17433호, 2020. 6. 9. 일부개정]

[일부개정]

◇ **개정이유 및 주요내용**

산업재해를 예방하고 법률의 실효성을 확보하기 위하여 안전보건교육 대상이 되는 근로자의 범위를 명확히 하고, 중대재해 발생 시 해당 사업장에 대한 작업중지 명령 위반, 도급인의 사업장에 대한 작업환경측정 의무 위반에 대한 벌칙을 신설하는 등 현행 제도의 운영상 나타난 일부 미비점을 개선·보완하려는 것임.

[시행 2021. 10. 14.] [법률 제18039호, 2021. 4. 13. 일부개정]

[일부개정]

◇ **개정이유 및 주요내용**

현행법은 주로 고객을 직접 대면하거나 정보통신망을 통해 상품을 판매하거나 서비스를 제공하는 업무에 종사하는 고객응대 근로자 보호에 한정하여 사업주 조치기준을 규정하고 있음.

이에 따라 주로 고객을 응대하는 근로자에 해당하지 않더라도 업무를 수행하는 과정에서 고객의 폭언, 폭행 등에 노출될 수 있는 근로자에 대해서는 보호장치가 미흡함.

이에 근로자가 업무와 관련하여 다른 사람의 폭언 등으로 인하여 건강장해가 발생하거나 발생할 현저한 우려가 있는 경우 사업주에게 업무 일시 중단 등 조치를 하도록 하고, 근로자는 사업주에게 관련 조치를 요구할 수 있도록 하는 한편, 근로자의 요구를 근거로 해고 또는 불리한 처우를 할 수 없도록 의무화하여 근로자가 안전하고 존중받는 근무환경에서 일할 수 있도록 하는 여건을 조성하려는 것임.

[시행 2021. 11. 19.] [법률 제18180호, 2021. 5. 18. 일부개정]

[일부개정]

◇ 개정이유

산업안전보건의 중요성에도 불구하고 현재 지방자치단체 차원에서 산업재해 예방을 위한 활동 수행의 근거가 없어 각 지역별 특성에 맞는 산업재해 예방 대책 수립 및 업무 수행이 어려운 문제점이 지적되고 있음. 이에 지방자치단체가 관할 지역의 산업재해 예방을 위한 대책을 수립·시행하도록 하고, 관련 교육, 홍보 및 사업장 지도 등 필요한 조치를 할 수 있는 근거를 마련함.

아울러, 현재 건설업, 제조업 등의 사업장에서 관계수급인의 혼재작업으로 인한 안전사고가 발생하고 있는 만큼 이에 관한 도급인의 구체적인 역할이 필요하나, 현행법에서는 이에 관한 별도의 규정이 없음. 이에 도급인으로 하여금 관계수급인의 혼재작업으로 인한 위험을 최소화하기 위하여 작업 시기·내용 및 보건조치 등을 확인 또는 조정하도록 의무화하는 등 안전관리에 필요한 입법적 사항을 마련함.

한편, 현재 산업안전보건 관리자의 전담규정은 하위법령에서 관련 내용을 정하고 있어 제재가 어려운 미비점 등이 있으므로 현행 제도상의 개선사항을 보완하여 산업안전 관리 강화에 필요한 기반을 구축하려는 것임.

◇ 주요내용

가. 지방자치단체에 관할 지역의 산업재해 예방을 위한 대책을 수립·시행하도록 책무를 부여하고, 지방자치단체의 장은 관할 지역 내에서의 산업재해 예방을 위하여 자체 계획의 수립, 교육, 홍보 및 안전한 작업환경 조성을 지원하기 위한 사업장 지도 등 필요한 조치를 할 수 있도록 근거를 마련함(제4조의2 및 제4조의3 신설).

나. 대통령령으로 정하는 규모에 해당하는 사업장의 사업주에게 안전관리자와 보건관리자가 그 업무만을 전담하도록 할 의무를 부여하고, 위반 시에는 500만원 이하의 과태료를 부과함(제17조제3항, 제18조제

3항 신설 및 제175조제5항제1호).

다. 도급인은 같은 장소에서 이루어지는 도급인과 관계수급인 등의 작업에 있어서 관계수급인 등의 작업시기·내용, 안전 및 보건 조치 등을 확인하고, 작업 혼재로 인하여 화재·폭발 등 위험이 발생할 우려가 있는 경우 작업 시기·내용 등을 조정하도록 함(제64조제1항제7호·제8호 신설).

라. 건설공사발주자로 하여금 안전보건 분야 전문가에게 안전보건대장에 기재된 내용의 적정성 등을 확인받도록 하고, 설계자 및 건설공사를 최초로 도급받은 수급인이 건설현장의 안전을 고려하여 설계·시공 업무를 수행할 수 있도록 적정한 비용과 기간을 계상·설정하도록 함(제67조제2항·제3항 신설).

마. 산업재해 예방활동에 따른 보조금·지원금의 부정수급 관리를 강화하기 위하여 제재부가금의 상한을 지급받은 금액의 5배 이내로 상향하고, 지급제한 기간을 5년으로 상향함(제158조제3항·제4항).

바. 신규화학물질 유해성·위험성 조사보고서 미제출 시 과태료 부과 액수를 현행 300만원에서 500만원으로 상향함(제175조제5항제4호의2 신설).

〈법제처 제공〉

산업안전보건법

[시행 2021. 1. 16] [법률 제17326호, 2020. 5. 26, 타법개정]

산업안전보건법

- 제 1장 총 칙
- 제 2 장 안전보건관리체제 등
- 제 3 장 안전보건교육
- 제 4 장 유해 · 위험 방지 조치
- 제 5 장 도급 시 산업재해 예방
- 제 6 장 유해 · 위험 기계 등에 대한 조치
- 제 7 장 유해 · 위험물질에 대한 조치
- 제 8 장 근로자 보건관리
- 제 9 장 산업안전지도사 및 산업보건지도사
- 제 10 장 근로감독관 등
- 제 11 장 보 칙
- 제 12 장 벌 칙

차 례

제1장 총칙

제2장 안전보건관리체제 등

제3장 안전보건교육

제4장 유해 · 위험 방지 조치

제5장 도급 시 산업재해 예방

제6장 유해 · 위험 기계 등에 대한 조치

제7장 유해·위험물질에 대한 조치

제8장 근로자 보건교육

제9장 산업안전지도사 및 산업보건지도사

제10장 근로감독관 등

제11장 보칙

제12장 벌칙

CHAPTER 01

총칙

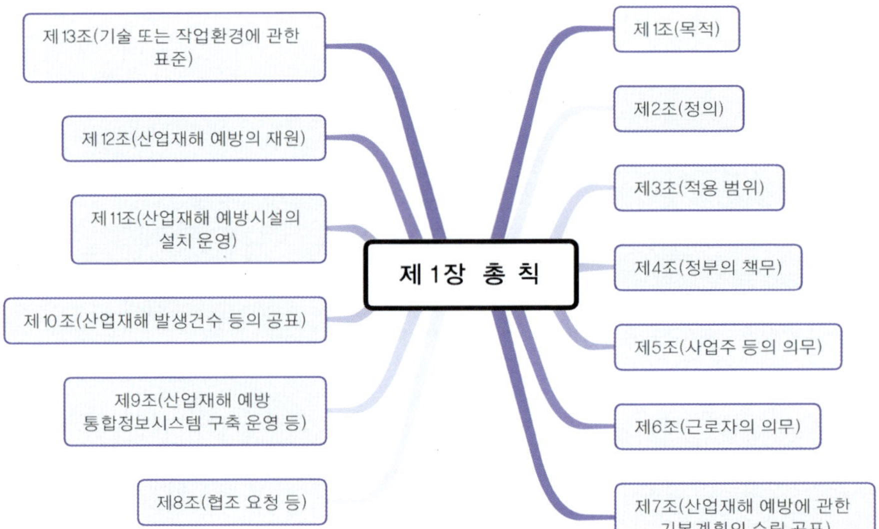
제1장 총칙
제1조(목적)
제2조(정의)
제3조(적용 범위)
제4조(정부의 책무)
제5조(사업주 등의 의무)
제6조(근로자의 의무)
제7조(산업재해 예방에 관한 기본계획의 수립 공표)
제8조(협조 요청 등)
제9조(산업재해 예방 통합정보시스템 구축 운영 등)
제10조(산업재해 발생건수 등의 공표)
제11조(산업재해 예방시설의 설치 운영)
제12조(산업재해 예방의 재원)
제13조(기술 또는 작업환경에 관한 표준)

CHAPTER 01 총칙

제1조(목적) 이 법은 산업안전 및 보건에 관한 기준을 확립하고 그 책임의 소재를 명확하게 하여 산업재해를 예방하고 쾌적한 작업환경을 조성함으로써 노무를 제공하는 사람의 안전 및 보건을 유지·증진함을 목적으로 한다. 〈개정 2020. 5. 26.〉

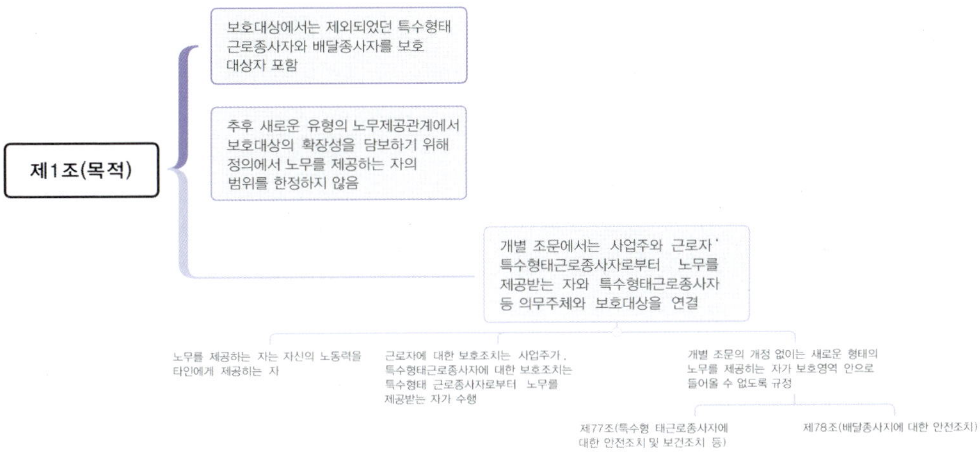

■ 조문해석

산업안전보건법은 사업 또는 사업장의 유해성·위험성에 따른 산업재해를 예방하여 노무를 제공하는 자의 안전과 보건을 유지·증진하기 위하여 제정한 법률을 말한다. 산업안전보건법은 '인적 손실을 예방하고, 안전보건기준을 준수하도록 강제하는 규범체계로서의 법률이다.[1]

이번 개정법률 안에서는 근로자 대상을 넓게 확대한 노무를 제공하는 사람들은 모든 산업안전보건법을 적용하도록 하였다. 이 법령 속에는 "특수형태근로종사자", "배달종사자" 등도 포함된다고 보고 있다.

1) 이상국, "산업안전보건법", 대명출판사, 2019, 3면.

노무를 제공한다는 의미는 일의 제공 또는 수령과 상관없이 폭넓은 부분이다. 그러나 노무제공자는 근로자보다는 폭넓은 범위로 볼 수 있지만, 노무라는 측면에서 본다면, 노무의 의미는 계약론에서 나오는 상대방이 있는 의미의 용어로 노무를 제공하게 되면 노무제공을 제공받는 상대방적인 노무제공을 받는 자가 존재하게 된다. 따라서 근로계약과는 다르게 폭넓은 의미로 노무종류와는 상관없이 노무제공자라고 하는 것은 근로계약을 체결하는 근로자 개념보다는 폭넓은 부분이지만, 노무 수령자의 존재가 나타날 수 있는 것이다.
노무를 제공하는 사람은 근로계약을 체결하여 당해 사업장 뿐만 아니라 다른 장소에서도 작업하는 것이 해당된다. 그 예로 배달종사자, 프랜차이즈, 특수형태근로종사자 등 사용자성을 가지고 있는 근로자처럼 사업주 대상이 모호한 경우의 폭넓은 부분의 노무를 제공하는 자라고 할 수 있다. 그래서 산업안전보건법상의 노무제공자 속에는 근로계약을 체결하지 않아도 노무를 제공하는 자 속에는 배달종사자, 프랜차이즈 유형의 근로와 특수형태근로종사자, 간병인 등도 포함되어 진다고 볼 수 있다.
그 외의 사항은 시행령과 시행규칙에서 설명하고 있다.

시행령 제1조(목적) 이 영은 산업안전보건법에서 위임된 사항과 그 시행에 필요한 사항을 규정함을 목적으로 한다.

시행규칙 제1조(목적) 이 규칙은 산업안전보건법 및 같은 법 시행령에서 위임된 사항과 그 시행에 필요한 사항을 규정함을 목적으로 한다.

제2조(정의) 이 법에서 사용하는 용어의 뜻은 다음과 같다. 〈개정 2020. 5. 26.〉

1. "산업재해"란 노무를 제공하는 사람이 업무에 관계되는 건설물·설비·원재료·가스·증기·분진 등에 의하거나 작업 또는 그 밖의 업무로 인하여 사망 또는 부상하거나 질병에 걸리는 것을 말한다.
2. "중대재해"란 산업재해 중 사망 등 재해 정도가 심하거나 다수의 재해자가 발생한 경우로서 고용노동부령으로 정하는 재해를 말한다.
3. "근로자"란 근로기준법 제2조제1항제1호에 따른 근로자를 말한다.
4. "사업주"란 근로자를 사용하여 사업을 하는 자를 말한다.

5. "근로자대표"란 근로자의 과반수로 조직된 노동조합이 있는 경우에는 그 노동조합을, 근로자의 과반수로 조직된 노동조합이 없는 경우에는 근로자의 과반수를 대표하는 자를 말한다.
6. "도급"이란 명칭에 관계없이 물건의 제조·건설·수리 또는 서비스의 제공, 그 밖의 업무를 타인에게 맡기는 계약을 말한다.
7. "도급인"이란 물건의 제조·건설·수리 또는 서비스의 제공, 그 밖의 업무를 도급하는 사업주를 말한다. 다만, 건설공사발주자는 제외한다.
8. "수급인"이란 도급인으로부터 물건의 제조·건설·수리 또는 서비스의 제공, 그 밖의 업무를 도급받은 사업주를 말한다.
9. "관계수급인"이란 도급이 여러 단계에 걸쳐 체결된 경우에 각 단계별로 도급받은 사업주 전부를 말한다.
10. "건설공사발주자"란 건설공사를 도급하는 자로서 건설공사의 시공을 주도하여 총괄·관리하지 아니하는 자를 말한다. 다만, 도급받은 건설공사를 다시 도급하는 자는 제외한다.
11. "건설공사"란 다음 각 목의 어느 하나에 해당하는 공사를 말한다.
    가. 건설산업기본법 제2조제4호에 따른 건설공사
    나. 전기공사업법 제2조제1호에 따른 전기공사
    다. 정보통신공사업법 제2조제2호에 따른 정보통신공사
    라. 소방시설공사업법에 따른 소방시설공사
    마. 문화재수리 등에 관한 법률에 따른 문화재수리공사
12. "안전보건진단"이란 산업재해를 예방하기 위하여 잠재적 위험성을 발견하고 그 개선대책을 수립할 목적으로 조사·평가하는 것을 말한다.
13. "작업환경측정"이란 작업환경 실태를 파악하기 위하여 해당 근로자 또는 작업장에 대하여 사업주가 유해인자에 대한 측정계획을 수립한 후 시료(試料)를 채취하고 분석·평가하는 것을 말한다.

제2조(정의) 이법에서 사용하는 용어의 뜻은 다음과 같다. 〈개정 2020.5.26.〉

용어 6-11호 추가

중대재해
1. 사망자가 1명 이상 발생한 재해
2. 3개월 이상의 요양이 필요한 부상자가 동시에 2명 이상 발생한 재해
3. 부상자 또는 직업성질병자가 동시에 10명 이상 발생한 재해

민법 제664조(도급의 의의) 도급은 당사자 일방이 어느 일을 완성할 것을 약정하고 상대방이 그 일의 결과에 대하여 보수를 지급할 것을 약정함으로써 그 효력이 생긴다.

■ 조문해석

① 산업재해

산업재해란 노무를 제공하는 사람이 업무에 관계되는 건설물 · 설비 · 원재료 · 가스 · 증기, 분진 등에 의하거나 작업 또는 그 밖의 업무로 인하여 사망 또는 부상하거나 질병에 걸리는 것을 말한다. 따라서 사업장의 사고가 인적 사고가 아닌 경우는 산업재해라 하지 않는다. 산업안전보건법에서는 법적 측면에서 근로자의 생명과 건강을 보호할 가치가 있는지를 고려하여 인적 손해를 법 규범적으로 규율하는 점에서 차이가 있다.

② 중대재해

중대재해란 산업재해 중 사망 등 재해 정도가 심하거나 다수의 재해자가 발생한 경우로서 고용노동부령으로 정하는 재해를 말한다. 중대재해는 중대한 사업장의 재해를 말하는 것으로 그 기준은 동 **시행규칙 제3조**에서 1. 사망자가 1명 이상 발생한 재해 2. 3개월 이상의 요양이 필요한 부상자가 동시에 2명 이상 발생한 재해 3. 부상자 또는 직업성 질병자가 동시에 10명 이상 발생한 재해로 설명되고 있다.

③ 근로자

근로자란 근로기준법 제2조 제1항 제1호에 따른 1. “근로자”란 직업의 종류와 관계없이 임금을 목적으로 사업이나 사업장에 근로를 제공하는 사람을 말한다.

특히 근로자의 범위 속에는 사업주와 근로계약을 체결한 근로자는 당연히 해당되며, 정규직 · 계약직 모두 해당된다. 그러나 중요한 것은 산업안전보건법이 근로기준법에 따라 적용을 받으므로 근로자의 범위 속에 근로기준법의 단시간 근로자도 근로자 범위에 해당한다. 단 근로기준법의

상시근로자에 해당하지 아니한 경우는 제외대상될 수 있다. 최근 고용노동부에서 산업안전보건법 일반 건강검진대상으로 고용형태를 불문하고 일반검진대상을 상시 근로에 해당하면 인정하는 것으로 규정하여 해석하고 있다.

> 국민건강보험법 제6조(시행령 10조)에 의하여 "비상근 근로자 또는 1월간의 근로시간이 80시간 미만인 시간제근로자"는 직장건강보험 가입대상에서 제외하고 있어, 계속 사용하는 근로자 중 1개월 근로시간이 80시간 미만인 경우 일반건강진단을 실시해야 하는지 또는 비용 등은 누가 지급하는지 등의 판단이 필요한 경우에 해석하기를 산업안전보건법에 의한 정기 일반건강진단 대상은 상시 사용하는 근로자(시행규칙 제99조제1항)인 바 동법에서는 상시 사용하는 근로자 중 제외되는 근로자에 대한 별도의 규정을 두고 있지 아니하므로 현행 규정상 상시 사용하는 근로자에 대해서는, 고용형태를 불문하고 사무직 근로자의 경우 2년에 1회 이상, 그 밖의 근로자의 경우 1년에 1회 이상 정기 일반건강진단을 실시하여야 하는 것이 타당한 것으로 해석하고 있다.

국민건강보험법에 가입되어 있지 아니한 월 80시간 미만 시간제근로자도 상시 사용하는 근로자인 경우에 해당할 때에는 산업안전보건법상 정기 일반건강진단 대상이 되기 때문에 사업주가 부담해야 한다. 월 80시간 미만 시간제근로자는 사업장의 근로자 수의 상태 속에 해당하므로 일용근로자인 단시간 근로자도 상시근로자에 해당될 수 있다.

④ 사업주

사업주란 근로자를 사용하여 사업을 하는 자를 말한다. 산업안전보건법의 사업주는 법 제2조 제4호에 따라 "근로자를 사용하여 사업을 하는 자' 말하며, 여기서의 근로자는 "근로기준법 제2조 제1항 제1호 근로자'를 말하며, "근로자를 사용하여 사업을 하는 사람"의 의미를 보면 근로기준법에서 규정하고 있는 근로자를 사용하는 사람을 말한다. 근로기준법 제2조제1항제2호에 근거의 "사용자'라 함은 사업주 또는 사업 경영 담당자, 그 밖에 근로자에 관한 사항에 대하여 사업주를 위하여 행위하는 자를 포함하여 사업주라 할 수 있다.

⑤ 근로자대표

근로자대표란 근로자의 과반수로 조직된 노동조합이 있는 경우에는 그 노동조합을, 근로자의 과반수로 조직된 노동조합이 없는 경우에는 근로자의 과반수를 대표하는 자를 말한다. 산안법 제2조 제5호 규정에 따라 근로자의 과반수로 조직된 노동조합이 있는 경우에는 그 노동조합을, 근로자의 과반수로 조직된 노동조합이 없는 경우에는 근로자의 과반수를 대표하는 자를 말한다.

⑥ 도급

도급은 당사자 일방이 어느 일을 완성할 것을 약정하고 상대방이 그 일의 결과에 대하여 보수를 지급할 것을 약정함으로써 그 효력이 생긴다.(민법 제664조) "도급"이란 명칭에 관계없이 물건의 제조·건설·수리 또는 서비스의 제공, 그 밖의 업무를 타인에게 맡기는 계약을 말한다.

수급인이 완성하여야 하는 일이란 노무에 의하여 생기는 결과를 말하며, 가옥의 건축, 가구의 제작 등 유형적 결과뿐만 아니라 도서의 출판, 질병의 치료, 음악의 연주 등 무형적 결과도 포함되며 도급인이 지급하여야 하는 보수는 금전에 한하지 않으며 그 밖의 물건이나 노무의 제공으로 보수를 지급할 수도 있다.

도급은 일의 완성을 목적으로 하는 것이므로, 일 자체는 반드시 수급인의 노무로써 해야 하는 것은 아니며, 일의 성질이나 당사자의 의사에 의하여 금지되지 않는 한 수급인은 다시 그 일을 하도급 또는 하청(下請)을 줄 수 있으며 실제로 규모가 큰 일의 도급에서 하청제도를 이용하는 일이 많으며, 이 하도급은 수급인과 하수급인 사이의 도급계약이므로 하수급인의 행위에 관해서까지 모든 책임을 져야 하는 것이다.

⑦ 도급인

도급인이란 물건의 제조·건설·수리 또는 서비스의 제공, 그 밖의 업무를 도급하는 사업주를 말한다. 다만, 건설공사발주자는 제외한다.

⑧ 수급인

수급인이란 도급인으로부터 물건의 제조·건설·수리 또는 서비스의 제공, 그 밖의 업무를 도급받은 사업주를 말한다.

⑨ 관계수급인

관계수급인이란 도급이 여러 단계에 걸쳐 체결된 경우에 각 단계별로 도급받은 사업주 전부를 말한다.

⑩ 건설공사발주자

건설공사발주자란 건설공사를 도급하는 자로서 건설공사의 시공을 주도하여 총괄·관리하지 아니하는 자를 말한다. 다만, 도급받은 건설공사를 다시 도급하는 자는 제외한다.

⑪ 건설공사

건설공사란 다음 각 목의 어느 하나에 해당하는 공사를 말한다.

가. 건설산업기본법 제2조 제4호에 따른 건설공사

나. 전기공사업법 제2조 제1호에 따른 전기공사

다. 정보통신공사업법 제2조 제2호에 따른 정보통신공사

라. 소방시설공사업법에 따른 소방시설공사

마. 문화재 수리 등에 관한 법률에 따른 문화재수리공사

⑫ 안전보건진단

안전보건진단이란 산업재해를 예방하기 위하여 잠재적 위험성을 발견하고 그 개선대책을 수립할 목적으로 조사·평가하는 것을 말한다. 산업재해를 예방하기 위하여 잠재적 위험성의 발견과 그 개선대책의 수립을 목적으로 고용노동부장관이 지정하는 자가 실시하는 조사·평가를 말하는데, 반드시 고용노동부장관의 명으로만 하는 것은 아니고 필요에 따라 사업장에서 임의로 안전보건개선계획을 수립하기 위해서 진단을 받을 경우에 실시할 수 있다.

⑬ 작업환경측정

작업환경측정이란 작업환경 실태를 파악하기 위하여 해당 근로자 또는 작업장에 대하여 사업주가 유해인자에 대한 측정계획을 수립한 후 시료(試料)를 채취하고 분석·평가하는 것을 말한다. 그러므로 작업장의 안전보건에 관한 근로자 보호를 위하여 작업환경이 적절한지를 파악하기 위하여 실시료 혹은 유해인자를 파악하기 위하여 실시하는 것이다.

제3조(적용 범위) 이 법은 모든 사업에 적용한다. 다만, 유해·위험의 정도, 사업의 종류, 사업장의 상시근로자 수(건설공사의 경우에는 건설공사 금액을 말한다. 이하 같다) 등을 고려하여 대통령령으로 정하는 종류의 사업 또는 사업장에는 이 법의 전부 또는 일부를 적용하지 아니할 수 있다.

제3조(적용 범위) 이 법은 모든 사업에 적용한다. 다만, 유해·위험의 정도, 사업의 종류, 사업장의 상시근로자 수(건설공사의 경우에는 건설공사 금액을 말한다. 이하 같다) 등을 고려하여 대통령령으로 정하는 종류의 사업 또는 사업장에는 이 법의 전부 또는 일부를 적용하지 아니할 수 있다.

- 사업의 종류는 통계법에 따라 통계청장이 고시한 한국표준산업분류
- 상시근로자 수 산정방법은 해당사업 또는 사업장에서 법 적용사유발생일 전 1개월(사업이 성립한 날부터 1개월 미만인 경우에는 그 사업이 성립한 날 이후의 기간을 말한다. 이하 "산정기간"이라 한다) 동안 사용한 근로자의 연인원을 같은 기간 중의 가동 일수로 나누어 산정한다. (근로기준법 시행령제7조의2)
- 사업 또는 사업장의 판단 기준
  - 산업안전보건법은 단위 사업장별로 그 업종, 규모 등에 따라 적용하므로 본사, 공장, 지점, 영업소, 출장소 등이 장소적으로 분산되어 있는 경우에는 원칙적으로 각각 별개의 사업장으로 본다.
  - 장소적으로 분산되어 있다 할지라도 지점, 영업소 등의 노무관리, 회계 등이 명확하게 독립적으로 운영되지 않는 등 업무처리 능력을 감안할 때 하나의 사업장이라고 말할 정도의 독립성이 없는 경우에는 직근 상위조직과 일괄하여 하나의 사업으로 본다.
  - 사업이란 어떤 일을 일정한 목적과 계획을 가지고 짜임새 있게 지속적으로 경영
- 법의 전부 또는 일부를 적용하지 아니하는 사업 또는 사업장 (대통령령으로 정하는 종류의 사업 또는 사업장)
- 공공행정 및 교육서비스업에 종사하는 현업근로자 보호 강화

■ 조문해석

산업안전보건법은 모든 사업에 적용하며 다만, 유해·위험의 정도, 사업의 종류·규모·소재지 등을 고려하여 대통령령이 정하는 사업으로 법의 전부 또는 일부를 적용하지 아니할 수 있으며, 법과 명령은 국가·지방자치단체·정부투자기관에도 적용한다. 단 시행령 제2조 제항 [별표1] 일부 적용하는 경우는 시행령에 두고 있다.

그리고 모든 사업에 대하여 산업안전보건법을 적용하지만 사업의 종류나 규모를 판단하고 산업환경을 고려하여 적용 대상을 시행령으로 규정하였다. 다양한 산업환경이 존재하여 사업의 특성도 달라 사업의 종류를 표준산업분류로 구분하여 산업안전보건법의 적용대상을 시행령에 일부 적용대상으로 정리하여 구분하였다.

따라서 사업이라는 의미로 정리하여 보면, 통상 장소적 개념으로 한 개의 사업이 장소를 나누어 분리하여 2 내지 3개의 공장으로 나누어질 때 1개의 공장 단위로 사업장을 정의하여 1개의 사업장에만 책임을 물었지만, 사업단위로 규정할 경우에는 장소가 나뉘어져도 한 개의 법인, 즉 사업으로 보고 하나의 사업 속에 대표이사가 사업주가 된다고 볼 수 있다.

단, 건설이나, 전력, 철도 등의 분리되어 질 수밖에 없는 사업은 대통령령으로 구분하였다.[2]

동일 사업 또는 사업장의 개념(행정질의 해석)

비영리법인이 각각 운영하는 사회복지 시설들이 통일사업 또는 개별 사업장인지 여부

* 각 시설의 대표는 법인 대표로 되어 있고 정부에서 예산을 지급받아 위탁사업으로 운영(시설장은 각 시설마다 채용 또는 임명) [회시] 1. 비영리법인이 운영하는 각 시설이 독립된 사업 또는 사업장인지 여부에 대한 회신입니다, 2. 사업 또는 사업장의 독립성 여부를 판단함에 있어 원칙적으로 하나의 법인은 통일 사업 또는 사업장으로 판단합니다. – 다만, 법인 소속 기관이더라도 근로자 채용, 임금 결정 및 지급, 승진・징계 등 인사노무관리와 예산・회계 등이 독립적으로 구분하여 운영하고, 사업장에 경영담당자가 정해져 있고 근로조건의 결정권과 경영상 책임이 해당 경영담당자에게 전속되어 있는 경우에는 독립된 사업장으로 볼 수 있습니다. 3. 귀 질의 내용만으로 구체적 사실관계를 확인할 수 없어 명확한 답변은 어려우나 법인이 직접 각 시설의 운영을 위한 사업권한을 정부로부터 위탁받고 시설장의 채용(임명)을 법인이 담당하며 각 시설의 운영비 일부를 지원한다면 시설에 정부예산이 직접 지급되어 운영되더라도 이는 정부 위탁사업의 특성일 뿐 각 시설을 독립된 사업 또는 사업장으로 보기 어렵고 법인과 각 시설을 통틀어서 하나의 사업 또는 사업장으로 판단하여야 할 것입니다. (근로기준정책과–6224(2016년 10.10)).

시행령 제2조(적용범위 등) ① 산업안전보건법(이하 법이라 한다) 제3조 단서에 따라 법의 전부 또는 일부를 적용하지 아니하는 사업 또는 사업장의 범위 및 해당 사업 또는 사업장에 적용되지 아니하는 법 규정은 별표 1과 같다.

② 이 영에서 사업의 분류는 통계법에 따라 통계청장이 고시한 한국표준산업분류에 따른다.

[별표 1]

법의 일부를 적용하지 않는 사업 또는 사업장 및 적용 제외 법 규정(제2조제1항 관련)

2) 조흠학, “산업안전보건법”, 신광문화사, 2020, 224면.

대상 사업 또는 사업장	적용 제외 법 규정
1. 다음 각 목의 어느 하나에 해당하는 사업가. 광산안전법 적용 사업(광업 중 광물의 채광·채굴·선광 또는 제련 등의 공정으로 한정하며, 제조공정은 제외한다) 나. 원자력안전법 적용 사업(발전업 중 원자력 발전설비를 이용하여 전기를 생산하는 사업장으로 한정한다) 다. 항공안전 적용 사업(항공기, 우주선 및 부품 제조업과 창고 및 운송관련 서비스업, 여행사 및 기타 여행보조서비스업 중 항공 관련 사업은 각각 제외한다) 라. 선박안전법 적용 사업(선박 및 보트 건조업은 제외한다)	제15조부터 제17조까지, 제20조제1호, 제21조(다른 규정에 따라 준용되는 경우는 제외한다), 제24조(다른 규정에 따라 준용되는 경우는 제외한다), 제2장제2절, 제29조(보건에 관한 사항은 제외한다), 제30조(보건에 관한 사항은 제외한다), 제31조, 제38조, 제51조(보건에 관한 사항은 제외한다), 제52조(보건에 관한 사항은 제외한다), 제53조(보건에 관한 사항은 제외한다), 제54조(보건에 관한 사항은 제외한다), 제55조, 제58조부터 제60조까지, 제62조, 제63조, 제64조(제1항제6호는 제외한다), 제65조, 제66조, 제72조, 제75조, 제88조, 제103조부터 제107조까지 및 제160조(제21조제4항 및 제88조제5항과 관련되는 과징금으로 한정한다)
2. 다음 각 목의 어느 하나에 해당하는 사업 가. 소프트웨어 개발 및 공급업 나. 컴퓨터 프로그래밍, 시스템 통합 및 관리업 다. 정보서비스업 라. 금융 및 보험업 마. 기타 전문서비스업 바. 건축기술, 엔지니어링 및 기타 과학기술 서비스업 사. 기타 전문학원 및 기술 서비스업(사진처리업은 제외한다) 아. 사업지원 서비스업 자. 사회복지 서비스업	제29조(제 항에 따른 추가교육은 제외한다) 및 제30조
3. 다음 각 목의 어느 하나에 해당하는 사업으로서 상시근로자 50명 미만을 사용하는 사업장 가. 농업 나. 어업 다. 환경 정화 및 복원업 라. 소매업, 자동차 제외 마. 영화, 비디오물, 방송프로그램 제작 및 배급업 바. 복음시설 운영업 사. 방송업 아. 부동산업(부동산 관리업은 제외한다) 자. 임대업; 부동산제외 차. 연구개발업 카. 보건업(병원은 제외한다) 타. 예술, 스포츠 및 여가관련 서비스업 파. 협회 및 단체 하. 기타 개인 서비스업(세탁업은 제외한다)	

4. 다음 각 목의 어느 하나에 해당하는 사업 가. 공공행정(청소, 시설관리, 조리 등 현업업무에 종사하는 사람으로서 고용노동부장관이 정하여 고시하는 사람은 제외한다), 국방 및 사회보장 행정 나. 교육 서비스업 중 초등・중등・고등 교육기관, 특수학교・외국인학교 및 대안학교(청소, 시설관리, 조리 등 현업업무에 종사하는 사람으로서 고용노동부장관이 정하여 고시하는 사람은 제외한다)	제2장제1절・제2절 및 제3장(다른 규정에 따라 준용되는 경우는 제외한다)
5. 다음 각 목의 어느 하나에 해당하는 사업 가. 초등・중등・고등 교육기관, 특수학교・외국인학교 및 대안학교 외의 교육서비스업(청소년수련시설 운영업은 제외한다) 나. 국제 및 외국기관 다. 사무직에 종사하는 근로자만을 사용하는 사업장(사업장이 분리된 경우로서 사무직에 종사하는 근로자만을 사용하는 사업장을 포함한다)	제2장제1절・제2절, 제3장 및 제5장제2절(제64조제1항제6호는 제외한다). 다만, 다른 규정에 따라 준용되는 경우는 해당 규정을 적용한다.
6. 상시근로자 5명 미만을 사용하는 사업장	제2장제1절・제2절, 제3장(제29조제3항에 따른 추가교육은 제외한다), 제47조, 제49조, 제50조 및 제159조(다른 규정에 따라 준용되는 경우는 제외한다)

비고: 제1호부터 제6호까지의 규정에 따른 사업에 둘 이상 해당하는 사업의 경우에는 각각의 호에 따라 적용이 제외되는 규정은 모두 적용하지 않는다.

제4조(정부의 책무) ① 정부는 이 법의 목적을 달성하기 위하여 다음 각 호의 사항을 성실히 이행할 책무를 진다. 〈개정 2020. 5. 26.〉

1. 산업안전 및 보건 정책의 수립 및 집행
2. 산업재해 예방 지원 및 지도
3. 근로기준법 제76조의2에 따른 직장 내 괴롭힘 예방을 위한 조치기준 마련, 지도 및 지원
4. 사업주의 자율적인 산업안전 및 보건 경영체제 확립을 위한 지원
5. 산업안전 및 보건에 관한 의식을 북돋우기 위한 홍보・교육 등 안전문화 확산 추진
6. 산업안전 및 보건에 관한 기술의 연구・개발 및 시설의 설치・운영

7. 산업재해에 관한 조사 및 통계의 유지·관리
8. 산업안전 및 보건 관련 단체 등에 대한 지원 및 지도·감독
9. 그 밖에 노무를 제공하는 사람의 안전 및 건강의 보호·증진

② 정부는 제1항 각 호의 사항을 효율적으로 수행하기 위하여 한국산업안전보건공단법에 따른 한국산업안전보건공단(이하 공단이라 한다), 그 밖의 관련 단체 및 연구기관에 행정적·재정적 지원을 할 수 있다.

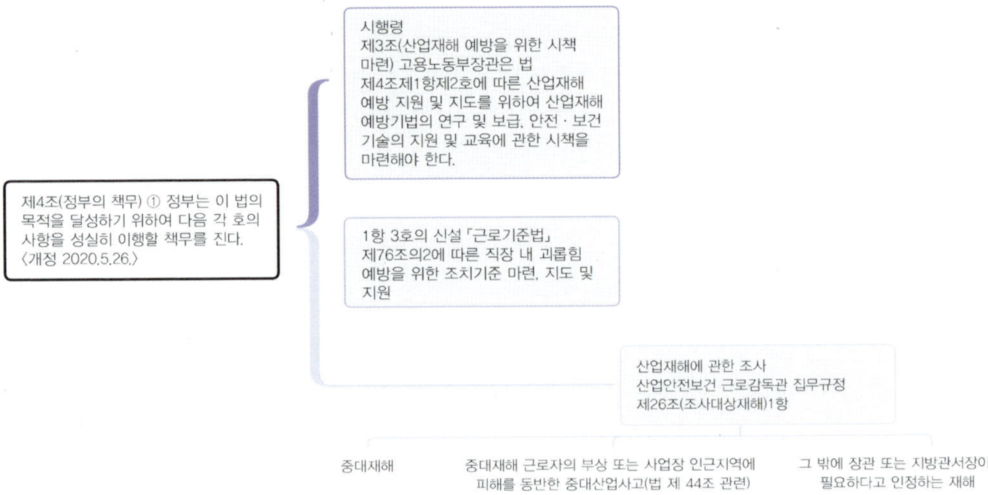

■ **조문해석**

정부정책의 이행에도 불구하고 안전보건조치를 게을리하거나 불이행하는 사업주에 대하여는 다양한 법적 불이익이 따른다. 사업장의 안전보건의 예방책임은 사업주가 있지만 이를 관리하고 감독하며 정책을 마련하는 것은 국가가 해야 한다는 전제하에 정부의 책무를 부여한 것이라 볼 수 있다.
동 시행령 제3조(산업재해 예방을 위한 시책을 마련)는 고용노동부장관은 법 제4조 제1항 제2호에 따른 산업재해 예방 지원 및 지도를 위하여 산업재해 예방기법의 연구 및 보급, 안전·보건 기술의 지원 및 교육에 관한 시책에 대한 내용이 언급되어 있다.

시행령 제3조(산업재해 예방을 위한 시책 마련) 고용노동부장관은 법 제4조제1항제2호에 따른 산업재해 예방 지원 및 지도를 위하여 산업재해 예방기법의 연구 및 보급, 안전·보건 기술의 지원 및 교육에 관한 시책을 마련해야 한다.

제5조(사업주 등의 의무) ① 사업주(제77조에 따른 특수형태근로종사자로부터 노무를 제공받는 자와 제78조에 따른 물건의 수거·배달 등을 중개하는 자를 포함한다. 이하 이 조 및 제6조에서 같다)는 다음 각 호의 사항을 이행함으로써 근로자(제77조에 따른 특수형태근로종사자와 제78조에 따른 물건의 수거·배달 등을 하는 사람을 포함한다. 이하 이 조 및 제6조에서 같다)의 안전 및 건강을 유지·증진시키고 국가의 산업재해 예방정책을 따라야 한다. 〈개정 2020. 5. 26.〉

1. 이 법과 이 법에 따른 명령으로 정하는 산업재해 예방을 위한 기준
2. 근로자의 신체적 피로와 정신적 스트레스 등을 줄일 수 있는 쾌적한 작업환경의 조성 및 근로조건 개선
3. 해당 사업장의 안전 및 보건에 관한 정보를 근로자에게 제공

② 다음 각 호의 어느 하나에 해당하는 자는 발주·설계·제조·수입 또는 건설을 할 때 이 법과 이 법에 따른 명령으로 정하는 기준을 지켜야 하고, 발주·설계·제조·수입 또는 건설에 사용되는 물건으로 인하여 발생하는 산업재해를 방지하기 위하여 필요한 조치를 하여야 한다.

1. 기계·기구와 그 밖의 설비를 설계·제조 또는 수입하는 자
2. 원재료 등을 제조·수입하는 자
3. 건설물을 발주·설계·건설하는 자

제5조(사업주 등의 의무) ① 사업주(제77조에 따른 특수형태근로종사자로부터 노무를 제공받는 자와 제78조에 따른 물건의 수거 · 배달 등을 중개하는 자를 포함한다. 이하 이 조 및 제6조에서 같다)는 다음 각 호의 사항을 이행함으로써 근로자(제77조에 따른 특수형태근로종사자와 제78조에 따른 물건의 수거 · 배달 등을 하는 사람을 포함한다. 이하 이 조 및 제6조에서 같다)의 안전 및 건강을 유지 · 증진시키고 국가의 산업재해 예방정책을 따라야 한다. 〈개정 2020.5.26.〉

산업안전보건법의 이행 의무자 확대
근로자의 안전 및 건강의 유지 증진 의무자
1. 사업주
2. 제77조에 따른 특수형태근로종사자로부터 노무를 제공받는 자(신설)
3. 제78조에 따른 물건의 수거 ·배달 등을 중개하는 자(신설)

산업재해를 방지하기 위하여 필요한 조치 의무자 확대
1. 기계 · 기구와 그 밖의 설비를 설계 ·제조 또는 수입하는 자(기존)
2. 원재료 등을 제조 수입하는 자
3. 건설물을 발주 ' 설계 · 건설하는 자(발주 신설)

발주(건설공사발주자) : 건설공사를 도급하는 자로서 건설공사의 시공을 주도하여 총괄 관리하지 아니하는 자를 말한다. 다만, 도급받은 건설공사를 다시 도급하는 자는 제외한다.

■ **조문해석**

산업안전보건법에서는 많은 규정이 사업주의 의무로 되어 있지만, 그 위반에 대해서는 실행행위자에 대해서 먼저 법 위반 여부에 대한 수사가 이루어지고, 실행행위자에게 위반이 있는 경우에는 사업주에 대해서도 양벌규정의 벌칙이 적용된다 법 위반을 방지하기 위한 조치(대책)에 대하여 구체적인 지시・지도・교육 등을 한 것이 필요하다.

예를 들어, 추락방지조치에 대해서 보면

- 사내의 안전보건관리규정 등에서 난간의 설치기준을 정하고 안전대의 사용방법 등을 구체적으로 제시하는 것
- 작업자를 대상으로 추락예방 안전교육을 체계적으로 실시하는 것
- 작업개시 전에 감독자를 배치하고, 작업방법・절차를 결정하며, 필요한 안전대의 준비 등을 하는 것

등이 회사의 제도로 정해져 있는 것, 나아가 안전담당이사 등을 지명하여 안전업무를 총괄하는 업무를 하도록 하는 것, 최고경영자 스스로 직장 순시를 행하고 산업재해 방지에 대해 구체적으로 지시를 하는 것, 안전관리의 상황을 정기 또는 수시로 보고하게 하는 구조를 두는 것 등이 필요하다.[3)]

사업장의 안전보건의 예방조치는 기본적으로 사업주가 해야 한다는 것이다. 이번 개정되어 시행하는 법률 속에는 목적조항에서 노무를 제공하는 사람이라는 포괄적인 넓은 범위로 제정됨에 따라 해당되는 노무제공자의 산업안전보건법의 보호 대상으로 포함되어질 수 있는 것이다. 이런 의미에서 사용자성을 가지고 있는 특수형태근로종사자, 사업장이라는 장소적 범위가 문제가 되는 배달종사자들로 모두 노무제공자라는 범위 안에 넣고 사업주의 의무 속에 포함시킨 것이다.

사업주는 이 법과 이 법에 의한 명령에서 정하는 산업재해 예방을 위한 기준을 준수하며, 당해 사업장의 안전・보건에 관한 정보를 근로자에게 제공하고, 근로조건의 개선을 통하여 적절한 작업환경을 조성함으로써 근로자의 신체적 피로와 정신적 스트레스 등으로 인한 건강장해를 예방하고, 근로자의 생명보전과 안전 및 보건을 유지・증진하도록 하여야 하며, 국가에서 시행하는 산업재해예방시책에 따라야 하도록 규정하고 있고, 기계・기구 기타 설비

3) 정진우, "안전관리론", 청문각, 2020, 69면.

를 설계・제조 또는 수입하는 사람, 원재료 등을 제조・수입하는 사람 또는 건설물을 설계・건설하는 사람은 그 설계・제조・수입 또는 건설을 함에 있어서 이 법과 이 법에 의한 명령에서 정하는 기준을 준수하여야 하고, 그 물건의 사용에 의한 산업재해발생의 방지에 노력해야 하도록 규정하고 있다.[4]

제6조(근로자의 의무) 근로자는 이 법과 이 법에 따른 명령으로 정하는 산업재해 예방을 위한 기준을 지켜야 하며, 사업주 또는 근로기준법 제101조에 따른 근로감독관, 공단 등 관계인이 실시하는 산업재해 예방에 관한 조치에 따라야 한다.

> 제6조(근로자의 의무) 근로자는 이 법과 이 법에 따른 명령으로 정하는 산업재해 예방을 위한 기준을 지켜야 하며, 사업주 또는 「근로기준법」 제101조에 따른 근로감독관, 공단 등 관계인이 실시하는 산업재해예방에 관한 조치에 따라야 한다.

> 제101조(감독 기관) ① 근로조건의 기준을 확보하기 위하여 고용노동부와 그 소속 기관에 근로감독관을 둔다. 〈개정 2010. 6. 4.〉
> ② 근로감독관의 자격, 임면(任免), 직무 배치에 관한 사항은 대통령령으로 정한다.

■ **조문해석**

산업재해는 근로자가 준수해야 함에도 행하지 않았을 경우에도 발생한다. 근로자는 이 법과 이 법에 의한 명령에서 정하는 산업재해 예방을 위한 기준을 준수하고 사업주 등이 실시하는 산업재해의 방지에 관한 조치에 따라야 하는 의무규정이 있으며 이 규정은 노무제공자의 일반적인 준수의무규정이다.

만약 피해근로자가 준수하지 않았을 경우 민법 제396조의 과실상계규정에 따라 손해발생에 따라 일부 책임을 진다.[5]

제7조(산업재해 예방에 관한 기본계획의 수립・공표) ① 고용노동부장관은 산업재해 예방에 관한 기본계획을 수립하여야 한다.

② 고용노동부장관은 제1항에 따라 수립한 기본계획을 산업재해보상보험법 제8조제1항에 따른 산업재해보상보험 및 예방심의위원회의 심의를 거쳐 공표하여야 한다. 이를 변경하려는 경우에도 또한 같다.

4) 조흠학, "산업안전보건법", 신광문화사, 2020, 228면.

5) 정진우, "안전관리론", 교문사, 2021, 81면.

제7조(산업재해 예방에 관한 기본계획의 수립 · 공표)

산업재해보상보험법
제8조제1항(산업재해보상보험 및 예방심의위원회)
① 산업재해보상보험 및 예방에 관한 중요 사항을 심의하게 하기 위하여 고용노동부에 산업재해보상보험및예방심의위원회(이하 "위원회"라 한다)를 둔다.

■ **조문해석**

산업재해의 예방을 담당하는 주무장관인 고용노동부장관이 산업재해 예방의 계획을 수립하고 정책을 시행할 수 있도록 규정한 근거 규정이다.

제8조(협조 요청 등) ① 고용노동부장관은 제7조제1항에 따른 기본계획을 효율적으로 시행하기 위하여 필요하다고 인정할 때에는 관계 행정기관의 장 또는 공공기관의 운영에 관한 법률 제4조에 따른 공공기관의 장에게 필요한 협조를 요청할 수 있다.

② 행정기관(고용노동부는 제외한다. 이하 이 조에서 같다)의 장은 사업장의 안전 및 보건에 관하여 규제를 하려면 미리 고용노동부장관과 협의하여야 한다.

③ 행정기관의 장은 고용노동부장관이 제2항에 따른 협의과정에서 해당 규제에 대한 변경을 요구하면 이에 따라야 하며, 고용노동부장관은 필요한 경우 국무총리에게 협의 · 조정 사항을 보고하여 확정할 수 있다.

④ 고용노동부장관은 산업재해 예방을 위하여 필요하다고 인정할 때에는 사업주, 사업주단체, 그 밖의 관계인에게 필요한 사항을 권고하거나 협조를 요청할 수 있다.

⑤ 고용노동부장관은 산업재해 예방을 위하여 중앙행정기관의 장과 지방자치단체의 장 또는 공단 등 관련 기관 · 단체의 장에게 다음 각 호의 정보 또는 자료의 제공 및 관계 전산망의 이용을 요청할 수 있다. 이 경우 요청을 받은 중앙행정기관의 장과 지방자치단체의 장 또는 관련 기관 · 단체의 장은 정당한 사유가 없으면 그 요청에 따라야 한다.

1. 부가가치세법 제8조 및 법인세법 제111조에 따른 사업자등록에 관한 정보
2. 고용보험법 제15조에 따른 근로자의 피보험자격의 취득 및 상실 등에 관한 정보
3. 그 밖에 산업재해 예방사업을 수행하기 위하여 필요한 정보 또는 자료로서 대통령령으로 정하는 정보 또는 자료

제8조(협조 요청 등)

- 산업재해 예방을 위한 정보 또는 자료의 제공 및 관계 전산망의 이용 요청 및 이에 대한 협조를 명확히 법제화
- 공공기관의 운영에 관한 법률 제4조(공공기관)① 국가·지방자치단체가 아닌 법인·단체 또는 기관(이하 "기관"이라 한다)으로서 다음 각 호의 어느 하나에 해당하는 기관을 공공기관으로 지정할 수 있다.
- ②제1항의 규정에 불구하고 기획재정부장관은 다음 각 호의 어느 하나에 해당하는 기관을 공공기관으로 지정할수 없다.
- ④제1항제2호의 규정에 따른 정부지원액과 총수입액의 산정 기준·방법 및 동항제3호 내지 제5호의 규정에 따른 사실상 지배력 확보의 기준에 관하여 필요한 사항은 대통령령으로 정한다.

■ 조문해석

산업재해 예방에 필요한 경우에는 중앙행정기관의 장이나 지방자치단체의 장에게 정보 및 자료 등을 요청하여 예방 정책을 수행하도록 하기 위한 규정이다.

시행규칙 제4조(협조 요청) ① 고용노동부장관이 법 제8조제1항에 따라 관계 행정기관의 장 또는 공공기관의 운영에 관한 법률 제4조에 따른 공공기관의 장에게 협조를 요청할 수 있는 사항은 다음 각 호와 같다.

1. 안전·보건 의식 정착을 위한 안전문화운동의 추진
2. 산업재해 예방을 위한 홍보 지원
3. 안전·보건과 관련된 중복규제의 정비
4. 안전·보건과 관련된 시설을 개선하는 사업장에 대한 자금융자 등 금융·세제상의 혜택 부여
5. 사업장에 대하여 관계 기관이 합동으로 하는 안전·보건점검의 실시

6. 건설산업기본법 제23조에 따른 건설업체의 시공능력 평가 시 별표 1 제1호에서 정한 건설업체의 산업재해발생률에 따른 공사 실적액의 감액(산업재해발생률의 산정 기준 및 방법은 별표 1에 따른다)
7. 국가를 당사자로 하는 계약에 관한 법률 시행령 제13조에 따른 입찰참가업체의 입찰참가자격 사전심사 시 다음 각 목의 사항
   가. 별표 1 제1호에서 정한 건설업체의 산업재해발생률 및 산업재해 발생 보고의무 위반에 따른 가감점 부여(건설업체의 산업재해발생률 및 산업재해 발생 보고의무 위반건수의 산정 기준과 방법은 별표 1에 따른다)
   나. 사업주가 안전·보건 교육을 이수하는 등 별표 1 제1호에서 정한 건설업체의 산업재해 예방활동에 대하여 고용노동부장관이 정하여 고시하는 바에 따라 그 실적을 평가한 결과에 따른 가점 부여
8. 산업재해 또는 건강진단 관련 자료의 제공
9. 정부포상 수상업체 선정 시 산업재해발생률이 같은 종류 업종에 비하여 높은 업체(소속 임원을 포함한다)에 대한 포상 제한에 관한 사항
10. 건설기계관리법 제3조 또는 자동차관리법 제5조에 따라 각각 등록한 건설기계 또는 자동차 중 법 제93조에 따라 안전검사를 받아야 하는 유해하거나 위험한 기계·기구·설비가 장착된 건설기계 또는 자동차에 관한 자료의 제공
11. 119구조·구급에 관한 법률 제22조 및 같은 법 시행규칙 제18조에 따른 구급활동일지와 응급의료에 관한 법률 제49조 및 같은 법 시행규칙 제40조에 따른 출동 및 처치기록지의 제공
12. 그 밖에 산업재해 예방계획을 효율적으로 시행하기 위하여 필요하다고 인정하는 사항

② 고용노동부장관은 별표 1에 따라 산정한 산업재해발생률 및 그 산정내역을 해당 건설업체에 통보해야 한다. 이 경우 산업재해발생률 및 산정내역에 불복하는 건설업체는 통보를 받은 날부터 10일 이내에 고용노동부장관에게 이의를 제기할 수 있다.

제9조(산업재해 예방 통합정보시스템 구축·운영 등) ① 고용노동부장관은 산업재해를 체계적이고 효율적으로 예방하기 위하여 산업재해 예방 통합정보시스템을 구축·운영할 수 있다.

② 고용노동부장관은 제1항에 따른 산업재해 예방 통합정보시스템으로 처리한 산업안전 및 보건 등에 관한 정보를 고용노동부령으로 정하는

바에 따라 관련 행정기관과 공단에 제공할 수 있다.

③ 제1항에 따른 산업재해 예방 통합정보시스템의 구축·운영, 그 밖에 필요한 사항은 대통령령으로 정한다.

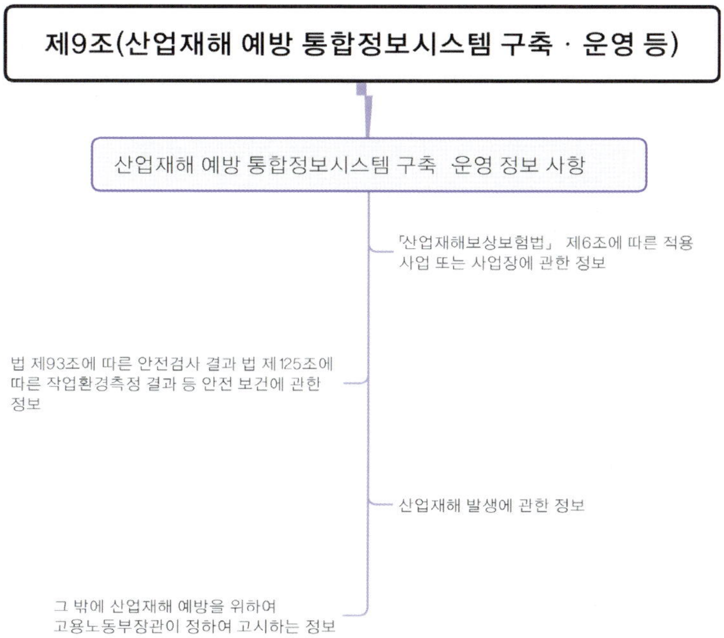

■ **조문해석**

산업재해를 예방하고 정책을 수립 시 명확한 재해원인의 파악이 있어야 재해예방대책을 구축·운영할 수 있다. 시행령 제9조에 통합정보시스템 구축·운영에 대하여 나와 있다. 또한 동 시행규칙 제5조에 통합정보시스템 정보의 제공 규정을 두어 법 제9조제2항에 따라 관련 행정기관 또는 한국산업안전보건공단법에 따른 한국산업안전보건공단(이하 공단이라 한다)이 산업재해 발생 시 대응을 위해 신청하는 경우나 고용노동부장관이 대응에 필요하다고 판단하는 경우에는 통합정보시스템으로 처리한 산업안전 및 보건 등에 관한 정보를 관련 행정기관과 공단에 제공할 수 있도록 하였다.[6]

시행령 제9조(산업재해 예방 통합정보시스템 구축·운영) ① 고용노동부장관은 법 제9조제1항에 따라 산업재해 예방 통합정보시스템을 구축·운영하는 경우

6) 조흠학, “산업안전보건법”, 신광문화사, 2020, 231면.

에는 다음 각 호의 정보를 처리한다.

1. 산업재해보상보험법 제6조에 따른 적용 사업 또는 사업장에 관한 정보
2. 산업재해 발생에 관한 정보
3. 법 제93조에 따른 안전검사 결과, 법 제125조에 따른 작업환경측정 결과 등 안전·보건에 관한 정보
4. 그 밖에 산업재해 예방을 위하여 고용노동부장관이 정하여 고시하는 정보

② 제1항에서 정한 사항 외에 산업재해 예방 통합정보시스템의 구축·운영에 관한 연구개발 및 기술지원, 그 밖에 산업재해 예방 통합정보시스템의 구축·운영 등에 필요한 사항은 고용노동부장관이 정한다.

시행규칙 제5조(통합정보시스템 정보의 제공) 고용노동부장관은 관련 행정기관 또는 한국산업안전보건공단법에 따른 한국산업안전보건공단(이하 공단이라 한다)이 산업재해 발생에 대응하기 위하여 신청하는 경우 또는 산업재해에 대응하기 위하여 필요하다고 판단되는 경우에는 법 제9조제1항에 따른 산업재해 예방 통합정보시스템으로 처리한 산업안전 및 보건 등에 관한 정보를 관련 행정기관과 공단에 제공할 수 있다.

제10조(산업재해 발생건수 등의 공표) ① 고용노동부장관은 산업재해를 예방하기 위하여 대통령령으로 정하는 사업장의 근로자 산업재해 발생건수, 재해율 또는 그 순위 등(이하 산업재해발생건수 등이라 한다)을 공표하여야 한다.

② 고용노동부장관은 도급인의 사업장(도급인이 제공하거나 지정한 경우로서 도급인이 지배·관리하는 대통령령으로 정하는 장소를 포함한다. 이하 같다) 중 대통령령으로 정하는 사업장에서 관계수급인 근로자가 작업을 하는 경우에 도급인의 산업재해발생건수 등에 관계수급인의 산업재해발생건수 등을 포함하여 제1항에 따라 공표하여야 한다.

③ 고용노동부장관은 제2항에 따라 산업재해발생건수 등을 공표하기 위하여 도급인에게 관계수급인에 관한 자료의 제출을 요청할 수 있다. 이 경우 요청을 받은 자는 정당한 사유가 없으면 이에 따라야 한다.

④ 제1항 및 제2항에 따른 공표의 절차 및 방법, 그 밖에 필요한 사항은 고용노동부령으로 정한다.

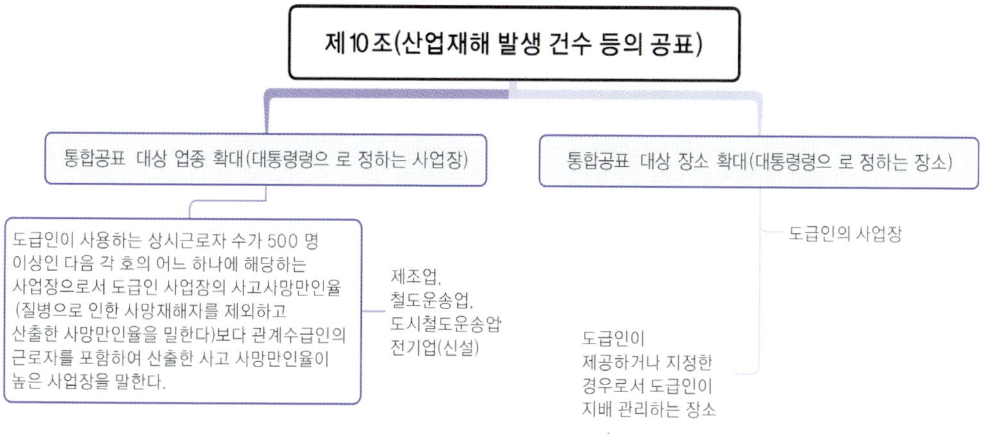

■ **조문해석**

고용노동부장관은 도급인의 사업장에도 도급인이 제공하거나 지정한 지배·관리하는 대통령령으로 정하는 장소를 포함하여 대통령령으로 정하는 사업장에서 관계수급인 근로자가 작업을 하는 경우에 도급인의 산업재해발생건수 등에 관계수급인의 산업재해발생건수 등을 포함하여 공표하고 산업재해를 예방하도록 하고 있다.

지방고용노동관서의 장은 도급인의 산업재해 발생건수, 재해율 또는 그 순위 등(이하 산업재해발생건수 등이라 한다)에 관계수급인의 산업재해발생건수등을 포함하여 공표하기 위하여 필요하면 법 제10조제3항에 따라 영 제12조 각 호의 어느 하나에 해당하는 사업이 이루어지는 사업장으로서 해당 사업장의 상시근로자 수가 500명 이상인 사업장의 도급인에게 도급인의 사업장(도급인이 제공하거나 지정한 경우로서 도급인이 지배·관리하는 영 제11조 각 호에 해당하는 장소를 포함한다. 이하 같다)에서 작업하는 관계수급인 근로자의 산업재해 발생에 관한 자료를 제출하도록 공표의 대상이 되는 연도의 다음 연도 3월 15일까지 요청해야 한다.

시행령

제10조(공표대상 사업장) ① 법 제10조제1항에서 대통령령으로 정하는 사업장이란 다음 각 호의 어느 하나에 해당하는 사업장을 말한다.

1. 산업재해로 인한 사망자(이하 사망재해자라 한다)가 연간 2명 이상 발생한 사업장
2. 사망만인율(死亡萬人率: 연간 상시근로자 1만명당 발생하는 사망재해자 수의 비율을 말한다)이 규모별 같은 업종의 평균 사망만인율 이상인 사업장
3. 법 제44조제1항 전단에 따른 중대산업사고가 발생한 사업장
4. 법 제57조제1항을 위반하여 산업재해 발생 사실을 은폐한 사업장
5. 법 제57조제3항에 따른 산업재해의 발생에 관한 보고를 최근 3년 이내 2회 이상 하지 않은 사업장

② 제1항제1호부터 제3호까지의 규정에 해당하는 사업장은 해당 사업장이 관계수급인의 사업장으로서 법 제63조에 따른 도급인이 관계수급인 근로자의 산업재해 예방을 위한 조치의무를 위반하여 관계수급인 근로자가 산업재해를 입은 경우에는 도급인의 사업장(도급인이 제공하거나 지정한 경우로서 도급인이 지배・관리하는 제11조 각 호에 해당하는 장소를 포함한다. 이하 같다)의 법 제10조제1항에 따른 산업재해발생건수 등을 함께 공표한다.

제11조(도급인이 지배・관리하는 장소) 법 제10조제2항에서 대통령령으로 정하는 장소란 다음 각 호의 어느 하나에 해당하는 장소를 말한다.

1. 토사(土砂)・구축물・인공구조물 등이 붕괴될 우려가 있는 장소
2. 기계・기구 등이 넘어지거나 무너질 우려가 있는 장소
3. 안전난간의 설치가 필요한 장소
4. 비계(飛階) 또는 거푸집을 설치하거나 해체하는 장소
5. 건설용 리프트를 운행하는 장소
6. 지반(地盤)을 굴착하거나 발파작업을 하는 장소
7. 엘리베이터홀 등 근로자가 추락할 위험이 있는 장소
8. 석면이 붙어 있는 물질을 파쇄하거나 해체하는 작업을 하는 장소
9. 공중 전선에 가까운 장소로서 시설물의 설치・해체・점검 및 수리 등의 작업을 할 때 감전의 위험이 있는 장소
10. 물체가 떨어지거나 날아올 위험이 있는 장소
11. 프레스 또는 전단기(剪斷機)를 사용하여 작업을 하는 장소
12. 차량계(車輛系) 하역운반기계 또는 차량계 건설기계를 사용하여 작업하는 장소
13. 전기 기계・기구를 사용하여 감전의 위험이 있는 작업을 하는 장소
14. 철도산업발전기본법 제3조제4호에 따른 철도차량(도시철도법에 따른 도시철도차량을 포함한다)에 의한 충돌 또는 협착의 위험이 있는 작업을

하는 장소

15. 그 밖에 화재·폭발 등 사고발생 위험이 높은 장소로서 고용노동부령으로 정하는 장소

제12조(통합공표 대상 사업장 등) 법 제10조제2항에서 "대통령령으로 정하는 사업장"이란 다음 각 호의 어느 하나에 해당하는 사업이 이루어지는 사업장으로서 도급인이 사용하는 상시근로자 수가 500명 이상이고 도급인 사업장의 사고사망만인율(질병으로 인한 사망재해자를 제외하고 산출한 사망만인율을 말한다. 이하 같다)보다 관계수급인의 근로자를 포함하여 산출한 사고사망만인율이 높은 사업장을 말한다.

1. 제조업
2. 철도운송업
3. 도시철도운송업
4. 전기업

제11조(산업재해 예방시설의 설치·운영) 고용노동부장관은 산업재해 예방을 위하여 다음 각 호의 시설을 설치·운영할 수 있다. 〈개정 2020. 5. 26.〉

1. 산업안전 및 보건에 관한 지도시설, 연구시설 및 교육시설
2. 안전보건진단 및 작업환경측정을 위한 시설
3. 노무를 제공하는 사람의 건강을 유지·증진하기 위한 시설
4. 그 밖에 고용노동부령으로 정하는 산업재해 예방을 위한 시설

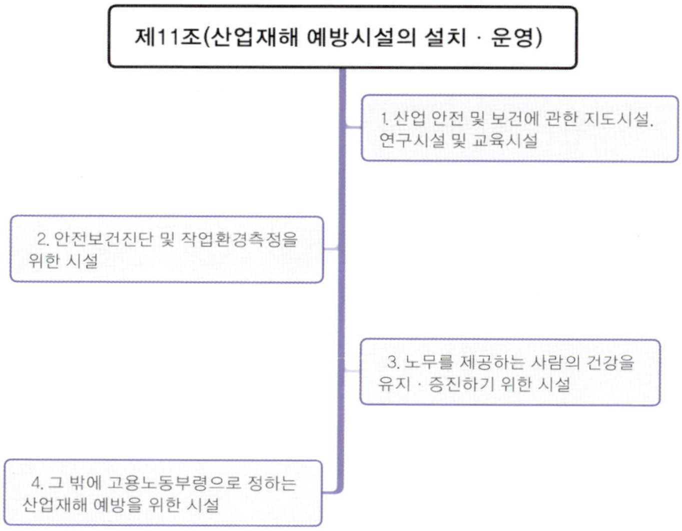

제12조(산업재해 예방의 재원) 다음 각 호의 어느 하나에 해당하는 용도에 사용하기 위한 재원(財源)은 산업재해보상보험법 제95조제1항에 따른 산업재해보상보험 및 예방기금에서 지원한다.

1. 제11조 각 호에 따른 시설의 설치와 그 운영에 필요한 비용
2. 산업재해 예방 관련 사업 및 비영리법인에 위탁하는 업무 수행에 필요한 비용
3. 그 밖에 산업재해 예방에 필요한 사업으로서 고용노동부장관이 인정하는 사업의 사업비

제12조(산업재해 예방의 재원)

산업재해보상보험법 제95조제1항 (산업재해보상보험및예방기금의 설치 및 조성) ①고용노동부장관은 보험사업 , 산업재해 예방 사업에 필요한 재원을 확보하고, 보험급여에 충당하기 위하여 산업재해보상보험및예방기금(이하 "기금"이라 한다)을 설치한다.

제13조(기술 또는 작업환경에 관한 표준) ① 고용노동부장관은 산업재해 예방을 위하여 다음 각 호의 조치와 관련된 기술 또는 작업환경에 관한 표준을 정하여 사업주에게 지도·권고할 수 있다.

1. 제5조제2항 각 호의 어느 하나에 해당하는 자가 같은 항에 따라 산업재해를 방지하기 위하여 하여야 할 조치
2. 제38조 및 제39조에 따라 사업주가 하여야 할 조치

② 고용노동부장관은 제1항에 따른 표준을 정할 때 필요하다고 인정하면 해당 분야별로 표준제정위원회를 구성·운영할 수 있다.

③ 제2항에 따른 표준제정위원회의 구성·운영, 그 밖에 필요한 사항은 고용노동부장관이 정한다.

제13조(기술 또는 작업환경에 관한 표준)

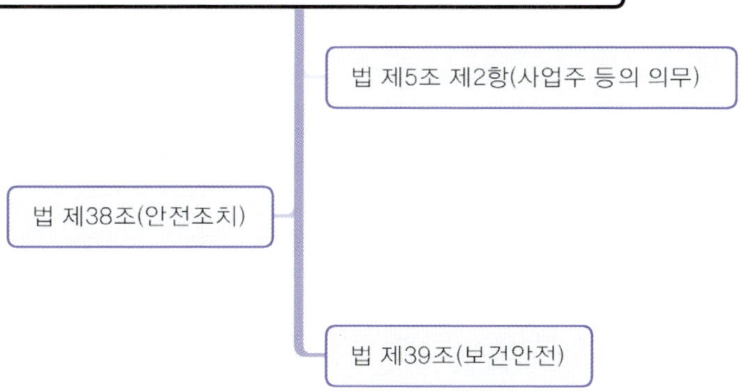

■ 조문해석

고용노동부장관은 산업재해 예방을 위하여 조치와 관련된 기술 또는 작업환경에 관한 표준을 정하여 사업주에게 지도・권고할 수 있다. 사업주는 안전・보건 등 필요한 조치를 하여야 한다. 그리고 기계・기구와 그 밖의 설비를 설계・제조 또는 수입하는 자, 원재료 등을 제조・수입하는 자, 건설물을 발주・설계・건설하는 자에 지도・권고할 수 있다.

CHAPTER 02

안전보건관리체제 등

제14조(이사회 보고 및 승인 등)
제15조(안전보건관리책임자)
제16조(관리감독자)
제17조(안전관리자)
제18조(보건관리자)
제19조(안전보건관리담당자)
제20조(안전관리자 등의 지도·조언)
제21조(안전관리전문기관 등)
제22조(산업보건의)
제23조(명예산업안전감독관)
제24조(산업안전보건위원회)
제25조(안전보건관리규정의 작성)
제26조(안전보건관리규정의 작성·변경 절차)
제27조(안전보건관리규정의 준수)
제28조(다른 법률의 준용)

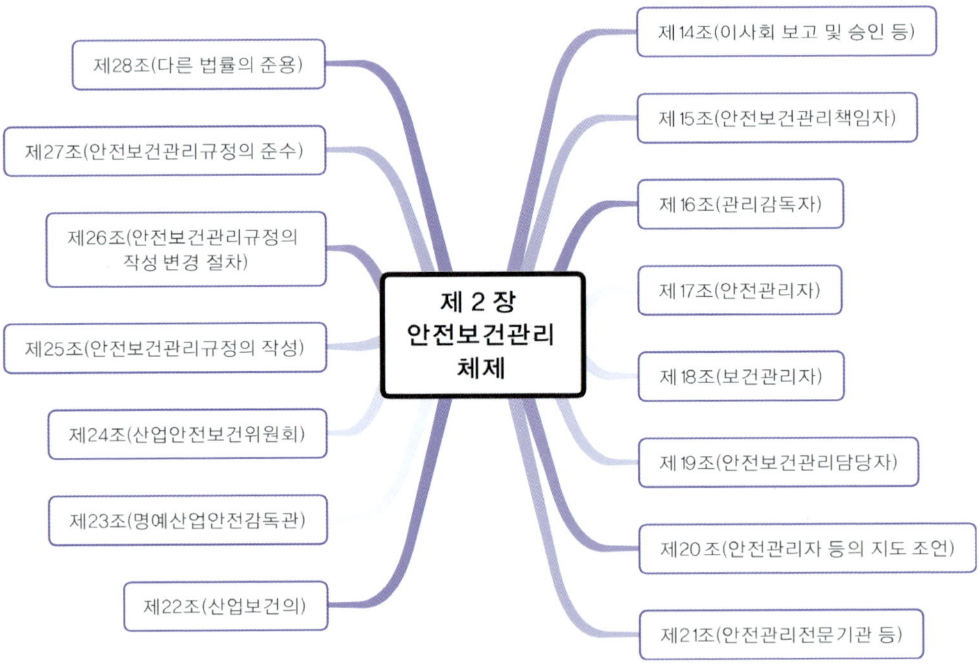
제 2 장
안전보건관리
체제
제14조(이사회 보고 및 승인 등)
제15조(안전보건관리책임자)
제16조(관리감독자)
제17조(안전관리자)
제18조(보건관리자)
제19조(안전보건관리담당자)
제20조(안전관리자 등의 지도 조언)
제21조(안전관리전문기관 등)
제22조(산업보건의)
제23조(명예산업안전감독관)
제24조(산업안전보건위원회)
제25조(안전보건관리규정의 작성)
제26조(안전보건관리규정의 작성 변경 절차)
제27조(안전보건관리규정의 준수)
제28조(다른 법률의 준용)

CHAPTER 02 안전보건관리체제 등

제1절 안전보건관리체제

제14조(이사회 보고 및 승인 등) ① 상법 제170조에 따른 주식회사 중 대통령령으로 정하는 회사의 대표이사는 대통령령으로 정하는 바에 따라 매년 회사의 안전 및 보건에 관한 계획을 수립하여 이사회에 보고하고 승인을 받아야 한다.

② 제1항에 따른 대표이사는 제1항에 따른 안전 및 보건에 관한 계획을 성실하게 이행하여야 한다.

③ 제1항에 따른 안전 및 보건에 관한 계획에는 안전 및 보건에 관한 비용, 시설, 인원 등의 사항을 포함하여야 한다.

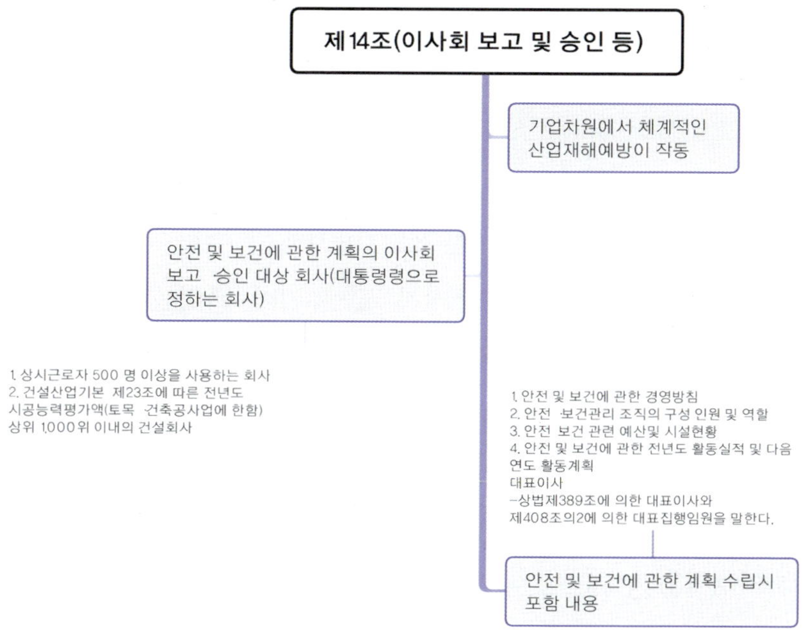

■ **조문해석**

개정 전 산업안전보건법에서는 법인의 위반행위에 대하여 현장소장 등이 행위자로서 처벌받게 되고, 대표자는 책임을 묻기 어려운 경우가 대부분이었다. 대표자의 면책에 따라 기업은 대표자가 형사책임에서 회피될 수 있도록 공식적인 안전관리 업무에서 배제한 지휘체계를 둔다면 기업의 산업재해 예방에 부정적 영향을 가져다준다.

법인의 대표이사 등 최고경영진이 산업재해 예방을 위한 일정한 의무를 부담하도록 할 필요가 있어 법 제14조 이사회 보고 및 승인 규정을 두어 사업주의 책임의식을 강화하였다. 이 규정은 사업주의 책임의식 강화를 위하여 사업주 안전보건계획을 작성하도록 한 것이고 이것을 이사회에 보고하도록 한 것이다.[1]

제15조(안전보건관리책임자) ① 사업주는 사업장을 실질적으로 총괄하여 관리하는 사람에게 해당 사업장의 다음 각 호의 업무를 총괄하여 관리하도록 하여야 한다.

1. 사업장의 산업재해 예방계획의 수립에 관한 사항
2. 제25조 및 제26조에 따른 안전보건관리규정의 작성 및 변경에 관한 사항
3. 제29조에 따른 안전보건교육에 관한 사항
4. 작업환경측정 등 작업환경의 점검 및 개선에 관한 사항
5. 제129조부터 제132조까지에 따른 근로자의 건강진단 등 건강관리에 관한 사항
6. 산업재해의 원인 조사 및 재발 방지대책 수립에 관한 사항
7. 산업재해에 관한 통계의 기록 및 유지에 관한 사항
8. 안전장치 및 보호구 구입 시 적격품 여부 확인에 관한 사항
9. 그 밖에 근로자의 유해·위험 방지조치에 관한 사항으로서 고용노동부령으로 정하는 사항

② 제1항 각 호의 업무를 총괄하여 관리하는 사람(이하 안전보건관리책임자라 한다)은 제17조에 따른 안전관리자와 제18조에 따른 보건관리

---

1) 조흠학, "산업안전보건법", 신광문화사, 2020, 236면.

자를 지휘·감독한다.

③ 안전보건관리책임자를 두어야 하는 사업의 종류와 사업장의 상시근로자 수, 그 밖에 필요한 사항은 대통령령으로 정한다.

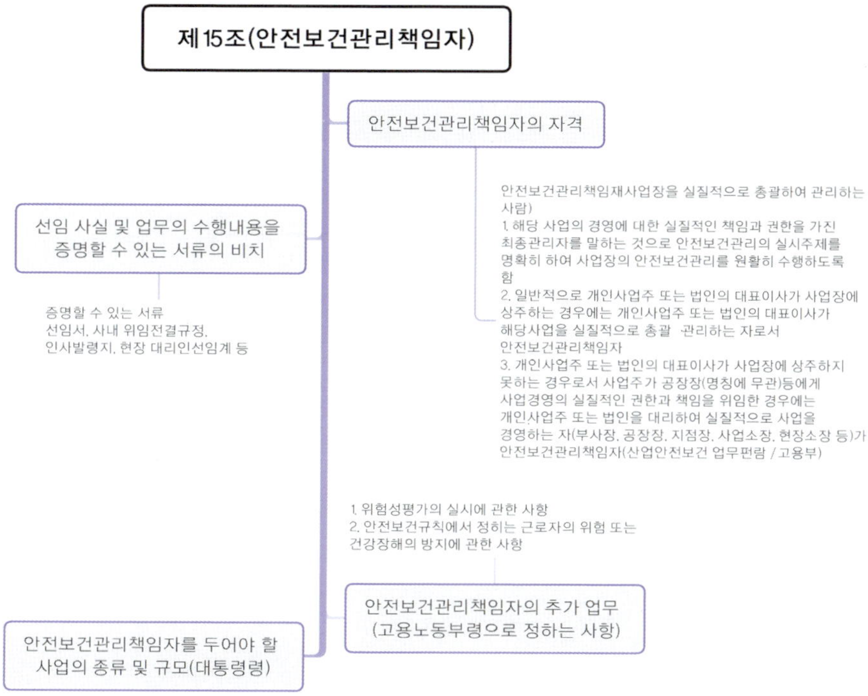

■ **조문해석**

안전보건관리책임자의 총괄 관리업무는 1. 사업장의 산업재해 예방계획의 수립에 관한 사항 2. 안전보건관리규정의 작성 및 변경에 관한 사항 3. 안전보건교육에 관한 사항 4. 작업환경측정 등 작업환경의 점검 및 개선에 관한 사항 5. 근로자의 건강진단 등 건강관리에 관한 사항 6. 산업재해의 원인 조사 및 재발 방지대책 수립에 관한 사항 7. 산업재해에 관한 통계의 기록 및 유지에 관한 사항 8. 안전장치 및 보호구 구입 시 적격품 여부 확인에 관한 사항 9. 그 밖에 근로자의 유해·위험 방지조치에 관한 사항으로서 고용노동부령으로 정하는 사항으로 사업장의 포괄적인 예방 책임을 부과하고 있다.

법 제15조 제1항 제9호 그 밖에 근로자의 유해·위험 방지조치에 관한 사항으로서 고용노동부령으로 정하는 사항에 근거하여 법 제36조에 따른 위험성 평가의 실시에 관한 사항과 안전보건규칙에서 정하는 근로자의 위험 또는 건강장해의 방지에 관한 사항이다.

제16조(관리감독자) ① 사업주는 사업장의 생산과 관련되는 업무와 그 소속 직원을 직접 지휘·감독하는 직위에 있는 사람(이하 관리감독자라 한다)에게 산업안전 및 보건에 관한 업무로서 대통령령으로 정하는 업무를 수행하도록 하여야 한다.

② 관리감독자가 있는 경우에는 건설기술 진흥법 제64조제1항제2호에 따른 안전관리책임자 및 같은 항 제3호에 따른 안전관리담당자를 각각 둔 것으로 본다.

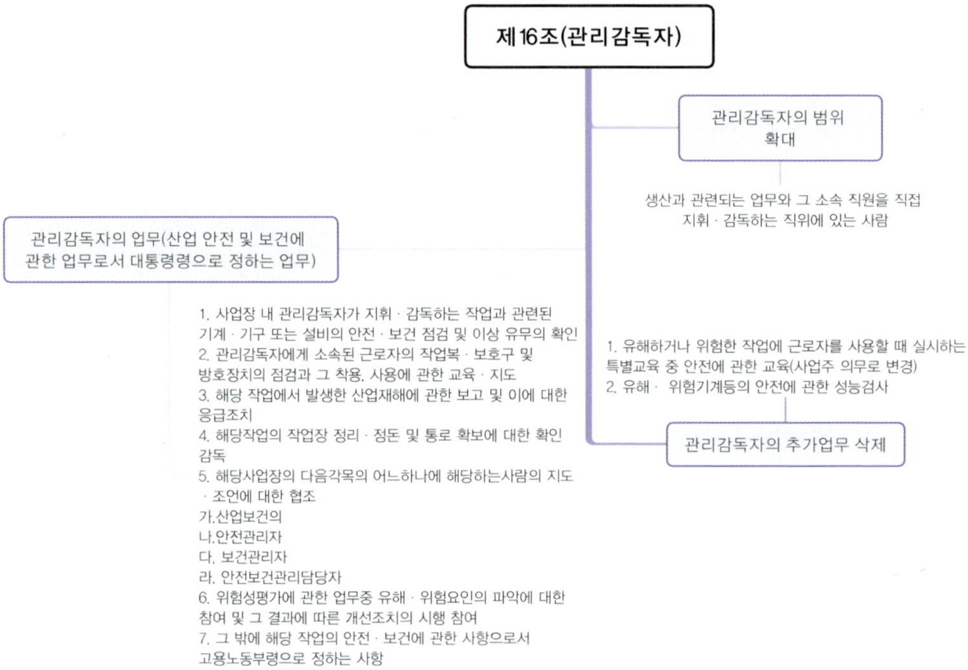

■ **조문해석**

관리감독자는 사업장에서 안전관리책임자를 보좌하고 사업장의 부서별 안전관리 업무를 담당하는 사람이다. 관리감독자는 해당 작업을 직접 수행하고 작업하면서 부서의 안전관리업무를 행하는 사람이다.

시행령 제15조(관리감독자의 업무 등) ① 법 제16조제1항에서 대통령령으로 정하는 업무란 다음 각 호의 업무를 말한다.

1. 사업장 내 법 제16조제1항에 따른 관리감독자(이하 관리감독자라 한다)가 지휘·감독하는 작업(이하 이 조에서 해당작업이라 한다)과 관련된 기계·기구 또는 설비의 안전·보건 점검 및 이상 유무의 확인

2. 관리감독자에게 소속된 근로자의 작업복·보호구 및 방호장치의 점검과 그 착용·사용에 관한 교육·지도
3. 해당작업에서 발생한 산업재해에 관한 보고 및 이에 대한 응급조치
4. 해당작업의 작업장 정리·정돈 및 통로 확보에 대한 확인·감독
5. 사업장의 다음 각 목의 어느 하나에 해당하는 사람의 지도·조언에 대한 협조
   가. 법 제17조제1항에 따른 안전관리자(이하 안전관리자라 한다) 또는 같은 조 제4항에 따라 안전관리자의 업무를 같은 항에 따른 안전관리전문기관(이하 안전관리전문기관이라 한다)에 위탁한 사업장의 경우에는 그 안전관리전문기관의 해당 사업장 담당자
   나. 법 제18조제1항에 따른 보건관리자(이하 보건관리자라 한다) 또는 같은 조 제4항에 따라 보건관리자의 업무를 같은 항에 따른 보건관리전문기관(이하 보건관리전문기관이라 한다)에 위탁한 사업장의 경우에는 그 보건관리전문기관의 해당 사업장 담당자
   다. 법 제19조제1항에 따른 안전보건관리담당자(이하 안전보건관리담당자라 한다) 또는 같은 조 제4항에 따라 안전보건관리담당자의 업무를 안전관리전문기관 또는 보건관리전문기관에 위탁한 사업장의 경우에는 그 안전관리전문기관 또는 보건관리전문기관의 해당 사업장 담당자
   라. 법 제22조제1항에 따른 산업보건의(이하 산업보건의라 한다)
6. 법 제36조에 따라 실시되는 위험성평가에 관한 다음 각 목의 업무
   가. 유해·위험요인의 파악에 대한 참여
   나. 개선조치의 시행에 대한 참여
7. 그 밖에 해당작업의 안전 및 보건에 관한 사항으로서 고용노동부령으로 정하는 사항

② 관리감독자에 대한 지원에 관하여는 제14조제2항을 준용한다. 이 경우 "안전보건관리책임자"는 "관리감독자"로, "법 제15조제1항"은 "제1항"으로 본다.

제17조(안전관리자) ① 사업주는 사업장에 제15조제1항 각 호의 사항 중 안전에 관한 기술적인 사항에 관하여 사업주 또는 안전보건관리책임자를 보좌하고 관리감독자에게 지도·조언하는 업무를 수행하는 사람(이하 안전관리자라 한다)을 두어야 한다.

② 안전관리자를 두어야 하는 사업의 종류와 사업장의 상시근로자 수, 안전관리자의 수·자격·업무·권한·선임방법, 그 밖에 필요한 사항은 대통령령으로 정한다.

③ 고용노동부장관은 산업재해 예방을 위하여 필요한 경우로서 고용노동

부령으로 정하는 사유에 해당하는 경우에는 사업주에게 안전관리자를 제2항에 따라 대통령령으로 정하는 수 이상으로 늘리거나 교체할 것을 명할 수 있다.

④ 대통령령으로 정하는 사업의 종류 및 사업장의 상시근로자 수에 해당하는 사업장의 사업주는 제21조에 따라 지정 받은 안전관리 업무를 전문적으로 수행하는 기관(이하 안전관리전문기관이라 한다)에 안전관리자의 업무를 위탁할 수 있다.

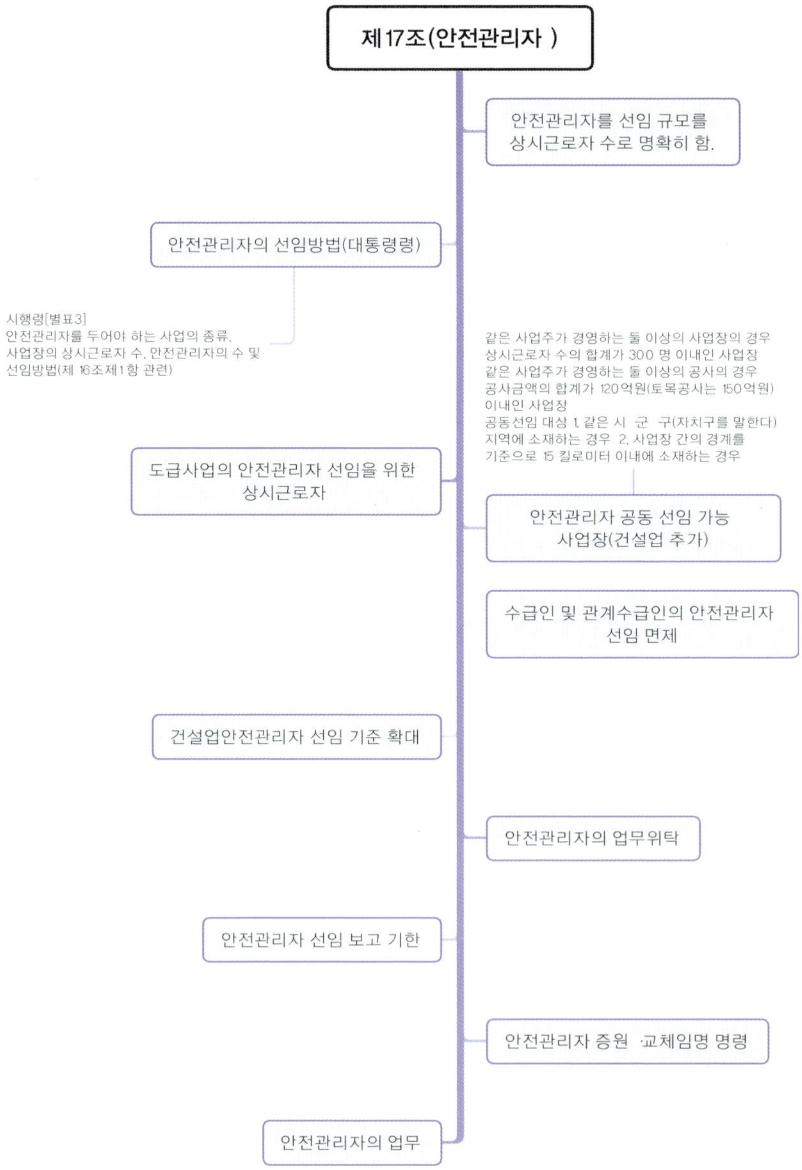

■ 조문해석

안전관리자는 사업장에서 법적 규정사항으로 안전업무를 담당하는 사람을 말한다. 통상적으로 안전관련 학과를 나오고 안전기사에 관한 자격증을 가진 자가 사업장에 안전관리업무를 수행하게 된다. 보통 현장에서 안전관리자 선임에 대하여 다양한 의견이 나오고 있다.

안전관리자 선임에 관하여 시행령 제16조에 근거한 선임방법과 내용이 규정되어 있다. 현장의 사업장 규모에 따라 안전관리자를 선임한다. 대기업의 경우 근로자 수에 따른 안전관리자 선임규정으로 안전보건업무를 수행한다.

동 시행규칙 제12조 안전관리자 등의 증원・교체임명 명령을 두어 지방고용노동관서의 장은 사업주에게 안전관리자・보건관리자 또는 안전보건관리담당자(이하 이 조에서 관리자라 한다)를 정수 이상으로 증원하게 하거나 교체하여 임명할 것을 명할 수 있다.

시행규칙 제12조(안전관리자 등의 증원・교체임명 명령) ① 지방고용노동관서의 장은 다음 각 호의 어느 하나에 해당하는 사유가 발생한 경우에는 법 제17조제3항・제18조제3항 또는 제19조제3항에 따라 사업주에게 안전관리자・보건관리자 또는 안전보건관리담당자(이하 이 조에서 관리자라 한다)를 정수 이상으로 증원하게 하거나 교체하여 임명할 것을 명할 수 있다. 다만, 제4호에 해당하는 경우로서 직업성 질병자 발생 당시 사업장에서 해당 화학적 인자(因子)를 사용하지 않은 경우에는 그렇지 않다.

1. 해당 사업장의 연간재해율이 같은 업종의 평균재해율의 2배 이상인 경우
2. 중대재해가 연간 2건 이상 발생한 경우. 다만, 해당 사업장의 당해연도 사망만인율이 전년도 같은 업종의 평균 사망만인율 이하인 경우는 제외한다.
3. 관리자가 질병이나 그 밖의 사유로 3개월 이상 직무를 수행할 수 없게 된 경우
4. 별표 22 제1호에 따른 화학적 인자로 인한 직업성질병자가 연간 3명 이상 발생한 경우.

이 경우 직업성질병자 발생일은 산업재해보상보험법 시행규칙 제21조제1항에 따른 요양급여의 결정일로 한다.

이외에 안전관리업무 위탁 사업주가 법 제17조제4항에 따라 지정 받은 안전관리업무를 전문적으로 수행하는 기관(이하 안전관리전문기관이라 한다)에 안전관리자의 업무를 위탁할 수 있다. 사업주가 안전관리자의 업무를 안전관리전문기관에 위탁한 경우에는 그 전문기관을 법 제17조제1항에 따른 안전관

리자로 보며, 안전관리업무의 위탁계약은 시행규칙 제13조에 따라 근거 규정을 두고 있다. 법 제17조제4항에 따라 안전관리전문기관이 사업주로부터 안전관리업무를 위탁 받으려는 때에는 별지 제5호서식의 안전관리 업무계약서에 따라 계약을 체결하여야 한다.

시행령

제16조(안전관리자의 선임 등) ① 법 제17조제1항에 따라 안전관리자를 두어야 하는 사업의 종류와 사업장의 상시근로자 수, 안전관리자의 수 및 선임방법은 별표 3과 같다.

② 제1항에 따른 사업 중 상시근로자 300명 이상을 사용하는 사업장[건설업의 경우에는 공사금액이 120억원(건설산업기본법 시행령 별표 1의 종합공사를 시공하는 업종의 건설업종란 제1호에 따른 토목공사업의 경우에는 150억원) 이상인 사업장]의 안전관리자는 해당 사업장에서 제18조제1항 각 호에 따른 업무만을 전담해야 한다.

③ 제1항 및 제2항을 적용할 경우 제52조에 따른 사업으로서 도급인의 사업장에서 이루어지는 도급사업의 공사금액 또는 관계수급인의 상시근로자는 각각 해당 사업의 공사금액 또는 상시근로자로 본다. 다만, 별표 3의 기준에 해당하는 도급사업의 공사금액 또는 관계수급인의 상시근로자의 경우에는 그렇지 않다.

④ 제1항에도 불구하고 같은 사업주가 경영하는 둘 이상의 사업장이 다음 각 호의 어느 하나에 해당하는 경우에는 그 둘 이상의 사업장에 1명의 안전관리자를 공동으로 둘 수 있다. 이 경우 해당 사업장의 상시근로자 수의 합계는 300명 이내[건설업의 경우에는 공사금액의 합계가 120억원(건설산업기본법 시행령 별표 1의 종합공사를 시공하는 업종의 건설업종란 제1호에 따른 토목공사업의 경우에는 150억원) 이내]이어야 한다.

1. 같은 시・군・구(자치구를 말한다) 지역에 소재하는 경우
2. 사업장 간의 경계를 기준으로 15킬로미터 이내에 소재하는 경우

⑤ 제1항부터 제3항까지의 규정에도 불구하고 도급인의 사업장에서 이루어지는 도급사업에서 도급인이 고용노동부령으로 정하는 바에 따라 그 사업의 관계수급인 근로자에 대한 안전관리를 전담하는 안전관리자를 선임한 경우에는 그 사업의 관계수급인은 해당 도급사업에 대한 안전관리자를 선임하지 않을 수 있다.

⑥ 사업주는 안전관리자를 선임하거나 법 제17조제4항에 따라 안전관리자의 업무를 안전관리전문기관에 위탁한 경우에는 고용노동부령으로 정하는 바에 따라 선임하거나 위탁한 날부터 14일 이내에 고용노동부장관에게 그 사실을 증명할 수 있는 서류를 제출해야 한다. 법 제17조제3항에 따라 안전관리자를 늘리거나 교체한 경우에도 또한 같다.

제18조(안전관리자의 업무 등) ① 안전관리자의 업무는 다음 각 호와 같다.

1. 법 제24조제1항에 따른 산업안전보건위원회(이하 산업안전보건위원회라 한다) 또는 법 제75조제1항에 따른 안전 및 보건에 관한 노사협의체(이하 노사협의체라 한다)에서 심의·의결한 업무와 해당 사업장의 법 제25조제1항에 따른 안전보건관리규정(이하 안전보건관리규정이라 한다) 및 취업규칙에서 정한 업무
2. 법 제36조에 따른 위험성평가에 관한 보좌 및 지도·조언
3. 법 제84조제1항에 따른 안전인증 대상기계 등(이하 안전인증 대상기계 등이라 한다)과 법 제89조제1항 각 호 외의 부분 본문에 따른 자율안전 확인대상기계 등(이하 자율안전 확인대상기계 등이라 한다) 구입 시 적격품의 선정에 관한 보좌 및 지도·조언
4. 해당 사업장 안전교육계획의 수립 및 안전교육 실시에 관한 보좌 및 지도·조언
5. 사업장 순회점검, 지도 및 조치 건의
6. 산업재해 발생의 원인 조사·분석 및 재발 방지를 위한 기술적 보좌 및 지도·조언
7. 산업재해에 관한 통계의 유지·관리·분석을 위한 보좌 및 지도·조언
8. 법 또는 법에 따른 명령으로 정한 안전에 관한 사항의 이행에 관한 보좌 및 지도·조언
9. 업무 수행 내용의 기록·유지
10. 그 밖에 안전에 관한 사항으로서 고용노동부장관이 정하는 사항

② 사업주가 안전관리자를 배치할 때에는 연장근로·야간근로 또는 휴일근로 등 해당 사업장의 작업 형태를 고려해야 한다.

③ 사업주는 안전관리 업무의 원활한 수행을 위하여 외부전문가의 평가·지도를 받을 수 있다.

④ 안전관리자는 제1항 각 호에 따른 업무를 수행할 때에는 보건관리자와 협력해야 한다.

⑤ 안전관리자에 대한 지원에 관하여는 제14조제2항을 준용한다. 이 경우 "안전보건관리책임자"는 안전관리자로, "법 제15조제1항"은 "제1항"으로 본다.

시행규칙

제12조(안전관리자 등의 증원・교체임명 명령) ① 지방고용노동관서의 장은 다음 각 호의 어느 하나에 해당하는 사유가 발생한 경우에는 법 제17조제3항・제18조제3항 또는 제19조제3항에 따라 사업주에게 안전관리자・보건관리자 또는 안전보건관리담당자(이하 이 조에서 관리자라 한다)를 정수 이상으로 증원하게 하거나 교체하여 임명할 것을 명할 수 있다. 다만, 제4호에 해당하는 경우로서 직업성 질병자 발생 당시 사업장에서 해당 화학적 인자(因子)를 사용하지 않은 경우에는 그렇지 않다.

1. 해당 사업장의 연간재해율이 같은 업종의 평균재해율의 2배 이상인 경우
2. 중대재해가 연간 2건 이상 발생한 경우. 다만, 해당 사업장의 전년도 사망만인율이 같은 업종의 평균 사망만인율 이하인 경우는 제외한다.
3. 관리자가 질병이나 그 밖의 사유로 3개월 이상 직무를 수행할 수 없게 된 경우
4. 별표 22 제1호에 따른 화학적 인자로 인한 직업성 질병자가 연간 3명 이상 발생한 경우. 이 경우 직업성 질병자의 발생일은 산업재해보상보험법 시행규칙 제21조제1항에 따른 요양급여의 결정일로 한다.

② 제1항에 따라 관리자를 정수 이상으로 증원하게 하거나 교체하여 임명할 것을 명하는 경우에는 미리 사업주 및 해당 관리자의 의견을 듣거나 소명자료를 제출 받아야 한다. 다만, 정당한 사유 없이 의견진술 또는 소명자료의 제출을 게을리한 경우에는 그렇지 않다.

③ 제1항에 따른 관리자의 정수 이상 증원 및 교체임명 명령은 별지 제4호서식에 따른다.

제18조(보건관리자) ① 사업주는 사업장에 제15조제1항 각 호의 사항 중 보건에 관한 기술적인 사항에 관하여 사업주 또는 안전보건관리책임자를 보좌하고 관리감독자에게 지도・조언하는 업무를 수행하는 사람(이하 보건관리자라 한다)을 두어야 한다.

② 보건관리자를 두어야 하는 사업의 종류와 사업장의 상시근로자 수, 보건관리자의 수・자격・업무・권한・선임방법, 그 밖에 필요한 사항은 대통령령으로 정한다.

③ 고용노동부장관은 산업재해 예방을 위하여 필요한 경우로서 고용노동부령으로 정하는 사유에 해당하는 경우에는 사업주에게 보건관리자를 제2항에 따라 대통령령으로 정하는 수 이상으로 늘리거나 교체할 것

을 명할 수 있다.

④ 대통령령으로 정하는 사업의 종류 및 사업장의 상시근로자 수에 해당하는 사업장의 사업주는 제21조에 따라 지정 받은 보건관리 업무를 전문적으로 수행하는 기관(이하 보건관리전문기관이라 한다)에 보건관리자의 업무를 위탁할 수 있다.

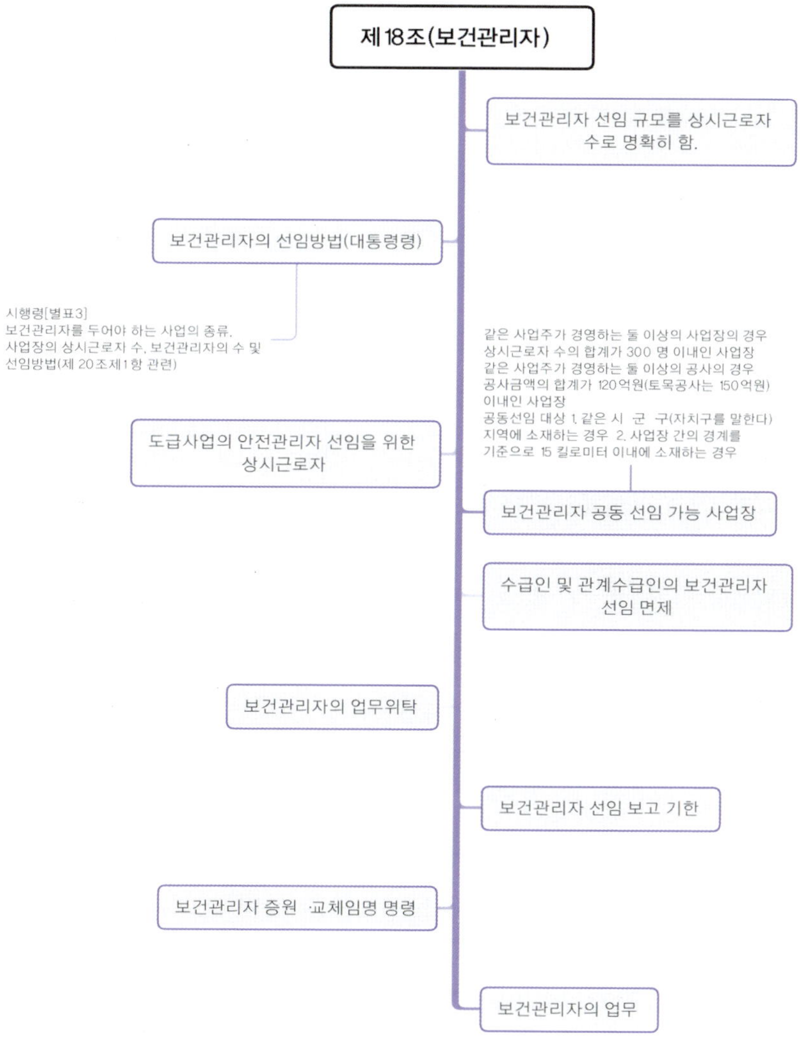

■ 조문해석

보건관리자의 업무

1. 산업안전보건위원회에서 심의 · 의결한 업무와 안전보건관리규정 및 취업규칙에서 정한 업무

2. 안전인증 대상기계 등과 자율안전 확인대상기계 등 중 보건과 관련된 보호구(保護具) 구입 시 적격품 선정에 관한 보좌 및 지도・조언
3. 법 제110조에 따라 작성된 물질안전 보건자료의 게시 또는 비치에 관한 보좌 및 지도・조언
4. 법 제36조에 따른 위험성평가에 관한 보좌 및 지도・조언
5. 제30조제1항에 따른 산업보건의의 직무(보건관리자가 별표 6 제1호에 해당하는 사람인 경우로 한정한다)
6. 해당 사업장 보건교육계획의 수립 및 보건교육 실시에 관한 보좌 및 지도・조언
7. 해당 사업장의 근로자를 보호하기 위한 다음 각 목의 조치에 해당하는 의료행위(보건관리자가 별표 6 제1호 또는 제2호에 해당하는 경우로 한정한다)
   가. 외상등 흔히 볼 수 있는 환자의 치료
   나. 응급처치가 필요한 사람에 대한 처치
   다. 부상・질병의 악화를 방지하기 위한 처치
   라. 건강진단 결과 발견된 질병자의 요양 지도 및 관리
   마. 가목부터 라목까지의 의료행위에 따르는 의약품의 투여
8. 작업장 내에서 사용되는 전체 환기장치 및 국소 배기장치 등에 관한 설비의 점검과 작업방법의 공학 개선에 관한 보좌 및 지도・조언
9. 사업장 순회점검・지도 및 조치의 건의
10. 산업재해 발생의 원인 조사・분석 및 재발 방지를 위한 기술적 보좌 및 지도・조언
11. 산업재해에 관한 통계의 유지・관리・분석을 위한 보좌 및 지도・조언
12. 법 또는 법에 따른 명령으로 정한 보건에 관한 사항의 이행에 관한 보좌 및 지도・조언
13. 업무수행 내용의 기록・유지
14. 그 밖에 작업관리 및 작업환경관리에 관한 사항으로서 고용노동부장관이 정하는 사항

보건관리자의 선임은 법 제18조제2항에 따라 보건관리자를 두어야 할 사업의 종류 및 사업장의 상시근로자 수와 보건관리자의 수 시행령 별표 6에 두고 있으며, 상시근로자 300명 미만을 사용하는 사업장에서는 보건관리자가 보

건관리 업무에 지장이 없는 범위에서 다른 업무를 겸할 수 있다.

보건관리자 업무 위탁은 법 제17조제1항에 근거하여 안전관리자와 같이 위탁한 경우로 보고 보건관리자를 둔 것으로 본다.

시행령

제20조(보건관리자의 선임 등) ① 법 제18조제1항에 따라 보건관리자를 두어야 하는 사업의 종류와 사업장의 상시근로자 수, 보건관리자의 수 및 선임방법은 별표 5와 같다.

② 제1항에 따른 사업과 사업장의 보건관리자는 해당 사업장에서 제22조제1항 각 호에 따른 업무만을 전담해야 한다. 다만, 상시근로자 300명 미만을 사용하는 사업장에서는 보건관리자가 제22조제1항 각 호에 따른 업무에 지장이 없는 범위에서 다른 업무를 겸할 수 있다.

③ 보건관리자의 선임 등에 관하여는 제16조제3항부터 제6항까지의 규정을 준용한다. 이 경우 "별표 3"은 "별표 5"로, "안전관리자"는 "보건관리자"로, "안전관리"는 "보건관리"로, "법 제17조제4항"은 "법 제18조제4항"으로, "안전관리전문기관"은 "보건관리전문기관"으로 본다.

제21조(보건관리자의 자격) 보건관리자의 자격은 별표 6과 같다.

제22조(보건관리자의 업무 등) ① 보건관리자의 업무는 다음 각 호와 같다.

1. 산업안전보건위원회 또는 노사협의체에서 심의·의결한 업무와 안전보건관리규정 및 취업규칙에서 정한 업무
2. 안전인증 대상기계 등과 자율안전 확인대상기계 등 중 보건과 관련된 보호구(保護具) 구입 시 적격품 선정에 관한 보좌 및 지도·조언
3. 법 제36조에 따른 위험성평가에 관한 보좌 및 지도·조언
4. 법 제110조에 따라 작성된 물질안전 보건자료의 게시 또는 비치에 관한 보좌 및 지도·조언
5. 제31조제1항에 따른 산업보건의의 직무(보건관리자가 별표 6 제2호에 해당하는 사람인 경우로 한정한다)
6. 해당 사업장 보건교육계획의 수립 및 보건교육 실시에 관한 보좌 및 지도·조언
7. 해당 사업장의 근로자를 보호하기 위한 다음 각 목의 조치에 해당하는 의료행위(보건관리자가 별표 6 제2호 또는 제3호에 해당하는 경우로 한정한다)
   가. 자주 발생하는 가벼운 부상에 대한 치료
   나. 응급처치가 필요한 사람에 대한 처치
   다. 부상·질병의 악화를 방지하기 위한 처치

라. 건강진단 결과 발견된 질병자의 요양 지도 및 관리

마. 가목부터 라목까지의 의료행위에 따르는 의약품의 투여

8. 작업장 내에서 사용되는 전체 환기장치 및 국소 배기장치 등에 관한 설비의 점검과 작업방법의 공학적 개선에 관한 보좌 및 지도・조언
9. 사업장 순회점검, 지도 및 조치 건의
10. 산업재해 발생의 원인 조사・분석 및 재발 방지를 위한 기술적 보좌 및 지도・조언
11. 산업재해에 관한 통계의 유지・관리・분석을 위한 보좌 및 지도・조언
12. 법 또는 법에 따른 명령으로 정한 보건에 관한 사항의 이행에 관한 보좌 및 지도・조언
13. 업무 수행 내용의 기록・유지
14. 그 밖에 보건과 관련된 작업관리 및 작업환경관리에 관한 사항으로서 고용노동부장관이 정하는 사항

② 보건관리자는 제1항 각 호에 따른 업무를 수행할 때에는 안전관리자와 협력해야 한다.

③ 사업주는 보건관리자가 제1항에 따른 업무를 원활하게 수행할 수 있도록 권한・시설・장비・예산, 그 밖의 업무 수행에 필요한 지원을 해야 한다. 이 경우 보건관리자가 별표 6 제2호 또는 제3호에 해당하는 경우에는 고용노동부령으로 정하는 시설 및 장비를 지원해야 한다.

④ 보건관리자의 배치 및 평가・지도에 관하여는 제18조제2항 및 제3항을 준용한다. 이 경우 "안전관리자"는 "보건관리자"로, "안전관리"는 "보건관리"로 본다.

제23조(보건관리자 업무의 위탁 등) ① 법 제18조제4항에 따라 보건관리자의 업무를 위탁할 수 있는 보건관리전문기관은 지역별 보건관리전문기관과 업종별・유해인자별 보건관리전문기관으로 구분한다.

② 법 제18조제4항에서 "대통령령으로 정하는 사업의 종류 및 사업장의 상시근로자 수에 해당하는 사업장"이란 다음 각 호의 어느 하나에 해당하는 사업장을 말한다.

1. 건설업을 제외한 사업(업종별・유해인자별 보건관리전문기관의 경우에는 고용노동부령으로 정하는 사업을 말한다)으로서 상시근로자 300명 미만을 사용하는 사업장
2. 외딴곳으로서 고용노동부장관이 정하는 지역에 있는 사업장

③ 보건관리자 업무의 위탁에 관하여는 제19조제2항을 준용한다. 이 경우 "법 제17조제4항 및 이 조 제1항"은 "법 제18조제4항 및 이 조 제2항"으로, "안전관리자"는 "보건관리자"로, "안전관리전문기관"은 "보건관리전문기관"으로 본다.

제19조(안전보건관리담당자) ① 사업주는 사업장에 안전 및 보건에 관하여 사업주를 보좌하고 관리감독자에게 지도·조언하는 업무를 수행하는 사람(이하 안전보건관리담당자라 한다)을 두어야 한다. 다만, 안전관리자 또는 보건관리자가 있거나 이를 두어야 하는 경우에는 그러하지 아니하다.

② 안전보건관리담당자를 두어야 하는 사업의 종류와 사업장의 상시근로자 수, 안전보건관리담당자의 수·자격·업무·권한·선임방법, 그 밖에 필요한 사항은 대통령령으로 정한다.

③ 고용노동부장관은 산업재해 예방을 위하여 필요한 경우로서 고용노동부령으로 정하는 사유에 해당하는 경우에는 사업주에게 안전보건관리담당자를 제2항에 따라 대통령령으로 정하는 수 이상으로 늘리거나 교체할 것을 명할 수 있다.

④ 대통령령으로 정하는 사업의 종류 및 사업장의 상시근로자 수에 해당하는 사업장의 사업주는 안전관리전문기관 또는 보건관리전문기관에 안전보건관리담당자의 업무를 위탁할 수 있다.

제19조(안전보건관리담당자)

안전보건관리담당자의 선임 대상 사업장(대통령령)

제1항 위반 500만원 이하의 과태료
제3항 위반 500만원 이하의 과태료

다음 각 호의 사업으로 상시근로자 20명 이상 50명 미만 사업
1. 제조업
2. 임업
3. 하수, 폐수 및 분뇨 처리업
4. 폐기물 수집, 운반, 처리 및 원료 재생업
5. 환경 정화및복원업

■ 조문해석

50인 미만 소규모 세 사업장의 경우 안전보건관리자의 고용의무가 없으므로 소규모 사업장의 사업주의 경우 안전보건관리자 선임 의무가 없다.
안전보건관리담당자의 위탁은 법 제19조에 따라 사업주는 제21조에 따라 지정 받은 안전관리전문기관 또는 보건관리전문기관에 안전보건관리담당자의 업무를 위탁할 수 있다.

시행령 제24조(안전보건관리담당자의 선임 등) ① 다음 각 호의 어느 하나에 해당하는 사업의 사업주는 법 제19조제1항에 따라 상시근로자 20명 이상 50명 미만인 사업장에 안전보건관리담당자를 1명 이상 선임해야 한다.

1. 제조업
2. 임업
3. 하수, 폐수 및 분뇨 처리업
4. 폐기물 수집, 운반, 처리 및 원료 재생업
5. 환경 정화 및 복원업

② 안전보건관리담당자는 해당 사업장 소속 근로자로서 다음 각 호의 어느 하나에 해당하는 요건을 갖추어야 한다.

1. 제17조에 따른 안전관리자의 자격을 갖추었을 것
2. 제21조에 따른 보건관리자의 자격을 갖추었을 것
3. 고용노동부장관이 정하여 고시하는 안전보건교육을 이수했을 것

③ 안전보건관리담당자는 제25조 각 호에 따른 업무에 지장이 없는 범위에서 다른 업무를 겸할 수 있다.

④ 사업주는 제1항에 따라 안전보건관리담당자를 선임한 경우에는 그 선임 사실 및 제25조 각 호에 따른 업무를 수행했음을 증명할 수 있는 서류를 갖추어 두어야 한다.

제20조(안전관리자 등의 지도·조언) 사업주, 안전보건관리책임자 및 관리감독자는 다음 각 호의 어느 하나에 해당하는 자가 제15조제1항 각 호의 사항 중 안전 또는 보건에 관한 기술적인 사항에 관하여 지도·조언하는 경우에는 이에 상응하는 적절한 조치를 하여야 한다.

1. 안전관리자
2. 보건관리자
3. 안전보건관리담당자
4. 안전관리전문기관 또는 보건관리전문기관(해당 업무를 위탁 받은 경우에 한정한다)

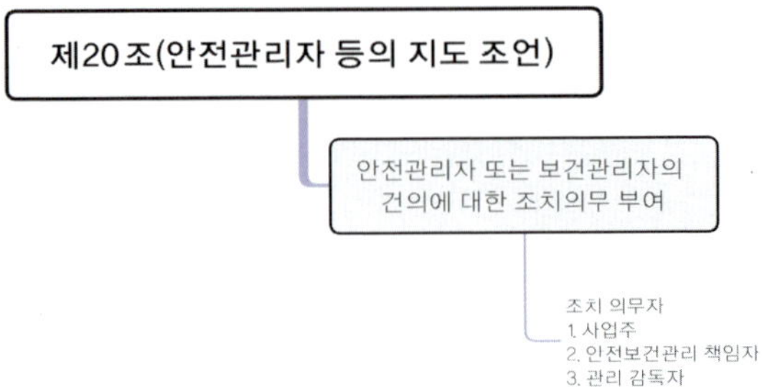

■ **조문해석**

안전・보건관리자에게 지도나 조언을 받아 안전관리업무를 조치하고 재해를 사전에 예방한다는 취지에서 권고하도록 만든 조항이다. 물론 위탁업무를 수행하는 기관에서도 사업주에 지도・조언을 할 수 있도록 규정되어 있다.

제21조(안전관리전문기관 등) ① 안전관리전문기관 또는 보건관리전문기관이 되려는 자는 대통령령으로 정하는 인력・시설 및 장비 등의 요건을 갖추어 고용노동부장관의 지정을 받아야 한다.

② 고용노동부장관은 안전관리전문기관 또는 보건관리전문기관에 대하여 평가하고 그 결과를 공개할 수 있다. 이 경우 평가의 기준・방법 및 결과의 공개에 필요한 사항은 고용노동부령으로 정한다.

③ 안전관리전문기관 또는 보건관리전문기관의 지정 절차, 업무 수행에 관한 사항, 위탁 받은 업무를 수행할 수 있는 지역, 그 밖에 필요한 사항은 고용노동부령으로 정한다.

④ 고용노동부장관은 안전관리전문기관 또는 보건관리전문기관이 다음 각 호의 어느 하나에 해당할 때에는 그 지정을 취소하거나 6개월 이내의 기간을 정하여 그 업무의 정지를 명할 수 있다. 다만, 제1호 또는 제2호에 해당할 때에는 그 지정을 취소하여야 한다.

1. 거짓이나 그 밖의 부정한 방법으로 지정을 받은 경우
2. 업무정지 기간 중에 업무를 수행한 경우
3. 제1항에 따른 지정 요건을 충족하지 못한 경우
4. 지정 받은 사항을 위반하여 업무를 수행한 경우
5. 그 밖에 대통령령으로 정하는 사유에 해당하는 경우

⑤ 제4항에 따라 지정이 취소된 자는 지정이 취소된 날부터 2년 이내에는 각각 해당 안전관리전문기관 또는 보건관리전문기관으로 지정 받을 수 없다.

제21조(안전관리전문기관 등)

대통령령으로 정하는 취소 사유

■ 조문해석

업무 수행 지역은 안전·보건관리전문기관으로 지정한 지방고용노동청의 관할지역으로 하도록 규정하고 있다. 업무 수행 시 비치서류는 시행규칙 제21조에 따라 법 제21조제3항에 따라 안전·보건관리전문기관은 1. 안전관리 또는 보건관리 업무 수탁에 관한 서류, 2. 그 밖에 안전관리전문기관 또는 보건관리전문기관의 직무수행과 관련되는 서류를 갖추어 두고 3년간 보존하여야 한다.

최근 개정안 내용 속에는 평가 규정을 두었다. 시행규칙 제17조에 안전·보건관리전문기관의 평가 규정을 강화하고 평가하여 사업 만족도들을 조사하도록 되어 있다.

시행령

제27조(안전관리전문기관 등의 지정 요건) ① 법 제21조제1항에 따라 안전관리전문기관으로 지정 받을 수 있는 자는 다음 각 호의 어느 하나에 해당하는 자로서 별표 7에 따른 인력·시설 및 장비를 갖춘 자로 한다.

1. 법 제145조제1항에 따라 등록한 산업안전지도사(건설안전 분야의 산업안전지도사는 제외한다)
2. 안전관리 업무를 하려는 법인

② 법 제21조제1항에 따라 보건관리전문기관으로 지정 받을 수 있는 자는 다음 각 호의 어느 하나에 해당하는 자로서 별표 8에 따른 인력·시설 및 장비를 갖춘 자로 한다.

1. 법 제145조제1항에 따라 등록한 산업보건지도사
2. 국가 또는 지방자치단체의 소속기관
3. 의료법에 따른 종합병원 또는 병원
4. 고등교육법 제2조제1호부터 제6호까지의 규정에 따른 대학 또는 그 부속기관
5. 보건관리 업무를 하려는 법인

제28조(안전관리전문기관 등의 지정 취소 등의 사유) 법 제21조제4항제5호에서 "대통령령으로 정하는 사유에 해당하는 경우"란 다음 각 호의 경우를 말한다.

1. 안전관리 또는 보건관리 업무 관련 서류를 거짓으로 작성한 경우
2. 정당한 사유 없이 안전관리 또는 보건관리 업무의 수탁을 거부한 경우
3. 위탁 받은 안전관리 또는 보건관리 업무에 차질을 일으키거나 업무를 게을리한 경우
4. 안전관리 또는 보건관리 업무를 수행하지 않고 위탁 수수료를 받은 경우
5. 안전관리 또는 보건관리 업무와 관련된 비치서류를 보존하지 않은 경우
6. 안전관리 또는 보건관리 업무 수행과 관련한 대가 외에 금품을 받은 경우
7. 법에 따른 관계 공무원의 지도·감독을 거부·방해 또는 기피한 경우

시행규칙 제17조(안전관리·보건관리전문기관의 평가 기준 등) ① 공단이 법 제21조제2항에 따라 안전관리전문기관 또는 보건관리전문기관을 평가하는 기준은 다음 각 호와 같다.

1. 인력·시설 및 장비의 보유 수준과 그에 대한 관리능력
2. 기술지도의 충실성을 포함한 안전관리·보건관리 업무 수행능력
3. 안전관리·보건관리 업무를 위탁한 사업장의 만족도

② 공단은 안전관리전문기관 또는 보건관리전문기관에 대한 평가를 위하여 필요한 경우 안전관리전문기관 또는 보건관리전문기관에 자료의 제출을 요구할 수 있다. 이 경우 안전관리전문기관 또는 보건관리전문기관은 특별한 사정이 없는 한 요구받은 자료를 공단에 제출해야 한다.

③ 안전관리전문기관 또는 보건관리전문기관에 대한 평가는 서면조사 및 방문조사의 방법으로 실시한다.

④ 공단은 안전관리전문기관 또는 보건관리전문기관에 대한 평가를 실시한 경우 그 평가 결과를 해당 안전관리전문기관 또는 보건관리전문기관에 서면으로 통보해야 한다.

⑤ 제4항에 따라 평가 결과를 통보받은 평가대상기관은 평가 결과를 통보받은 날부터 7일 이내에 서면으로 공단에 이의신청을 할 수 있다. 이 경우 공단은 이의신청을 받은 날부터 14일 이내에 이의신청에 대한 처리결과를 해당 기관에 서면으로 알려야 한다.

⑥ 공단은 제5항에 따른 이의신청에 대한 결과를 반영하여 안전관리전문기관 또는 보건관리전문기관에 대한 평가 결과를 고용노동부장관에게 보고해야 한다.

⑦ 고용노동부장관 및 공단은 안전관리전문기관 또는 보건관리전문기관에 대한 평가 결과를 인터넷 홈페이지에 각각 공개해야 한다.

⑧ 제1항부터 제7항까지의 규정에서 정한 사항 외에 평가의 기준, 절차·방법 및 이의신청 절차 등에 관하여 필요한 사항은 공단이 정하여 공개해야 한다.

제19조(안전관리 · 보건관리전문기관의 업무 수행 지역) 법 제21조제3항에 따른 안전관리전문기관 또는 보건관리전문기관이 업무를 수행할 수 있는 지역은 안전관리전문기관 또는 보건관리전문기관으로 지정한 지방고용노동청의 관할지역(지방고용노동청 소속 지방고용노동관서의 관할지역을 포함한다)으로 한다.

제21조(안전관리 · 보건관리전문기관의 비치서류) 법 제21조제3항에 따라 안전관리전문기관 또는 보건관리전문기관은 다음 각 호의 서류를 갖추어 두고 3년간 보존해야 한다.

1. 안전관리 또는 보건관리 업무 수탁에 관한 서류
2. 그 밖에 안전관리전문기관 또는 보건관리전문기관의 직무수행과 관련되는 서류

제22조(산업보건의) ① 사업주는 근로자의 건강관리나 그 밖에 보건관리자의 업무를 지도하기 위하여 사업장에 산업보건의를 두어야 한다. 다만, 의료법 제2조에 따른 의사를 보건관리자로 둔 경우에는 그러하지 아니하다.

② 제1항에 따른 산업보건의(이하 산업보건의라 한다)를 두어야 하는 사업의 종류와 사업장의 상시근로자 수 및 산업보건의의 자격 · 직무 · 권한 · 선임방법, 그 밖에 필요한 사항은 대통령령으로 정한다.

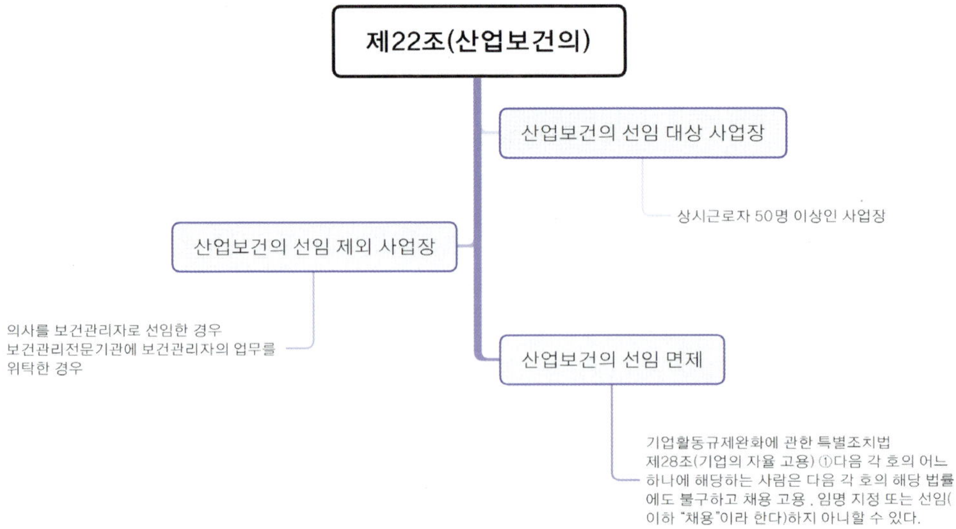

■ **조문해석**

시행령 제29조에는 산업보건의를 두어야 할 사업의 종류 및 사업장은 상시 근로자 수가 50명 이상을 사용하는 사업장으로 한다. 동 시행령 제30조에는 산업보건의의 자격은 의료법에 따른 의사로서 직업환경의학과 전문의, 예방의학 전문의 또는 산업보건에 관한 학식과 경험이 있는 의사로 한하며 직무는 아래와 같다.

> 시행령 제31조(산업보건의의 직무 등) ① 산업보건의의 직무 내용은 다음 각 호와 같다.
> 1. 법 제134조에 따른 건강진단 결과의 검토 및 그 결과에 따른 작업 배치, 작업 전환 또는 근로시간의 단축 등 근로자의 건강보호 조치
> 2. 근로자의 건강장해의 원인 조사와 재발 방지를 위한 의학적 조치
> 3. 그 밖에 근로자의 건강 유지 및 증진을 위하여 필요한 의학적 조치에 관하여 고용노동부장관이 정하는 사항
>
> ② 산업보건의에 대한 지원에 관하여는 제14조제2항을 준용한다. 이 경우 "안전보건관리책임자"는 "산업보건의"로, "법 제15조제1항"은 "제1항"으로 본다.

제23조(명예산업안전감독관) ① 고용노동부장관은 산업재해 예방활동에 대한 참여와 지원을 촉진하기 위하여 근로자, 근로자단체, 사업주단체 및 산업재해 예방 관련 전문단체에 소속된 사람 중에서 명예산업안전감독관을 위촉할 수 있다.

② 사업주는 제1항에 따른 명예산업안전감독관(이하 명예산업안전감독관이라 한다)에 대하여 직무 수행과 관련한 사유로 불리한 처우를 해서는 아니 된다.

③ 명예산업안전감독관의 위촉 방법, 업무, 그 밖에 필요한 사항은 대통령령으로 정한다.

제23조(명예산업안전감독관)

명예감독관위촉

1. 산업안전보건위원회 또는 노사협의체 설치 대상 사업의 근로자 중에서 근로자대표가사업주의 의견을 들어 추천하는 사람
2. 노동조합 및 노동관계조정법 제10조에 따른 연합단체인 노동조합 또는 그 지역 대표기구에 소속된 임직원 중에서 해당 연합단체인 노동조합 또는 그 지역대표기구가 추천하는 사람
3. 전국 규모의 사업주 단체 또는 그 산하 조직에 소속된 임직원 중에서 해당 단체 또는 그 산하 조직이 추천하는 사람
4. 산업재해 예방 관련 업무를 하는 단체 또는 그 산하조직에 소속된 임직원 중에서 해당 단체 또는 그 산하조직이 추천하는 사람

명예감독관의 업무

명예감독관의 업무 범위는 해당 사업장에서의 업무(제8호의 경우는 제외한다)로 한정하며, 상기 제2호부터 제4호까지의 규정에 따라 위촉된 명예감독관의 업무 범위는 제8호부터 제10호까지의 업무로 한정

1. 사업장에서 하는 자체점검 참여 및 근로감독관이 하는 사업장 감독 참여
2. 사업장 산업재해 예방계획 수립 참여 및 사업장에서 하는 기계 ·기구 자체검사 입회
3. 법령을 위반한 사실이 있는 경우 사업주에 대한 개선 요청 및 감독기관에 신고
4. 산업재해 발생의 급박한 위험이 있는 경우 사업주에 대한 작업중지 요청
5. 작업환경측정, 근로자 건강진단 시의 입회 및 그 결과에 대한 설명회 참여
6. 직업성 질환의 증상이 있거나 질병에 걸린 근로자가 여러 명 발생한 경우 사업주에 대한 임시건강진단 실시 요청
7. 근로자에 대한 안전수칙 준수 지도
8. 법령 및 산업재해 예방정책 개선 건의
9. 안전 ·보건 의식을 북돋우기 위한 활동과 무재해운동 등에 대한 참여와 지원
10. 그 밖에 산업재해 예방에 대한 홍보 등 산업재해 예방업무와 관련하여 고용노동부장관이 정하는 업무

■ 조문해석

고용노동부장관은 명예산업안전감독관을 두어 사업장의 산업재해를 예방하도록 하고 있다. 동 시행령 제32조에 고용노동부장관은 법 제23조제1항에 따른 명예산업안전감독관(이하 명예감독관"이라 한다)을 다음 각 호의 어느 하나에 해당하는 사람 중에서 위촉할 수 있도록 하였다.

시행령 제32조(명예산업안전감독관 위촉 등) ① 고용노동부장관은 다음 각 호의 어느 하나에 해당하는 사람 중에서 법 제23조제1항에 따른 명예산업안전감독관(이하 명예산업안전감독관이라 한다)을 위촉할 수 있다.

1. 산업안전보건위원회 구성 대상 사업의 근로자 또는 노사협의체 구성・운영 대상 건설공사의 근로자 중에서 근로자대표(해당 사업장에 단위 노동조합의 산하 노동단체가 그 사업장 근로자의 과반수로 조직되어 있는 경우에는 지부・분회 등 명칭이 무엇이든 관계없이 해당 노동단체의 대표자를 말한다. 이하 같다)가 사업주의 의견을 들어 추천하는 사람

2. 노동조합 및 노동관계조정법 제10조에 따른 연합단체인 노동조합 또는 그 지역 대표기구에 소속된 임직원 중에서 해당 연합단체인 노동조합 또는 그 지역 대표기구가 추천하는 사람
3. 전국 규모의 사업주단체 또는 그 산하조직에 소속된 임직원 중에서 해당 단체 또는 그 산하조직이 추천하는 사람
4. 산업재해 예방 관련 업무를 하는 단체 또는 그 산하조직에 소속된 임직원 중에서 해당 단체 또는 그 산하조직이 추천하는 사람

② 명예산업안전감독관의 업무는 다음 각 호와 같다. 이 경우 제1항제1호에 따라 위촉된 명예산업안전감독관의 업무 범위는 해당 사업장에서의 업무(제8호는 제외한다)로 한정하며, 제1항제2호부터 제4호까지의 규정에 따라 위촉된 명예산업안전감독관의 업무 범위는 제8호부터 제10호까지의 규정에 따른 업무로 한정한다.

1. 사업장에서 하는 자체점검 참여 및 근로기준법 제101조에 따른 근로감독관(이하 근로감독관이라 한다)이 하는 사업장 감독 참여
2. 사업장 산업재해 예방계획 수립 참여 및 사업장에서 하는 기계·기구 자체검사 참석
3. 법령을 위반한 사실이 있는 경우 사업주에 대한 개선 요청 및 감독기관에 신고
4. 산업재해 발생의 급박한 위험이 있는 경우 사업주에 대한 작업중지 요청
5. 작업환경측정, 근로자 건강진단 시의 참석 및 그 결과에 대한 설명회 참여
6. 직업성 질환의 증상이 있거나 질병에 걸린 근로자가 여러 명 발생한 경우 사업주에 대한 임시건강진단 실시 요청
7. 근로자에 대한 안전수칙 준수 지도
8. 법령 및 산업재해 예방정책 개선 건의
9. 안전·보건 의식을 북돋우기 위한 활동 등에 대한 참여와 지원
10. 그 밖에 산업재해 예방에 대한 홍보 등 산업재해 예방업무와 관련하여 고용노동부장관이 정하는 업무

③ 명예산업안전감독관의 임기는 2년으로 하되, 연임할 수 있다.

④ 고용노동부장관은 명예산업안전감독관의 활동을 지원하기 위하여 수당 등을 지급할 수 있다.

⑤ 제1항부터 제4항까지에서 규정한 사항 외에 명예산업안전감독관의 위촉 및 운영 등에 필요한 사항은 고용노동부장관이 정한다.

제24조(산업안전보건위원회) ① 사업주는 사업장의 안전 및 보건에 관한 중요 사항을 심의·의결하기 위하여 사업장에 근로자위원과 사용자위원이 같은 수로 구성되는 산업안전보건위원회를 구성·운영하여야 한다.

② 사업주는 다음 각 호의 사항에 대해서는 제1항에 따른 산업안전보건위원회(이하 산업안전보건위원회라 한다)의 심의·의결을 거쳐야 한다.

1. 제15조제1항제1호부터 제5호까지 및 제7호에 관한 사항
2. 제15조제1항제6호에 따른 사항 중 중대재해에 관한 사항
3. 유해하거나 위험한 기계·기구·설비를 도입한 경우 안전 및 보건 관련 조치에 관한 사항
4. 그 밖에 해당 사업장 근로자의 안전 및 보건을 유지·증진시키기 위하여 필요한 사항

③ 산업안전보건위원회는 대통령령으로 정하는 바에 따라 회의를 개최하고 그 결과를 회의록으로 작성하여 보존하여야 한다.

④ 사업주와 근로자는 제2항에 따라 산업안전보건위원회가 심의·의결한 사항을 성실하게 이행하여야 한다.

⑤ 산업안전보건위원회는 이 법, 이 법에 따른 명령, 단체협약, 취업규칙 및 제25조에 따른 안전보건관리규정에 반하는 내용으로 심의·의결해서는 아니 된다.

⑥ 사업주는 산업안전보건위원회의 위원에게 직무 수행과 관련한 사유로 불리한 처우를 해서는 아니 된다.

⑦ 산업안전보건위원회를 구성하여야 할 사업의 종류 및 사업장의 상시근로자 수, 산업안전보건위원회의 구성·운영 및 의결되지 아니한 경우의 처리방법, 그 밖에 필요한 사항은 대통령령으로 정한다.

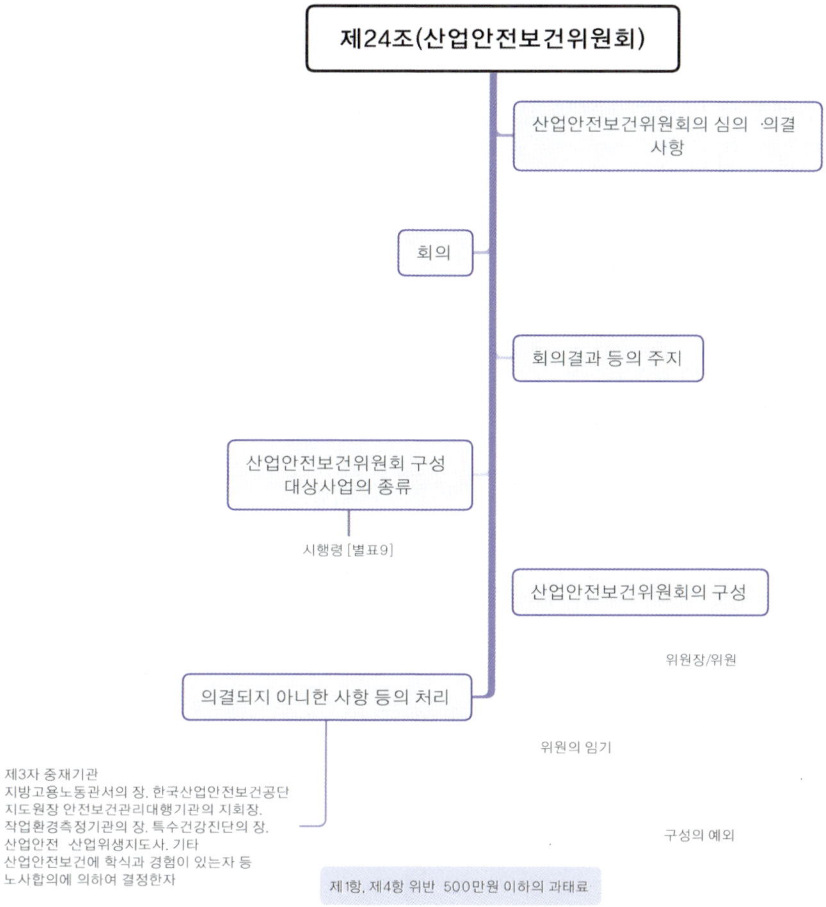

■ **조문해석**

산업안전보건위원회의 구성은 노사동수로 근로자위원 및 사용자위원 각각 10명 이내로 구성한다.

근로자위원은 근로자대표, 명예감독관, 근로자대표가 지명하는 9명 이내의 해당 사업장의 근로자로 구성하고, 사용자위원은 해당사업의 대표자, 안전관리자 1명, 보건관리자 1명, 산업보건의(해당 사업장에 선임되어 있는 경우로 한정한다), 사업의 대표자가 지명하는 9명 이내의 해당 사업장의 부서의 장(상시근로자 50명 이상 100명 미만 사업장은 제외하고 구성 가능)으로 구성한다.

구성의 예외는 대통령령으로 정하는 규모의 건설공사의 건설공사도급인은 해당건설공사 현장에 근로자위원과 사용자위원이 같은 수로 구성되는 "안전 및 보건에 관한 협의체"를 구성한 경우에 해당된다.[2)]

---

2) 조영수, "전부개정 산업안전보건법 업무 편람", 메이킹북스, 2020, 66~67면.

제2절 안전보건관리규정

제25조(안전보건관리규정의 작성) ① 사업주는 사업장의 안전 및 보건을 유지하기 위하여 다음 각 호의 사항이 포함된 안전보건관리규정을 작성하여야 한다.

1. 안전 및 보건에 관한 관리조직과 그 직무에 관한 사항
2. 안전보건교육에 관한 사항
3. 작업장의 안전 및 보건관리에 관한 사항
4. 사고 조사 및 대책 수립에 관한 사항
5. 그 밖에 안전 및 보건에 관한 사항

② 제1항에 따른 안전보건관리규정(이하 안전보건관리규정이라 한다)은 단체협약 또는 취업규칙에 반할 수 없다. 이 경우 안전보건관리규정 중 단체협약 또는 취업규칙에 반하는 부분에 관하여는 그 단체협약 또는 취업규칙으로 정한 기준에 따른다.

③ 안전보건관리규정을 작성하여야 할 사업의 종류, 사업장의 상시근로자 수 및 안전보건관리규정에 포함되어야 할 세부적인 내용, 그 밖에 필요한 사항은 고용노동부령으로 정한다.

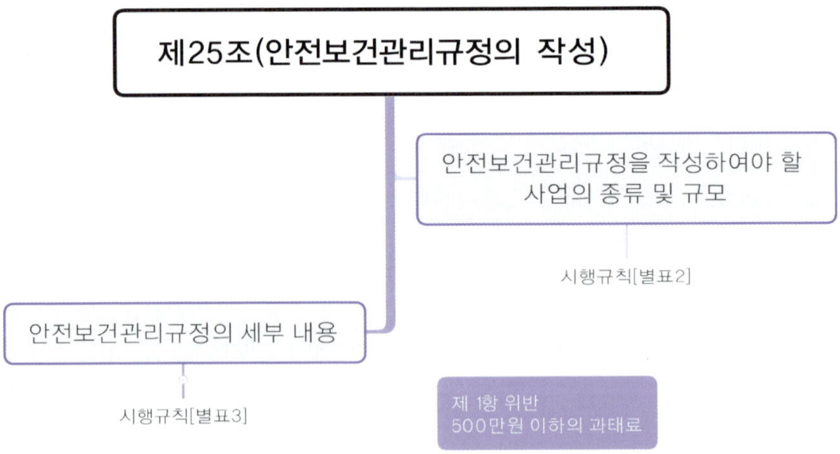

■ **조문해석**

사업장의 안전보건수준을 높여 나가기 위해서는 안전보건활동을 체계적으로 실시하는 것이 중요하다. 안전보건활동이 사업운영의 룰(rule)로서 확실히 이루어지기 위해서는 취업규칙과 같이 안전보건에 관한 일정한 기준인 관리규정을 정하여, 안전보건에 관한 책임의 소재와 권한을 명확히 하고 그것에 근거하여 각종의 안전보건활동을 추진할 필요가 있다.

안전보건관리규정은 기업・사업장 전체의 안전보건관리에 관한 매뉴얼이라고도 부를 수 있는 것으로서, 실제 많은 기업・사업장에서는 안전보건매뉴얼, 안전보건관리규칙, 안전보건관리기준 등이라고도 부르고 있다. 안전보건관리규정의 작성 목적은 산업재해 예방을 위한 관리책임체제의 명확화 및 재해예방기준의 확립, 자율적 활동의 촉진에 의해 안전과 건강을 확보하고 쾌적한 작업환경의 형성을 촉진하는 것을 목적으로 한다." 품질 및 생산성의 향상 등과 아울러 생산・서비스활동 등의 원동력이 되는 근로자의 안전과 건강의 확보, 증진을 행하는 것이 중요하고 사업장에는 안전보건관리규정 필요하다.[3)]

시행규칙 제25조(안전보건관리규정의 작성) ① 법 제25조제3항에 따라 안전보건관리규정을 작성해야 할 사업의 종류 및 상시근로자 수는 별표 2와 같다.
② 제1항에 따른 사업의 사업주는 안전보건관리규정을 작성해야 할 사유가 발생한 날부터 30일 이내에 별표 3의 내용을 포함한 안전보건관리규정을 작성해야 한다. 이를 변경할 사유가 발생한 경우에도 또한 같다.
③ 사업주가 제2항에 따라 안전보건관리규정을 작성할 때에는 소방・가스・전기・교통 분야 등의 다른 법령에서 정하는 안전관리에 관한 규정과 통합하여 작성할 수 있다.

제26조(안전보건관리규정의 작성・변경 절차) 사업주는 안전보건관리규정을 작성하거나 변경할 때에는 산업안전보건위원회의 심의・의결을 거쳐야 한다. 다만, 산업안전보건위원회가 설치되어 있지 아니한 사업장의 경우에는 근로자대표의 동의를 받아야 한다.

---

3) 정진우, "안전관리론", 청문각, 2020, 251면.

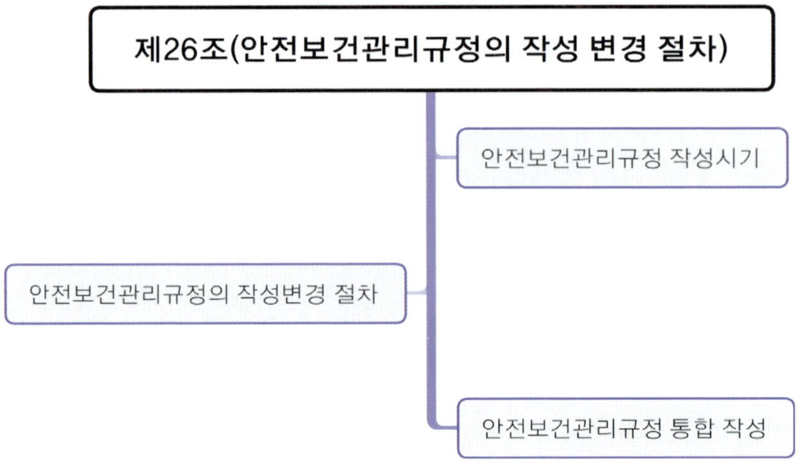

■ **조문해석**

사업장에서 일하는 작업과 사업장의 가장 중요한 안전에 관한 내용을 담은 사내 규정으로 사업주가 작성하고 사업장의 구성원이 준수하고 이행해야 한다. 안전관리규정은 시행령 제24조에 근거하여 작성해야 할 사업의 종류와 상시 근로자 수는 [별표2]에 두고 있다.

제27조(안전보건관리규정의 준수) 사업주와 근로자는 안전보건관리규정을 지켜야 한다.

■ **조문해석**

안전보건관리규정은 준수·이행하도록 함으로써 산업재해·사고의 예방과 안전보건수준의 향상을 도모하는 것을 목적으로 한다. 이 목적을 충분히 살리기 위해서 사업주는 안전보건관리규정의 작성단계에서부터 고려해야 한다.

제28조(다른 법률의 준용) 안전보건관리규정에 관하여 이 법에서 규정한 것을 제외하고는 그 성질에 반하지 아니하는 범위에서 근로기준법 중 취업규칙에 관한 규정을 준용한다.

제28조(다른 법률의 준용)

근로기준법 중 취업규칙에 관한 규정

제93조 (취업규칙의 작성, 신고)
제94조 (규칙의 작성, 변경 절차)
제95조 (제재 규정의 제한)
제96조 (단체협약의 준수)
제97조 (위반의 효력)

■ 조문해석

근로기준법 제93조, 제94조, 제95조, 제96조, 제97조의 취업규칙의 규정을 준용하도록 하고 있다.

CHAPTER 03

안전보건교육

제29조(근로자에 대한 안전보건교육)
제30조(근로자에 대한 안전보건교육의 면제 등)
제31조(건설업 기초안전보건교육)
제32조(안전보건관리책임자 등에 대한 직무교육)
제33조(안전보건교육기관)

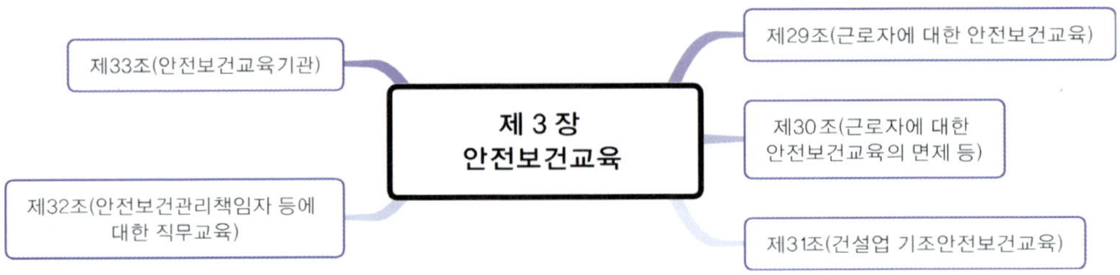
제 3 장
안전보건교육
제29조(근로자에 대한 안전보건교육)
제30조(근로자에 대한 안전보건교육의 면제 등)
제31조(건설업 기초안전보건교육)
제32조(안전보건관리책임자 등에 대한 직무교육)
제33조(안전보건교육기관)

CHAPTER 03 안전보건교육

제29조(근로자에 대한 안전보건교육) ① 사업주는 소속 근로자에게 고용노동부령으로 정하는 바에 따라 정기적으로 안전보건교육을 하여야 한다.

② 사업주는 근로자를 채용할 때와 작업내용을 변경할 때에는 그 근로자에게 고용노동부령으로 정하는 바에 따라 해당 작업에 필요한 안전보건교육을 하여야 한다. 다만, 제31조제1항에 따른 안전보건교육을 이수한 건설 일용근로자를 채용하는 경우에는 그러하지 아니하다. 〈개정 2020. 6. 9.〉

③ 사업주는 근로자를 유해하거나 위험한 작업에 채용하거나 그 작업으로 작업내용을 변경할 때에는 제2항에 따른 안전보건교육 외에 고용노동부령으로 정하는 바에 따라 유해하거나 위험한 작업에 필요한 안전보건교육을 추가로 하여야 한다.

④ 사업주는 제1항부터 제3항까지의 규정에 따른 안전보건교육을 제33조에 따라 고용노동부장관에게 등록한 안전보건교육기관에 위탁할 수 있다.

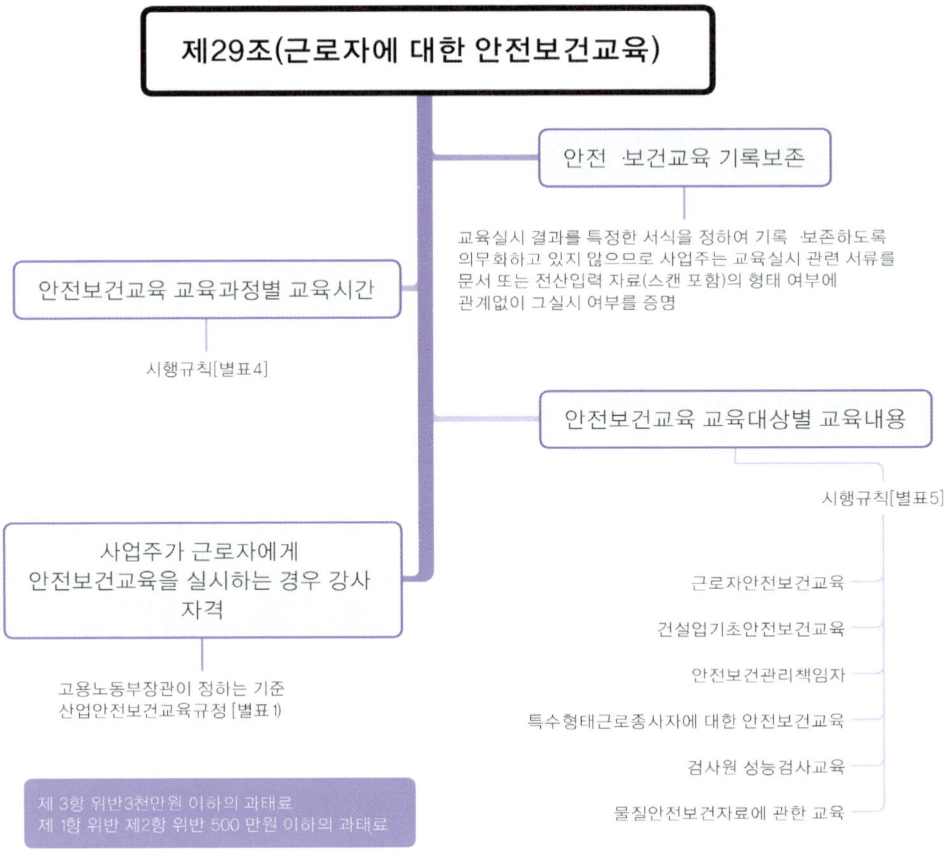

■ **조문해석**

산업안전보건법에서는 사업주가 신규채용자, 유해 · 위험업무종사자 등에게 미리 필요한 안전보건교육을 실시할 것을 의무화하고 있지만, 사업주는 법정 교육 뿐만 아니라 사업장의 구체적인 수요를 기초로 추가적인 안전보건교육을 계획적이고 효과적으로 실시할 필요가 있다.

한편, 안전장치의 설치, 배치의 변경 등 기계 · 설비의 안전화로 어느 정도의 불안전상태는 제거할 수 있지만, 비정상작업 시의 불안전한 동작, 순식간의 잘못된 판단 · 행동 등을 방지하기 위해서는 안전보건교육의 역할이 중요하다고 말하지 않을 수 없다. 예를 들면, 가동 중의 기계가 멈추어 수리를 위하여 기계 속에 손을 넣었을 때에 기계가 갑자기 작동하는 바람에 손이 끼이는 사고가 종종 발생하고 있는 바, 이러한 사고를 방지하기 위해서는 사전에 안전보건교육을 실시하는 것 또한 반드시 필요하다.

직장에서 일하는 사람은 성별, 연령, 경험 등이 다양하고, 일이 요구하는 능력과 일하는 사람의 능력의 차이에 의해 재해가 발생하고 있는 것을 생각하면, 그 다양성과 차이를 감안한 안전보건교육은 중요하다고 할 수 있다.[1]

근로자가 작업장의 유해·위험요인 등 안전보건에 관한 지식을 습득하고, 이에 적절히 대응할 수 있는 능력을 배양케 하여 근로자 스스로 산업재해를 사전에 예방하도록 하기 위해 근로자에 대한 각종 안전·보건교육 의무를 부여하고 있다. 사업주가 근로자에게 실시하여야 하는 안전보건교육의 교육시간은 [별표4], 교육내용은 [별표5]와 같다.

구분	교육대상	교육시간	교육내용
정기교육	사무직 및 판매업무 근로자	매분기 3시간 이상	• 산업안전보건법 및 일반관리에 관한 사항 • 산업안전 및 사고 예방에 관한 사항 등
	사무직 및 판매업무 외 근로자	매분기 6시간 이상	
	관리감독자	연간 16시간 이상	• 산업안전보건법 및 일반관리에 관한 사항 • 관리감독자의 역할과 임무에 관한 사항 등 교육
채용 시의 교육	일용근로자	1시간 이상	• 기계·기구의 위험성과 작업의 순서 및 동선에 관한 사항 • 작업 개시 전 점검에 관한 사항 • 산업보건 및 직업병 예방에 관한 사항 • 산업안전보건법 및 일반관리에 관한 사항 등 교육
	일용근로자 외	8시간 이상	
작업내용 변경교육	일용근로자	1시간 이상	
	일용근로자 외	2시간 이상	
특별교육*	일용근로자 [타워크레인 신호작업 근로자 제외]	2시간 이상	• 공통내용(산업안전보건법 및 일반관리에 관한 사항) • 개별내용(유해·위험 작업별 개별교육 등에 관한 교육)
	일용근로자 [타워크레인 신호작업 종사자]	8시간 이상	
	일용근로자 외	16시간 이상** (2시간 이상***)	

* 특별교육 대상인 경우에는 상시 근로자 수에 관계없이 교육을 실시

** 최초 작업에 종사하기 전 4시간 이상 실시하고 12시간은 3개월 이내에서 분할하여 실시 가능

*** 단기간 작업 또는 간헐적 작업인 경우에는 2시간 이상 실시

※ 상시근로자 50인 미만의 도매업과 숙박 및 음식점업은 위 표의 교육과정별 교육시간의 2분의 1 이상 실시하여야 합니다.

1) 정진우, "안전관리론", 청문각, 2020, 154면.

특수형태근로종사자*에 대한 안전보건교육

<table>
<tr><th>교육과정</th><th>교육시간</th><th>교육내용</th></tr>
<tr><td>가. 최초 노무 제공 시 교육</td><td>2시간 이상
(단기간 작업 또는 간헐적 작업에 노무를 제공하는 경우에는 1시간 이상 실시하고, 특별교육을 실시한 경우는 면제)</td><td>• 교통안전 및 운전안전에 관한 사항
• 보호구 착용에 대한 사항
• 산업안전 및 사고 예방에 관한 사항
• 산업보건, 건강증진 및 질병 예방에 관한 사항
• 유해·위험 작업환경 관리에 관한 사항
• 기계·기구의 위험성과 작업의 순서 및 동선에 관한 사항
• 작업 개시 전 점검에 관한 사항
• 정리정돈 및 청소에 관한 사항
• 사고 발생 시 긴급조치에 관한 사항
• 물질안전 보건자료에 관한 사항
• 직무스트레스 예방 및 관리에 관한 사항
• 산업안전보건법 및 산업재해보상보험 제도에 관한 사항</td></tr>
<tr><td rowspan="2">나. 특별교육</td><td>16시간 이상
(최초 작업에 종사하기 전 4시간 이상 실시하고 12시간은 3개월 이내에서 분할하여 실시 가능)</td><td rowspan="2">• 공통내용(산업안전보건법 및 일반관리에 관한 사항)
• 개별내용(유해·위험 작업별 개별교육 등에 관한 교육)</td></tr>
<tr><td>단기간 작업 또는 간헐적 작업인 경우에는 2시간 이상</td></tr>
</table>

* 특수형태 근로종사자 중 안전보건교육 실시 대상: 건설기계 운전사, 골프장 캐디, 택배기사, 퀵서비스기사, 대리운전기사

안전·보건교육에는 사업주가 해당 사업장의 근로자에 대해 정기적으로 실시하는 정기교육, 근로자를 신규 채용할 때(건설 일용근로자는 제외), 작업내용을 변경할 때, 유해·위험작업에 근로자를 종사하게 할 때 업무와 관계되는 내용으로 실시하는 채용 시 교육, 작업내용 변경교육 및 특별교육이 있다.

1. 상시근로자 50명 미만의 도매업과 숙박 및 음식점업은 위 표의 가목부터 라목까지의 규정에도 불구하고 해당 교육과정별 교육시간의 2분의 1 이상을 실시해야 한다.
2. 근로자(관리감독자의 지위에 있는 사람은 제외한다)가 화학물질관리법 시행규칙 제37조제4항에 따른 유해화학물질 안전교육을 받은 경우에는 그 시간만큼 가목에 따른 해당 분기의 정기교육을 받은 것으로 본다.

3. 방사선작업종사자가 원자력안전법 시행령 제148조제1항에 따라 방사선 작업종사자 정기교육을 받은 때에는 그 해당시간 만큼 가목에 따른 해당 분기의 정기교육을 받은 것으로 본다.
4. 방사선 업무에 관계되는 작업에 종사하는 근로자가 원자력안전법 시행령 제148조제1항에 따라 방사선작업종사자 신규교육 중 직장교육을 받은 때에는 그 시간만큼 라목 중 [별표5] 제1호라목 33에 따른 해당 근로자에 대한 특별교육을 받은 것으로 본다.

안전보건관리책임자 등에 대한 교육(제29조제2항 관련)

시행규칙 [별표 4]

안전보건교육 교육과정별 교육시간(제26조제1항 등 관련)

1. 근로자 안전보건교육(제26조제1항, 제28조제1항 관련)

<table>
<tr><th>교육과정</th><th colspan="2">교육대상</th><th>교육시간</th></tr>
<tr><td rowspan="4">가. 정기교육</td><td colspan="2">사무직 종사 근로자</td><td>매분기 3시간 이상</td></tr>
<tr><td rowspan="2">사무직 종사 근로자 외의 근로자</td><td>판매업무에 직접 종사하는 근로자</td><td>매분기 3시간 이상</td></tr>
<tr><td>판매업무에 직접 종사하는 근로자 외의 근로자</td><td>매분기 6시간 이상</td></tr>
<tr><td colspan="2">관리감독자의 지위에 있는 사람</td><td>연간 16시간 이상</td></tr>
<tr><td rowspan="2">나. 채용 시 교육</td><td colspan="2">일용근로자</td><td>1시간 이상</td></tr>
<tr><td colspan="2">일용근로자를 제외한 근로자</td><td>8시간 이상</td></tr>
<tr><td rowspan="2">다. 작업내용 변경 시 교육</td><td colspan="2">일용근로자</td><td>1시간 이상</td></tr>
<tr><td colspan="2">일용근로자를 제외한 근로자</td><td>2시간 이상</td></tr>
<tr><td rowspan="3">라. 특별교육</td><td colspan="2">별표 5 제1호라목 각 호(제40호는 제외한다)의 어느 하나에 해당하는 작업에 종사하는 일용근로자</td><td>2시간 이상</td></tr>
<tr><td colspan="2">별표 5 제1호라목제40호의 타워크레인 신호작업에 종사하는 일용근로자</td><td>8시간 이상</td></tr>
<tr><td colspan="2">별표 5 제1호라목 각 호의 어느 하나에 해당하는 작업에 종사하는 일용근로자를 제외한 근로자</td><td>• 16시간 이상(최초 작업에 종사하기 전 4시간 이상 실시하고 12시간은 3개월 이내에서 분할하여 실시가능)
• 단기간 작업 또는 간헐적 작업인 경우에는 2시간 이상</td></tr>
<tr><td>마. 건설업 기초 안전·보건교육</td><td colspan="2">건설 일용근로자</td><td>4시간 이상</td></tr>
</table>

비고

1. 상시근로자 50명 미만의 도매업과 숙박 및 음식점업은 위 표의 가목부터 라목까지의 규정에도 불구하고 해당 교육과정별 교육시간의 2분의 1 이상을 실시해야 한다.
2. 근로자(관리감독자의 지위에 있는 사람은 제외한다)가 화학물질관리법 시행규칙 제37조제4항에 따른 유해화학물질 안전교육을 받은 경우에는 그 시간만큼 가목에 따른 해당 분기의 정기교육을 받은 것으로 본다.
3. 방사선작업종사자가 원자력안전법 시행령 제148조제1항에 따라 방사선작업종사자 정기교육을 받은 때에는 그 해당시간 만큼 가목에 따른 해당 분기의 정기교육을 받은 것으로 본다.
4. 방사선 업무에 관계되는 작업에 종사하는 근로자가 원자력안전법 시행령 제148조제1항에 따라 방사선작업종사자 신규교육 중 직장교육을 받은 때에는 그 시간만큼 라목 중 별표 5 제1호라목 33에 따른 해당 근로자에 대한 특별교육을 받은 것으로 본다.

2. 안전보건관리책임자 등에 대한 교육(제29조제2항 관련)

교육대상	교육시간	
	신규교육	보수교육
가. 안전보건관리책임자	6시간 이상	6시간 이상
나. 안전관리자, 안전관리전문기관의 종사자	34시간 이상	24시간 이상
다. 보건관리자, 보건관리전문기관의 종사자	34시간 이상	24시간 이상
라. 건설재해 예방전문지도기관의 종사자	34시간 이상	24시간 이상
마. 석면조사기관의 종사자	34시간 이상	24시간 이상
바. 안전보건관리담당자	-	8시간 이상
사. 안전검사기관, 자율안전검사기관의 종사자	34시간 이상	24시간 이상

3. 특수형태근로종사자에 대한 안전보건교육(제95조제1항 관련)

교육과정	교육시간
가. 최초 노무제공 시 교육	2시간 이상(단기간 작업 또는 간헐적 작업에 노무를 제공하는 경우에는 1시간 이상 실시하고, 특별교육을 실시한 경우는 면제)
나. 특별교육	16시간 이상(최초 작업에 종사하기 전 4시간 이상 실시하고 12시간은 3개월 이내에서 분할하여 실시가능)
	단기간 작업 또는 간헐적 작업인 경우에는 2시간 이상

4. 검사원 성능검사 교육(제131조제2항 관련)

교육과정	교육대상	교육시간
성능검사교육	-	28시간 이상

시행규칙 [별표 5] 〈개정 2021. 1. 19.〉

안전보건교육 교육대상별 교육내용(제26조제1항 등 관련)

1. 근로자 안전보건교육(제26조제1항 관련)

가. 근로자 정기교육

교육내용
• 산업안전 및 사고 예방에 관한 사항 • 산업보건 및 직업병 예방에 관한 사항 • 건강증진 및 질병 예방에 관한 사항 • 유해 · 위험 작업환경 관리에 관한 사항 • 산업안전보건법령 및 산업재해보상보험 제도에 관한 사항 • 직무스트레스 예방 및 관리에 관한 사항 • 직장 내 괴롭힘, 고객의 폭언 등으로 인한 건강장해 예방 및 관리에 관한 사항

나. 관리감독자 정기교육

교육내용
• 산업안전 및 사고 예방에 관한 사항 • 산업보건 및 직업병 예방에 관한 사항 • 유해 · 위험 작업환경 관리에 관한 사항 • 산업안전보건법령 및 산업재해보상보험 제도에 관한 사항 • 직무스트레스 예방 및 관리에 관한 사항 • 직장 내 괴롭힘, 고객의 폭언 등으로 인한 건강장해 예방 및 관리에 관한 사항 • 작업공정의 유해 · 위험과 재해 예방대책에 관한 사항 • 표준안전 작업방법 및 지도 요령에 관한 사항 • 관리감독자의 역할과 임무에 관한 사항 • 안전보건교육 능력 배양에 관한 사항 – 현장근로자와의 의사소통능력 향상, 강의능력 향상 및 그 밖에 안전보건교육 능력 배양 등에 관한 사항. 이 경우 안전보건교육 능력 배양 교육은 별표 4에 따라 관리감독자가 받아야 하는 전체 교육시간의 3분의 1 범위에서 할 수 있다.

다. 채용 시 교육 및 작업내용 변경 시 교육

교육내용
• 산업안전 및 사고 예방에 관한 사항 • 산업보건 및 직업병 예방에 관한 사항 • 산업안전보건법령 및 산업재해보상보험 제도에 관한 사항 • 직무스트레스 예방 및 관리에 관한 사항 • 직장 내 괴롭힘, 고객의 폭언 등으로 인한 건강장해 예방 및 관리에 관한 사항 • 기계 · 기구의 위험성과 작업의 순서 및 동선에 관한 사항 • 작업 개시 전 점검에 관한 사항 • 정리정돈 및 청소에 관한 사항 • 사고 발생 시 긴급조치에 관한 사항 • 물질안전 보건자료에 관한 사항

라. 특별교육 대상 작업별 교육

작업명	교육내용
〈공통내용〉 제1호부터 제40호까지의 작업	다목과 같은 내용
〈개별내용〉 1. 고압실 내 작업(잠함공법이나 그 밖의 압기공법으로 대기압을 넘는 기압인 작업실 또는 수갱 내부에서 하는 작업만 해당한다)	• 고기압 장해의 인체에 미치는 영향에 관한 사항 • 작업의 시간·작업 방법 및 절차에 관한 사항 • 압기공법에 관한 기초지식 및 보호구 착용에 관한 사항 • 이상 발생 시 응급조치에 관한 사항 • 그 밖에 안전·보건관리에 필요한 사항
2. 아세틸렌 용접장치 또는 가스집합 용접장치를 사용하는 금속의 용접·용단 또는 가열작업(발생기·도관 등에 의하여 구성되는 용접장치만 해당한다)	• 용접 흄, 분진 및 유해광선 등의 유해성에 관한 사항 • 가스용접기, 압력조정기, 호스 및 취관두(불꽃이 나오는 용접기의 앞부분) 등의 기기점검에 관한 사항 • 작업방법·순서 및 응급처치에 관한 사항 • 안전기 및 보호구 취급에 관한 사항 • 화재예방 및 초기대응에 관한사항 • 그 밖에 안전·보건관리에 필요한 사항
3. 밀폐된 장소(탱크 내 또는 환기가 극히 불량한 좁은 장소를 말한다)에서 하는 용접작업 또는 습한 장소에서 하는 전기용접 작업	• 작업순서, 안전작업방법 및 수칙에 관한 사항 • 환기설비에 관한 사항 • 전격 방지 및 보호구 착용에 관한 사항 • 질식 시 응급조치에 관한 사항 • 작업환경 점검에 관한 사항 • 그 밖에 안전·보건관리에 필요한 사항
4. 폭발성·물반응성·자기반응성·자기발열성 물질, 자연발화성 액체·고체 및 인화성 액체의 제조 또는 취급작업(시험연구를 위한 취급작업은 제외한다)	• 폭발성·물반응성·자기반응성·자기발열성 물질, 자연발화성 액체·고체 및 인화성 액체의 성질이나 상태에 관한 사항 • 폭발 한계점, 발화점 및 인화점 등에 관한 사항 • 취급방법 및 안전수칙에 관한 사항 • 이상 발견 시의 응급처치 및 대피 요령에 관한 사항 • 화기·정전기·충격 및 자연발화 등의 위험방지에 관한 사항 • 작업순서, 취급주의사항 및 방호거리 등에 관한 사항 • 그 밖에 안전·보건관리에 필요한 사항
5. 액화석유가스·수소가스 등 인화성 가스 또는 폭발성 물질 중 가스의 발생장치 취급 작업	• 취급가스의 상태 및 성질에 관한 사항 • 발생장치 등의 위험 방지에 관한 사항 • 고압가스 저장설비 및 안전취급방법에 관한 사항 • 설비 및 기구의 점검 요령 • 그 밖에 안전·보건관리에 필요한 사항
6. 화학설비 중 반응기, 교반기·추출기의 사용 및 세척작업	• 각 계측장치의 취급 및 주의에 관한 사항 • 투시창·수위 및 유량계 등의 점검 및 밸브의 조작주의에 관한 사항 • 세척액의 유해성 및 인체에 미치는 영향에 관한 사항 • 작업 절차에 관한 사항 • 그 밖에 안전·보건관리에 필요한 사항

7. 화학설비의 탱크 내 작업	• 차단장치・정지장치 및 밸브 개폐장치의 점검에 관한 사항 • 탱크 내의 산소농도 측정 및 작업환경에 관한 사항 • 안전보호구 및 이상 발생 시 응급조치에 관한 사항 • 작업절차・방법 및 유해・위험에 관한 사항 • 그 밖에 안전・보건관리에 필요한 사항
8. 분말・원재료 등을 담은 호퍼(하부가 깔대기 모양으로 된 저장통)・저장창고 등 저장탱크의 내부작업	• 분말・원재료의 인체에 미치는 영향에 관한 사항 • 저장탱크 내부작업 및 복장보호구 착용에 관한 사항 • 작업의 지정・방법・순서 및 작업환경 점검에 관한 사항 • 팬・풍기(風旗) 조작 및 취급에 관한 사항 • 분진 폭발에 관한 사항 • 그 밖에 안전・보건관리에 필요한 사항
9. 다음 각 목에 정하는 설비에 의한 물건의 가열・건조작업 가. 건조설비 중 위험물 등에 관계되는 설비로 속부피가 1세제곱미터 이상인 것 나. 건조설비 중 가목의 위험물 등 외의 물질에 관계되는 설비로서, 연료를 열원으로 사용하는 것(그 최대연소소비량이 매 시간당 10킬로그램 이상인 것만 해당한다) 또는 전력을 열원으로 사용하는 것(정격소비전력이 10킬로와트 이상인 경우만 해당한다)	• 건조설비 내외면 및 기기기능의 점검에 관한 사항 • 복장보호구 착용에 관한 사항 • 건조 시 유해가스 및 고열 등이 인체에 미치는 영향에 관한 사항 • 건조설비에 의한 화재・폭발 예방에 관한 사항
10. 다음 각 목에 해당하는 집재장치(집재기・가선・운반기구・지주 및 이들에 부속하는 물건으로 구성되고, 동력을 사용하여 원목 또는 장작과 숯을 담아 올리거나 공중에서 운반하는 설비를 말한다)의 조립, 해체, 변경 또는 수리작업 및 이들 설비에 의한 집재 또는 운반 작업 가. 원동기의 정격출력이 7.5킬로와트를 넘는 것 나. 지간의 경사거리 합계가 350미터 이상인 것 다. 최대사용하중이 200킬로그램 이상인 것	• 기계의 브레이크 비상정지장치 및 운반경로, 각종 기능 점검에 관한 사항 • 작업 시작 전 준비사항 및 작업방법에 관한 사항 • 취급물의 유해・위험에 관한 사항 • 구조상의 이상 시 응급처치에 관한 사항 • 그 밖에 안전・보건관리에 필요한 사항
11. 동력에 의하여 작동되는 프레스기계를 5대 이상 보유한 사업장에서 해당 기계로 하는 작업	• 프레스의 특성과 위험성에 관한 사항 • 방호장치 종류와 취급에 관한 사항 • 안전작업방법에 관한 사항

	• 프레스 안전기준에 관한 사항 • 그 밖에 안전·보건관리에 필요한 사항
12. 목재가공용 기계[둥근톱기계, 띠톱기계, 대패기계, 모떼기기계 및 라우터기(목재를 자르거나 홈을 파는 기계)만 해당하며, 휴대용은 제외한다]를 5대 이상 보유한 사업장에서 해당 기계로 하는 작업	• 목재가공용 기계의 특성과 위험성에 관한 사항 • 방호장치의 종류와 구조 및 취급에 관한 사항 • 안전기준에 관한 사항 • 안전작업방법 및 목재 취급에 관한 사항 • 그 밖에 안전·보건관리에 필요한 사항
13. 운반용 등 하역기계를 5대 이상 보유한 사업장에서의 해당 기계로 하는 작업	• 운반하역기계 및 부속설비의 점검에 관한 사항 • 작업순서와 방법에 관한 사항 • 안전운전방법에 관한 사항 • 화물의 취급 및 작업신호에 관한 사항 • 그 밖에 안전·보건관리에 필요한 사항
14. 1톤 이상의 크레인을 사용하는 작업 또는 1톤 미만의 크레인 또는 호이스트를 5대 이상 보유한 사업장에서 해당 기계로 하는 작업(제40호의 작업은 제외한다)	• 방호장치의 종류, 기능 및 취급에 관한 사항 • 걸고리·와이어로프 및 비상정지장치 등의 기계·기구 점검에 관한 사항 • 화물의 취급 및 안전작업방법에 관한 사항 • 신호방법 및 공동작업에 관한 사항 • 인양 물건의 위험성 및 낙하·비래(飛來)·충돌재해 예방에 관한 사항 • 인양물이 적재될 지반의 조건, 인양하중, 풍압 등이 인양물과 타워크레인에 미치는 영향 • 그 밖에 안전·보건관리에 필요한 사항
15. 건설용 리프트·곤돌라를 이용한 작업	• 방호장치의 기능 및 사용에 관한 사항 • 기계, 기구, 달기체인 및 와이어 등의 점검에 관한 사항 • 화물의 권상·권하 작업방법 및 안전작업 지도에 관한 사항 • 기계·기구의 특성 및 동작원리에 관한 사항 • 신호방법 및 공동작업에 관한 사항 • 그 밖에 안전·보건관리에 필요한 사항
16. 주물 및 단조(금속을 두들기거나 눌러서 형체를 만드는 일) 작업	• 고열물의 재료 및 작업환경에 관한 사항 • 출탕·주조 및 고열물의 취급과 안전작업방법에 관한 사항 • 고열작업의 유해·위험 및 보호구 착용에 관한 사항 • 안전기준 및 중량물 취급에 관한 사항 • 그 밖에 안전·보건관리에 필요한 사항
17. 전압이 75볼트 이상인 정전 및 활선작업	• 전기의 위험성 및 전격 방지에 관한 사항 • 해당 설비의 보수 및 점검에 관한 사항 • 정전작업·활선작업 시의 안전작업방법 및 순서에 관한 사항 • 절연용 보호구, 절연용 보호구 및 활선작업용 기구 등의 사용에 관한 사항 • 그 밖에 안전·보건관리에 필요한 사항

18. 콘크리트 파쇄기를 사용하여 하는 파쇄작업(2미터 이상인 구축물의 파쇄작업만 해당한다)	• 콘크리트 해체 요령과 방호거리에 관한 사항 • 작업안전조치 및 안전기준에 관한 사항 • 파쇄기의 조작 및 공통작업 신호에 관한 사항 • 보호구 및 방호장비 등에 관한 사항 • 그 밖에 안전·보건관리에 필요한 사항
19. 굴착면의 높이가 2미터 이상이 되는 지반 굴착(터널 및 수직갱 외의 갱 굴착은 제외한다)작업	• 지반의 형태·구조 및 굴착 요령에 관한 사항 • 지반의 붕괴재해 예방에 관한 사항 • 붕괴 방지용 구조물 설치 및 작업방법에 관한 사항 • 보호구의 종류 및 사용에 관한 사항 • 그 밖에 안전·보건관리에 필요한 사항
20. 흙막이 지보공의 보강 또는 동바리를 설치하거나 해체하는 작업	• 작업안전 점검 요령과 방법에 관한 사항 • 동바리의 운반·취급 및 설치 시 안전작업에 관한 사항 • 해체작업 순서와 안전기준에 관한 사항 • 보호구 취급 및 사용에 관한 사항 • 그 밖에 안전·보건관리에 필요한 사항
21. 터널 안에서의 굴착작업(굴착용 기계를 사용하여 하는 굴착작업 중 근로자가 칼날 밑에 접근하지 않고 하는 작업은 제외한다) 또는 같은 작업에서의 터널 거푸집 지보공의 조립 또는 콘크리트 작업	• 작업환경의 점검 요령과 방법에 관한 사항 • 붕괴 방지용 구조물 설치 및 안전작업 방법에 관한 사항 • 재료의 운반 및 취급·설치의 안전기준에 관한 사항 • 보호구의 종류 및 사용에 관한 사항 • 소화설비의 설치장소 및 사용방법에 관한 사항 • 그 밖에 안전·보건관리에 필요한 사항
22. 굴착면의 높이가 2미터 이상이 되는 암석의 굴착작업	• 폭발물 취급 요령과 대피 요령에 관한 사항 • 안전거리 및 안전기준에 관한 사항 • 방호물의 설치 및 기준에 관한 사항 • 보호구 및 신호방법 등에 관한 사항 • 그 밖에 안전·보건관리에 필요한 사항
23. 높이가 2미터 이상인 물건을 쌓거나 무너뜨리는 작업(하역기계로만 하는 작업은 제외한다)	• 원부재료의 취급 방법 및 요령에 관한 사항 • 물건의 위험성·낙하 및 붕괴재해 예방에 관한 사항 • 적재방법 및 전도 방지에 관한 사항 • 보호구 착용에 관한 사항 • 그 밖에 안전·보건관리에 필요한 사항
24. 선박에 짐을 쌓거나 부리거나 이동시키는 작업	• 하역 기계·기구의 운전방법에 관한 사항 • 운반·이송경로의 안전작업방법 및 기준에 관한 사항 • 중량물 취급 요령과 신호 요령에 관한 사항 • 작업안전 점검과 보호구 취급에 관한 사항 • 그 밖에 안전·보건관리에 필요한 사항
25. 거푸집 동바리의 조립 또는 해체작업	• 동바리의 조립방법 및 작업 절차에 관한 사항 • 조립재료의 취급방법 및 설치기준에 관한 사항 • 조립 해체 시의 사고 예방에 관한 사항 • 보호구 착용 및 점검에 관한 사항 • 그 밖에 안전·보건관리에 필요한 사항

26. 비계의 조립·해체 또는 변경작업	• 비계의 조립순서 및 방법에 관한 사항 • 비계작업의 재료 취급 및 설치에 관한 사항 • 추락재해 방지에 관한 사항 • 보호구 착용에 관한 사항 • 비계상부 작업 시 최대 적재하중에 관한 사항 • 그 밖에 안전·보건관리에 필요한 사항
27. 건축물의 골조, 다리의 상부구조 또는 탑의 금속제의 부재로 구성되는 것(5미터 이상인 것만 해당한다)의 조립· 해체 또는 변경작업	• 건립 및 버팀대의 설치순서에 관한 사항 • 조립 해체 시의 추락재해 및 위험요인에 관한 사항 • 건립용 기계의 조작 및 작업신호방법에 관한 사항 • 안전장비 착용 및 해체순서에 관한 사항 • 그 밖에 안전·보건관리에 필요한 사항
28. 처마 높이가 5미터 이상인 목조건축물의 구조 부재의 조립이나 건축물의 지붕 또는 외벽 밑에서의 설치작업	• 붕괴·추락 및 재해 방지에 관한 사항 • 부재의 강도·재질 및 특성에 관한 사항 • 조립·설치 순서 및 안전작업방법에 관한 사항 • 보호구 착용 및 작업 점검에 관한 사항 • 그 밖에 안전·보건관리에 필요한 사항
29. 콘크리트 인공구조물(그 높이가 2미터 이상인 것만 해당한다)의 해체 또는 파괴작업	• 콘크리트 해체기계의 점점에 관한 사항 • 파괴 시의 안전거리 및 대피 요령에 관한 사항 • 작업방법·순서 및 신호방법 등에 관한 사항 • 해체·파괴 시의 작업안전기준 및 보호구에 관한 사항 • 그 밖에 안전·보건관리에 필요한 사항
30. 타워크레인을 설치(상승작업을 포함한다)·해체하는 작업	• 붕괴·추락 및 재해 방지에 관한 사항 • 설치·해체 순서 및 안전작업방법에 관한 사항 • 부재의 구조·재질 및 특성에 관한 사항 • 신호방법 및 요령에 관한 사항 • 이상 발생 시 응급조치에 관한 사항 • 그 밖에 안전·보건관리에 필요한 사항
31. 보일러(소형 보일러 및 다음 각 목에서 정하는 보일러는 제외한다)의 설치 및 취급 작업 가. 몸통 반지름이 750밀리미터 이하이고 그 길이가 1,300밀리미터 이하인 증기보일러 나. 전열면적이 3제곱미터 이하인 증기보일러 다. 전열면적이 14제곱미터 이하인 온수보일러 라. 전열면적이 30제곱미터 이하인 관류보일러(물관을 사용하여 가열시키는 방식의 보일러)	• 기계 및 기기 점화장치 계측기의 점검에 관한 사항 • 열관리 및 방호장치에 관한 사항 • 작업순서 및 방법에 관한 사항 • 그 밖에 안전·보건관리에 필요한 사항
32. 게이지 압력을 제곱센티미터당 1킬로그램 이상으로 사용하는 압력용기의 설치 및 취급작업	• 안전시설 및 안전기준에 관한 사항 • 압력용기의 위험성에 관한 사항 • 용기 취급 및 설치기준에 관한 사항

	• 작업안전 점검방법 및 요령에 관한 사항 • 그 밖에 안전 · 보건관리에 필요한 사항
33. 방사선 업무에 관계되는 작업(의료 및 실험용은 제외한다)	• 방사선의 유해 · 위험 및 인체에 미치는 영향 • 방사선 측정기기 기능의 점검에 관한 사항 • 방호거리 · 방호벽 및 방사선물질의 취급 요령에 관한 사항 • 응급처치 및 보호구 착용에 관한 사항 • 그 밖에 안전 · 보건관리에 필요한 사항
34. 맨홀작업	• 장비 · 설비 및 시설 등의 안전점검에 관한 사항 • 산소농도 측정 및 작업환경에 관한 사항 • 작업내용 · 안전작업방법 및 절차에 관한 사항 • 보호구 착용 및 보호 장비 사용에 관한 사항 • 그 밖에 안전 · 보건관리에 필요한 사항
35. 밀폐공간에서의 작업	• 산소농도 측정 및 작업환경에 관한 사항 • 사고 시의 응급처치 및 비상시 구출에 관한 사항 • 보호구 착용 및 사용방법에 관한 사항 • 밀폐공간작업의 안전작업방법에 관한 사항 • 그 밖에 안전 · 보건관리에 필요한 사항
36. 허가 및 관리 대상 유해물질의 제조 또는 취급작업	• 취급물질의 성질 및 상태에 관한 사항 • 유해물질이 인체에 미치는 영향 • 국소배기장치 및 안전설비에 관한 사항 • 안전작업방법 및 보호구 사용에 관한 사항 • 그 밖에 안전 · 보건관리에 필요한 사항
37. 로봇작업	• 로봇의 기본원리 · 구조 및 작업방법에 관한 사항 • 이상 발생 시 응급조치에 관한 사항 • 안전시설 및 안전기준에 관한 사항 • 조작방법 및 작업순서에 관한 사항
38. 석면해체 · 제거작업	• 석면의 특성과 위험성 • 석면해체 · 제거의 작업방법에 관한 사항 • 장비 및 보호구 사용에 관한 사항 • 그 밖에 안전 · 보건관리에 필요한 사항
39. 가연물이 있는 장소에서 하는 화재위험작업	• 작업준비 및 작업절차에 관한 사항 • 작업장 내 위험물, 가연물의 사용 · 보관 · 설치 현황에 관한 사항 • 화재위험작업에 따른 인근 인화성 액체에 대한 방호조치에 관한 사항 • 화재위험작업으로 인한 불꽃, 불티 등의 흩날림 방지 조치에 관한 사항 • 인화성 액체의 증기가 남아 있지 않도록 환기 등의 조치에 관한 사항 • 화재감시자의 직무 및 피난교육 등 비상조치에 관한 사항 • 그 밖에 안전 · 보건관리에 필요한 사항

40. 타워크레인을 사용하는 작업 시 신호업무를 하는 작업	• 타워크레인의 기계적 특성 및 방호장치 등에 관한 사항 • 화물의 취급 및 안전작업방법에 관한 사항 • 신호방법 및 요령에 관한 사항 • 인양 물건의 위험성 및 낙하·비래·충돌재해 예방에 관한 사항 • 인양물이 적재될 지반의 조건, 인양하중, 풍압 등이 인양물과 타워크레인에 미치는 영향 • 그 밖에 안전·보건관리에 필요한 사항

2. 건설업 기초안전보건교육에 대한 내용 및 시간(제28조제1항 관련)

구분	교육내용	시간
공통	산업안전보건법령 주요 내용(건설 일용근로자 관련 부분)	1시간
	안전의식 제고에 관한 사항	
교육대상별	작업별 위험요인과 안전작업 방법(재해사례 및 예방대책)	2시간
	건설 직종별 건강장해 위험요인과 건강관리	1시간

3. 안전보건관리책임자 등에 대한 교육(제29조제2항 관련)

교육대상	교육내용	
	신규과정	보수과정
가. 안전보건관리책임자	1) 관리책임자의 책임과 직무에 관한 사항 2) 산업안전보건법령 및 안전·보건조치에 관한 사항	1) 산업안전·보건정책에 관한 사항 2) 자율안전·보건관리에 관한 사항
나. 안전관리자 및 안전관리전문기관 종사자	1) 산업안전보건법령에 관한 사항 2) 산업안전보건개론에 관한 사항 3) 인간공학 및 산업심리에 관한 사항 4) 안전보건교육방법에 관한 사항 5) 재해 발생 시 응급처치에 관한 사항 6) 안전점검·평가 및 재해 분석기법에 관한 사항 7) 안전기준 및 개인보호구 등 분야별 재해예방 실무에 관한 사항 8) 산업안전보건관리비 계상 및 사용기준에 관한 사항 9) 작업환경 개선 등 산업위생 분야에 관한 사항 10) 무재해운동 추진기법 및 실무에 관한 사항 11) 위험성평가에 관한 사항 12) 그 밖에 안전관리자의 직무 향상을 위하여 필요한 사항	1) 산업안전보건법령 및 정책에 관한 사항 2) 안전관리계획 및 안전보건개선계획의 수립·평가·실무에 관한 사항 3) 안전보건교육 및 무재해운동 추진 실무에 관한 사항 4) 산업안전보건관리비 사용기준 및 사용방법에 관한 사항 5) 분야별 재해 사례 및 개선 사례에 관한 연구와 실무에 관한 사항 6) 사업장 안전 개선기법에 관한 사항 7) 위험성평가에 관한 사항 8) 그 밖에 안전관리자 직무 향상을 위하여 필요한 사항

다. 보건관리자 및 보건관리전문기관 종사자	1) 산업안전보건법령 및 작업환경측정에 관한 사항 2) 산업안전보건개론에 관한 사항 3) 안전보건교육방법에 관한 사항 4) 산업보건관리계획 수립・평가 및 산업역학에 관한 사항 5) 작업환경 및 직업병 예방에 관한 사항 6) 작업환경 개선에 관한 사항(소음・분진・관리대상 유해물질 및 유해광선 등) 7) 산업역학 및 통계에 관한 사항 8) 산업환기에 관한 사항 9) 안전보건관리의 체제・규정 및 보건관리자 역할에 관한 사항 10) 보건관리계획 및 운용에 관한 사항 11) 근로자 건강관리 및 응급처치에 관한 사항 12) 위험성평가에 관한 사항 13) 그 밖에 보건관리자의 직무 향상을 위하여 필요한 사항	1) 산업안전보건법령, 정책 및 작업환경 관리에 관한 사항 2) 산업보건관리계획 수립・평가 및 안전보건교육 추진 요령에 관한 사항 3) 근로자 건강 증진 및 구급환자 관리에 관한 사항 4) 산업위생 및 산업환기에 관한 사항 5) 직업병 사례 연구에 관한 사항 6) 유해물질별 작업환경 관리에 관한 사항 7) 위험성평가에 관한 사항 8) 그 밖에 보건관리자 직무 향상을 위하여 필요한 사항
라. 건설재해 예방전문지도기관 종사자	1) 산업안전보건법령 및 정책에 관한 사항 2) 분야별 재해사례 연구에 관한 사항 3) 새로운 공법 소개에 관한 사항 4) 사업장 안전관리기법에 관한 사항 5) 위험성평가의 실시에 관한 사항 6) 그 밖에 직무 향상을 위하여 필요한 사항	1) 산업안전보건법령 및 정책에 관한 사항 2) 분야별 재해사례 연구에 관한 사항 3) 새로운 공법 소개에 관한 사항 4) 사업장 안전관리기법에 관한 사항 5) 위험성평가의 실시에 관한 사항 6) 그 밖에 직무 향상을 위하여 필요한 사항
마. 석면조사기관 종사자	1) 석면 제품의 종류 및 구별방법에 관한 사항 2) 석면에 의한 건강유해성에 관한 사항 3) 석면 관련 법령 및 제도(법, 석면안전관리법 및 건축법 등)에 관한 사항 4) 법 및 산업안전보건 정책방향에 관한 사항 5) 석면 시료채취 및 분석방법에 관한 사항 6) 보호구 착용방법에 관한 사항 7) 석면조사결과서 및 석면지도 작성방법에 관한 사항 8) 석면 조사 실습에 관한 사항	1) 석면 관련 법령 및 제도(법, 석면안전관리법 및 건축법 등)에 관한 사항 2) 실내공기오염 관리(또는 작업환경측정 및 관리)에 관한 사항 3) 산업안전보건 정책방향에 관한 사항 4) 건축물・설비 구조의 이해에 관한 사항 5) 건축물・설비 내 석면함유 자재 사용 및 시공・제거방법에 관한 사항 6) 보호구 선택 및 관리방법에 관한 사항 7) 석면해체・제거작업 및 석면 흩날림 방지 계획 수립 및 평가에 관한 사항

		8) 건축물 석면조사 시 위해도평가 및 석면 지도 작성·관리 실무에 관한 사항 9) 건축 자재의 종류별 석면조사실무에 관한 사항
바. 안전보건관리담당자		1) 위험성평가에 관한 사항 2) 안전·보건교육방법에 관한 사항 3) 사업장 순회점검 및 지도에 관한 사항 4) 기계·기구의 적격품 선정에 관한 사항 5) 산업재해 통계의 유지·관리 및 조사에 관한 사항 6) 그 밖에 안전보건관리담당자 직무 향상을 위하여 필요한 사항
사. 안전검사기관 및 자율안전검사기관	1) 산업안전보건법령에 관한 사항 2) 기계, 장비의 주요장치에 관한 사항 3) 측정기기 작동 방법에 관한 사항 4) 공통점검 사항 및 주요 위험요인별 점검내용에 관한 사항 5) 기계, 장비의 주요안전장치에 관한 사항 6) 검사 시 안전보건 유의사항 7) 기계·전기·화공 등 공학적 기초 지식에 관한 사항 8) 검사원의 직무윤리에 관한 사항 9) 그 밖에 종사자의 직무 향상을 위하여 필요한 사항	1) 산업안전보건법령 및 정책에 관한 사항 2) 주요 위험요인별 점검내용에 관한 사항 3) 기계, 장비의 주요장치와 안전장치에 관한 심화과정 4) 검사 시 안전보건 유의 사항 5) 구조해석, 용접, 피로, 파괴, 피해예측, 작업환기, 위험성평가 등에 관한 사항 6) 검사대상 기계별 재해 사례 및 개선 사례에 관한 연구와 실무에 관한 사항 7) 검사원의 직무윤리에 관한 사항 8) 그 밖에 종사자의 직무 향상을 위하여 필요한 사항

4. 특수형태근로종사자에 대한 안전보건교육(제95조제1항 관련)

가. 최초 노무제공 시 교육

교육내용
아래의 내용 중 특수형태근로종사자의 직무에 적합한 내용을 교육해야 한다. • 산업안전 및 사고 예방에 관한 사항 • 산업보건 및 직업병 예방에 관한 사항 • 건강증진 및 질병 예방에 관한 사항 • 유해·위험 작업환경 관리에 관한 사항 • 산업안전보건법령 및 산업재해보상보험 제도에 관한 사항 • 직무스트레스 예방 및 관리에 관한 사항 • 직장 내 괴롭힘, 고객의 폭언 등으로 인한 건강장해 예방 및 관리에 관한 사항 • 기계·기구의 위험성과 작업의 순서 및 동선에 관한 사항

• 작업 개시 전 점검에 관한 사항
• 정리정돈 및 청소에 관한 사항
• 사고 발생 시 긴급조치에 관한 사항
• 물질안전 보건자료에 관한 사항
• 교통안전 및 운전안전에 관한 사항
• 보호구 착용에 관한 사항

나. 특별교육 대상 작업별 교육 : 제1호 라목과 같다.

5. 검사원 성능검사 교육(제131조제2항 관련)

설비명	교육과정	교육내용
가. 프레스 및 전단기	성능검사교육	• 관계 법령 • 프레스 및 전단기 개론 • 프레스 및 전단기 구조 및 특성 • 검사기준 • 방호장치 • 검사장비 용도 및 사용방법 • 검사실습 및 체크리스트 작성 요령 • 위험검출 훈련
나. 크레인	성능검사교육	• 관계 법령 • 크레인 개론 • 크레인 구조 및 특성 • 검사기준 • 방호장치 • 검사장비 용도 및 사용방법 • 검사실습 및 체크리스트 작성 요령 • 위험검출 훈련 • 검사원 직무
다. 리프트	성능검사교육	• 관계 법령 • 리프트 개론 • 리프트 구조 및 특성 • 검사기준 • 방호장치 • 검사장비 용도 및 사용방법 • 검사실습 및 체크리스트 작성 요령 • 위험검출 훈련 • 검사원 직무
라. 곤돌라	성능검사교육	• 관계 법령 • 곤돌라 개론 • 곤돌라 구조 및 특성 • 검사기준 • 방호장치 • 검사장비 용도 및 사용방법

		• 검사실습 및 체크리스트 작성 요령 • 위험검출 훈련 • 검사원 직무
마. 국소배기장치	성능검사교육	• 관계 법령 • 산업보건 개요 • 산업환기의 기본원리 • 국소환기장치의 설계 및 실습 • 국소배기장치 및 제진장치 검사기준 • 검사실습 및 체크리스트 작성 요령 • 검사원 직무
바. 원심기	성능검사교육	• 관계 법령 • 원심기 개론 • 원심기 종류 및 구조 • 검사기준 • 방호장치 • 검사장비 용도 및 사용방법 • 검사실습 및 체크리스트 작성 요령
사. 롤러기	성능검사교육	• 관계 법령 • 롤러기 개론 • 롤러기 구조 및 특성 • 검사기준 • 방호장치 • 검사장비의 용도 및 사용방법 • 검사실습 및 체크리스트 작성 요령
아. 사출성형기	성능검사교육	• 관계 법령 • 사출성형기 개론 • 사출성형기 구조 및 특성 • 검사기준 • 방호장치 • 검사장비 용도 및 사용방법 • 검사실습 및 체크리스트 작성 요령
자. 고소작업대	성능검사교육	• 관계 법령 • 고소작업대 개론 • 고소작업대 구조 및 특성 • 검사기준 • 방호장치 • 검사장비의 용도 및 사용방법 • 검사실습 및 체크리스트 작성 요령
차. 컨베이어	성능검사교육	• 관계 법령 • 컨베이어 개론 • 컨베이어 구조 및 특성

		• 검사기준 • 방호장치 • 검사장비의 용도 및 사용방법 • 검사실습 및 체크리스트 작성 요령
카. 산업용 로봇	성능검사교육	• 관계 법령 • 산업용 로봇 개론 • 산업용 로봇 구조 및 특성 • 검사기준 • 방호장치 • 검사장비 용도 및 사용방법 • 검사실습 및 체크리스트 작성 요령

6. 물질안전 보건자료에 관한 교육(제169조제1항 관련)

교육내용
• 대상화학물질의 명칭(또는 제품명) • 물리적 위험성 및 건강 유해성 • 취급상의 주의사항 • 적절한 보호구 • 응급조치 요령 및 사고시 대처방법 • 물질안전 보건자료 및 경고표지를 이해하는 방법

시행규칙 제26조(교육시간 및 교육내용) ① 법 제29조제1항부터 제3항까지의 규정에 따라 사업주가 근로자에게 실시해야 하는 안전보건교육의 교육시간은 별표 4와 같고, 교육내용은 별표 5와 같다. 이 경우 사업주가 법 제29조제3항에 따른 유해하거나 위험한 작업에 필요한 안전보건교육(이하 특별교육이라 한다)을 실시한 때에는 해당 근로자에 대하여 법 제29조제2항에 따라 채용할 때 해야 하는 교육(이하 채용 시 교육이라 한다) 및 작업내용을 변경할 때 해야 하는 교육(이하 작업내용 변경 시 교육이라 한다)을 실시한 것으로 본다.

② 제1항에 따른 교육을 실시하기 위한 교육방법과 그 밖에 교육에 필요한 사항은 고용노동부장관이 정하여 고시한다.

③ 사업주가 법 제29조제1항부터 제3항까지의 규정에 따른 안전보건교육을 자체적으로 실시하는 경우에 교육을 할 수 있는 사람은 다음 각 호의 어느 하나에 해당하는 사람으로 한다.

1. 다음 각 목의 어느 하나에 해당하는 사람
   가. 법 제15조제1항에 따른 안전보건관리책임자
   나. 법 제16조제1항에 따른 관리감독자

다. 법 제17조제1항에 따른 안전관리자(안전관리전문기관에서 안전관리자의 위탁업무를 수행하는 사람을 포함한다)
라. 법 제18조제1항에 따른 보건관리자(보건관리전문기관에서 보건관리자의 위탁업무를 수행하는 사람을 포함한다)
마. 법 제19조제1항에 따른 안전보건관리담당자(안전관리전문기관 및 보건관리전문기관에서 안전보건관리담당자의 위탁업무를 수행하는 사람을 포함한다)
바. 법 제22조제1항에 따른 산업보건의

2. 공단에서 실시하는 해당 분야의 강사요원 교육과정을 이수한 사람
3. 법 제142조에 따른 산업안전지도사 또는 산업보건지도사(이하 지도사라 한다)
4. 산업안전보건에 관하여 학식과 경험이 있는 사람으로서 고용노동부장관이 정하는 기준에 해당하는 사람

제30조(근로자에 대한 안전보건교육의 면제 등) ① 사업주는 제29조제1항에도 불구하고 다음 각 호의 어느 하나에 해당하는 경우에는 같은 항에 따른 안전보건교육의 전부 또는 일부를 하지 아니할 수 있다.

1. 사업장의 산업재해 발생 정도가 고용노동부령으로 정하는 기준에 해당하는 경우
2. 근로자가 제11조제3호에 따른 시설에서 건강관리에 관한 교육 등 고용노동부령으로 정하는 교육을 이수한 경우
3. 관리감독자가 산업안전 및 보건 업무의 전문성 제고를 위한 교육 등 고용노동부령으로 정하는 교육을 이수한 경우

② 사업주는 제29조제2항 또는 제3항에도 불구하고 해당 근로자가 채용 또는 변경된 작업에 경험이 있는 등 고용노동부령으로 정하는 경우에는 같은 조 제2항 또는 제3항에 따른 안전보건교육의 전부 또는 일부를 하지 아니할 수 있다.

제30조(근로자에 대한 안전보건교육의 면제 등)

안전보건교육의 면제

- ① 전년도에 산업재해가 발생하지 아니한 사업장은 기준 시간의 100분의 50까지의 범위에서 근로자 정기교육 시간의 면제
- ② 관리감독자가 다음 각 호의 교육을 이수한 경우 시간의 면제
  1. 직무교육기관에서 실시한 전문화교육
  2. 직무교육기관에서 실시한 인터넷 원격교육
  3. 공단에서 실시한 안전보건관리담당자 양성교육
  4. 검사원 성능검사 교육
  5. 그 밖에 고용노동부장관이 근로자 정기교육 면제 대상으로 인정 하는 교육
- ③ 채용 또는 변경된 작업에 경험이 있을 경우 채용 시 교육 또는 특별교육 시간을 다음 각호의 기준에 따라 면제
  1. 같은 종류의 업종에 6개월 이상 근무한 경험이 있는 근로자를 이직 후 1년 이내 채용 100분의 50
  2. 특별교육 대상작업에 6개월 이상 근무 경험자가 다음 각 호에 해당하는 경우 100분 의 50
  3. 채용 시 교육 또는 특별교육을 이수한 근로자가 같은 도급인의 사업장내에서 이전에 하던 업무와 동일한 업무에 종사하는 경우 채용 시 교육 또는 특별교육 면제
- 비정규직에서 정규직으로 전환시 채용시 교육여부
  - 사업장에 채용되어 계속 근무해 오던 근로자가 동일한 업무, 동일한 작업환경 하에서 단순히 고용형태가 변경된 경우라면 별도의 채용시 교육을 실시하지 않아도 됨 (안전정책과-2946, '04. 6. 3)
- 동일 현장 내에서 다른 협력업체로 소속변경 시의 채용시 교육여부
  - 근로자 채용시 실시하는 안전보건교육은 신규 채용된 근로자에게 해당 작업장의 안전 관련 정보, 작업시 유의사항 등을 교육하는 취지로 같은 현장 내에서 협력업체의 소속만 변경된 경우라면 별도의 신규채용 시 교육은 실시하지 않아도 됨 (산안68307-10014, '01.2.9)

■ **조문해석**

시행규칙 제27조(안전보건교육의 면제) ① 전년도에 산업재해가 발생하지 않은 사업장의 사업주의 경우 법 제29조제1항에 따른 근로자 정기교육(이하 근로자 정기교육이라 한다)을 그 다음 연도에 한정하여 별표 4에서 정한 실시기준 시간의 100분의 50 범위에서 면제할 수 있다.

② 영 제16조 및 제20조에 따른 안전관리자 및 보건관리자를 선임할 의무가 없는 사업장의 사업주가 법 제11조제3호에 따라 노무를 제공하는 자의 건강 유지·증진을 위하여 설치된 근로자건강센터(이하 근로자건강센터라 한다)에서 실시하는 안전보건교육, 건강상담, 건강관리프로그램 등 근로자 건강관리활동에 해당 사업장의 근로자를 참여하게 한 경우에는 해당 시간을 제26조제1항에 따른 교육 중 해당 분기(관리감독자의 지위에 있는 사람의 경우 해당 연도)의 근로자 정기교육 시간에서 면제할 수 있다. 이 경우 사업주는 해당 사업장의 근로자가 근로자건강센터에서 실시하는 건강관리활동에 참여한 사실을 입증할 수 있는 서류를 갖춰 두어야 한다.

③ 법 제30조제1항제3호에 따라 관리감독자가 다음 각 호의 어느 하나에 해당하는 교육을 이수한 경우 별표 4에서 정한 근로자 정기교육시간을 면제할 수 있다.

1. 법 제32조제1항 각 호 외의 부분 본문에 따라 영 제40조제3항에 따른 직무교육기관(이하 직무교육기관이라 한다)에서 실시한 전문화교육
2. 법 제32조제1항 각 호 외의 부분 본문에 따라 직무교육기관에서 실시한 인터넷 원격교육
3. 법 제32조제1항 각 호 외의 부분 본문에 따라 공단에서 실시한 안전보건관리담당자 양성교육
4. 법 제98조제1항제2호에 따른 검사원 성능검사교육
5. 그 밖에 고용노동부장관이 근로자 정기교육 면제대상으로 인정하는 교육

④ 사업주는 법 제30조제2항에 따라 해당 근로자가 채용되거나 변경된 작업에 경험이 있을 경우 채용 시 교육 또는 특별교육 시간을 다음 각 호의 기준에 따라 실시할 수 있다.

1. 통계법 제22조에 따라 통계청장이 고시한 한국표준산업분류의 세분류 중 같은 종류의 업종에 6개월 이상 근무한 경험이 있는 근로자를 이직 후 1년 이내에 채용하는 경우: 별표 4에서 정한 채용 시 교육시간의 100분의 50 이상
2. 별표 5의 특별교육 대상작업에 6개월 이상 근무한 경험이 있는 근로자가 다음 각 목의 어느 하나에 해당하는 경우: 별표 4에서 정한 특별교육 시간의 100분의 50 이상
   가. 근로자가 이직 후 1년 이내에 채용되어 이직 전과 동일한 특별교육 대상작업에 종사하는 경우
   나. 근로자가 같은 사업장 내 다른 작업에 배치된 후 1년 이내에 배치 전과 동일한 특별교육 대상작업에 종사하는 경우
3. 채용 시 교육 또는 특별교육을 이수한 근로자가 같은 도급인의 사업장 내에서 이전에 하던 업무와 동일한 업무에 종사하는 경우: 소속 사업장의 변경에도 불구하고 해당 근로자에 대한 채용 시 교육 또는 특별교육 면제
4. 그 밖에 고용노동부장관이 채용 시 교육 또는 특별교육 면제 대상으로 인정하는 교육

제31조(건설업 기초안전보건교육) ① 건설업의 사업주는 건설 일용근로자를 채용할 때에는 그 근로자로 하여금 제33조에 따른 안전보건교육기관이 실시하는 안전보건교육을 이수하도록 하여야 한다. 다만, 건설 일용근로자가 그 사업주에게 채용되기 전에 안전보건교육을 이수한 경우에는

그러하지 아니하다.

② 제1항 본문에 따른 안전보건교육의 시간·내용 및 방법, 그 밖에 필요한 사항은 고용노동부령으로 정한다.

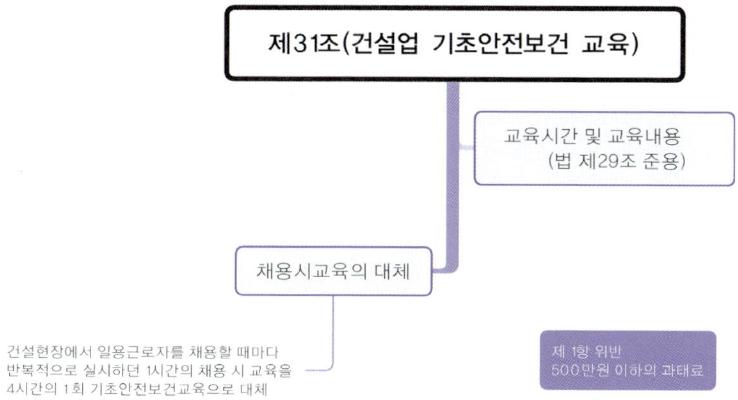

■ **조문해석**

시행규칙 제28조(건설업 기초안전보건교육의 시간·내용 및 방법 등)에는 건설 일용근로자를 채용할 때 실시하는 안전보건교육시간 [별표4], 교육내용, 교재는 [별표5]에 있다. 인력기준은 시행령 제40조(안전보건교육기관의 등록 및 취소) [별표11]에 적합한 사람을 배치하여야 하도록 하고 있다.

시행규칙 제31조(안전보건교육기관 등록신청 등) ① 영 제40조제1항 및 제3항에 따라 안전보건교육기관으로 등록하려는 자는 다음 각 호의 구분에 따라 관련 서류를 첨부하여 주된 사무소의 소재지를 관할하는 지방고용노동청장에게 제출해야 한다.

1. 영 제40조제1항에 따라 근로자안전보건교육기관으로 등록하려는 자: 별지 제9호서식의 근로자안전보건교육기관 등록 신청서에 다음 각 목의 서류를 첨부
   가. 영 제40조제1항에 따른 법인 또는 산업안전보건관련 학과가 있는 고등교육법 제2조에 따른 학교에 해당함을 증명하는 서류
   나. 영 별표 10에 따른 인력기준을 갖추었음을 증명할 수 있는 자격증(국가기술자격증은 제외한다), 졸업증명서, 경력증명서 또는 재직증명서 등 서류
   다. 영 별표 10에 따른 시설 및 장비 기준을 갖추었음을 증명할 수 있는 서류와 시설·장비 명세서

라. 최초 1년간의 교육사업계획서

2. 영 제40조제3항에 따라 직무교육기관으로 등록하려는 자: 별지 제10호 서식의 직무교육기관 등록 신청서에 다음 각 목의 서류를 첨부

가. 영 제40조제3항 각 호의 어느 하나에 해당함을 증명하는 서류

나. 영 별표 12에 따른 인력기준을 갖추었음을 증명할 수 있는 자격증(국가기술자격증은 제외한다), 졸업증명서, 경력증명서 또는 재직증명서 등 서류

다. 영 별표 12에 따른 시설 및 장비 기준을 갖추었음을 증명할 수 있는 서류와 시설·장비 명세서

라. 최초 1년간의 교육사업계획서

② 제1항에 따른 신청서를 제출 받은 지방고용노동청장은 전자정부법 제36조제1항에 따른 행정정보의 공동이용을 통하여 다음 각 호의 서류를 확인해야 한다. 다만, 신청인이 제1호 및 제3호의 서류의 확인에 동의하지 않는 경우에는 그 사본을 첨부하도록 해야 한다.

1. 국가기술자격증
2. 법인등기사항증명서(법인만 해당한다)
3. 사업자등록증(개인만 해당한다)

③ 지방고용노동청장은 제1항에 따른 등록 신청이 영 제40조제1항 또는 제3항에 따른 등록 요건에 적합하다고 인정되면 그 신청서를 받은 날부터 20일 이내에 별지 제11호서식 또는 별지 제12호서식의 근로자안전보건교육기관 등록증 또는 직무교육기관 등록증을 신청인에게 발급해야 한다.

④ 제3항에 따라 등록증을 발급받은 사람이 등록증을 분실하거나 등록증이 훼손된 경우에는 재발급 신청을 할 수 있다.

⑤ 법 제33조제1항에 따라 안전보건교육기관이 등록 받은 사항을 변경하려는 경우에는 별지 제9호서식 또는 별지 제10호서식의 변경등록 신청서에 변경내용을 증명하는 서류와 등록증을 첨부하여 지방고용노동청장에게 제출해야 한다. 이 경우 변경등록신청서의 처리에 관하여는 제3항을 준용한다.

⑥ 안전보건교육기관이 해당 업무를 폐지하거나 등록이 취소된 경우 지체 없이 제3항 및 제5항에 따른 등록증을 지방고용노동청장에게 반납해야 한다.

제32조(안전보건관리책임자 등에 대한 직무교육) ① 사업주(제5호의 경우는 같은 호 각 목에 따른 기관의 장을 말한다)는 다음 각 호에 해당하는 사람에게 제33조에 따른 안전보건교육기관에서 직무와 관련한 안전보건교육을 이수하도록 하여야 한다. 다만, 다음 각 호에 해당하는 사람이 다른 법령에 따라 안전 및 보건에 관한 교육을 받는 등 고용노동부령으로 정하는 경우에는 안전보건교육의 전부 또는 일부를 하지 아니할 수 있다.

1. 안전보건관리책임자
2. 안전관리자
3. 보건관리자
4. 안전보건관리담당자
5. 다음 각 목의 기관에서 안전과 보건에 관련된 업무에 종사하는 사람
   가. 안전관리전문기관
   나. 보건관리전문기관
   다. 제74조에 따라 지정 받은 건설재해 예방전문지도기관
   라. 제96조에 따라 지정 받은 안전검사기관
   마. 제100조에 따라 지정 받은 자율안전검사기관
   바. 제120조에 따라 지정 받은 석면조사기관

② 제1항 각 호 외의 부분 본문에 따른 안전보건교육의 시간·내용 및 방법, 그 밖에 필요한 사항은 고용노동부령으로 정한다.

제32조(안전보건관리책임자 등에 대한 직무교육)

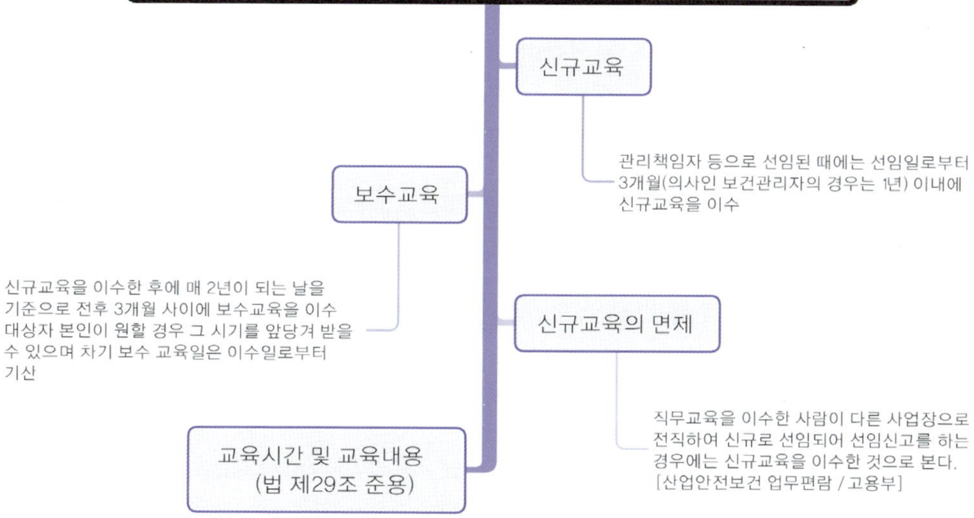

제 1항 1호부터 4호까지 위반 500만원 이하의 과태료
제 1항 5호 위반 300만원 이하의 과태료

■ 조문해석

안전보관관리책임자 등에 대한 교육은 사업장에서 조직에서의 역할과 기능은 기획입안과 그 관리이다. 안전보건관리는 조직구성원의 안전보건직무가 확실하고 원활하게 실시되도록 하는 역할과 기능이 요구된 직무와 관련한 내용을 교육함으로써 재해의 사전예방에 중요한 역할을 담당하는 것이고, 교육의 목적은 안전보건관리를 추진하는 체계에 필요한 기본적 지식을 습득을 요한다.

시행규칙

제29조(안전보건관리책임자 등에 대한 직무교육) 직위에 선임(위촉의 경우를 포함한다. 이하 같다)되거나 채용된 후 개월(보건관리자가 의사인 경우는 년) 이내에 직무를 수행하는 데 필요한 신규교육을 하며, 신규교육을 이수한 후 매 년이 되는 날을 기준으로 전후 개월 사이에 고용노동부장관이 실시하는 안전보건에 관한 보수교육을 받아야 한다.

1. 법 15조제 항에 따른 안전보건관리책임자
2. 법 17조제 항에 따른 안전관리자(기업활동 규제완화에 관한 특별조치법 30조제 항에 따라 안전관리자로 채용된 것으로 보는 사람을 포함한다)
3. 법 18조제 항에 따른 보건관리자
4. 법 19조제 항에 따른 안전보건관리담당자
5. 법 2조제 항에 따른 안전관리전문기관 또는 보건관리전문기관에서 안전관리자 또는 보건관리자의 위탁 업무를 수행하는 사람
6. 법 74조제 항에 따른 건설재해 예방전문지도기관에서 지도업무를 수행하는 사람
7. 법 96조제 항에 따라 지정 받은 안전검사기관에서 검사업무를 수행하는 사람
8. 법 100조제 항에 따라 지정 받은 자율안전검사기관에서 검사업무를 수행하는 사람
9. 법 120조제 항에 따른 석면조사기관에서 석면조사 업무를 수행하는 사람

제30조(직무교육의 면제) ① 법 제32조제1항 단서에 따라 다음 각 호의 어느 하나에 해당하는 사람에 대해서는 직무교육 중 신규교육을 면제한다.

1. 법 제19조제1항에 따른 안전보건관리담당자
2. 영 별표 4 제6호에 해당하는 사람
3. 영 별표 4 제7호에 해당하는 사람

제33조(안전보건교육기관) ① 제29조제1항부터 제3항까지의 규정에 따른 안전보건교육, 제31조제1항 본문에 따른 안전보건교육 또는 제32조제1항 각 호 외의 부분 본문에 따른 안전보건교육을 하려는 자는 대통령령으로 정하는 인력·시설 및 장비 등의 요건을 갖추어 고용노동부장관에게 등록하여야 한다. 등록한 사항 중 대통령령으로 정하는 중요한 사항을 변경할 때에도 또한 같다.

② 고용노동부장관은 제1항에 따라 등록한 자(이하 안전보건교육기관이라 한다)에 대하여 평가하고 그 결과를 공개할 수 있다. 이 경우 평가의 기준·방법 및 결과의 공개에 필요한 사항은 고용노동부령으로 정한다.

③ 제1항에 따른 등록 절차 및 업무 수행에 관한 사항, 그 밖에 필요한 사항은 고용노동부령으로 정한다.

④ 안전보건교육기관에 대해서는 제21조제4항 및 제5항을 준용한다. 이 경우 "안전관리전문기관 또는 보건관리전문기관"은 "안전보건교육기관"으로, "지정"은 "등록"으로 본다.

■ 조문해석

시행령 제40조에 안전보건교육기관의 등록 및 취소 규정이 있다. 등록에 관한 사항은 [별표10]에 따른 인력·시설 및 장비 기준을 갖추어 고용노동부장관에게 등록하여야 한다.

시행령 제40조(안전보건교육기관의 등록 및 취소) ① 법 제33조제1항 전단에 따라 법 제29조제1항부터 제3항까지의 규정에 따른 안전보건교육에 대한 안전보건교육기관(이하 근로자안전보건교육기관이라 한다)으로 등록하려는 자는 법인 또는 산업안전·보건 관련 학과가 있는 고등교육법 제2조에 따른 학교로서 별표 10에 따른 인력·시설 및 장비 등을 갖추어야 한다.

② 법 제33조제1항 전단에 따라 법 제31조제1항 본문에 따른 안전보건교육에 대한 안전보건교육기관으로 등록하려는 자는 법인 또는 산업안전·보건 관련 학과가 있는 고등교육법 제2조에 따른 학교로서 별표 11에 따른 인력·시설 및 장비를 갖추어야 한다.

③ 법 제33조제1항 전단에 따라 법 제32조제1항 각 호 외의 부분 본문에 따른 안전보건교육에 대한 안전보건교육기관(이하 직무교육기관이라 한다)으로 등록할 수 있는 자는 다음 각 호의 어느 하나에 해당하는 자로 한다.

1. 한국산업안전보건공단법에 따른 한국산업안전보건공단(이하 공단이라 한다)
2. 다음 각 목의 어느 하나에 해당하는 기관으로서 별표 12에 따른 인력·시설 및 장비를 갖춘 기관
   가. 산업안전·보건 관련 학과가 있는 고등교육법 제2조에 따른 학교
   나. 비영리법인

④ 법 제33조제1항 후단에서 "대통령령으로 정하는 중요한 사항"이란 다음 각 호의 사항을 말한다.

1. 교육기관의 명칭(상호)
2. 교육기관의 소재지
3. 대표자의 성명

⑤ 제1항부터 제3항까지의 규정에 따른 안전보건교육기관에 관하여 법 제33조제4항에 따라 준용되는 법 제21조제4항제5호에서 "대통령령으로 정하는 사유에 해당하는 경우"란 다음 각 호의 경우를 말한다.

1. 교육 관련 서류를 거짓으로 작성한 경우
2. 정당한 사유 없이 교육 실시를 거부한 경우
3. 교육을 실시하지 않고 수수료를 받은 경우
4. 법 제29조제1항부터 제3항까지, 제31조제1항 본문 또는 제32조제1항 각 호 외의 부분 본문에 따른 교육의 내용 및 방법을 위반한 경우

시행규칙 제32조(안전보건교육기관의 평가 등) ① 공단이 법 제33조제2항에 따라 안전보건교육기관을 평가하는 기준은 다음 각 호와 같다.

1. 인력·시설 및 장비의 보유수준과 활용도
2. 교육과정의 운영체계 및 업무성과
3. 교육서비스의 적정성 및 만족도

② 제1항에 따른 안전보건교육기관에 대한 평가방법 및 평가결과의 공개에 관하여는 제17조제2항부터 제8항까지의 규정을 준용한다. 이 경우 "안전관리전문기관 또는 보건관리전문기관"은 "안전보건교육기관"으로 본다.

CHAPTER 04

유해 · 위험 방지 조치

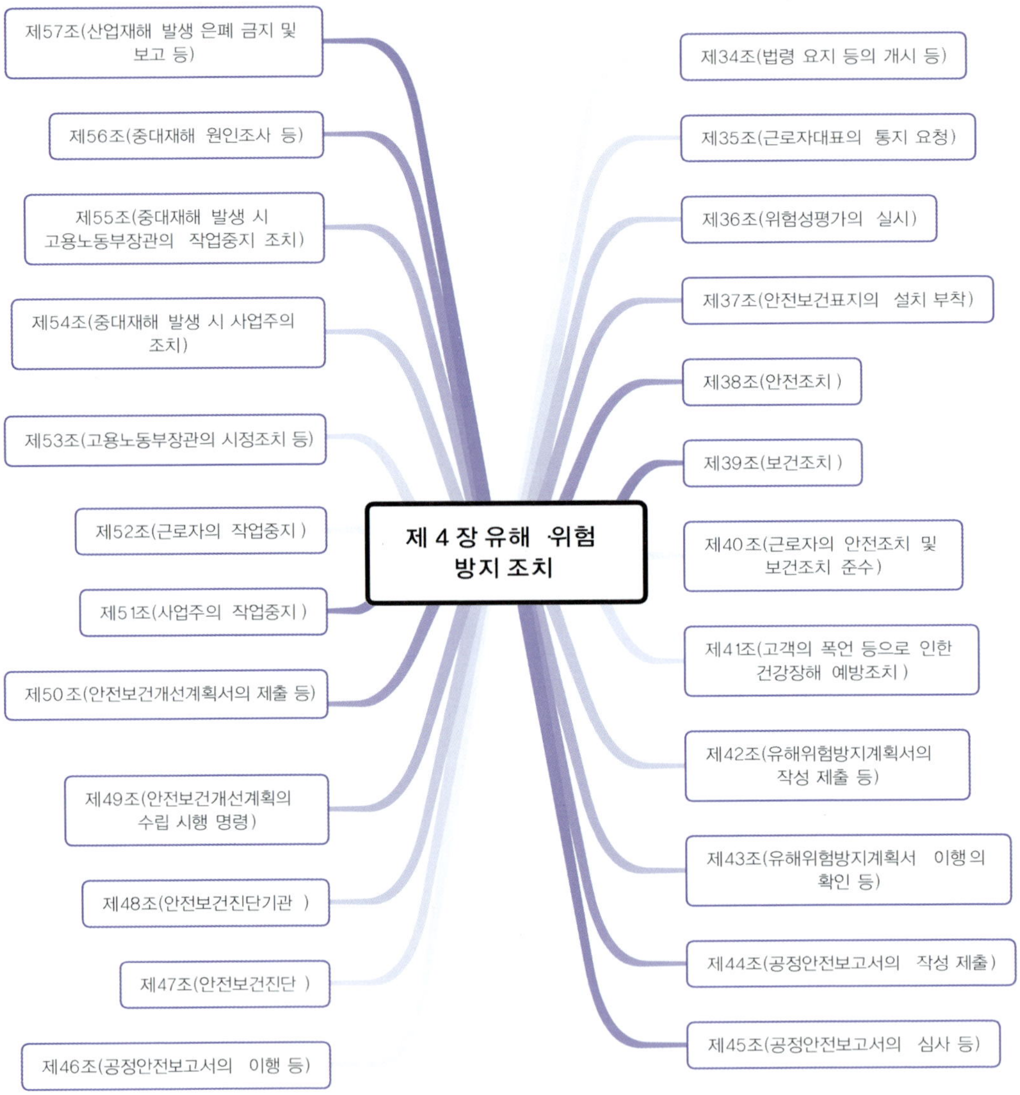
제 4 장 유해 ·위험 방지 조치
제34조(법령 요지 등의 개시 등)
제35조(근로자대표의 통지 요청)
제36조(위험성평가의 실시)
제37조(안전보건표지의 설치 부착)
제38조(안전조치)
제39조(보건조치)
제40조(근로자의 안전조치 및 보건조치 준수)
제41조(고객의 폭언 등으로 인한 건강장해 예방조치)
제42조(유해위험방지계획서의 작성 제출 등)
제43조(유해위험방지계획서 이행의 확인 등)
제44조(공정안전보고서의 작성 제출)
제45조(공정안전보고서의 심사 등)
제46조(공정안전보고서의 이행 등)
제47조(안전보건진단)
제48조(안전보건진단기관)
제49조(안전보건개선계획의 수립 시행 명령)
제50조(안전보건개선계획서의 제출 등)
제51조(사업주의 작업중지)
제52조(근로자의 작업중지)
제53조(고용노동부장관의 시정조치 등)
제54조(중대재해 발생 시 사업주의 조치)
제55조(중대재해 발생 시 고용노동부장관의 작업중지 조치)
제56조(중대재해 원인조사 등)
제57조(산업재해 발생 은폐 금지 및 보고 등)

CHAPTER 04 유해 · 위험 방지 조치

제34조(법령 요지 등의 게시 등) 사업주는 이 법과 이 법에 따른 명령의 요지 및 안전보건관리규정을 각 사업장의 근로자가 쉽게 볼 수 있는 장소에 게시하거나 갖추어 두어 근로자에게 널리 알려야 한다.

제34조(법령 요지 등의 게시 등)

위반 500만원 이하의 과태료

■ **조문해석**

사업장에서 근로자는 사업장의 안전에 관한 규정을 알고 준수할 수 있도록 하기 위해 법령 게시에 관한 규정을 두고 있다. 이 법에 따른 명령의 요지 및 안전보건관리 규정을 각 사업장의 근로자가 쉽게 볼 수 있는 장소에 게시하거나 갖추어 작업하는 근로자에게 널리 알려 주도록 해야 한다. 법35조에 근로자 대표는 사업주에게 주요한 사항에 대하여 통지하여 줄 것을 요청할 수 있고, 사업주는 이에 성실히 이행하도록 하고 있다.

제35조(근로자대표의 통지 요청) 근로자대표는 사업주에게 다음 각 호의 사항을 통지하여 줄 것을 요청할 수 있고, 사업주는 이에 성실히 따라야 한다.

1. 산업안전보건위원회(제75조에 따라 노사협의체를 구성·운영하는 경우에는 노사협의체를 말한다)가 의결한 사항

2. 제47조에 따른 안전보건진단 결과에 관한 사항
3. 제49조에 따른 안전보건개선계획의 수립·시행에 관한 사항
4. 제64조제1항 각 호에 따른 도급인의 이행 사항
5. 제110조제1항에 따른 물질안전 보건자료에 관한 사항
6. 제125조제1항에 따른 작업환경측정에 관한 사항
7. 그 밖에 고용노동부령으로 정하는 안전 및 보건에 관한 사항

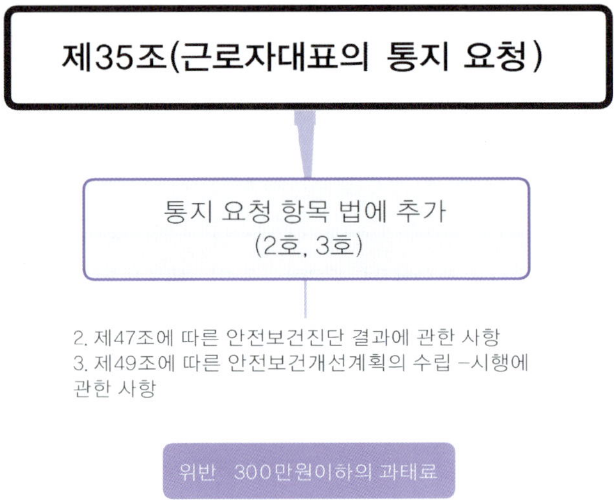

■ **조문해석**

법령 게시 규정은 산업안전보건법 외에도 안전관리규정과 유해 위험표지 등을 사업장 내에서 노동자의 안전과 건강에 관한 내용을 공지하도록 의무화한 규정이다. 그 내용은 노동자가 작업장에서 반드시 작업 전이나 실시 중에 알아야 하는 내용으로 산업안전보건위원회 제75조에 따라 노사협의체를 구성·운영에 관한 의결한 사항, 제47조에 따른 안전보건진단 결과에 관한 사항, 제49조에 따른 안전보건개선계획의 수립·시행에 관한 사항, 제64조제1항 각 호에 따른 도급인의 이행 사항, 제110조제1항에 따른 물질안전 보건자료에 관한 사항, 제125조제1항에 따른 작업환경측정에 관한 사항 등으로 구성되어 있다.[1]

1) 조흠학, "산업안전보건법", 신광문화사, 2020, 267면.

제36조(위험성평가의 실시) ① 사업주는 건설물, 기계·기구·설비, 원재료, 가스, 증기, 분진, 근로자의 작업행동 또는 그 밖의 업무로 인한 유해·위험요인을 찾아내어 부상 및 질병으로 이어질 수 있는 위험성의 크기가 허용 가능한 범위인지를 평가하여야 하고, 그 결과에 따라 이 법과 이 법에 따른 명령에 따른 조치를 하여야 하며, 근로자에 대한 위험 또는 건강장해를 방지하기 위하여 필요한 경우에는 추가적인 조치를 하여야 한다.

② 사업주는 제1항에 따른 평가 시 고용노동부장관이 정하여 고시하는 바에 따라 해당 작업장의 근로자를 참여시켜야 한다.

③ 사업주는 제1항에 따른 평가의 결과와 조치사항을 고용노동부령으로 정하는 바에 따라 기록하여 보존하여야 한다.

④ 제1항에 따른 평가의 방법, 절차 및 시기, 그 밖에 필요한 사항은 고용노동부장관이 정하여 고시한다.

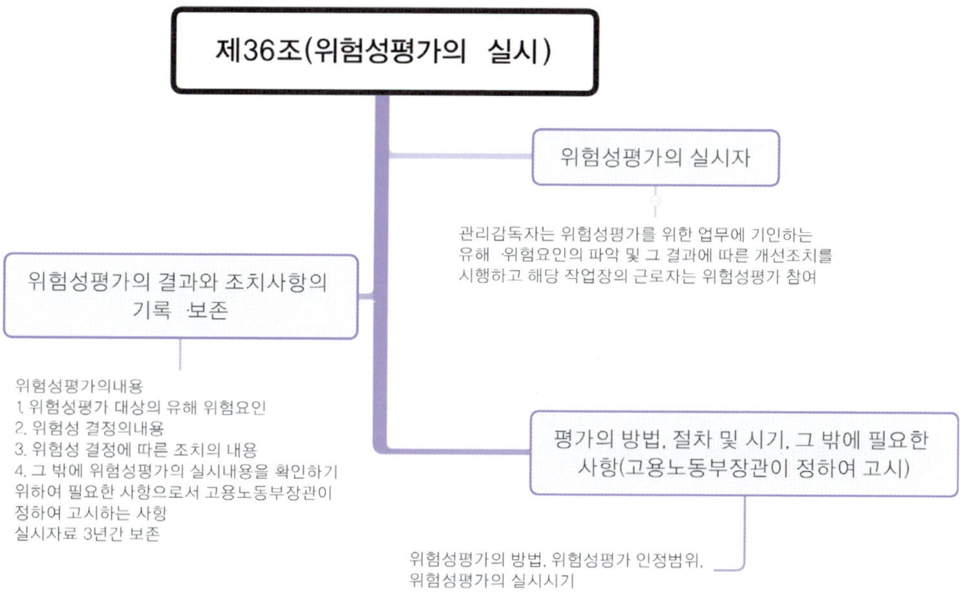

■ **조문해석**

위험성평가는 사업장의 모든 유해위험요인을 적출하고, 리스크(위험성)를 추정하고, 리스크가 큰 것부터 감소조치를 강구하여 일련의 조치를 체계적으로 추진하는 자율적이고 선제적인 안전보건관리방법을 말한다.

위험성평가는 대략적으로 다음과 같은 5가지 단계(step)로 진행된다. 1단계 사업장의 유해위험요인을 적출(파악)한다. 2단계 유해위험요인별로 리스크를 추정한다. 3단계 리스크의 허용 여부를 판단하고 우선도 설정 및 리스크 감소조치검토를 한다. 4단계 리스크 감소조치를 실시한다. 5단계 위험성평가 실시내용을 기록한다. 위험성 평가를 3단계까지로 보는 관점도 있지만, 5단계까지의 일련의 작업을 합하여 위험성 평가로 파악하는 관점이 직장에서 이해되기 쉽고 수용되기도 쉽다. 산업안전보건법에서도 5단계까지를 위험성평가로 보고 있다.[2]

안전보건관리책임자의 업무에서 법 제15조제1항제9호에서 "고용노동부령으로 정하는 사항"이란 법 제36조에 따른 위험성평가의 실시에 관한 사항과 안전보건규칙에서 정하는 근로자의 위험은 건강장해의 방지에 관한 사항을 말하는 것으로 볼 수 있다. 그래서 사업주는 건설물, 기계·기구·설비, 원재료, 가스, 증기, 분진, 근로자의 작업행동 또는 그 밖의 업무로 인한 유해·위험 요인을 찾아내어 부상 및 질병으로 이어질 수 있는 위험성의 크기가 허용 가능한 범위인지를 명기하여야 하고, 그 결과에 따라 이 법과 이 법에 따른 명령에 따른 조치를 하여야 하며, 근로자에 대한 위험 또는 건강장해를 방지하기 위하여 필요한 경우에는 추가적인 조치를 하여야 한다. 또한 사업주는 제1항에 따른 평가 시 고용노동부장관이 정하여 고시하는 바에 따라 해당 작업장의 근로자를 참여시켜야 하며, 사업주는 제1항에 따른 평가의 결과와 조치사항을 고용노동부령으로 정하는 바에 따라 기록하여 보존하여야 한다. 또한 위험성평가는 평가의 내용을 정기적으로 반영하여 사업장 안전보건관리를 유지하도록 규정하고 있다.

시행규칙 제37조(위험성명가 실시내용 및 결과의 기록·보존) ① 사업주가 법 제36조제3항에 따라 위험성평가의 결과와 조치사항을 기록·보존할 때에는 다음 각 호의 사항이 포함되어야 한다.

1. 위험성평가 대상의 유해·위험요인
2. 위험성 결정의 내용
3. 위험성 결정에 따른 조치의 내용
4. 그 밖에 위험성평가의 실시내용을 확인하기 위하여 필요한 사항으로서 고용노동부장관이 정하여 고시하는 사항

② 사업주는 항에 따른 자료를 3년간 보존하여야 한다.

---

2) 정진우, "안전관리론", 청문각, 2020, 238~239면

제37조(안전보건표지의 설치·부착) ① 사업주는 유해하거나 위험한 장소·시설·물질에 대한 경고, 비상시에 대처하기 위한 지시·안내 또는 그 밖에 근로자의 안전 및 보건 의식을 고취하기 위한 사항 등을 그림, 기호 및 글자 등으로 나타낸 표지(이하 이 조에서 "안전보건표지"라 한다)를 근로자가 쉽게 알아볼 수 있도록 설치하거나 붙여야 한다. 이 경우 외국인근로자의 고용 등에 관한 법률 제2조에 따른 외국인근로자(같은 조 단서에 따른 사람을 포함한다)를 사용하는 사업주는 안전보건표지를 고용노동부장관이 정하는 바에 따라 해당 외국인근로자의 모국어로 작성하여야 한다. 〈개정 2020. 5. 26.〉

② 안전보건표지의 종류, 형태, 색채, 용도 및 설치·부착 장소, 그 밖에 필요한 사항은 고용노동부령으로 정한다.

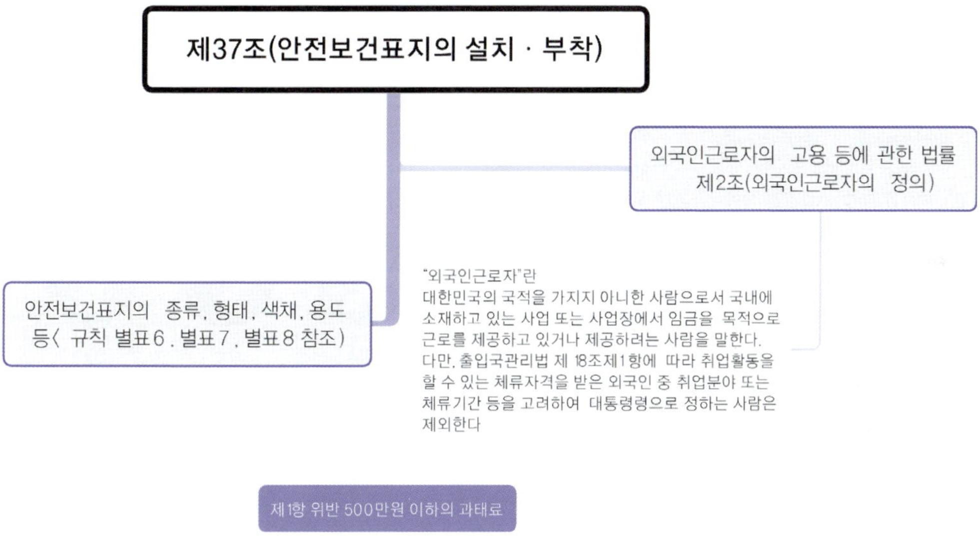

■ **조문해석**

위험장소 또는 위험물질에 대한 경고, 비상시에 대처하기 위한 지시 또는 안내, 기타 근로자의 안전보건의식을 고취하기 위한 사항 등을 그림·기호 및 글자 등으로 표시하여 근로자의 판단이나 행동의 착오로 인한 재해발생 위험 작업장의 특정 장소·시설 또는 물체에 설치 또는 부착하는 표지판으로서 근로자가 쉽게 알아볼 수 있는 장소·시설 또는 물체에 설치하거나 부착하여야 한다.

안전 · 보건표지의 종류와 형태

1. 금지표지	101 출입금지	102 보행금지	103 차량통행금지	104 사용금지	105 탑승금지	106 금연
107 화기금지	108 물체이동금지	2. 경고표지	201 인화성물질 경고	202 산화성물질 경고	203 폭발성물질 경고	204 급성독성물질 경고
205 부식성물질 경고	206 방사성물질 경고	207 고압전기 경고	208 매달린 물체 경고	209 낙하물 경고	210 고온 경고	211 저온 경고
212 몸균형 상실 경고	213 레이저광선 경고	214 발암성 · 변이원성 · 생식독성 · 전신독성 · 호흡기 과민성 물질 경고	215 위험장소 경고	3. 지시표지	301 보안경 착용	302 방독마스크 착용
303 방진마스크 착용	304 보안면 착용	305 안전모 착용	306 귀마개 착용	307 안전화 착용	308 안전장갑 착용	309 안전복 착용
4. 안내표지	401 녹십자표지	402 응급구호표지	403 들것	404 세안장치	405 비상용기구	406 비상구
407 좌측비상구	408 우측비상구	5. 관계자외 출입금지	501 허가대상물질 작업장 **관계자외 출입금지** (허가물질 명칭) 제조/사용/보관 중 보호구/보호복 착용 흡연 및 음식물 섭취 금지	502 석면취급/해체 작업장 **관계자외 출입금지** 석면 취급/해체 중 보호구/보호복 착용 흡연 및 음식물 섭취 금지	503 금지대상물질의 취급 실험실 등 **관계자외 출입금지** 발암물질 취급 중 보호구/보호복 착용 흡연 및 음식물 섭취 금지	
6. 문자추가시 예시문	휘발유화기엄금	▶ 내 자신의 건강과 복지를 위하여 안전을 늘 생각한다. ▶ 내 가정의 행복과 화목을 위하여 안전을 늘 생각한다. ▶ 내 자신의 실수로써 동료를 해치지 않도록 안전을 늘 생각한다. ▶ 내 자신이 일으킨 사고로 인한 회사의 재산과 손실을 방지하기 위하여 안전을 늘 생각한다. ▶ 내 자신의 방심과 불안전한 행동이 조국의 번영에 장애가 되지 않도록 하기 위하여 안전을 늘 생각한다.				

제38조(안전조치) ① 사업주는 다음 각 호의 어느 하나에 해당하는 위험으로 인한 산업재해를 예방하기 위하여 필요한 조치를 하여야 한다.

1. 기계·기구, 그 밖의 설비에 의한 위험
2. 폭발성, 발화성 및 인화성 물질 등에 의한 위험
3. 전기, 열, 그 밖의 에너지에 의한 위험

② 사업주는 굴착, 채석, 하역, 벌목, 운송, 조작, 운반, 해체, 중량물 취급, 그 밖의 작업을 할 때 불량한 작업방법 등에 의한 위험으로 인한 산업재해를 예방하기 위하여 필요한 조치를 하여야 한다.

③ 사업주는 근로자가 다음 각 호의 어느 하나에 해당하는 장소에서 작업을 할 때 발생할 수 있는 산업재해를 예방하기 위하여 필요한 조치를 하여야 한다.

1. 근로자가 추락할 위험이 있는 장소
2. 토사·구축물 등이 붕괴할 우려가 있는 장소
3. 물체가 떨어지거나 날아올 위험이 있는 장소
4. 천재지변으로 인한 위험이 발생할 우려가 있는 장소

④ 사업주가 제1항부터 제3항까지의 규정에 따라 하여야 하는 조치(이하 안전조치라 한다)에 관한 구체적인 사항은 고용노동부령으로 정한다.

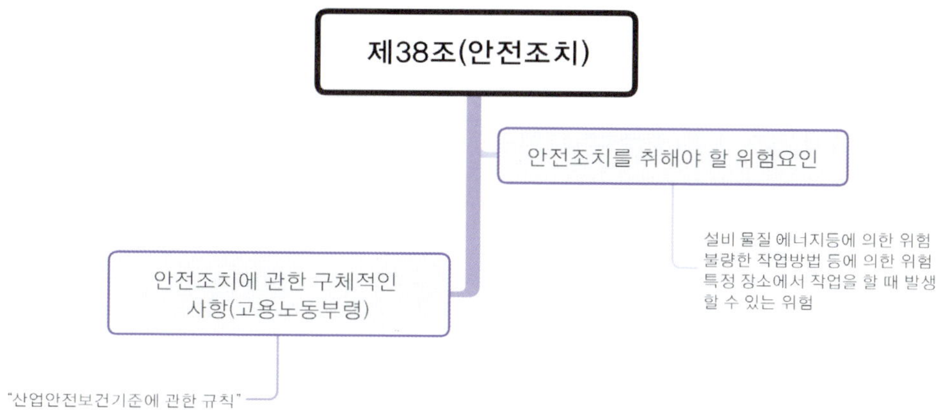

제1항부터 제3항까지 위반
-사망
7년 이하의 징역 또는 1억원 이하의 벌금형을 선고 받고 그 형이 확정된 후 5년 이내에 다시 제1항의 죄를 범한 자는 그 형의 2분의 1까지 가중
-사망 외
5년 이하의 징역 또는 5천만원 이하의 벌금(기타)

■ **조문해석**

사업주는 위험으로 인한 산업재해를 예방하기 위하여 기계·기구, 그 밖의 설비에 의한 위험, 폭발성, 발화성 및 인화성 물질 등에 의한 위험, 전기, 열 그 밖의 에너지에 의한 위험에 대하여 필요한 조치를 하여야 한다. 또한 굴착, 채석, 하역, 벌목, 운송, 조작, 운반, 해체, 중량물 취급, 그 밖의 작업을 할 때 불량한 작업방법 등에 의한 위험으로 인한 산업재해를 예방하기 위하여 필요한 조치를 하도록 하고 있다. 그리고 사업주는 장소에 관한 안전조치로 근로자가 추락할 위험이 있는 장소, 토사 구축물 등이 붕괴할 우려가 있는 장소, 물체가 떨어지거나 날아올 위험이 있는 장소, 천재지변으로 인한 위험이 발생할 우려가 있는 장소에서 작업을 할 때 발생할 수 있는 산업재해를 예방하기 위하여 필요한 조치를 하도록 규정하고 있다.

제39조(보건조치) ① 사업주는 다음 각 호의 어느 하나에 해당하는 건강장해를 예방하기 위하여 필요한 조치(이하 보건조치라 한다)를 하여야 한다.

1. 원재료·가스·증기·분진·흄(fume, 열이나 화학반응에 의하여 형성된 고체증기가 응축되어 생긴 미세입자를 말한다)·미스트(mist, 공기 중에 떠다니는 작은 액체방울을 말한다)·산소결핍·병원체 등에 의한 건강장해
2. 방사선·유해광선·고온·저온·초음파·소음·진동·이상기압 등에 의한 건강장해
3. 사업장에서 배출되는 기체·액체 또는 찌꺼기 등에 의한 건강장해
4. 계측감시(計測監視), 컴퓨터 단말기 조작, 정밀공작(精密工作) 등의 작업에 의한 건강장해
5. 단순반복작업 또는 인체에 과도한 부담을 주는 작업에 의한 건강장해
6. 환기·채광·조명·보온·방습·청결 등의 적정기준을 유지하지 아니하여 발생하는 건강장해

② 제1항에 따라 사업주가 하여야 하는 보건조치에 관한 구체적인 사항은 고용노동부령으로 정한다.

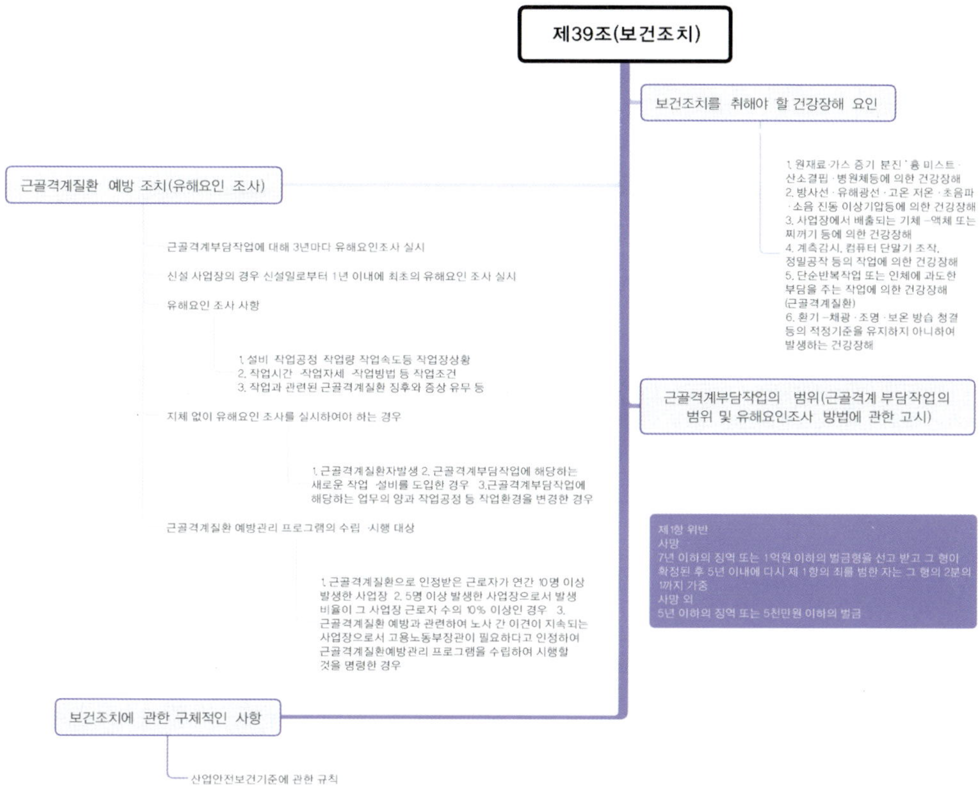

■ 조문해석

사업주는 원재료・가스・증기・분진・흄(fume, 열이나 화학반응에 의하여 형성된 고체증기가 응축되어 생긴 미세입자를 말한다)・미스트(mist, 공기 중에 떠다니는 작은 액체방울을 말한다)・산소결핍・병원체 등에 의한 건강장해, 방사선・유해광선・고온・저온・초음파・소음・진동・이상기압 등에 의한 건강장해, 사업장에서 배출되는 기체・액체 또는 찌꺼기 등에 의한 건강장해, 계측감시(컴퓨터 단말기 조작, 정밀공작 등의 작업에 의한 건강장해, 단순반복작업 또는 인체에 과도한 부담을 주는 작업에 의한 건강장해, 환기・채광・조명・보온・방습・청결 등의 기준을 유지하지 아니하여 발생하는 건강장해 등에 관한 근로자 건강에 관한 예방조치이고, 시행규칙 규정인 〈산업안전보건기준에 관한 규칙〉을 준수하도록 하였으며 산업안전보건법상 해당되는 모든 사업장에 적용된다.[3]

3) 조흠학, “산업안전보건법”, 신광문화사, 2020, 275면.

제40조(근로자의 안전조치 및 보건조치 준수) 근로자는 제38조 및 제39조에 따라 사업주가 한 조치로서 고용노동부령으로 정하는 조치 사항을 지켜야 한다.

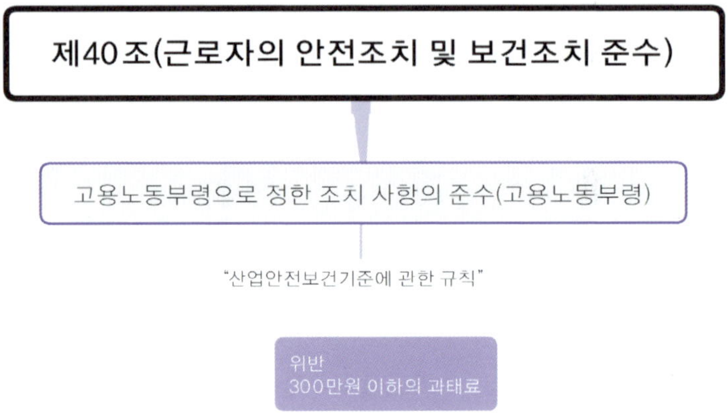

■ **조문해석**

법 제40조에 근로자가 준수하여야 할 의무를 정한 안전조치 및 보건조치 기준 준수규정을 두고 있는데, 이 규정은 근로자가 법 제38조 및 제39조에 따라 사업주가 한 조치를 준수하도록 규정한 것이다. 사업장에 안전조치나 보건조치가 완벽해도 근로자가 이러한 조치를 무시하면 재해 발생의 원인이 될 수 있어 고용노동부령으로 과태료 규정을 두어 정하는 조치 사항을 지키도록 한 것이다. 이 규정은 근로자에게 산재에 관한 예방책임을 묻기 위한 것보다 안전보건에 관한 규정을 준수하라는 의미에서 규정한 것이다.

근로자의 준수 의무는 근로자 스스로 준수의무, 사업주의 조치에 따른 근로자의 준수의무(안전장치를 해체하거나 정지시키지 않을 의무, 안전조치 실시의무, 신호에 따를 의무 유도자의 유도에 따를 의무, 출입금지장소에 들어가지 않을 의무, 화기사용 금지의무 및 화재방지의무, 위험행동금지의무, 보호구 착용의무, 무면허·무자격 운전금지의무 등), 근로자의 준수 법적의무(산업안전보건법상의 의무, 산업안전보건기준에 관한 규칙과 근로자의 의무 등)이 있다.

제41조(고객의 폭언 등으로 인한 건강장해 예방조치 등) ① 사업주는 주로 고객을 직접 대면하거나 정보통신망 이용촉진 및 정보보호 등에 관한 법률 제2조제1항제1호에 따른 정보통신망을 통하여 상품을 판매하거나

서비스를 제공하는 업무에 종사하는 고객응대 근로자에 대하여 고객의 폭언, 폭행, 그 밖에 적정 범위를 벗어난 신체적・정신적 고통을 유발하는 행위(이하 이 조에서 "폭언등"이라 한다)로 인한 건강장해를 예방하기 위하여 고용노동부령으로 정하는 바에 따라 필요한 조치를 하여야 한다. 〈개정 2021. 4. 13.〉

② 사업주는 업무와 관련하여 고객 등 제3자의 폭언 등으로 근로자에게 건강장해가 발생하거나 발생할 현저한 우려가 있는 경우에는 업무의 일시적 중단 또는 전환 등 대통령령으로 정하는 필요한 조치를 하여야 한다. 〈개정 2021. 4. 13.〉

③ 근로자는 사업주에게 제2항에 따른 조치를 요구할 수 있고, 사업주는 근로자의 요구를 이유로 해고 또는 그 밖의 불리한 처우를 해서는 아니 된다. 〈개정 2021. 4. 13.〉

[제목개정 2021. 4. 13.]

[시행일 : 2021. 10. 14.] 제41조

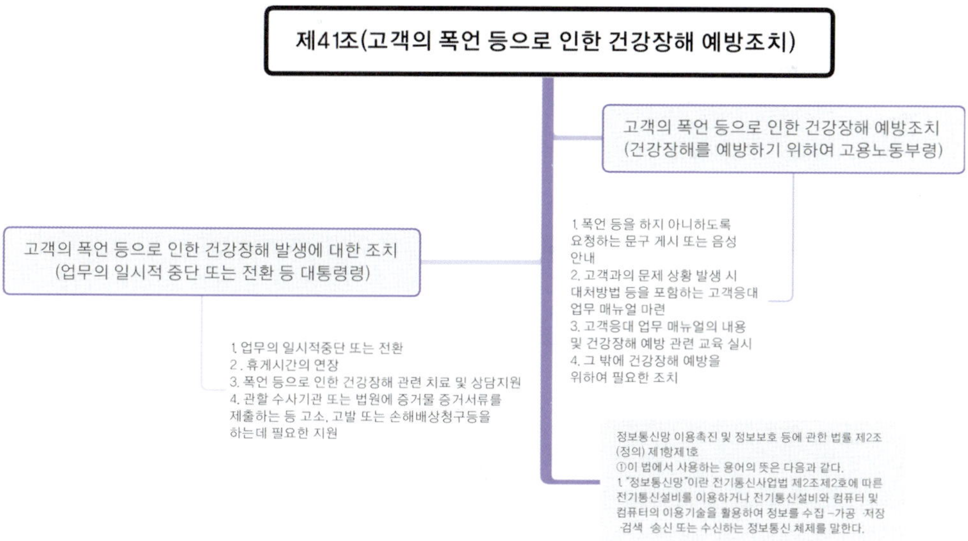

■ **조문해석**

최근 산업 구조의 변화와 더불어 사회적으로 이슈가 되는 사건들이 발생하면서 고객응대 업무를 수행하는 근로자의 건강 보호에 대한 관심이 급격히 증가하고 있다. 특히 한국의 산업구조가 제조업 중심에서 서비스업 중심으로 변화하고 여성의 경제활동 참여가 일반화되면서 기존의 산업보건체계의 한계가 있다. 실제 고객 접점 및 고객 관계 업무를 담당하는 서비스업에 종사하는 근로자수는 급격하게 증가하였다. 한국에서는 고객응대 업무를 수행하는 근로자에서 업무 중 스트레스와 폭언 및 폭력에의 노출로 인한 신체적, 정신적 질환, 자살 등의 발생에 대한 우려가 증가하고 있다. 또한 최근 고객응대 업무 종사자의 증가와 이들의 건강에 대한 관심이 증가하면서 국회 및 시민단체 등에서는 이러한 업무를 수행하는 근로자를 보호하기 위해 사업주를 강제화할 수 있는 법안 마련을 강하게 요구하고 있다. 이에 법 제41조에서는 근로자의 감정노동에 관한 보호 규정을 두어 고객의 폭언 등으로 인한 건강장해 예방조치를 하도록 하고 있다.[4]

시행령 제41조(고객의 폭언등으로 인한 건강장해 발생 등에 대한 조치) 법 제41조제2항에서 "업무의 일시적 중단 또는 전환 등 대통령령으로 정하는 필요한 조치"란 다음 각 호의 조치 중 필요한 조치를 말한다.

1. 업무의 일시적 중단 또는 전환
2. 근로기준법 54조제 항에 따른 휴게시간의 연장
3. 법 41조제 항에 따른 폭언 등으로 인한 건강장해 관련 치료 및 상담 지원
4. 관할 수사기관 또는 법원에 증거물·증거서류를 제출하는 등 법 제41조제1항에 따른 고객응대근로자 등이 같은 항에 따른 폭언 등으로 인하여 고소, 고발 또는 손해배상청구 등을 하는 데 필요한 지원

시행규칙 41조(고객의 폭언 등으로 인한 건강장해 예방조치) 사업주는 법 제41조제1항에 따라 건강장해를 예방하기 위하여 다음 각 호의 조치를 하여야 한다.

1. 법 제41조제1항에 따른 폭언 등을 하지 아니하도록 요청하는 문구 게시 또는 음성 안내
2. 고객과의 문제 상황 발생 시 대처방법 등을 포함하는 고객응대업무 매뉴얼 마련
3. 호에 따른 고객응대업무 매뉴얼의 내용 및 건강장해 예방 관련 교육 실시
4. 그 밖에 법 제41조제1항에 따른 고객응대 근로자의 건강장해 예방을 위하여 필요한 조치

---

4) 이경용, "고객응대 업무로 인한 건강장해 예방 제도개선 연구", 산업안전보건연구원, 2015, 1면.

제42조(유해위험방지계획서의 작성 · 제출 등) ① 사업주는 다음 각 호의 어느 하나에 해당하는 경우에는 이 법 또는 이 법에 따른 명령에서 정하는 유해 · 위험 방지에 관한 사항을 적은 계획서(이하 유해위험방지계획서라 한다)를 작성하여 고용노동부령으로 정하는 바에 따라 고용노동부장관에게 제출하고 심사를 받아야 한다. 다만, 제3호에 해당하는 사업주 중 산업재해발생률 등을 고려하여 고용노동부령으로 정하는 기준에 해당하는 사업주는 유해위험방지계획서를 스스로 심사하고, 그 심사결과서를 작성하여 고용노동부장관에게 제출하여야 한다. 〈개정 2020. 5. 26.〉

1. 대통령령으로 정하는 사업의 종류 및 규모에 해당하는 사업으로서 해당 제품의 생산 공정과 직접적으로 관련된 건설물 · 기계 · 기구 및 설비 등 전부를 설치 · 이전하거나 그 주요 구조부분을 변경하려는 경우
2. 유해하거나 위험한 작업 또는 장소에서 사용하거나 건강장해를 방지하기 위하여 사용하는 기계 · 기구 및 설비로서 대통령령으로 정하는 기계 · 기구 및 설비를 설치 · 이전하거나 그 주요 구조부분을 변경하려는 경우
3. 대통령령으로 정하는 크기, 높이 등에 해당하는 건설공사를 착공하려는 경우

② 제1항제3호에 따른 건설공사를 착공하려는 사업주(제1항 각 호 외의 부분 단서에 따른 사업주는 제외한다)는 유해위험방지계획서를 작성할 때 건설안전 분야의 자격 등 고용노동부령으로 정하는 자격을 갖춘 자의 의견을 들어야 한다.

③ 제1항에도 불구하고 사업주가 제44조제1항에 따라 공정안전보고서를 고용노동부장관에게 제출한 경우에는 해당 유해 · 위험설비에 대해서는 유해위험방지계획서를 제출한 것으로 본다.

④ 고용노동부장관은 제1항 각 호 외의 부분 본문에 따라 제출된 유해위험방지계획서를 고용노동부령으로 정하는 바에 따라 심사하여 그 결과를 사업주에게 서면으로 알려 주어야 한다. 이 경우 근로자의 안전 및 보건의

유지·증진을 위하여 필요하다고 인정하는 경우에는 해당 작업 또는 건설공사를 중지하거나 유해위험방지계획서를 변경할 것을 명할 수 있다.

⑤ 제1항에 따른 사업주는 같은 항 각 호 외의 부분 단서에 따라 스스로 심사하거나 제4항에 따라 고용노동부장관이 심사한 유해위험방지계획서와 그 심사결과서를 사업장에 갖추어 두어야 한다.

⑥ 제1항제3호에 따른 건설공사를 착공하려는 사업주로서 제5항에 따라 유해위험방지계획서 및 그 심사결과서를 사업장에 갖추어 둔 사업주는 해당 건설공사의 공법의 변경 등으로 인하여 그 유해위험방지계획서를 변경할 필요가 있는 경우에는 이를 변경하여 갖추어 두어야 한다.

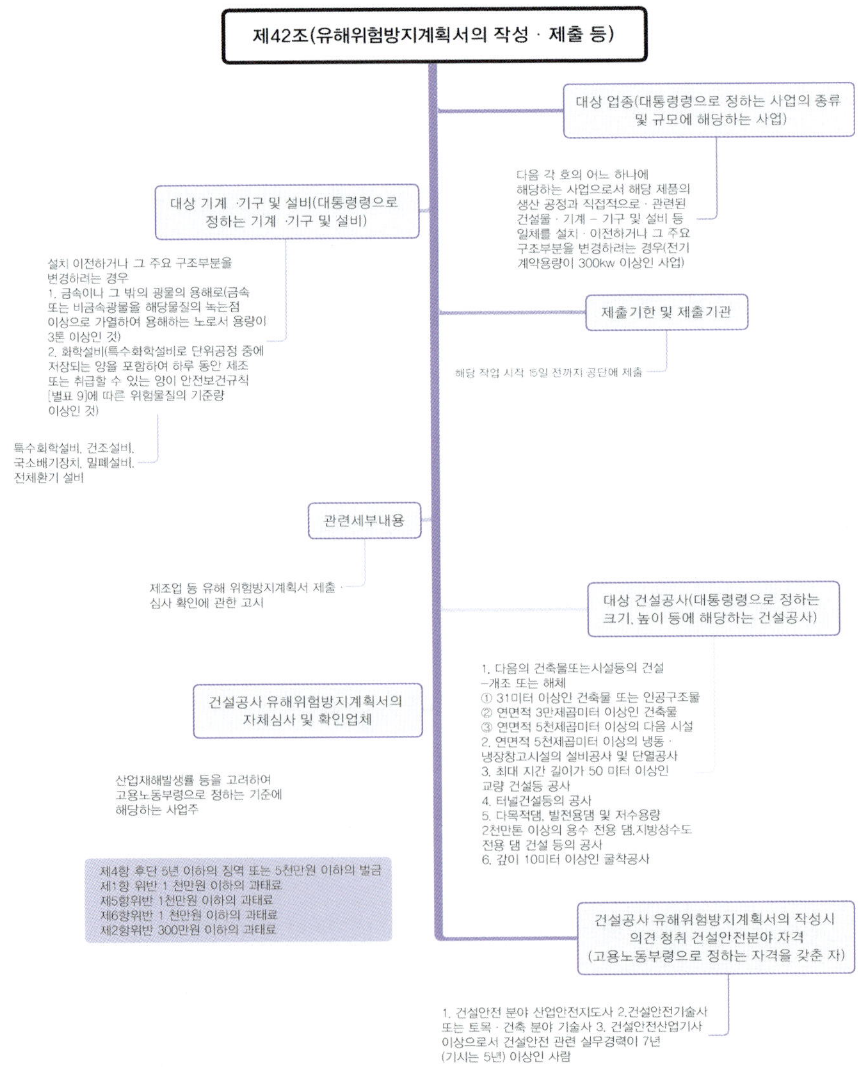

■ 조문해석

사업주가 유해위험기계・설비를 설치・이전하거나 주요 구조부분을 변경할 때에는 재해발생이 우려되는 기계・설비가 사업장에 설치되거나 근로자의 안전보건에 손상을 가하는 생산(제조)방법・공법, 원재료・제품 취급방법 등이 채용되는 것을 미리 확인하기 위하여 유해위험방지계획서를 제출하여 심사를 받도록 하고 있다.

유해위험방지계획서는 건설, 화학공장 등 유해하고 위험한 사업장에서 산업재해를 예방하고자 사전에 위험과 유해한 것이 무엇인지 예방하기 위한 계획서를 제출하는 것이다. 따라서 사업주는 이 법에 따른 명령에서 정하는 유해・위험 방지 사항에 관한 계획서(이하 유해・위험방지계획서라 한다)를 작성하여 고용노동부령으로 정하는 바에 따라 고용노동부장관에게 제출하고 심사를 받아야 한다. 다만, 제3호에 해당하는 사업주 중 산업재해발생률 등을 고려하여 고용노동부령으로 정하는 기준에 해당하는 사업주는 유해위험방지계획서를 스스로 심사하고, 그 심사결과서를 작성하여 고용노동부장관에게 제출하여야 한다.

제출서류는 **시행규칙 제42조**에 1. 건축물각층의 평면도, 2. 기계・설비의 개요를 나타내는 서류, 3. 기계・설비의 배치도면, 4. 원재료 및 제품의 취급, 제조 등의 작업방법의 개요, 5. 그 밖에 고용노동부장관이 정하는 도면 및 서류 등이다.

시행규칙 제42조(유해위험방지계획서 제출 대상) ① 법 제42조제1항제1호에서 "대통령령으로 정하는 사업의 종류 및 규모에 해당하는 사업"이란 다음 각 호의 어느 하나에 해당하는 사업으로서 전기 계약용량이 300킬로와트 이상인 경우를 말한다.

1. 금속가공제품 제조업; 기계 및 가구 제외
2. 비금속 광물제품 제조업
3. 기타 기계 및 장비 제조업
4. 자동차 및 트레일러 제조업
5. 식료품 제조업
6. 고무제품 및 플라스틱제품 제조업
7. 목재 및 나무제품 제조업
8. 기타 제품 제조업
9. 1차 금속 제조업

10. 가구 제조업
11. 화학물질 및 화학제품 제조업
12. 반도체 제조업
13. 전자부품 제조업

② 법 제42조제1항제2호에서 "대통령령으로 정하는 기계·기구 및 설비"란 다음 각 호의 어느 하나에 해당하는 기계·기구 및 설비를 말한다. 이 경우 다음 각 호에 해당하는 기계·기구 및 설비의 구체적인 범위는 고용노동부장관이 정하여 고시한다.

1. 금속이나 그 밖의 광물의 용해로
2. 화학설비
3. 건조설비
4. 가스집합 용접장치
5. 법 제117조제1항에 따른 제조 등 금지물질 또는 법 제118조제1항에 따른 허가대상물질 관련 설비
6. 분진작업 관련 설비

③ 법 제42조제1항제3호에서 대통령령으로 정하는 크기, 높이 등에 해당하는 건설공사란 다음 각 호의 어느 하나에 해당하는 공사를 말한다.

1. 다음 각 목의 어느 하나에 해당하는 건축물 또는 시설 등의 건설·개조 또는 해체(이하 건설등이라 한다) 공사
   가. 지상높이가 31미터 이상인 건축물 또는 인공구조물
   나. 연면적 3만제곱미터 이상인 건축물
   다. 연면적 5천제곱미터 이상인 시설로서 다음의 어느 하나에 해당하는 시설
      1) 문화 및 집회시설(전시장 및 동물원·식물원은 제외한다)
      2) 판매시설, 운수시설(고속철도의 역사 및 집배송시설은 제외한다)
      3) 종교시설
      4) 의료시설 중 종합병원
      5) 숙박시설 중 관광숙박시설
      6) 지하도상가
      7) 냉동·냉장 창고시설
2. 연면적 5천제곱미터 이상인 냉동·냉장 창고시설의 설비공사 및 단열공사
3. 최대 지간(支間)길이(다리의 기둥과 기둥의 중심사이의 거리)가 50미터 이상인 다리의 건설 등 공사
4. 터널의 건설등 공사
5. 다목적댐, 발전용댐, 저수용량 2천만톤 이상의 용수 전용 댐 및 지방상수도 전용 댐의 건설 등 공사
6. 깊이 10미터 이상인 굴착공사

제43조(유해위험방지계획서 이행의 확인 등) ① 제42조제4항에 따라 유해위험방지계획서에 대한 심사를 받은 사업주는 고용노동부령으로 정하는 바에 따라 유해위험방지계획서의 이행에 관하여 고용노동부장관의 확인을 받아야 한다.

② 제42조제1항 각 호 외의 부분 단서에 따른 사업주는 고용노동부령으로 정하는 바에 따라 유해위험방지계획서의 이행에 관하여 스스로 확인하여야 한다. 다만, 해당 건설공사 중에 근로자가 사망(교통사고 등 고용노동부령으로 정하는 경우는 제외한다)한 경우에는 고용노동부령으로 정하는 바에 따라 유해위험방지계획서의 이행에 관하여 고용노동부장관의 확인을 받아야 한다.

③ 고용노동부장관은 제1항 및 제2항 단서에 따른 확인 결과 유해위험방지계획서대로 유해·위험방지를 위한 조치가 되지 아니하는 경우에는 고용노동부령으로 정하는 바에 따라 시설 등의 개선, 사용중지 또는 작업중지 등 필요한 조치를 명할 수 있다.

④ 제3항에 따른 시설 등의 개선, 사용중지 또는 작업중지 등의 절차 및 방법, 그 밖에 필요한 사항은 고용노동부령으로 정한다.

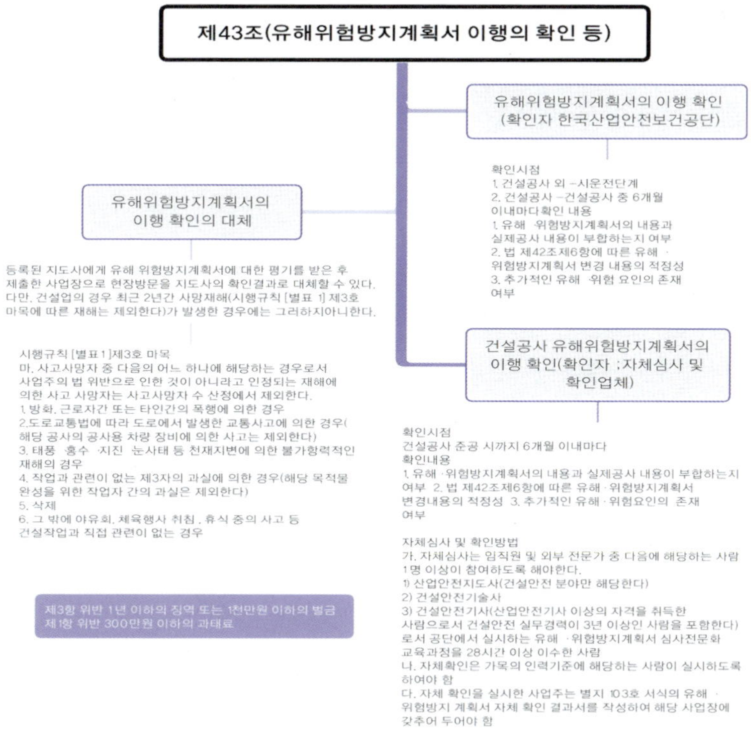

■ **조문해석**

시행령 제42조(유해위험방지계획서 제출 대상) ① 법 제42조제1항제1호에서 "대통령령으로 정하는 사업의 종류 및 규모에 해당하는 사업"이란 다음 각 호의 어느 하나에 해당하는 사업으로서 전기 계약용량이 300킬로와트 이상인 경우를 말한다.

1. 금속가공제품 제조업; 기계 및 가구 제외
2. 비금속 광물제품 제조업
3. 기타 기계 및 장비 제조업
4. 자동차 및 트레일러 제조업
5. 식료품 제조업
6. 고무제품 및 플라스틱제품 제조업
7. 목재 및 나무제품 제조업
8. 기타 제품 제조업
9. 1차 금속 제조업
10. 가구 제조업
11. 화학물질 및 화학제품 제조업
12. 반도체 제조업
13. 전자부품 제조업

② 법 제42조제1항제2호에서 "대통령령으로 정하는 기계·기구 및 설비"란 다음 각 호의 어느 하나에 해당하는 기계·기구 및 설비를 말한다. 이 경우 다음 각 호에 해당하는 기계·기구 및 설비의 구체적인 범위는 고용노동부장관이 정하여 고시한다.

1. 금속이나 그 밖의 광물의 용해로
2. 화학설비
3. 건조설비
4. 가스집합 용접장치
5. 법 제117조제1항에 따른 제조 등 금지물질 또는 법 제118조제1항에 따른 허가대상물질 관련 설비
6. 분진작업 관련 설비

③ 법 제42조제1항제3호에서 "대통령령으로 정하는 크기 높이 등에 해당하는 건설공사"란 다음 각 호의 어느 하나에 해당하는 공사를 말한다.

1. 다음 각 목의 어느 하나에 해당하는 건축물 또는 시설 등의 건설·개조 또는 해체(이하 건설 등이라 한다) 공사
   가. 지상높이가 31미터 이상인 건축물 또는 인공구조물
   나. 연면적 3만제곱미터 이상인 건축물

다. 연면적 5천제곱미터 이상인 시설로서 다음의 어느 하나에 해당하는 시설
   1) 문화 및 집회시설(전시장 및 동물원·식물원은 제외한다)
   2) 판매시설, 운수시설(고속철도의 역사 및 집배송시설은 제외한다)
   3) 종교시설
   4) 의료시설 중 종합병원
   5) 숙박시설 중 관광숙박시설
   6) 지하도상가
   7) 냉동·냉장 창고시설

2. 연면적 5천제곱미터 이상인 냉동·냉장 창고시설의 설비공사 및 단열공사
3. 최대 지간(支間)길이(다리의 기둥과 기둥의 중심사이의 거리)가 50미터 이상인 다리의 건설 등 공사
4. 터널의 건설 등 공사
5. 다목적댐, 발전용댐, 저수용량 2천만톤 이상의 용수 전용 댐 및 지방상수도 전용 댐의 건설 등 공사
6. 깊이 10미터 이상인 굴착공사

시행규칙

제43조(유해위협방지계획서의 건설안전분야 자격 등) 법 제42조제2항에서 "고용노동부령으로 정하는 자격을 갖춘 자"란 다음 각 호의 어느 하나에 해당하는 사람을 말한다.

1. 건설안전 분야 산업안전지도사
2. 건설안전기술사 또는 토목·건축 분야 기술사
3. 건설안전산업기사 이상으로서 건설안전 관련 실무경력이 7년(기사는 5년) 이상인 사람

제46조(확인) ① 법 제42조제1항제1호 및 제2호에 따라 유해위험방지계획서를 제출한 사업주는 해당 건설물·기계·기구 및 설비의 시운전단계에서, 법 제42조제1항제3호에 따른 사업주는 건설공사 중 6개월 이내마다 법 제43조제1항에 따라 다음 각 호의 사항에 관하여 공단의 확인을 받아야 한다.

1. 유해위험방지계획서의 내용과 실제공사 내용이 부합하는지 여부
2. 법 제42조제6항에 따른 유해위험방지계획서 변경내용의 적정성
3. 추가적인 유해·위험요인의 존재 여부

② 공단은 제1항에 따른 확인을 할 경우에는 그 일정을 사업주에게 미리 통보해야 한다.

③ 제44조제4항에 따른 건설물·기계·기구 및 설비 또는 건설공사의 경우 사업주가 고용노동부장관이 정하는 요건을 갖춘 지도사에게 확인을 받고 별지 제22호서식에 따라 그 결과를 공단에 제출하면 공단은 제1항에 따른 확인에 필요한 현장방문을 지도사의 확인결과로 대체할 수 있다. 다만, 건설업의 경우 최근 2년간 사망재해(별표 1 제3호라목에 따른 재해는 제외한다)가 발생한 경우에는 그렇지 않다.

④ 제3항에 따른 유해위험방지계획서에 대한 확인은 제44조제4항에 따라 평가를 한 자가 해서는 안 된다.

제44조(공정안전보고서의 작성·제출) ① 사업주는 사업장에 대통령령으로 정하는 유해하거나 위험한 설비가 있는 경우 그 설비로부터의 위험물질 누출, 화재 및 폭발 등으로 인하여 사업장 내의 근로자에게 즉시 피해를 주거나 사업장 인근 지역에 피해를 줄 수 있는 사고로서 대통령령으로 정하는 사고(이하 중대산업사고라 한다)를 예방하기 위하여 대통령령으로 정하는 바에 따라 공정안전보고서를 작성하고 고용노동부장관에게 제출하여 심사를 받아야 한다. 이 경우 공정안전보고서의 내용이 중대산업사고를 예방하기 위하여 적합하다고 통보받기 전에는 관련된 유해하거나 위험한 설비를 가동해서는 아니 된다.

② 사업주는 제1항에 따라 공정안전보고서를 작성할 때 산업안전보건위원회의 심의를 거쳐야 한다. 다만, 산업안전보건위원회가 설치되어 있지 아니한 사업장의 경우에는 근로자대표의 의견을 들어야 한다.

제44조(공정안전보고서의 작성 · 제출)

공정안전보고서의 제출 대상 설비(대통령령으로 정하는 유해하거나 위험한 설비)

디음 각 호의 사업 그 보유설비
1. 원유정제처리업
2. 기타 석유정제물 재처리업
3. 석유화학계 기초화학물질 제조업 또는 합성수지 및 기타 플라스틱물질 제조업. 다만, 합성수지 및 기타 플라스틱물질 제조업은 [별표] 13의 제1호(인화성 가스) 또는 제2호(인화성 액체)에 해당하는 경우로 한정한다.
4. 질소화합물, 질소 · 인산 및 칼리질 화학비료 제조업 중 질소질 화학비료 제조업 5. 복합비료 및 기타 화학비료 제조업 중 복합비료 제조업(단순혼합 또는 배합에 의한 경우는 제외한다)
6. 화학살균 살충제 및 농업용 약제 제조업(농약 원제 제조만 해당한다 7. 화약 및 불꽃제품 제조업

상기 외의 사업을 하는 사업장의 경우에는 시행령 [별표]13에 따른 유해 · 위험물질 중 하나 이상을 같은 표에 따른 규정량 이상 제조, 취급 · 저장하는 설비 및 그 설비의 운영과 관련된 모든 공정설비

공정안전보고서의 제출 제외 대상 설비

1. 원자력 설비
2. 군사시설
3. 사업주가 해당 사업장 내에서 직접 사용하기 위한 난방용 연료의 저장설비 및 사용설비
4. 도매 · 소매시설
5. 차량등의 운송설비
6. 액화석유가스의 안전관리 및 사업법에 따른 액화석유유가스의 충전 · 저장시설
7. 도시가스사업법에 따른 가스공급시설
8. 그 밖에 고용노동부장관이 누출 · 화재 · 폭발 등으로 인한 피해의 정도가 크지 않다고 인정하여 고시하는 설비

중대산업사고(대통령령으로 정하는 사고)

1. 근로자가 사망하거나 부상을 입을 수 있는 공정안전보고서의 제출 대상 사업의 보유설비(공정안전보고서의 제출 대상 제외설비는 제외한다)에서의 누출 화재 폭발 사고
2. 인근 지역의 주민이 인적 피해를 입을 수 있는 공정안전보고서의 제출 대상 사업의 보 유설비에서의 누출 · 화재 · 폭발 사고

공정안전보고서의 내용

1. 공정안전자료 2. 공정위험성평가서
3. 안전운전계획 4. 비상조치계획
5. 그 밖에 공정상의 안전과 관련하여 고용노동부장관이 필요하다고 인정하여 고시하는 사항 공정안전보고서의 제출 · 심사 확인 및 이행상태평가등에 관한 규정

공정안전보고서의 제출 시기

설치 – 이전 주요 구조 부분의 변경공사의 착공일 30 일 전까지

공정안전보고서의 작성

산업안전보건위원회의 심의를 거쳐야 함. (다만, 산업안전보건위원회가 설치되어 있지 아니한 사업장의 경우에는 근로자대표의 의견을 들어야 함)

공정안전보고서의 작성자

공정안전보고서의 제출 기관
한국산업안전보건공단

제 1항후단 위반 3년 이하의 징역 또는 3천만원 이하의 벌금
제1항 전단 위반 1천만원 이하의 과태료
제2항위반 500만원 이하의 과태료

■ 조문해석

공정안전관리시스템의 구축과 실행, 안전에 관련된 기반정보의 정비와 활용, 기술표준의 정비, 설비, 취급물질 등의 변경 시의 관리, 공정위험성 평가에 의한 위험원(hazard)의 파악, 운전원 • 스태프의 교육 등이 필요하다. 나아가, 만일의 사고발생 시 피해의 국한화, 최소화를 도모하는 데 있어서 사고 • 재

해를 상정하고, 그것들이 실제로 발생하였을 때의 긴급대응 방식 등을 사전에 검토하여 공정안전보고서를 작성하여 제출하는 것이 중요하다.

그래서 공정안정보고서는 법 제44조에 규정하고 있다. 사업주는 사업장에 대통령령으로 정하는 유해하거나 위험한 설비가 있는 경우 그 설비로부터의 위험물질 누출, 화재 및 폭발 등으로 인하여 사업장 내의 근로자에게 즉시 피해를 주거나 사업장 인근 지역에 피해를 줄 수 있는 사고로서 대통령령으로 정하는 중대사고(유해위험설비로부터 위험물질의 누출, 화재, 폭발 등으로 인하여 사업장 내의 근로자에게 즉시 피해를 주거나 사업장 인근지역에 피해를 줄 수 있는 사고)를 예방하기 위하여 공정안전보고서를 작성하고 제출하여 심사를 받아야 한다. 공정안전보고서가 중대산업사고를 예방하기 위하여 적합하다고 통보를 받은 후 관련된 유해하거나 위험한 설비를 가동해야 한다. 그리고 공정안전보고서를 산업안전보건위원회의 심의를 거쳐야 한다.

시행령

제43조(공정안전보고서의 제출 대상) ① 법 제44조제1항 전단에서 "대통령령으로 정하는 유해하거나 위험한 설비"란 다음 각 호의 어느 하나에 해당하는 사업을 하는 사업장의 경우에는 그 보유설비를 말하고, 그 외의 사업을 하는 사업장의 경우에는 별표 13에 따른 유해ㆍ위험물질 중 하나 이상의 물질을 같은 표에 따른 규정량 이상 제조ㆍ취급ㆍ저장하는 설비 및 그 설비의 운영과 관련된 모든 공정설비를 말한다.

1. 원유 정제처리업
2. 기타 석유정제물 재처리업
3. 석유화학계 기초화학물질 제조업 또는 합성수지 및 기타 플라스틱물질 제조업. 다만, 합성수지 및 기타 플라스틱물질 제조업은 별표 13 제1호 또는 제2호에 해당하는 경우로 한정한다.
4. 질소 화합물, 질소ㆍ인산 및 칼리질 화학비료 제조업 중 질소질 비료 제조
5. 복합비료 및 기타 화학비료 제조업 중 복합비료 제조(단순혼합 또는 배합에 의한 경우는 제외한다)
6. 화학 살균ㆍ살충제 및 농업용 약제 제조업[농약 원제(原劑) 제조만 해당한다]
7. 화약 및 불꽃제품 제조업

② 제1항에도 불구하고 다음 각 호의 설비는 유해하거나 위험한 설비로 보지 않는다.

1. 원자력 설비

2. 군사시설
3. 사업주가 해당 사업장 내에서 직접 사용하기 위한 난방용 연료의 저장설비 및 사용설비
4. 도매·소매시설
5. 차량 등의 운송설비
6. 액화석유가스의 안전관리 및 사업법에 따른 액화석유가스의 충전·저장시설
7. 도시가스사업법에 따른 가스공급시설
8. 그 밖에 고용노동부장관이 누출·화재·폭발 등의 사고가 있더라도 그에 따른 피해의 정도가 크지 않다고 인정하여 고시하는 설비

③ 법 제44조제1항 전단에서 "대통령령으로 정하는 사고"란 다음 각 호의 어느 하나에 해당하는 사고를 말한다.

1. 근로자가 사망하거나 부상을 입을 수 있는 제1항에 따른 설비(제2항에 따른 설비는 제외한다. 이하 제2호에서 같다)에서의 누출·화재·폭발 사고
2. 인근 지역의 주민이 인적 피해를 입을 수 있는 제1항에 따른 설비에서의 누출·화재·폭발 사고

제44조(공정안전보고서의 내용) ① 법 제44조제1항 전단에 따른 공정안전보고서에는 다음 각 호의 사항이 포함되어야 한다.

1. 공정안전자료
2. 공정위험성 평가서
3. 안전운전계획
4. 비상조치계획
5. 그 밖에 공정상의 안전과 관련하여 고용노동부장관이 필요하다고 인정하여 고시하는 사항

② 제1항제1호부터 제4호까지의 규정에 따른 사항에 관한 세부 내용은 고용노동부령으로 정한다.

시행규칙 제50조(공정안전보고서의 세부 내용 등) ① 영 제44조에 따라 공정안전보고서에 포함해야 할 세부내용은 다음 각 호와 같다.

1. 공정안전자료
   가. 취급·저장하고 있거나 취급·저장하려는 유해·위험물질의 종류 및 수량
   나. 유해·위험물질에 대한 물질안전 보건자료
   다. 유해하거나 위험한 설비의 목록 및 사양
   라. 유해하거나 위험한 설비의 운전방법을 알 수 있는 공정도면

마. 각종 건물·설비의 배치도
바. 폭발위험장소 구분도 및 전기단선도
사. 위험설비의 안전설계·제작 및 설치 관련 지침서

2. 공정위험성평가서 및 잠재위험에 대한 사고예방·피해 최소화 대책(공정위험성평가서는 공정의 특성 등을 고려하여 다음 각 목의 위험성평가 기법 중 한 가지 이상을 선정하여 위험성평가를 한 후 그 결과에 따라 작성해야 하며, 사고예방·피해최소화 대책은 위험성평가 결과 잠재위험이 있다고 인정되는 경우에만 작성한다)
가. 체크리스트(Check List)
나. 상대위험순위 결정(Dow and Mond Indices)
다. 작업자 실수 분석(HEA)
라. 사고 예상 질문 분석(What-if)
마. 위험과 운전 분석(HAZOP)
바. 이상위험도 분석(FMECA)
사. 결함 수 분석(FTA)
아. 사건 수 분석(ETA)
자. 원인결과 분석(CCA)
차. 가목부터 자목까지의 규정과 같은 수준 이상의 기술적 평가기법

3. 안전운전계획
가. 안전운전지침서
나. 설비점검·검사 및 보수계획, 유지계획 및 지침서
다. 안전작업허가
라. 도급업체 안전관리계획
마. 근로자 등 교육계획
바. 가동 전 점검지침
사. 변경요소 관리계획
아. 자체감사 및 사고조사계획
자. 그 밖에 안전운전에 필요한 사항

4. 비상조치계획
가. 비상조치를 위한 장비·인력 보유현황
나. 사고발생 시 각 부서·관련 기관과의 비상연락체계
다. 사고발생 시 비상조치를 위한 조직의 임무 및 수행 절차
라. 비상조치계획에 따른 교육계획
마. 주민홍보계획
바. 그 밖에 비상조치 관련 사항

② 공정안전보고서의 세부내용별 작성기준, 작성자 및 심사기준, 그 밖에 심사에 필요한 사항은 고용노동부장관이 정하여 고시한다.

시행령 제45조(공정안전보고서의 제출) ① 사업주는 제43조에 따른 유해하거나 위험한 설비를 설치(기존 설비의 제조·취급·저장 물질이 변경되거나 제조량·취급량·저장량이 증가하여 별표 13에 따른 유해·위험물질 규정량에 해당하게 된 경우를 포함한다)·이전하거나 고용노동부장관이 정하는 주요 구조부분을 변경할 때에는 고용노동부령으로 정하는 바에 따라 법 제44조제1항 전단에 따른 공정안전보고서를 작성하여 고용노동부장관에게 제출해야 한다. 이 경우 화학물질관리법에 따라 사업주가 환경부장관에게 제출해야 하는 같은 법 제23조에 따른 화학사고 예방관리계획서의 내용이 제44조에 따라 공정안전보고서에 포함시켜야 할 사항에 해당하는 경우에는 그 해당 부분에 대한 작성·제출을 같은 법 제23조에 따른 화학사고예방관리계획서 사본의 제출로 갈음할 수 있다. 〈개정 2020. 9. 8.〉

② 제1항 전단에도 불구하고 사업주가 제출해야 할 공정안전보고서가 고압가스 안전관리법 제2조에 따른 고압가스를 사용하는 단위공정 설비에 관한 것인 경우로서 해당 사업주가 같은 법 제11조에 따른 안전관리규정과 같은 법 제13조의2에 따른 안전성향상계획을 작성하여 공단 및 같은 법 제28조에 따른 한국가스안전공사가 공동으로 검토·작성한 의견서를 첨부하여 허가 관청에 제출한 경우에는 해당 단위공정 설비에 관한 공정안전보고서를 제출한 것으로 본다.

시행규칙 제51조(공정안전보고서의 제출 시기) 사업주는 영 제45조제1항에 따라 유해하거나 위험한 설비의 설치·이전 또는 주요 구조부분의 변경공사의 착공일(기존 설비의 제조·취급·저장 물질이 변경되거나 제조량·취급량·저장량이 증가하여 영 별표 13에 따른 유해·위험물질 규정량에 해당하게 된 경우에는 그 해당일을 말한다) 30일 전까지 공정안전보고서를 2부 작성하여 공단에 제출해야 한다.

제45조(공정안전보고서의 심사 등) ① 고용노동부장관은 공정안전보고서를 고용노동부령으로 정하는 바에 따라 심사하여 그 결과를 사업주에게 서면으로 알려 주어야 한다. 이 경우 근로자의 안전 및 보건의 유지·증진을 위하여 필요하다고 인정하는 경우에는 그 공정안전보고서의 변경을 명할 수 있다.

② 사업주는 제1항에 따라 심사를 받은 공정안전보고서를 사업장에 갖추어 두어야 한다.

제45조(공정안전보고서의 심사 등)

제1항 후단 명령 위반
3년 이하의 징역 또는 3천만원 이하의 벌금
제2항위반 1천만원 이하의 과태료.

제46조(공정안전보고서의 이행 등) ① 사업주와 근로자는 제45조제1항에 따라 심사를 받은 공정안전보고서(이 조 제3항에 따라 보완한 공정안전보고서를 포함한다)의 내용을 지켜야 한다.

② 사업주는 제45조제1항에 따라 심사를 받은 공정안전보고서의 내용을 실제로 이행하고 있는지 여부에 대하여 고용노동부령으로 정하는 바에 따라 고용노동부장관의 확인을 받아야 한다.

③ 사업주는 제45조제1항에 따라 심사를 받은 공정안전보고서의 내용을 변경하여야 할 사유가 발생한 경우에는 지체 없이 그 내용을 보완하여야 한다.

④ 고용노동부장관은 고용노동부령으로 정하는 바에 따라 공정안전보고서의 이행 상태를 정기적으로 평가할 수 있다.

⑤ 고용노동부장관은 제4항에 따른 평가 결과 제3항에 따른 보완 상태가 불량한 사업장의 사업주에게는 공정안전보고서의 변경을 명할 수 있으며, 이에 따르지 아니하는 경우 공정안전보고서를 다시 제출하도록 명할 수 있다.

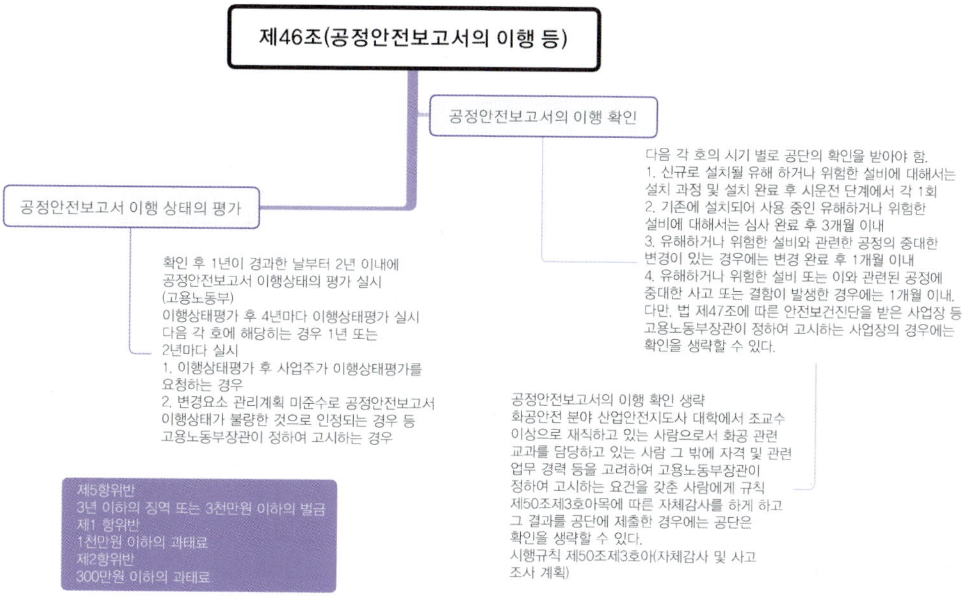

■ **조문해석**

시행규칙 제54조(공정안전보고서 이행 상태의 평가) ① 법 제46조제4항에 따라 고용노동부장관은 같은 조 제2항에 따른 공정안전보고서의 확인(신규로 설치되는 유해하거나 위험한 설비의 경우에는 설치 완료 후 시운전 단계에서의 확인을 말한다) 후 1년이 지난 날부터 2년 이내에 공정안전보고서 이행 상태의 평가(이하 이행상태평가라 한다)를 해야 한다.
② 고용노동부장관은 제1항에 따른 이행상태평가 후 4년마다 이행상태평가를 해야 한다. 다만, 다음 각 호의 어느 하나에 해당하는 경우에는 1년 또는 2년마다 이행상태평가를 할 수 있다.

제47조(안전보건진단) ① 고용노동부장관은 추락 · 붕괴, 화재 · 폭발, 유해하거나 위험한 물질의 누출 등 산업재해 발생의 위험이 현저히 높은 사업장의 사업주에게 제48조에 따라 지정 받은 기관(이하 안전보건진단기관이라 한다)이 실시하는 안전보건진단을 받을 것을 명할 수 있다.
② 사업주는 제1항에 따라 안전보건진단 명령을 받은 경우 고용노동부령으로 정하는 바에 따라 안전보건진단기관에 안전보건진단을 의뢰하여야 한다.
③ 사업주는 안전보건진단기관이 제2항에 따라 실시하는 안전보건진단에

적극 협조하여야 하며, 정당한 사유 없이 이를 거부하거나 방해 또는 기피해서는 아니 된다. 이 경우 근로자대표가 요구할 때에는 해당 안전보건진단에 근로자대표를 참여시켜야 한다.

④ 안전보건진단기관은 제2항에 따라 안전보건진단을 실시한 경우에는 안전보건진단 결과보고서를 고용노동부령으로 정하는 바에 따라 해당 사업장의 사업주 및 고용노동부장관에게 제출하여야 한다.

⑤ 안전보건진단의 종류 및 내용, 안전보건진단 결과보고서에 포함될 사항, 그 밖에 필요한 사항은 대통령령으로 정한다.

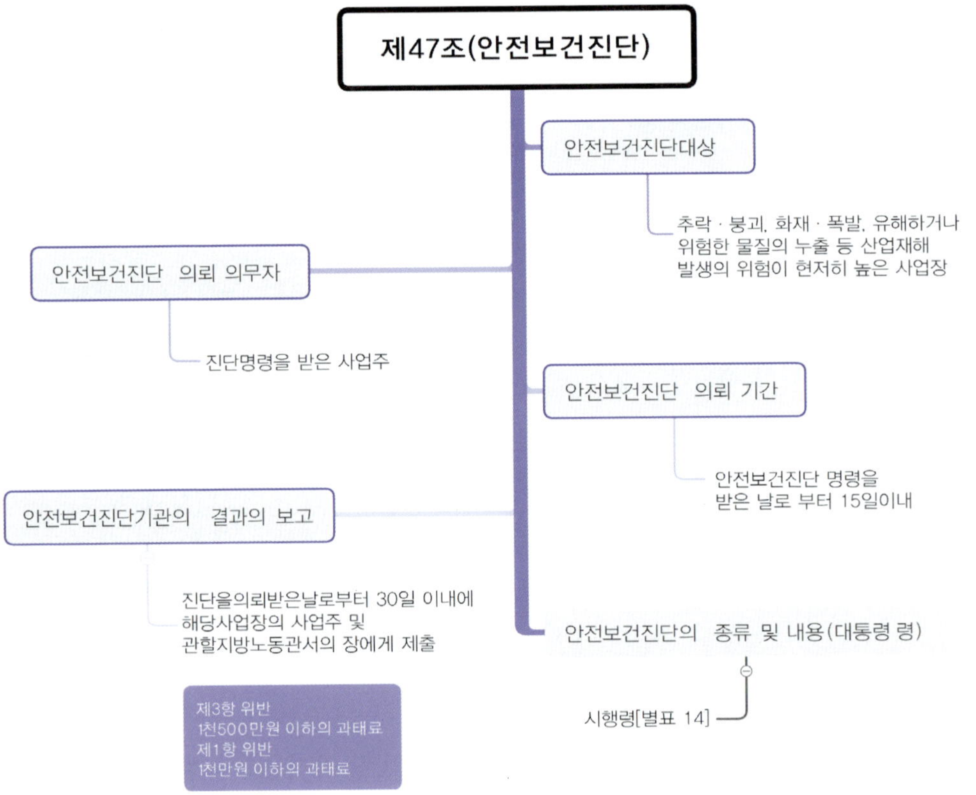

■ **조문해석**

위험이 높은 사업장의 경우에는 안전보건진단을 실시하도록 하는 규정이 되어 있다. 진단의 종류로는 중대재해가 발생하였을 때 고용노동부장관령으로 추락・붕괴, 화재・폭발, 유해하거나 위험한 물질의 누출 등 산업재해 발생의 위험이 현저히 높은 사업장의 사업주에게 법제48조에 따라 지정 받은 기관(이하 안전보건진단기관이라 한다)이 실시하는 안전보건진단을 받을 것을 명할 수 있다. 사업주는 안전보건진단 명령을 받은 경우 고용노동부령으로 정하는 바에 따라 안전보건진단기관에 안전보건진단을 의뢰하고 안전보건진단에 적극 협조하여야 하며, 정당한 사유 없이 이를 거부하거나 방해 또는 기피해서는 아니 된다. 또한 근로자대표가 요구할 시에는 근로자대표가 참여하여야 하고 안전보건진단 결과보고서를 법 제47조제2항에 따른 안전보건진단을 실시한 안전보건진단기관은 영 별표 14의 진단내용에 해당하는 사항에 대한 조사·평가 및 측정 결과와 그 개선방법이 포함된 보고서를 진단을 의뢰받은 날로부터 30일 이내에 해당 사업장의 사업주 및 관할 지방고용노동관서의 장에게 제출(전자문서로 제출하는 것을 포함한다)해야 한다.

시행령 제46조(안전보건진단의 종류 및 내용) ① 법 제47조제1항에 따른 안전보건진단의 종류 및 내용은 별표 14와 같다.
② 고용노동부장관은 법 제47조제1항에 따라 안전보건진단 명령을 할 경우 기계·화공·전기·건설 등 분야별로 한정하여 진단을 받을 것을 명할 수 있다.
③ 안전보건진단 결과보고서에는 산업재해 또는 사고의 발생원인, 작업조건·작업방법에 대한 평가 등의 사항이 포함되어야 한다.

시행규칙
제56조(안전보건진단 의뢰) 법 제47조제2항에 따라 안전보건진단 명령을 받은 사업주는 15일 이내에 안전보건진단기관에 안전보건진단을 의뢰해야 한다.

제48조(안전보건진단기관) ① 안전보건진단기관이 되려는 자는 대통령령으로 정하는 인력·시설 및 장비 등의 요건을 갖추어 고용노동부장관의 지정을 받아야 한다.
② 고용노동부장관은 안전보건진단기관에 대하여 평가하고 그 결과를 공개할 수 있다. 이 경우 평가의 기준·방법 및 결과의 공개에 필요한 사항은 고용노동부령으로 정한다.
③ 안전보건진단기관의 지정 절차, 그 밖에 필요한 사항은 고용노동부령으로 정한다.

④ 안전보건진단기관에 관하여는 제21조제4항 및 제5항을 준용한다. 이 경우 "안전관리전문기관 또는 보건관리전문기관"은 "안전보건진단기관"으로 본다.

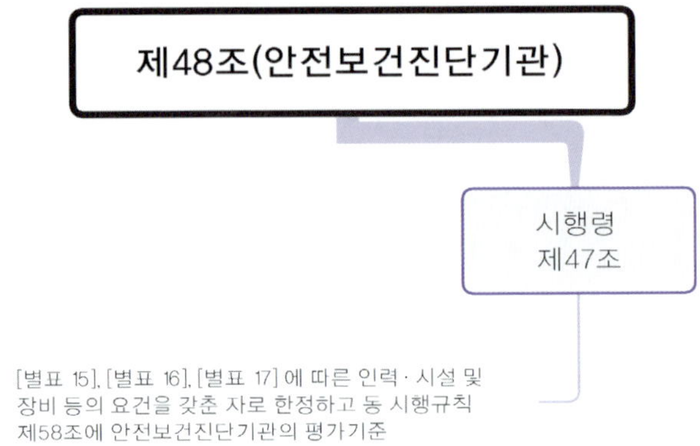

■ **조문해석**

시행령 제47조 안전보건진단기관의 지정 요건에 법 제48조제1항에 따라 안전보건진단기관으로 지정받으려는 자는 법인으로서 제46조제1항 및 별표 14에 따른 안전보건진단 종류별로 종합진단기관은 별표 15, 안전진단기관은 별표 16, 보건진단기관은 별표 17에 따른 인력 · 시설 및 장비 등의 요건을 각각 갖추어야 하고 시행규칙 제58조 안전보건진단기관의 평가 등에 있어 법 제48조제2항에 따른 인력 · 시설 및 장비의 보유 수준과 그에 대한 관리능력, 유해위험요인의 평가 · 분석 충실성 등 안전보건진단 업무 수행능력, 안전보건진단 대상 사업장의 만족도 등 안전보건진단기관 평가의 기준이고 법 제48조제2항에 따른 안전보건진단기관 평가의 방법 및 평가 결과의 공개에 관하여는 제17조제2항부터 제8항까지의 규정을 준용한다. 이 경우 "안전관리전문기관 또는 보건관리전문기관"은 "안전보건진단기관"으로 본다.

제49조(안전보건개선계획의 수립 · 시행 명령) ① 고용노동부장관은 다음 각 호의 어느 하나에 해당하는 사업장으로서 산업재해 예방을 위하여 종합적인 개선조치를 할 필요가 있다고 인정되는 사업장의 사업주에게 고용노동부령으로 정하는 바에 따라 그 사업장, 시설, 그 밖의 사항에 관한 안전 및 보건에 관한 개선계획(이하 안전보건개선계획이라 한다)을 수립하여 시행할 것을 명할 수 있다. 이 경우 대통령령으로 정하는 사업장의

사업주에게는 제47조에 따라 안전보건진단을 받아 안전보건개선계획을 수립하여 시행할 것을 명할 수 있다.

1. 산업재해율이 같은 업종의 규모별 평균 산업재해율보다 높은 사업장
2. 사업주가 필요한 안전조치 또는 보건조치를 이행하지 아니하여 중대재해가 발생한 사업장
3. 대통령령으로 정하는 수 이상의 직업성 질병자가 발생한 사업장
4. 제106조에 따른 유해인자의 노출기준을 초과한 사업장

② 사업주는 안전보건개선계획을 수립할 때에는 산업안전보건위원회의 심의를 거쳐야 한다. 다만, 산업안전보건위원회가 설치되어 있지 아니한 사업장의 경우에는 근로자대표의 의견을 들어야 한다.

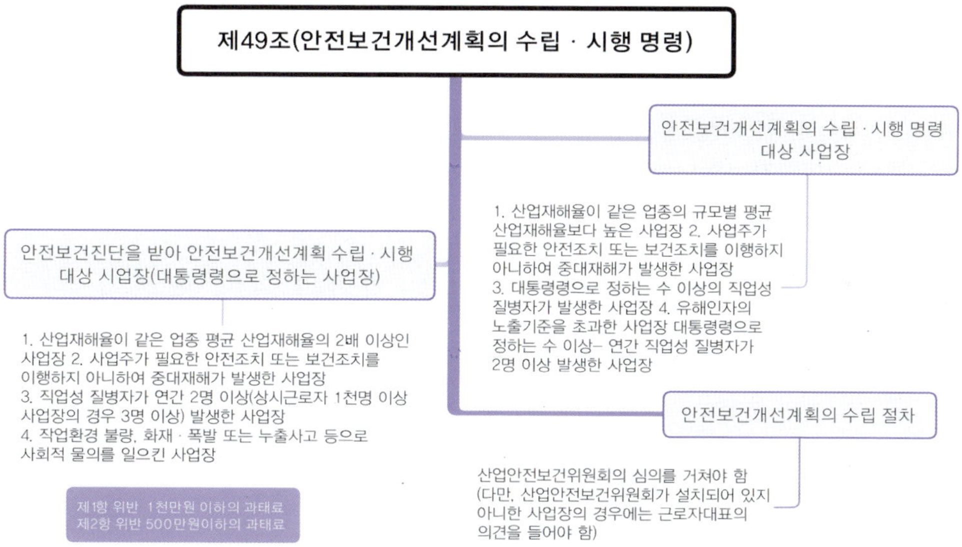

■ 조문해석

고용노동부장관은 산업재해 예방을 위하여 종합적인 개선조치를 할 필요가 있다고 인정되는 사업장의 사업주에게 고용노동부령으로 정하는 바에 따라 그 사업장, 시설, 그 밖의 사항에 관한 안전 및 보건에 관한 개선계획(이하 안전보건개선계획이라 한다)을 수립하여 시행할 것을 명할 수 있다. 이 경우 대통령령으로 정하는 사업장의 사업주에게는 제47조에 따라 안전보건진단을 받아 안전보건개선계획을 수립하여 시행할 것을 명할 수 있다. 또한 안전보건개선계획의 수립・시행 명령을 받은 사업주는 안전보건개선계획서를 작성

하여 고용노동부장관에게 제출하여야 한다.

지방고용노동관서의 장이 제61조에 따른 안전보건개선계획서를 접수한 경우에는 접수일부터 15일 이내에 심사하여 사업주에게 그 결과를 알려야 하며 법 제50조제2항에 따라 지방고용노동관서의 장은 안전보건개선계획서에 제61조제2항에서 정한 사항이 적정하게 포함되어 있는지 검토해야 한다. 이 경우 지방고용노동관서의 장은 안전보건개선계획서의 적정 여부 확인을 공단 또는 지도사에게 요청할 수 있다.

시행령 제49조(안전보건진단을 받아 안전보건개선계획을 수립할 대상) 법 제49조제1항 각 호 외의 부분 후단에 따라 안전보건진단을 받아 안전보건개선계획을 수립하여 시행할 것을 명할 수 있는 사업장은 다음 각 호의 어느 하나에 해당하는 사업장으로 한다.

1. 산업재해율이 같은 업종 평균 산업재해율의 2배 이상인 사업장
2. 법 49조제1항제2호에 해당하는 사업장
3. 직업성 질병자가 연간 2명 이상 상시근로자 1천명 이상 사업장의 경우 3명 이상) 발생한 사업장
4. 작업환경 불량, 화재·폭발 또는 누출 사고 등으로 사회적 물의를 일으킨 사업장

시행령 제50조(안전보건개선계획 수립 대상) 법 제49조제1항제3호에서 대통령령으로 정하는 사업장은 직업성 질병자가 연간 2명 이상 발생한 사업장을 말한다.

시행규칙

제60조(안전보건개선계획의 수립·시행 명령) 법 제49조제1항에 따른 안전보건개선계획의 수립·시행 명령은 별지 제26호서식에 따른다.

제61조(안전보건개선계획의 제출 등) ① 법 제50조제1항에 따라 안전보건개선계획서를 제출해야 하는 사업주는 법 제49조제1항에 따른 안전보건개선계획서 수립·시행 명령을 받은 날부터 60일 이내에 관할 지방고용노동관서의 장에게 해당 계획서를 제출(전자문서로 제출하는 것을 포함한다)해야 한다.
② 제1항에 따른 안전보건개선계획서에는 시설, 안전보건관리체제, 안전보건교육, 산업재해 예방 및 작업환경의 개선을 위하여 필요한 사항이 포함되어야 한다.

제61조(안전보건개선계획의 제출 등) ① 법 제50조제1항에 따라 안전보건개선계획서를 제출해야 하는 사업주는 법 제49조제1항에 따른 안전보건개선계획서 수립·시행 명령을 받은 날부터 60일 이내에 관할 지방고용노동관서의 장에게 해당 계획서를 제출(전자문서로 제출하는 것을 포함한다)해야 한다.
② 제1항에 따른 안전보건개선계획서에는 시설, 안전보건관리체제, 안전보건교육, 산업재해 예방 및 작업환경의 개선을 위하여 필요한 사항이 포함되어야 한다.

제62조(안전보건개선계획서의 검토 등) ① 지방고용노동관서의 장이 제61조에 따른 안전보건개선계획서를 접수한 경우에는 접수일부터 15일 이내에 심사하여 사업주에게 그 결과를 알려야 한다.
② 법 제50조제2항에 따라 지방고용노동관서의 장은 안전보건개선계획서에 제61조제2항에서 정한 사항이 적정하게 포함되어 있는지 검토해야 한다. 이 경우 지방고용노동관서의 장은 안전보건개선계획서의 적정 여부 확인을 공단 또는 지도사에게 요청할 수 있다.

제50조(안전보건개선계획서의 제출 등) ① 제49조제1항에 따라 안전보건개선계획의 수립·시행 명령을 받은 사업주는 고용노동부령으로 정하는 바에 따라 안전보건개선계획서를 작성하여 고용노동부장관에게 제출하여야 한다.

② 고용노동부장관은 제1항에 따라 제출 받은 안전보건개선계획서를 고용노동부령으로 정하는 바에 따라 심사하여 그 결과를 사업주에게 서면으로 알려 주어야 한다. 이 경우 고용노동부장관은 근로자의 안전 및 보건의 유지·증진을 위하여 필요하다고 인정하는 경우 해당 안전보건개선계획서의 보완을 명할 수 있다.

③ 사업주와 근로자는 제2항 전단에 따라 심사를 받은 안전보건개선계획서(같은 항 후단에 따라 보완한 안전보건개선계획서를 포함한다)를 준수하여야 한다.

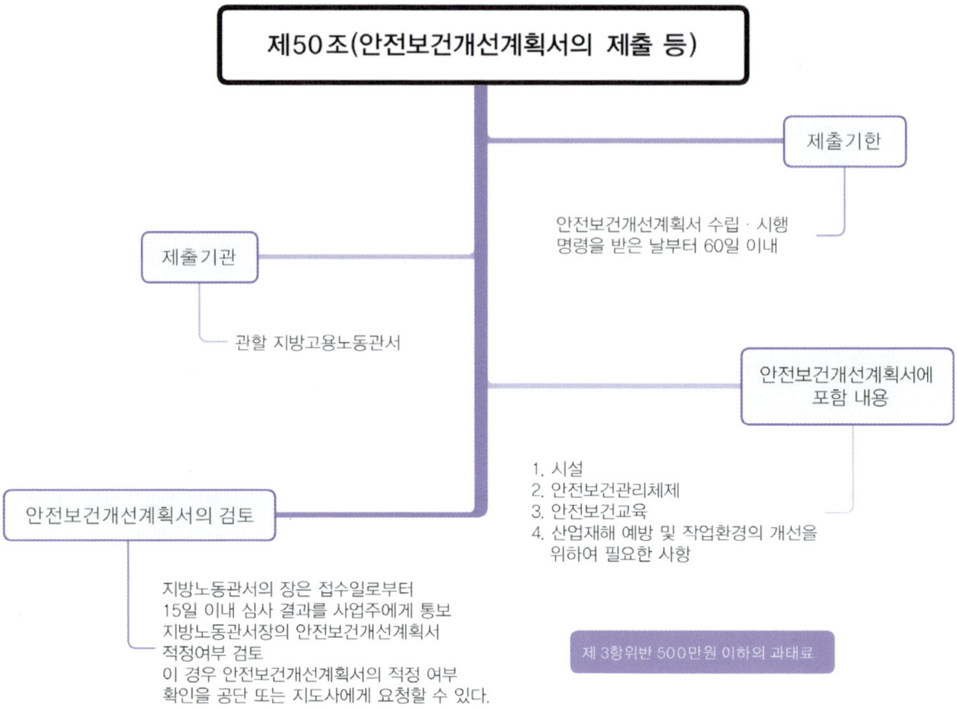

제51조(사업주의 작업중지) 사업주는 산업재해가 발생할 급박한 위험이 있을 때에는 즉시 작업을 중지시키고 근로자를 작업장소에서 대피시키는 등 안전 및 보건에 관하여 필요한 조치를 하여야 한다.

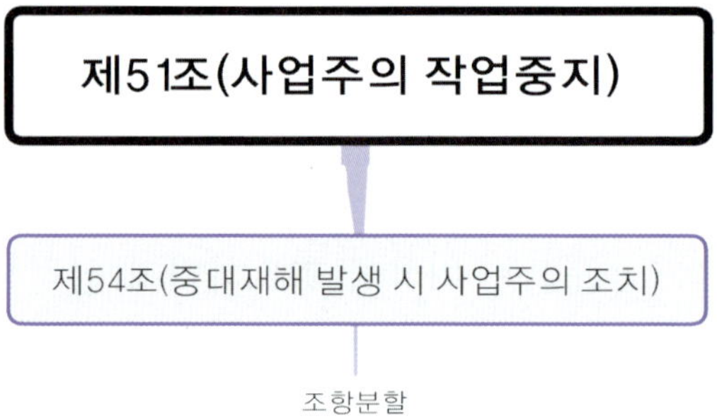

제52조(근로자의 작업중지) ① 근로자는 산업재해가 발생할 급박한 위험이 있는 경우에는 작업을 중지하고 대피할 수 있다.

② 제1항에 따라 작업을 중지하고 대피한 근로자는 지체 없이 그 사실을 관리감독자 또는 그 밖에 부서의 장(이하 관리감독자 등이라 한다)에게 보고하여야 한다.

③ 관리감독자 등은 제2항에 따른 보고를 받으면 안전 및 보건에 관하여 필요한 조치를 하여야 한다.

④ 사업주는 산업재해가 발생할 급박한 위험이 있다고 근로자가 믿을 만한 합리적인 이유가 있을 때에는 제1항에 따라 작업을 중지하고 대피한 근로자에 대하여 해고나 그 밖의 불리한 처우를 해서는 아니 된다.

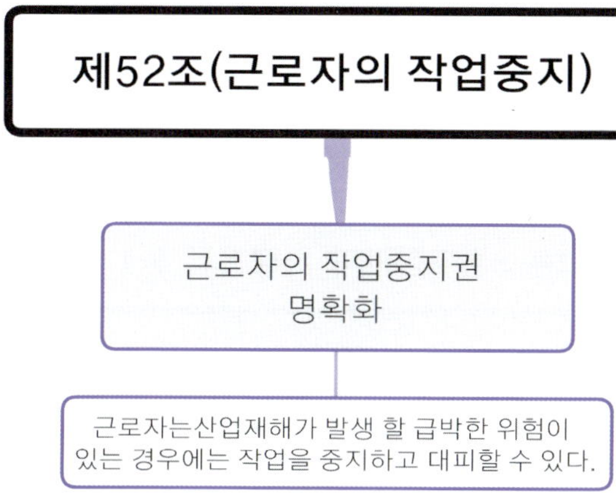

제53조(고용노동부장관의 시정조치 등) ① 고용노동부장관은 사업주가 사업장의 건설물 또는 그 부속건설물 및 기계·기구·설비·원재료(이하 기계·설비 등이라 한다)에 대하여 안전 및 보건에 관하여 고용노동부령으로 정하는 필요한 조치를 하지 아니하여 근로자에게 현저한 유해·위험이 초래될 우려가 있다고 판단될 때에는 해당 기계·설비등에 대하여 사용중지·대체·제거 또는 시설의 개선, 그 밖에 안전 및 보건에 관하여 고용노동부령으로 정하는 필요한 조치(이하 시정조치라 한다)를 명할 수 있다.

② 제1항에 따라 시정조치 명령을 받은 사업주는 해당 기계·설비등에 대하여 시정조치를 완료할 때까지 시정조치 명령 사항을 사업장 내에 근로자가 쉽게 볼 수 있는 장소에 게시하여야 한다.

③ 고용노동부장관은 사업주가 해당 기계·설비등에 대한 시정조치 명령을 이행하지 아니하여 유해·위험 상태가 해소 또는 개선되지 아니하거나 근로자에 대한 유해·위험이 현저히 높아질 우려가 있는 경우에

는 해당 기계·설비등과 관련된 작업의 전부 또는 일부의 중지를 명할 수 있다.

④ 제1항에 따른 사용중지 명령 또는 제3항에 따른 작업중지 명령을 받은 사업주는 그 시정조치를 완료한 경우에는 고용노동부장관에게 제1항에 따른 사용중지 또는 제3항에 따른 작업중지의 해제를 요청할 수 있다.

⑤ 고용노동부장관은 제4항에 따른 해제 요청에 대하여 시정조치가 완료되었다고 판단될 때에는 제1항에 따른 사용중지 또는 제3항에 따른 작업중지를 해제하여야 한다.

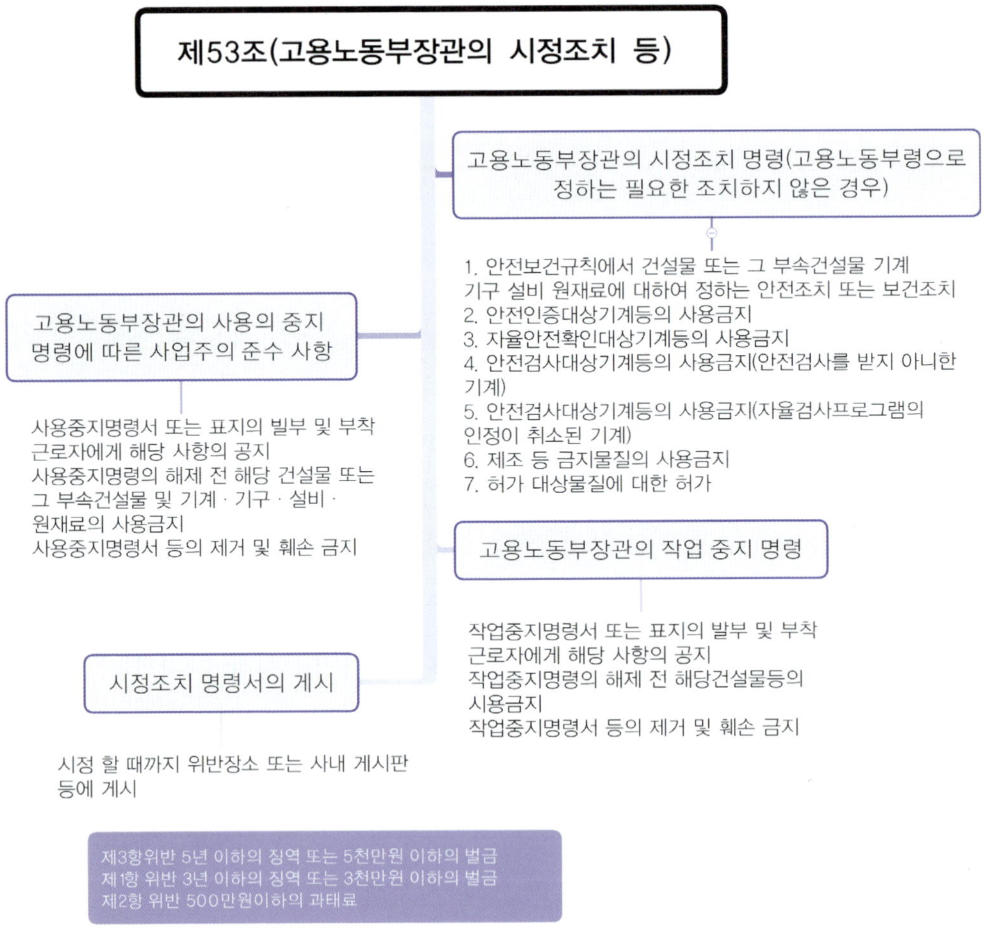

■ **조문해석**

고용노동부장관은 사업주가 사업장의 건설물 또는 그 부속건설물 및 기계·기구·설비 원재료(이하 기계·설비 등이라 한다)에 대하여 안전 및 보건에 관하여 고용노동부령으로 정하는 필요한 조치를 하지 아니하여 근로자에게 현저한 유해·위험이 초래될 우려가 있다고 판단될 때에는 해당 기계·설비 등에 대하여 사용중지·대체·제거 또는 시설의 개선, 그 밖에 안전 및 보건에 관하여 고용노동부령으로 정하는 필요한 조치(이하 시정조치라 한다)를 명할 수 있다. 법 제53조제1항에 따라 이 법 위반으로 고용노동부장관의 시정조치 명령을 받은 사업주는 법 제53조제2항에 따라 해당 내용을 시정할 때까지 위반 장소 또는 사내 게시판 등에 게시해야 한다.

사업주가 해당 기계·설비 등에 대한 시정조치 명령을 이행하지 아니하여 유해·위험 상태가 해소 또는 개선되지 아니하거나 근로자에 대한 유해·위험이 현저히 높아질 우려가 있는 경우에는 고용노동부장관은 해당 기계·설비 등과 관련된 작업의 전부 또는 일부의 중지를 명할 수 있다. 고용노동부장관이 법 제53조제1항에 따른 사용중지를 명하려는 경우에는 별지 제27호서식에 따른 사용중지명령서 또는 고용노동부장관이 정하는 표지(이하 사용중지명령서 등이라 한다)를 발부하거나 부착할 수 있으며 사업주는 제1항에 따라 사용중지명령서등을 받은 경우에는 관계 근로자에게 해당 사항을 알려야 한다. 또한 제1항에 따라 사용중지명령서를 받은 사업주는 발부받은 때부터 그 개선이 완료되어 고용노동부장관이 사용중지명령을 해제할 때까지 해당 건설물 또는 그 부속건설물 및 기계·기구·설비·원재료를 사용해서는 안되며 사업주는 제1항에 따라 발부되거나 부착된 사용중지명령서등을 해당 건설물 또는 그 부속건설물 및 기계·기구·설비·원재료로부터 임의로 제거하거나 훼손해서는 안 된다. 그리고 지방고용노동관서의 장은 법 제53조제5항에 따라 사용 중지를 해제하는 경우 그 내용을 사업주에게 알려주어야 한다.

시행규칙

제63조(기계·설비 등에 대한 안전 및 보건조치) 법 제53조제1항에서 고용노동부령으로 정하는 필요한 조치란 다음 각 호의 어느 하나에 해당하는 조치를 말한다.

1. 안전보건규칙에서 건설물 또는 그 부속건설물·기계·기구·설비·원재료에 대하여 정하는 안전조치 또는 보건조치
2. 법 제87조에 따른 안전인증 대상기계 등의 사용금지
3. 법 제92조에 따른 자율안전 확인대상기계 등의 사용금지
4. 법 제95조에 따른 안전검사 대상기계 등의 사용금지

5. 법 제99조제 항에 따른 안전검사 대상기계 등의 사용금지
6. 법 제117조제1항에 따른 제조 등 금지물질의 사용금지
7. 법 제118조제1항에 따른 허가대상물질에 대한 허가

제64조(사용의 중지) ① 고용노동부장관이 법 제53조제1항에 따른 사용중지를 명하려는 경우에는 별지 제27호서식에 따른 사용중지명령서 또는 고용노동부장관이 정하는 표지(이하 사용중지명령서 등이라 한다)를 발부하거나 부착할 수 있다.
② 사업주는 항에 따라 사용중지명령서등을 받은 경우에는 관계 근로자에게 해당 사항을 알려야 한다.
③ 제1항에 따라 사용중지명령서를 받은 사업주는 발부 받은 때부터 그 개선이 완료되어 고용노동부장관이 사용중지명령을 해제할 때까지 해당 건설물등을 사용하여서는 아니 된다.
④ 사업주는 제1항에 따라 발부되거나 부착된 사용중지명령서 등을 해당 건설물등으로부터 임의로 제거하거나 훼손시켜서는 아니 된다.
⑤ 지방고용노동관서의 장은 법 제53조제5항에 따라 사용중지를 해제하는 경우 그 내용을 사업주에게 알려주어야 한다.

제65조(작업의 중지) ① 고용노동부장관은 법 제53조제3항에 따라 작업의 전부 또는 일부 중지를 명령할 때에는 별지 제27호서식에 따른 작업중지명령서 또는 고용노동부장관이 정하는 표지를 발부하거나 부착할 수 있다.
② 작업중지명령 고지 등에 관하여는 제66조제2항부터 제5항까지를 준용한다. 이 경우 "사용중지명령서"는 "작업중지명령서"로, "사용중지"는 "작업중지"로 본다.

제66조(시정조치 명령서의 제시) 법 제53조제1항에 따라 이 법 위반으로 고용노동부장관의 시정조치 명령을 받은 사업주는 해당 내용을 시정할 때까지 위반 장소 또는 사내 게시판 등에 게시하여야 한다.

제54조(중대재해 발생 시 사업주의 조치) ① 사업주는 중대재해가 발생하였을 때에는 즉시 해당 작업을 중지시키고 근로자를 작업장소에서 대피시키는 등 안전 및 보건에 관하여 필요한 조치를 하여야 한다.
② 사업주는 중대재해가 발생한 사실을 알게 된 경우에는 고용노동부령으로 정하는 바에 따라 지체 없이 고용노동부장관에게 보고하여야 한

다. 다만, 천재지변 등 부득이한 사유가 발생한 경우에는 그 사유가 소멸되면 지체 없이 보고하여야 한다.

제54조(중대재해 발생 시 사업주의 조치)

중대재해 발생 시 보고
(고용노동부령으로 정하는 바)

지체 없이 다음 각 호의 사항을 사업장 소재지를 관할하는 지방고용노동관서의 장에게 전화 · 팩스 또는 그 밖에 적절한 방법으로 보고
1. 발생 개요 및 피해 상황
2. 조치 및 전망
3. 그 밖의 중요한 사항

제1항 위반
5년 이하의 징역 또는 5천만원 이하의 벌금
제2항 위반
3천만원 이하의 과태료

■ **조문해석**

산업재해는 언제 발생할지 예측하기가 힘들다. 만약 예측이 가능하다면 그 나름대로의 대응을 할 수 있을 것이다. 산업재해는 시기, 장소, 대상자를 가리지 않고 발생한다. 따라서 산업재해가 언제 발생하든지 적절한 대응이 취해질 수 있도록 준비해 두어야 하고, 특히, 현장 감독자는 산업재해가 발생하였을 때에 가장 먼저 달려가 신속하게 적절한 대응을 하여야 한다. 근래에는 산업재해가 감소하는 추세라 실제로 산업재해를 경험한 사람이 많이 있지 않다. 중대재해를 처음으로 경험한 사람은 몹시 놀라 정확한 판단을 할 수 없게 될 우려가 있을 것이다. 따라서 직장의 '산업재해 발생 시의 역할분담표'를 만들고 재해발생 시에 '누가 무엇을, 어떻게 할 것인가'를 정하여 두는 것이 중요하다. 즉, 산업재해 발생 시의 조치를 적정하고 신속하게 행하기 위하여 '재해발생 시의 조치기준(매뉴얼)'을 정해 두는 것이 좋다. 그리고 평상시부터 작업자를 대상으로 이에 대해 교육훈련을 실시해 두는 것이 필요하다 할 것이다.

산업안전의 분야에서는 일반적으로 인명 피해가 수반되는 것을 '재해'라고 하고, 물적 피해가 수반되는 것을 '사고'라고 한다. 이 중 산업재해 발생 시의 대응은 재해의 크기에 따라 다르다. 여기에서는 산업재해 발생 시 지방고용

노동관서에 대한 대응을 중심으로 중대재해란 다음 어느 하나에 해당하는 재해를 말한다(산업안전보건법 시행규칙 제3조).

- 사망자가 1명 이상 발생한 재해
- 3개월 이상의 요양이 필요한 부상자가 동시에 2명 이상 발생한 재해
- 부상자 또는 직업성질병자가 동시에 10명 이상 발생한 재해

시행규칙 제67조(중대재해 발생 시 보고) 사업주는 중대재해가 발생한 사실을 알게 된 경우에는 법 제54조제2항에 따라 지체 없이 다음 각 호의 사항을 사업장 소재지를 관할하는 지방고용노동관서의 장에게 전화·팩스 또는 그 밖에 적절한 방법으로 보고해야 한다.

1. 발생 개요 및 피해 상황
2. 조치 및 전망
3. 그 밖의 중요한 사항

제55조(중대재해 발생 시 고용노동부장관의 작업중지 조치) ① 고용노동부장관은 중대재해가 발생하였을 때 다음 각 호의 어느 하나에 해당하는 작업으로 인하여 해당 사업장에 산업재해가 다시 발생할 급박한 위험이 있다고 판단되는 경우에는 그 작업의 중지를 명할 수 있다.

1. 중대재해가 발생한 해당 작업
2. 중대재해가 발생한 작업과 동일한 작업

② 고용노동부장관은 토사·구축물의 붕괴, 화재·폭발, 유해하거나 위험한 물질의 누출 등으로 인하여 중대재해가 발생하여 그 재해가 발생한 장소 주변으로 산업재해가 확산될 수 있다고 판단되는 등 불가피한 경우에는 해당 사업장의 작업을 중지할 수 있다.

③ 고용노동부장관은 사업주가 제1항 또는 제2항에 따른 작업중지의 해제를 요청한 경우에는 작업중지 해제에 관한 전문가 등으로 구성된 심의위원회의 심의를 거쳐 고용노동부령으로 정하는 바에 따라 제1항 또는 제2항에 따른 작업중지를 해제하여야 한다.

④ 제3항에 따른 작업중지 해제의 요청 절차 및 방법, 심의위원회의 구성·운영, 그 밖에 필요한 사항은 고용노동부령으로 정한다.

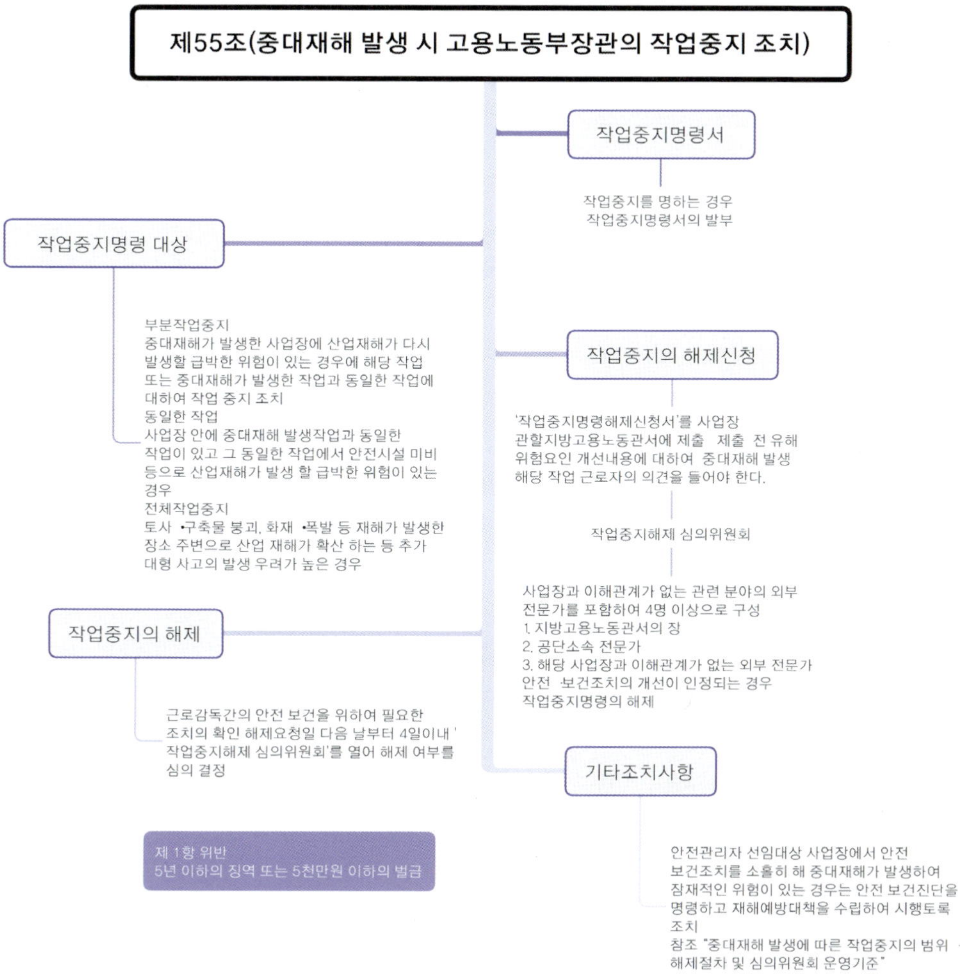

■ 조문해석

고용노동부장관은 중대재해가 발생하였을 때 중대재해가 발생한 해당 작업, 중대재해가 발생한 작업과 동일한 작업등의 어느 하나에 해당하는 작업으로 인하여 해당 사업장에 산업재해가 다시 발생할 급박한 위험이 있다고 판단되는 경우에는 그 작업의 중지를 명할 수 있다. 그리고 고용노동부장관은 토사 · 구축물의 붕괴, 화재 · 폭발, 유해하거나 위험한 물질의 누출 등으로 인하여 중대재해가 발생하여 그 재해가 발생한 장소 주변으로 산업재해가 확산될 수 있다고 판단되는 등 불가피한 경우에는 해당 사업장의 작업을 중지할 수 있다. 고용노동부장관은 사업주가 작업중지의 해제를 요청한 경우에는 작업중지 해제에 관한 전문가 등으로 구성된 심의위원회의 심의를 거쳐 고용노동부령으로 정하는 바에 따라 작업중지를 해제하여야 하고 작업중지 해제의 요청 절차 및 방법, 심의위원회의 구성·운영, 그 밖에 필요한 사항은 고용노동부령으로 정한다.

시행규칙

제69조(작업중지의 해제) ① 법 제55조제3항에 따라 사업주가 작업중지의 해제를 요청할 경우에는 별지 제29호서식에 따른 작업중지명령 해제신청서를 작성하여 사업장의 소재지를 관할하는 지방고용노동관서의 장에게 제출하여야 한다.

② 제1항에 따라 사업주가 작업중지명령 해제신청서를 제출하는 경우에는 미리 유해·위험 요인 개선내용에 대하여 중대재해 발생 해당작업 근로자의 의견을 들어야 한다.

③ 지방고용노동관서의 장은 제1항에 따라 작업중지명령 해제를 요청받은 경우에는 근로감독관으로 하여금 안전·보건을 위하여 필요한 조치를 확인하도록 하고, 천재지변 등 불가피한 경우를 제외하고는 해제요청일 다음날부터 일 이내(토요일과 공휴일 포함)에 법 제55조제3항에 따른 작업중지해제 심의위원회를 개최하여 심의한 후 해당조치가 완료되었다고 판단될 경우에는 즉시 작업중지명령을 해제해야 한다.

제70조(작업중지해제 심의위원회) ① 법 제55조제4항에 따른 작업중지 해제 심의위원회(이하 심의위원회라 한다.)는 지방고용노동관서의 장, 공단 소속 전문가 및 해당 사업장과 이해관계가 없는 외부전문가 등을 포함하여 4명 이상으로 구성하여야 한다.

② 지방고용노동관서의 장은 심의위원회가 작업중지명령 대상 유해·위험 업무에 대한 안전·보건조치가 충분히 개선되었다고 심의·의결하는 경우에는 즉시 작업중지명령의 해제를 결정해야 한다.

제56조(중대재해 원인조사 등) ① 고용노동부장관은 중대재해가 발생하였을 때에는 그 원인 규명 또는 산업재해 예방대책 수립을 위하여 그 발생원인을 조사할 수 있다.

② 고용노동부장관은 중대재해가 발생한 사업장의 사업주에게 안전보건개선계획의 수립·시행, 그 밖에 필요한 조치를 명할 수 있다.

③ 누구든지 중대재해 발생 현장을 훼손하거나 제1항에 따른 고용노동부장관의 원인조사를 방해해서는 아니 된다.

④ 중대재해가 발생한 사업장에 대한 원인조사의 내용 및 절차, 그 밖에 필요한 사항은 고용노동부령으로 정한다.

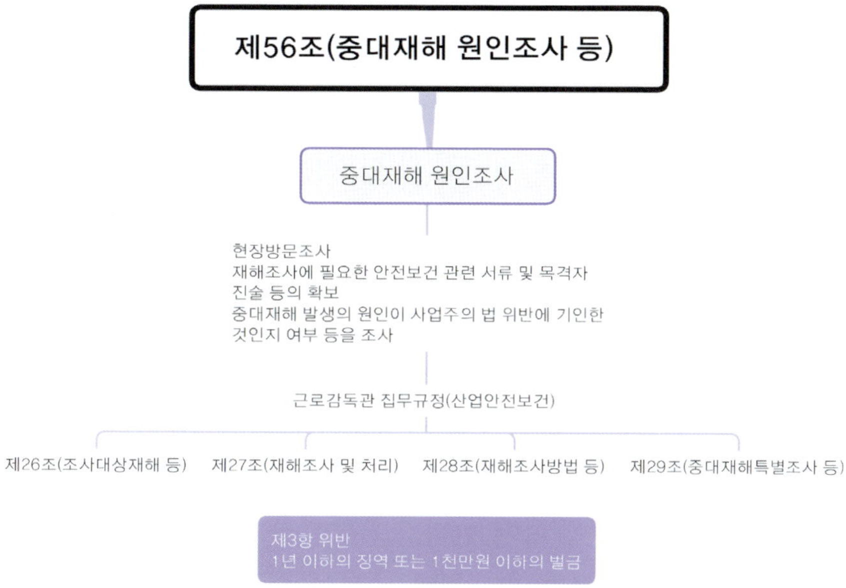

■ 조문해석

산업재해가 발생하면 사업장에서는 행정・사법기관 등과 별개로 자체적으로 사업주가 재해조사를 실시한다. 이 재해조사는 동종재해, 유사재해를 두 번 다시 반복하지 않도록 하기 위해 원인과 문제점을 분석하고 재발방지대책을 수립하기 위해 실시하는 것이다.

산업재해는 대부분 사람, 기계・설비, 작업・환경, 관리 등 복수의 요인이 관련되어 발생한다. 동일・유사재해를 다시 발생시키지 않기 위해서는 재해발생 메커니즘을 잘 이해한 후에, 재해가 왜 발생하였는지, 그 요인을 가급적 많이 수집하고 진상을 파악한 후에 분석할 필요가 있다.

작업자의 부주의로 정리된 잘못된 재해를 분석하는 사례도 있으므로 안이하게 작업자의 부주의로 처리하는 것이 아니라, 사실을 잘 파악하는 것이 무엇보다 중요하다. 그리고 분석할 때에는 느낌, 경험으로 행하는 것이 아니라, 가급적 많은 관련 사실을 수집하여 과학적으로 행하는 것이 중요하다.[5]

고용노동부장관은 중대재해가 발생하였을 때에는 그 원인 규명 또는 산업재해 예방 대책 수립을 위하여 그 발생 원인을 조사할 수 있다. 또한 고용노동

5) 정진우, "안전관리론", 청문각, 2020, 354~355면.

부장관은 중대재해가 발생한 사업장의 사업주에게 안전보건개선계획의 수립·시행, 그 밖에 필요한 조치를 명할 수 있으며, 누구든지 중대재해 발생 현장을 훼손하거나 원인규명에 따른 고용노동부장관의 원인조사를 방해해서는 아니 된다. 중대재해가 발생한 사업장에 대한 원인조사의 내용 및 절차, 그 밖에 필요한 사항은 시행규칙 제71조에 따라 중대재해 원인조사를 하는 때에는 현장을 방문하여 조사를 하여야 하며, 재해조사에 필요한 안전보건 관련 서류 및 목격자의 진술 등을 확보하도록 노력하여야 하며 중대재해 발생의 원인이 사업주의 법 위반에 의한 것인지 등을 조사하여야 한다.

제57조(산업재해 발생 은폐 금지 및 보고 등) ① 사업주는 산업재해가 발생하였을 때에는 그 발생 사실을 은폐해서는 아니 된다.

② 사업주는 고용노동부령으로 정하는 바에 따라 산업재해의 발생 원인 등을 기록하여 보존하여야 한다.

③ 사업주는 고용노동부령으로 정하는 산업재해에 대해서는 그 발생 개요·원인 및 보고 시기, 재발방지 계획 등을 고용노동부령으로 정하는 바에 따라 고용노동부장관에게 보고하여야 한다.

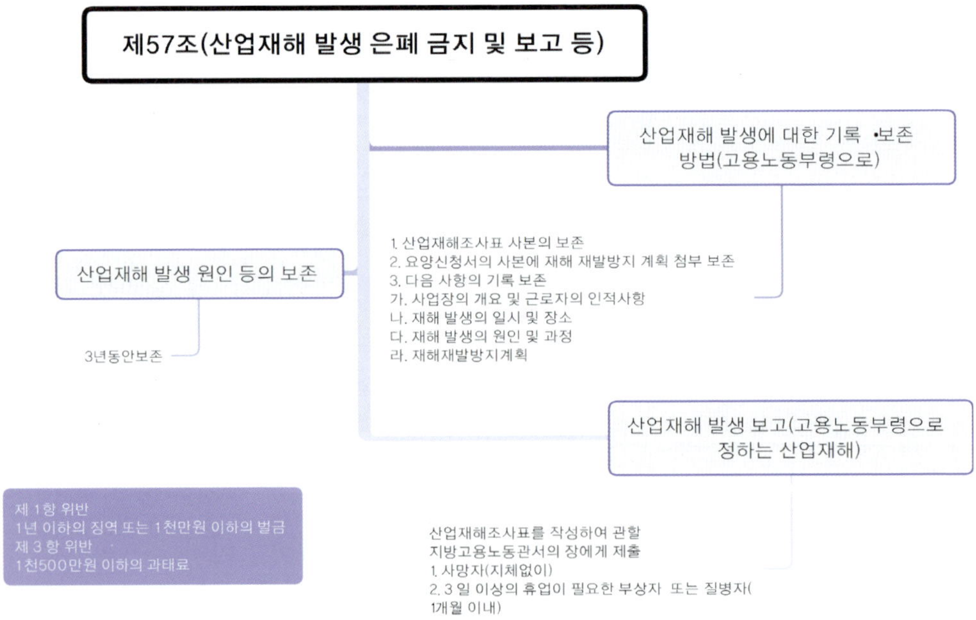

■ 조문해석

산업재해 발생 사실을 은폐하는 행위는 산업재해 예방을 어렵게 하는 요인으로 작용하고 있으므로 산업재해 발생사실의 은폐를 방지하기 위한 형벌법규를 신설하는 것은 입법목적의 정당성을 인정받을 수 있다. 산업재해 발생 사실의 은폐행위에 대하여 적정한 형사벌로 처벌함으로써 기존의 과태료만에 의한 위협력을 높이고, 이로써 산업재해의 예방이라는 목적이 달성될 개연성이 높아질 수 있다는 점에서 적합성원칙이 충족된 것으로 볼 수 있으며, 산업재해 발생 사실의 은폐행위를 과태료 이외의 형사벌로써 처벌하고자 하는 것은 필요성원칙에 위반되었다고 볼 여지가 있다. 그러나 산업재해 발생 사실의 은폐행위와 단순 미보고 내지 허위 보고 행위는 그 불법성의 차이를 보이고 있기 때문에 은폐행위에 국한하여 형사벌로 처벌하는 것을 두고 필요성 원칙에 위반되었다고 할 수 없다. 또한 균형성원칙 내지 과잉금지원칙과 관련해서는, 산업재해 발생 사실의 은폐행위에 대하여 형사처벌을 하는 경우 그것이 균형성원칙 내지 과잉금지원칙에 위반되는지 여부는 금지행위에 대한 형벌의 종류와 법정형의 범위를 어느 정도로 정할 것인지에 달려있다. 이 문제는 결국 처벌규정을 어떻게 신설할 것인지와 관련되어 있다. 형사처벌의 대상이 되는 보고누락과 허위보고의 은폐 행위와 단순한 미보고 및 허위보고 행위를 구별하기 위해서는 목적범으로 구분하여 처벌을 할 수 있다고 할 것이다.[6] 따라서 산업재해 발생 사실을 숨기거나 거짓으로 보고한 사람과 부정한 목적으로 산업재해 발생을 은폐하도록 교사하거나 공모한 자와 은폐하도록 교사 또는 공모한 자도 같이 처벌할 수 있도록 해야 할 것이다.

시행규칙 제73조(산업재해 발생 보고 등) 사업주는 산업재해로 사망자가 발생하거나 3일 이상의 휴업이 필요한 부상을 입거나 질병에 걸린 사람이 발생한 경우에는 법 제57조제3항에 따라 해당 산업재해가 발생한 날부터 1개월 이내에 별지 제30호서식의 산업재해조사표를 작성하여 관할 지방고용노동관서의 장에게 제출(전자문서로 제출하는 것을 포함한다)해야 한다. 제1항에도 불구하고 다음 안전관리자 또는 보건관리자를 두어야 하는 사업주, 법 제62조제1항에 따라 안전보건총괄책임

6) 송강직 외, 산업재해 은폐에 대한 처벌방안, 산업안전보건연구원, 2015, 89면.

자를 지정해야 하는 도급인, 법 제73조제1항에 따라 건설재해 예방전문지도기관의 지도를 받아야 하는 사업주, 산업재해 발생사실을 은폐하려고 한 사업주 등 이에 해당하지 않는 사업주가 법률 제11882호 산업안전보건법 일부개정법률 제10조제2항의 개정규정의 시행일인 2014년 7월 1일 이후 해당 사업장에서 처음 발생한 산업재해에 대하여 지방고용노동관서의 장으로부터 별지 제30호서식의 산업재해조사표를 작성하여 제출하도록 명령을 받은 경우 그 명령을 받은 날부터 15일 이내에 이를 이행한 때에는 제1항에 따른 보고를 한 것으로 본다. 제1항에 따른 보고기한이 지난 후에 자진하여 별지 제30호서식의 산업재해조사표를 작성·제출한 경우에도 또한 같다.

사업주는 제1항에 따른 산업재해조사표에 근로자대표의 확인을 받아야 하며, 그 기재 내용에 대하여 근로자대표의 이견이 있는 경우에는 그 내용을 첨부해야 한다. 다만, 근로자대표가 없는 경우에는 재해자 본인의 확인을 받아 산업재해조사표를 제출할 수 있다. 제1항부터 제3항까지의 규정에서 정한 사항 외에 산업재해발생 보고에 필요한 사항은 고용노동부장관이 정한다. 산업재해보상보험법 제41조에 따라 요양급여의 신청을 받은 근로복지공단은 지방고용노동관서의 장 또는 공단으로부터 요양신청서 사본, 요양업무 관련 전산입력자료, 그 밖에 산업재해예방업무 수행을 위하여 필요한 자료의 송부를 요청 받은 경우에는 이에 협조해야 한다.

시행규칙 제72조(산업재해 기록 등) 사업주는 산업재해가 발생한 때에는 법 제57조제2항에 따라 다음 각 호의 사항을 기록·보존하여야 한다. 다만, 제73조제1항에 따른 산업재해조사표 사본을 보존하거나 제73조제5항에 따른 요양신청서의 사본에 재해 재발방지 계획을 첨부하여 보존한 경우에는 그러하지 아니하다.

1. 사업장의 개요 및 근로자의 인적사항
2. 재해 발생의 일시 및 장소
3. 재해 발생의 원인 및 과정
4. 재해 재발방지 계획

CHAPTER 05

도급 시 산업재해 예방

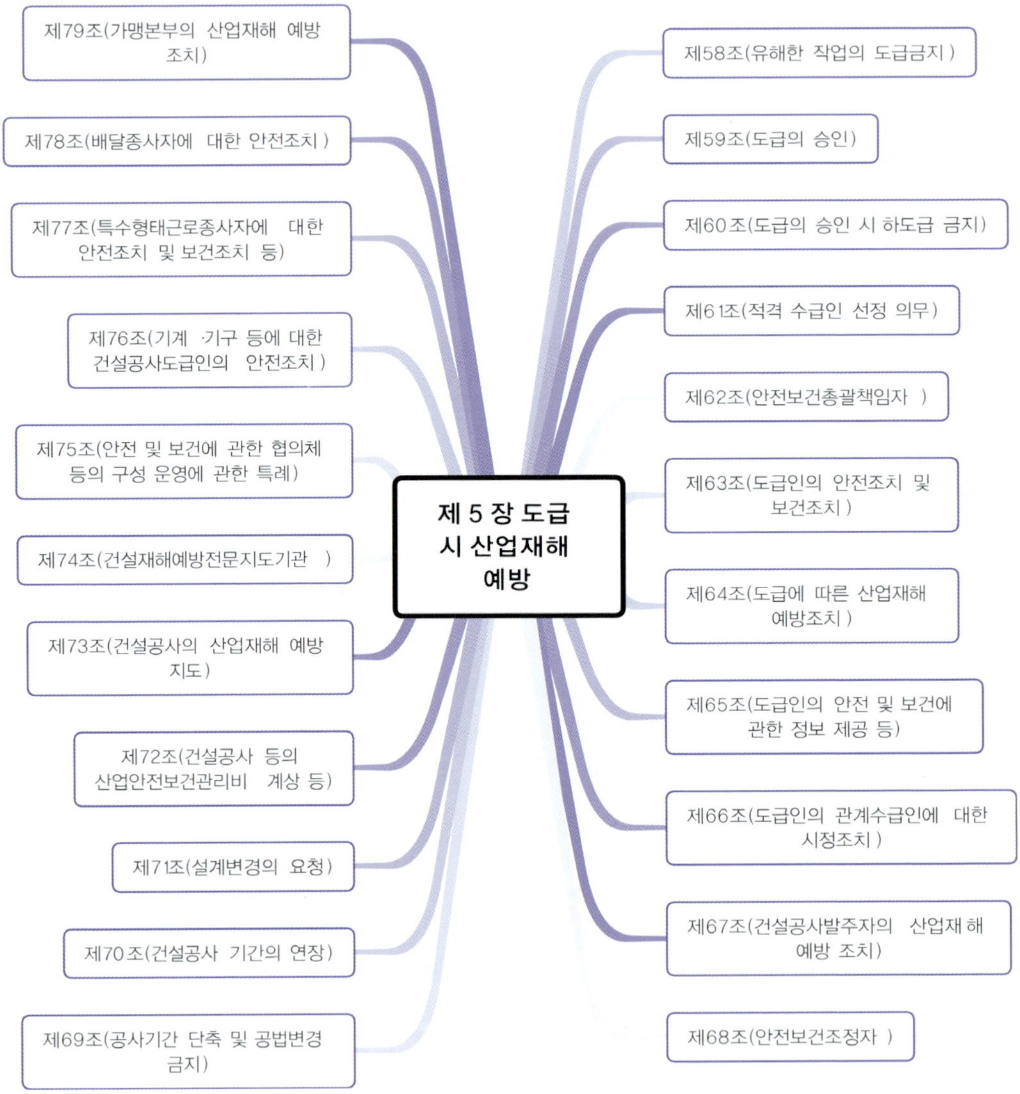
제 5 장 도급 시 산업재해 예방
제58조(유해한 작업의 도급금지)
제59조(도급의 승인)
제60조(도급의 승인 시 하도급 금지)
제61조(적격 수급인 선정 의무)
제62조(안전보건총괄책임자)
제63조(도급인의 안전조치 및 보건조치)
제64조(도급에 따른 산업재해 예방조치)
제65조(도급인의 안전 및 보건에 관한 정보 제공 등)
제66조(도급인의 관계수급인에 대한 시정조치)
제67조(건설공사발주자의 산업재해 예방 조치)
제68조(안전보건조정자)
제69조(공사기간 단축 및 공법변경 금지)
제70조(건설공사 기간의 연장)
제71조(설계변경의 요청)
제72조(건설공사 등의 산업안전보건관리비 계상 등)
제73조(건설공사의 산업재해 예방 지도)
제74조(건설재해예방전문지도기관)
제75조(안전 및 보건에 관한 협의체 등의 구성 운영에 관한 특례)
제76조(기계·기구 등에 대한 건설공사도급인의 안전조치)
제77조(특수형태근로종사자에 대한 안전조치 및 보건조치 등)
제78조(배달종사자에 대한 안전조치)
제79조(가맹본부의 산업재해 예방 조치)

CHAPTER 05 도급 시 산업재해 예방

제1절 도급의 제한

제58조(유해한 작업의 도급금지) ① 사업주는 근로자의 안전 및 보건에 유해하거나 위험한 작업으로서 다음 각 호의 어느 하나에 해당하는 작업을 도급하여 자신의 사업장에서 수급인의 근로자가 그 작업을 하도록 해서는 아니 된다.

1. 도금작업
2. 수은, 납 또는 카드뮴을 제련, 주입, 가공 및 가열하는 작업
3. 제118조제1항에 따른 허가대상물질을 제조하거나 사용하는 작업

② 사업주는 제1항에도 불구하고 다음 각 호의 어느 하나에 해당하는 경우에는 제1항 각 호에 따른 작업을 도급하여 자신의 사업장에서 수급인의 근로자가 그 작업을 하도록 할 수 있다.

1. 일시・간헐적으로 하는 작업을 도급하는 경우
2. 수급인이 보유한 기술이 전문적이고 사업주(수급인에게 도급을 한 도급인으로서의 사업주를 말한다)의 사업 운영에 필수 불가결한 경우로서 고용노동부장관의 승인을 받은 경우

③ 사업주는 제2항제2호에 따라 고용노동부장관의 승인을 받으려는 경우에는 고용노동부령으로 정하는 바에 따라 고용노동부장관이 실시하는 안전 및 보건에 관한 평가를 받아야 한다.

④ 제2항제2호에 따른 승인의 유효기간은 3년의 범위에서 정한다.

⑤ 고용노동부장관은 제4항에 따른 유효기간이 만료되는 경우에 사업주가 유효기간의 연장을 신청하면 승인의 유효기간이 만료되는 날의 다음 날부터 3년의 범위에서 고용노동부령으로 정하는 바에 따라 그 기

간의 연장을 승인할 수 있다. 이 경우 사업주는 제3항에 따른 안전 및 보건에 관한 평가를 받아야 한다.

⑥ 사업주는 제2항제2호 또는 제5항에 따라 승인을 받은 사항 중 고용노동부령으로 정하는 사항을 변경하려는 경우에는 고용노동부령으로 정하는 바에 따라 변경에 대한 승인을 받아야 한다.

⑦ 고용노동부장관은 제2항제2호, 제5항 또는 제6항에 따라 승인, 연장승인 또는 변경승인을 받은 자가 제8항에 따른 기준에 미달하게 된 경우에는 승인, 연장승인 또는 변경승인을 취소하여야 한다.

⑧ 제2항제2호, 제5항 또는 제6항에 따른 승인, 연장승인 또는 변경승인의 기준·절차 및 방법, 그 밖에 필요한 사항은 고용노동부령으로 정한다.

제58조(유해한 작업의 도급금지)

도급금지 대상 작업

1. 도금작업
2. 수은, 납 또는 카드뮴을 제련, 주입, 가공 및 가열하는 작업
3. 허가대상물질을 제조하거나 사용하는 작업

도급금지 작업의 제외

1. 일시 · 간헐적으로 하는 작업을 도급하는 경우
2. 수급인이 보유한 기술이 전문적이고 사업주(수급인에게 도급을 한 도급인으로서의 사업주를 말한다)의 사업 운영에 필수 불가결한 경우로서 고용노동부장관의 승인을 받은 경우

일시적 작업
– 그 수요가 갑자기 발생하여 상시인력 고용이 불가능한 경우로 30 일 이내 종료되는 1회성 작업
간헐적 작업
– 작업의 수요는 예측이 되나, 오랜 기간의 간격을 두고 발생하여 상시인력 고용이 어려운 경우로 연간 총 작업일수가 60일을 초과하지 않는 작업
(도급금지 도급승인 제도 운영지침 / 산재예방보상정책국 화학사고예방과 (2019년 12월)

도급금지 작업의 도급 승인

승인 및 연장승인을 위한 안전 및 보건에 관한 평가의 실시

시행일(유해한 작업의 도급금지에 관한 경과조치)
이 법 시행 당시 종전의 규정에 따라 도급인가를 받은 사업주는 그 인가의 남은 기간이 3년을 넘지 아니하는 경우에는 그 남은 기간 동안, 3년을 초과하거나 그 인가 기간이 정해지지 아니한 경우에는 이 법 시행 이후 3년까지 제58조제1항의 개정 규정에도 불구하고 종전의 규정에 따른다.

안전및보건에관한평가 기관

고용노동부장관이 고시하는 기관

안전및보건에 관한평가 내용

시행규칙 [별표 12]
안전 및 보건에 관한 평가의 내용
(제74조제2항 및 제78조제4항 관련)

제1항, 제2항 2호위반 10억원 이하의 과징금
제3항, 제5항위반 3년 이하의 징역 또는 3천만원 이하의 벌금

■ **조문해석**

당사자 일방(수급인)이 어느 일을 완성할 것을 약정하고, 상대방(도급인)이 그 일의 결과에 대하 보수를 지급할 것을 약정함으로써 성립하는 계약을 말한다(민법 제664조). 낙성의 유상・쌍무계약이다. 또 노무공급계약의 일종이다. 수급인은 자기 자신이 일을 완성할 의무는 없으므로 하도급을 시켜 좋다. 그러나 건설공사의 하도급에 있어서 건설업자는 그가 도급받은 건설공사를 일괄하여 다른 건설업자에게 하도급하는 것은 원칙으로 금지되어 있다(건설산업기본법 제29조 참조). 또 건설공사의 발주자는 수급인에 대하여 그 건설공사의 시공에 있어서 현저히 부적당하다고 인정하는 하수인(下受給人)이 있을 때에는 그 변경을 요구할 수 있다(건설산업기본법 제31조3항). 민법은 수급인 담보책임에 관하여 상세한 규정을 두고 있다. 담보책임의 내용은 도급인이 다음의 권리를 취득하는 것이다.

① **하자보수청구권(瑕疵補修請求權)**: 상당한 기간에 보수를 청구할 수 있는 것을 원칙으로 하나, 하자가 중요하지 아니하고 또 보수에 과다한 비용을 요할 때에는 손해배상청구권이 있을 뿐이다(제667조1항).

② **손해배상청구권**: 하자의 보수에 갈음하거나 보수와 함께 손해배상을 청구할 수 있다(제667조2항).

③ **계약의 해제권**: 완성된 목적물의 하자로 인하여 계약의 목적을 달성할 수 없는 때에 한하여 계약을 해제할 수 있다(제668조 본문). 그러나 건물 기타 토지의 공작물에 대하여는 그러하지 아니하다(제668조 단서).

하자가 도급인측의 사유, 즉 도급인이 제공한 재료의 성질 또는 도급인의 지시에 기인한 때에 담보책임을 지지 않는 것을 원칙으로 하나, 이 경우에도 수급인이 그 재료 또는 지시의 부적당함을 알고 도급인에게 고지하지 아니한 때에는 역시 책임을 면할 수 없다(제669조). 담보책임의 존속 간에는 일정한 제한이 있다. 즉, 목적물의 인도를 받은 날 또는 일이 종료한 날로부터 1년을 원칙으로 하고(제670조), 목적물(토지・건물 기타 공작물) 또는 지반공사의 하자에 대하여는 5년이나, 목적물이 석조, 석회조, 연와조, 금속 기타 이와 유사한 재료로 조성된 것인 때에는 10년으로 한다(제71조1항). 다만, 그 전에 목적물이 하자로 인하여 멸실 또는 훼손된 때에는 그 날로부터 1년으로 한다(제671조2항). 담보책임이 없다는 뜻의 약정은 유효하지만, 이 경우에도 알고 고지하지 아니한 사실에 대하여는 책임을 면할 수 없다(제672조). 도급인의 의무로는 보수지급의무(報酬支給義務)가 있다. 보수는 그 완성된 목적물의 인도와 동시에 지급해야 한다(제665조1항 본문). 그러나 목적물 인도를 요하지 아니하는 경우에는 그 일을 완성한 후 지체없이 지급해야 한다(제665조1항 단서).

한편, 도급의 종료원인으로 다음의 3가지가 있다. ① 일을 완성하기 전에 도급인은 손해를 배상하고 계약을 해제할 수 있다(제673조). ② 도급인이 파산선고를 받은 때에는 수급인 또는 파관재인(破産管財人)은 계약을 해제할 수 있다(제674조1항 전단). ③ 완성된 목적물의 하자로 인하여 계약의 목적을 달성할 수 없는 때에는 도급인은 계약을 해제할 수 있다(제668조 본문).[1]

사업주는 근로자의 안전 및 보건에 유해하거나 위험한 작업으로서 도금작업, 수은, 납 또는 카드뮴을 제련, 주입, 가공 및 가열하는 작업, 제118조제1항에 따른 허가대상물질을 제조하거나 사용하는 작업 중 어느 하나에 해당하는 작업을 도급하여 자신의 사업장에서 수급인의 근로자가 그 작업을 하도록 해서는 아니 된다. 또한 사업주는 제1항에도 불구하고 일시・간헐적으로 하는 작업을 도급하는 경우, 수급인이 보유한 기술이 전문적이고 사업주(수급인에게 도급을 한 도급인으로서의 사업주를 말한다)의 사업 운영에 필수 불가결한 경우로서 고용노동부장관의 승인을 받은 경우 중 어느 하나에 해당하는 경우에는 제1항 각호에 따른 작업을 도급하여 자신의 사업장에서 수급인의 근로자가 그 작업을 하도록 할 수 있다. 그리고 사업주는 제2항제2호에 따라 고용노동부장관의 승인을 받으려는 경우에는 고용노동부령으로 정하는 바에 따라 고용노동부장관이 실시하는 안전 및 보건에 관한 평가를 받아야 하며, 제2항제2호에 따른 승인의 유효기간은 3년의 범위에서 정하고 고용노동부장관은 제4항에 따른 유효기간이 만료되는 경우에 사업주가 유효기간의 연장을 신청하면 승인의 유효기간이 만료되는 날의 다음 날부터 3년의 범위에서 고용노동부령으로 정하는 바에 따라 그 기간의 연장을 승인할 수 있다. 이 경우 사업주는 제3항에 따른 안전 및 보건에 관한 평가를 받아야 한다.

사업주는 제2항제2호 또는 제5항에 따라 승인을 받은 사항 중 고용노동부령으로 정하는 사항을 변경하려는 경우에는 고용노동부령으로 정하는 바에 따라 변경에 대한 승인을 받아야 하며 고용노동부장관은 제2항제2호, 제5항 또는 제6항에 따라 승인, 연장승인 또는 변경승인을 받은 자가 제8항에 따른 기준에

1) 국가법령정보센터(https://www.law.go.kr/lsTrmSc.do?menuId=13&subMenuId=65)

미달하게 된 경우에는 승인, 연장승인 또는 변경승인을 취소하여야 한다. 그리고 제2항제2호, 제5항 또는 제6항에 따른 승인, 연장승인 또는 변경승인의 기준·절차 및 방법, 그 밖에 필요한 사항은 고용노동부령으로 정한다.

제59조(도급의 승인) ① 사업주는 자신의 사업장에서 안전 및 보건에 유해하거나 위험한 작업 중 급성 독성, 피부 부식성 등이 있는 물질의 취급 등 대통령령으로 정하는 작업을 도급하려는 경우에는 고용노동부장관의 승인을 받아야 한다. 이 경우 사업주는 고용노동부령으로 정하는 바에 따라 안전 및 보건에 관한 평가를 받아야 한다.

② 제1항에 따른 승인에 관하여는 제58조제4항부터 제8항까지의 규정을 준용한다.

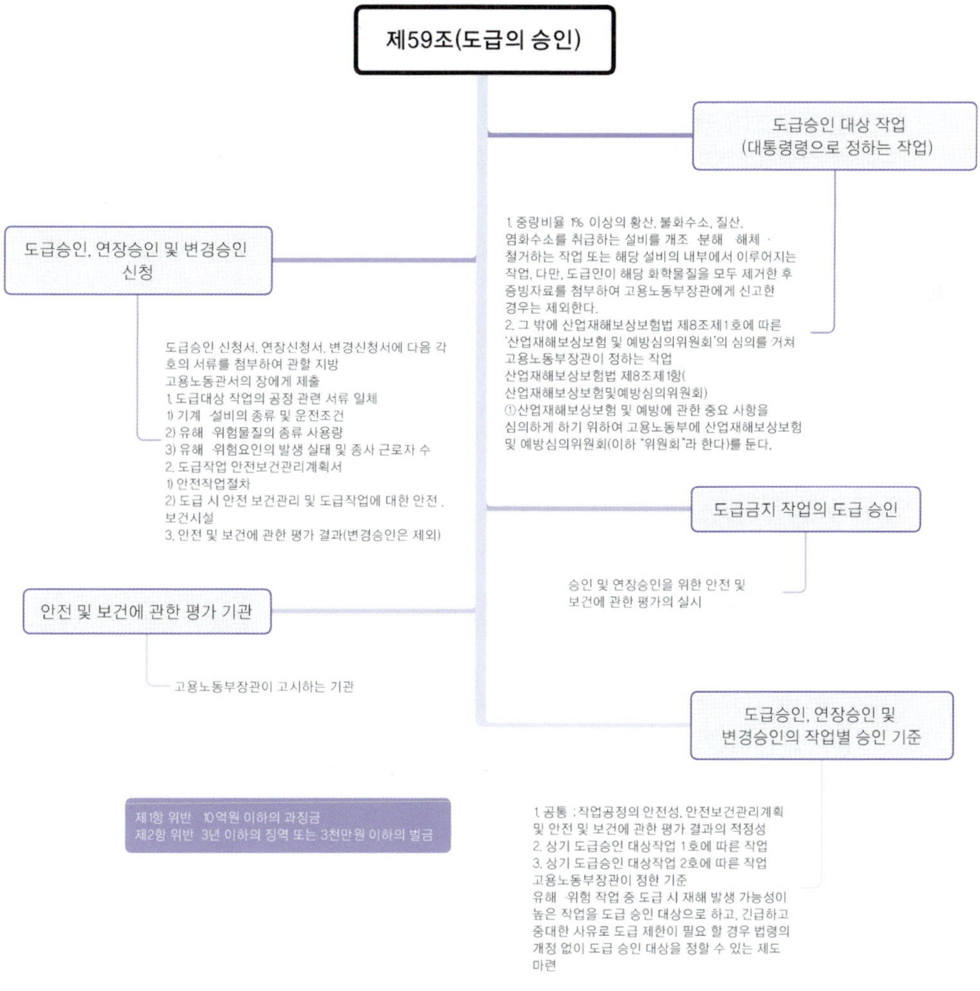

■ 조문해석

사업주는 자신의 사업장에서 안전 및 보건에 유해하거나 위험한 작업 중 급성 독성, 피부 부식성 등이 있는 물질의 취급 등 대통령령으로 정하는 작업을 도급하려는 경우에는 고용노동부장관의 승인을 받아야 한다. 이 경우 사업주는 고용노동부령으로 정하는 바에 따라 안전 및 보건에 관한 평가를 받아야 한다. 도급승인 대상 작업은 "급성 독성, 피부 부식성 등이 있는 물질의 취급 등 대통령령으로 정하는 작업" 중 중량비율 1퍼센트 이상의 황산, 불화수소, 질산 또는 염화수소를 취급하는 설비를 개조・분해・해체・철거하는 작업 또는 해당 설비의 내부에서 이루어지는 작업. 다만, 도급인이 해당 화학물질을 모두 제거한 후 증명자료를 첨부하여 고용노동부장관에게 신고한 경우는 제외한다. 그 밖에 산업재해보상보험법 제8조제1항에 따른 산업재해보상보험 및 예방심의위원회(이하 산업재해보상보험 및 예방심의위원회라 한다)의 심의를 거쳐 고용노동부장관이 정하는 작업의 어느 하나에 해당하는 작업을 말한다.

시행령 제51조(도급승인 대상 작업) 법 제59조제1항에서 "대통령령으로 정하는 작업"이란 다음 각 호의 어느 하나에 해당하는 작업을 말한다.

1. 중량비율 1% 이상의 황산, 불화수소, 질산, 염화수소를 취급하는 설비를 개조・분해・해체・철거하는 작업 또는 해당 설비의 내부에서 이루어지는 작업. 다만, 도급인이 해당 화학물질을 모두 제거한 후 증빙자료를 첨부하여 고용노동부장관에게 신고한 경우는 제외한다.
2. 그 밖에 유해하거나 위험한 작업으로서 산업재해보상보험법 조제 항에 따른 산업재해보상보험 및 예방심의위원회의 심의를 거쳐 고용노동부장관이 정하는 작업

시행규칙 제78조(도급승인 등의 신청) ① 법 제59조에 따른 유해하거나 위험한 작업의 도급에 대한 승인, 연장승인 또는 변경승인을 받으려는 자는 별지 제31호서식의 도급승인 신청서, 별지 제32호서식의 연장신청서 및 별지 제33호서식의 변경신청서에 다음 각 호의 서류를 첨부하여 관할 지방고용노동관서의 장에게 하여야 한다.

1. 도급대상 작업의 공정 관련 서류 일체(기계・설비의 종류 및 운전조건, 유해・위험물질의 종류・사용량, 유해・위험요인의 발생 실태 및 종사 근로자 수 등에 관한 사항을 포함하여야 한다)
2. 도급작업 안전보건관리계획서(안전작업절차, 도급 시 안전・보건관리 및 도급작업에 대한 안전・보건시설 등에 관한 사항을 포함하여야 한다)
3. 안전 및 보건에 관한 평가 결과(다만, 변경승인은 해당되지 아니한다)

제60조(도급의 승인 시 하도급 금지) 제58조제2항제2호에 따른 승인, 같은 조 제5항 또는 제6항(제59조제2항에 따라 준용되는 경우를 포함한다)에 따른 연장승인 또는 변경승인 및 제59조제1항에 따른 승인을 받은 작업을 도급받은 수급인은 그 작업을 하도급할 수 없다.

■ **조문해석**

도급의 승인 시 하도급 금지규정을 두고 승인, 연장승인 또는 변경승인 및 제59조제1항에 따른 승인을 받은 작업을 도급받은 수급인은 그 작업을 하도급할 수 없다.

제61조(적격 수급인 선정 의무) 사업주는 산업재해 예방을 위한 조치를 할 수 있는 능력을 갖춘 사업주에게 도급하여야 한다.

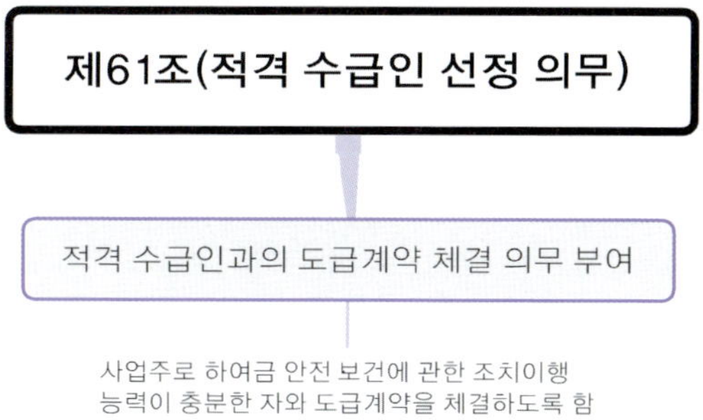

■ **조문해석**

적격 수급인 선정 의무규정을 두고 사업주는 산업재해 예방을 위한 조치를 할 수 있는 능력을 갖춘 사업주에게 도급하도록 규정하고 있다.

제2절 도급인의 안전조치 및 보건조치

제62조(안전보건총괄책임자) ① 도급인은 관계수급인 근로자가 도급인의 사업장에서 작업을 하는 경우에는 그 사업장의 안전보건관리책임자를 도급인의 근로자와 관계수급인 근로자의 산업재해를 예방하기 위한 업무를 총괄하여 관리하는 안전보건총괄책임자로 지정하여야 한다. 이 경우 안전보건관리책임자를 두지 아니하여도 되는 사업장에서는 그 사업장에서 사업을 총괄하여 관리하는 사람을 안전보건총괄책임자로 지정하여야 한다.

② 제1항에 따라 안전보건총괄책임자를 지정한 경우에는 건설기술 진흥법 제64조제1항제1호에 따른 안전총괄책임자를 둔 것으로 본다.

③ 제1항에 따라 안전보건총괄책임자를 지정하여야 하는 사업의 종류와 사업장의 상시근로자 수, 안전보건총괄책임자의 직무ㆍ권한, 그 밖에 필요한 사항은 대통령령으로 정한다.

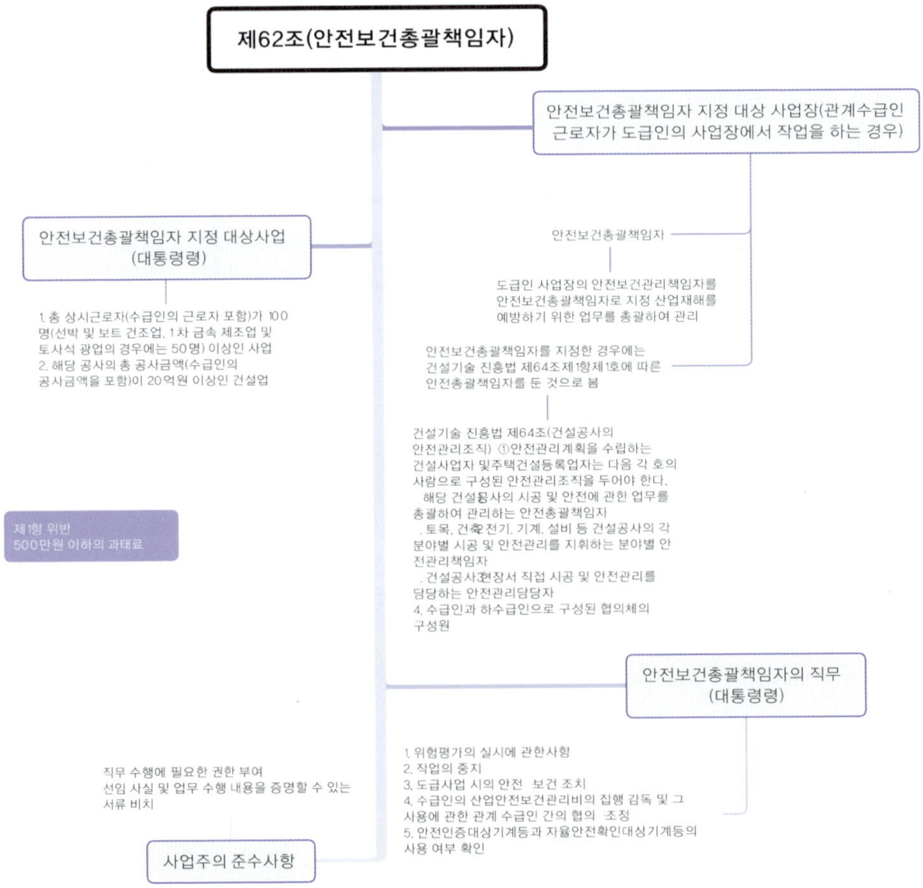

■ **조문해석**

도급인은 관계수급인 근로자가 도급인의 사업장에서 작업을 하는 경우에는 그 사업장의 안전보건관리책임자를 도급인의 근로자와 관계수급인 근로자의 산업재해를 예방하기 위한 업무를 총괄하여 관리하는 안전보건총괄책임자로 지정하여야 한다. 이 경우 안전보건관리책임자를 두지 아니하여도 되는 사업장에서는 그 사업장에서 사업을 총괄하여 관리하는 사람을 안전보건총괄책임자로 지정하여야 하며 제1항에 따라 안전보건총괄책임자를 지정한 경우에는 건설기술 진흥법 제64조제1항제1호에 따른 안전총괄책임자를 둔 것으로 본다. 또한 제1항에 따라 안전보건총괄책임자를 지정하여야 하는 사업의 종류와 사업장의 상시근로자 수, 안전보건총괄책임자의 직무・권한, 그 밖에 필요한 사항은 대통령령으로 정한다.

시행령 제52조의 안전보건총괄책임자 지정 대상사업은 법 제62조제1항에 따른 안전보건총괄책임자(이하 안전보건총괄책임자라 한다)를 지정해야 하는 사업의 종류 및 사업장의 상시근로자 수는 관계수급인에게 고용된 근로자를 포함한 상시근로자가 100명(선박 및 보트 건조업, 1차 금속 제조업 및 토사석 광업의 경우에는 50명) 이상인 사업이나 관계수급인의 공사금액을 포함한 해당 공사의 총공사금액이 20억원 이상인 건설업이 해당된다.

시행령 제53조(안전보건총괄책임자의 직무 등) ① 법 제62조제3항에 따른 안전보건총괄책임자의 직무는 다음 각 호와 같다.

1. 법 제35조에 따른 위험성평가의 실시에 관한 사항
2. 법 제51조 및 제54조에 따른 작업의 중지
3. 법 제64조에 따른 도급 시 산업재해 예방조치
4. 법 제72조제1항에 따른 산업안전보건관리비의 관계수급인 간의 상용에 관한 협의・조정 및 그 집행의 감독
5. 안전인증 대상기계 등과 자율안전 확인대상기계 등의 시용 여부 확인

② 사업주는 안전보건총괄책임자에게 법 제15조제1항에 따른 직무를 수행하는데 필요한 권한을 주어야 한다.

③ 사업주는 안전보건총괄책임자를 선임했을 때에는 그 선임 사실 및 항 각 호의 직무의 수행내용을 증명할 수 있는 서류를 갖추어 두어야 한다.

제63조(도급인의 안전조치 및 보건조치) 도급인은 관계수급인 근로자가 도급인의 사업장에서 작업을 하는 경우에 자신의 근로자와 관계수급인 근로자의 산업재해를 예방하기 위하여 안전 및 보건 시설의 설치 등 필요한 안전조치 및 보건조치를 하여야 한다. 다만, 보호구 착용의 지시 등 관계수급인 근로자의 작업행동에 관한 직접적인 조치는 제외한다.

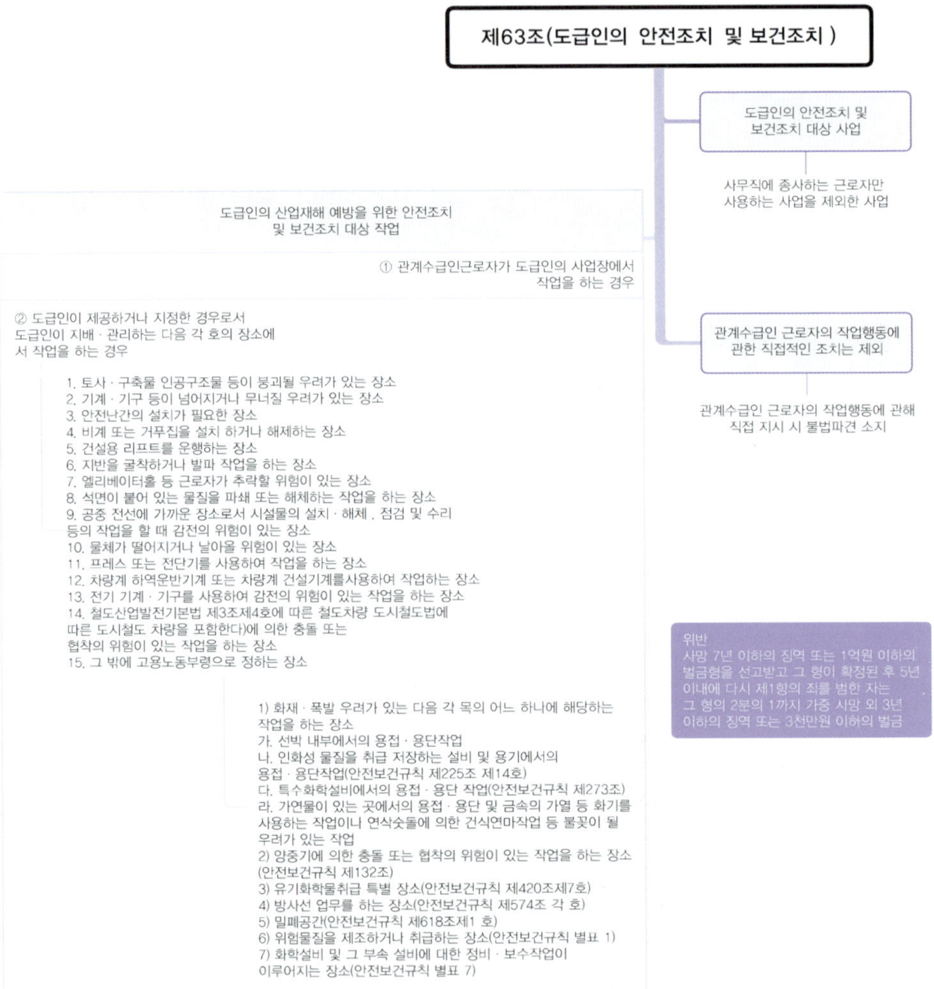

■ **조문해석**

도급인은 관계수급인 근로자가 도급인의 사업장에서 작업을 하는 경우에 자신의 근로자와 관계수급인 근로자의 산업재해를 예방하기 위하여 안전 및 보건 시설의 설치 등 필요한 안전조치 및 보건조치를 하여야 하며, 다만 보호구 착용의 지시 등 관계수급인 근로자의 작업행동에 관한 직접적인 조치는 제외한다.

제64조(도급에 따른 산업재해 예방조치) ① 도급인은 관계수급인 근로자가 도급인의 사업장에서 작업을 하는 경우 다음 각 호의 사항을 이행하여야 한다.

1. 도급인과 수급인을 구성원으로 하는 안전 및 보건에 관한 협의체의 구성 및 운영
2. 작업장 순회점검
3. 관계수급인이 근로자에게 하는 제29조제1항부터 제3항까지의 규정에 따른 안전보건교육을 위한 장소 및 자료의 제공 등 지원
4. 관계수급인이 근로자에게 하는 제29조제3항에 따른 안전보건교육의 실시 확인
5. 다음 각 목의 어느 하나의 경우에 대비한 경보체계 운영과 대피방법 등 훈련
   가. 작업 장소에서 발파작업을 하는 경우
   나. 작업 장소에서 화재·폭발, 토사·구축물 등의 붕괴 또는 지진 등이 발생한 경우
6. 위생시설 등 고용노동부령으로 정하는 시설의 설치 등을 위하여 필요한 장소의 제공 또는 도급인이 설치한 위생시설 이용의 협조

② 제1항에 따른 도급인은 고용노동부령으로 정하는 바에 따라 자신의 근로자 및 관계수급인 근로자와 함께 정기적으로 또는 수시로 작업장의 안전 및 보건에 관한 점검을 하여야 한다.

③ 제1항에 따른 안전 및 보건에 관한 협의체 구성 및 운영, 작업장 순회점검, 안전보건교육 지원, 그 밖에 필요한 사항은 고용노동부령으로 정한다.

제64조(도급에 따른 산업재해 예방조치)

도급에 따른 산업재해 예방조치

제1항 제2항 위반
500 만원 이하의 벌금

안전 및 보건에 관한 협의체의 구성 및 운영

① 구성 :도급인 및 그의 수급인 전원
② 협의체의 협의사항
1. 작업의 시작 시간
2. 작업 또는 작업장 간의 연락 방법
3. 재해발생 위험이 있는 경우 대피 방법
4. 작업장에서의 법 제36조에 따른 위험성평가의 실시에 관한 사항
5. 사업주와 수급인 또는 수급인 상호 간의 연락 방법 및 작업공정의 조정
③ 정기회의 :매월 1회 이상(회의 결과의 기록 · 보존)

작업장의순회점검
① 점검자 :도급인
② 순회점검의 실시 횟수
1. 다음 각 목의 사업 : 2일에 1회 이상
가.건설업
나.제조업
다.토사석광업
라 서적, 잡지 및 기타 인쇄물 출판업
마. 음악 및 기타 오디오물 출판업
바. 금속 및 비금속 원료 재생업
2. 제1호각목의 사업을 제외한 사업 : 1주일에 1회 이상
③ 관계수급인의 준수사항
1. 도급인이 실시하는 순회점검의 거부 ·방해 또는 기피 금지
2. 점검 결과 도급인의 시정요구에 대한 이행
④ 도급인은 관계수급인이 실시하는 근로자의 안전 ·보건교육 필요한 사항(장소 및 자료의 제공)의 요청 시 협조

위생시설 등의 설치 협조(고용노동부령으로 정하는 시설)
1. 휴게시설
2. 세면 목욕시설
3. 세탁시설
4. 탈의시설
5. 수면시설
1호에서 5호까지의 시설을 설치하는 때에는 해당 시설에 대해 "산업안전보건기준에 관한 규칙"에서 정하고 있는 기준을 준수하여야 함

합동 안전 ·보건점검(안전 및 보건에 관한 점검)
점검반의 구성
1. 도급인(같은 사업 내에 지역을 달리하는 사업장이 있는 경우에는 그 사업장의 안전보건관리책임자)
2. 관계수급인(같은 사업 내에 지역을 달리하는 사업장이 있는 경우에는 그 사업장의 안전보건관리책임자
3. 도급인 및 관계수급인의 근로자 각 1명(관계수급인의 근로자의 경우에는 해당 공정에만 해당한다)
합동 안전 ·보건점검의 실시 횟수
1. 다음 각 목의 사업 :2개월에 1회 이상
가. 건설업
나. 선박 및 보트 건조업
2. 제1호의 사업을 제외한 사업 :분기에 1회 이상

■ 조문해석

도급인은 관계수급인 근로자가 도급인의 사업장에서 작업을 하는 경우 도급인과 수급인을 구성원으로 하는 안전 및 보건에 관한 협의체의 구성 및 운영, 작업장 순회점검, 관계수급인이 근로자에게 하는 제29조제1항부터 제3항까지의 규정에 따른 안전보건교육을 위한 장소 및 자료의 제공 등 지원, 관계수급인이 근로자에게 하는 제29조제3항에 따른 안전보건교육의 실시 확인, 경보체계 운영과 대피방법 등 훈련(작업 장소에서 발파작업을 하는 경우, 작업 장소에서 화재·폭발, 토사·구축물 등의 붕괴 또는 지진 등이 발생한 경우), 위생시설 등 고용노동부령으로 정하는 시설의 설치 등을 위하여 필요한 장소의 제공 또는 도급인이 설치한 위생시설 이용의 협조 등의 사항을 이행하여야 한다. 또한 제1항에 따른 도급인은 고용노동부령으로 정하는 바에 따라 자신의 근로자 및 관계수급인 근로자와 함께 정기적으로 또는 수시로 작업장의 안전 및 보건에 관한 점검을 하여야 하고 제1항에 따른 안전 및 보건에 관한 협의체 구성 및 운영, 작업장 순회점검, 안전보건교육 지원, 그 밖에 필요한 사항은 고용노동부령으로 정한다.

시행규칙

제81조(위생시설의 설치 등 협조) ① 법 제64조제1항제6호에서 "고용노동부령으로 정하는 시설"이란 다음 각 호의 시설을 말한다.

1. 휴게시설, 2. 세면·목욕시설, 3. 세탁시설, 4. 탈의시설, 5. 수면시설

② 도급인이 제1항에 따른 시설을 설치하는 때에는 해당 시설에 대해 안전보건규칙에서 정하고 있는 기준을 준수하여야 한다.

제82조(도급사업의 합동 안전 보건점검) ① 법 제64조제2항에 따라 도급인이 작업장의 안전 및 보건에 관한 점검을 할 때에는 다음 각 호의 사람으로 점검반을 구성하여야 한다.

1. 도급인(같은 사업 내에 지역을 달리 하는 사업장이 있는 경우에는 그 사업장의 안전보건관리책임자)
2. 관계수급인(같은 사업 내에 지역을 달리 하는 사업장이 있는 경우에는 그 사업장의 안전보건관리책임자)
3. 도급인 및 관계수급인의 근로자 각 명(관계수급인의 근로자의 경우에는 해당 공정에만 해당한다)

② 법 제64조제2항에 따른 정기 안전·보건점검의 실시 횟수는 다음 각 호의 구분과 같다.

1. 다음 각 목의 사업: 2개월에 1회 이상
   가. 건설업, 나. 선박 및 보트 건조업
2. 제1호의 사업을 제외한 사업: 분기에 1회 이상

제80조(도급사업 시의 안전·보건조치 등) ① 작업장 순회점검

1. 다음 각 목의 사업: 2일에 1회 이상
   가. 건설업
   나. 제조업
   다. 토사석 광업
   라. 서적, 잡지 및 기타 인쇄물 출판업
   마. 음악 및 기타 오디오물 출판업
   바. 금속 및 비금속 원료 재생업
2. 제1호 각 목의 사업을 제외한 사업: 1주일에 1회 이상

제65조(도급인의 안전 및 보건에 관한 정보 제공 등) ① 다음 각 호의 작업을 도급하는 자는 그 작업을 수행하는 수급인 근로자의 산업재해를 예방하기 위하여 고용노동부령으로 정하는 바에 따라 해당 작업 시작 전에 수급인에게 안전 및 보건에 관한 정보를 문서로 제공하여야 한다. 〈개정 2020. 5. 26.〉

1. 폭발성·발화성·인화성·독성 등의 유해성·위험성이 있는 화학물질 중 고용노동부령으로 정하는 화학물질 또는 그 화학물질을 포함한 혼합물을 제조·사용·운반 또는 저장하는 반응기·증류탑·배관 또는 저장탱크로서 고용노동부령으로 정하는 설비를 개조·분해·해체 또는 철거하는 작업
2. 제1호에 따른 설비의 내부에서 이루어지는 작업
3. 질식 또는 붕괴의 위험이 있는 작업으로서 대통령령으로 정하는 작업

② 도급인이 제1항에 따라 안전 및 보건에 관한 정보를 해당 작업 시작 전까지 제공하지 아니한 경우에는 수급인이 정보 제공을 요청할 수 있다.

③ 도급인은 수급인이 제1항에 따라 제공받은 안전 및 보건에 관한 정보에 따라 필요한 안전조치 및 보건조치를 하였는지를 확인하여야 한다.

④ 수급인은 제2항에 따른 요청에도 불구하고 도급인이 정보를 제공하지 아니하는 경우에는 해당 도급 작업을 하지 아니할 수 있다. 이 경우 수급인은 계약의 이행 지체에 따른 책임을 지지 아니한다.

제65조(도급인의 안전 및 보건에 관한 정보 제공 등)

안전·보건 정보 제공 및 내용
(고용노동부령으로 정하는 바)

다음 각 호의 사항을 적은 문서(전자문서 포함)를 해당 도급작업이 시작되기 전까지 수급인에게 제공
1. 안전보건규칙 [별표 7]에 따른 화학설비 및 그 부속설비에서 제조·사용·운반 또는 저장하는 위험물질 및 관리대상 유해물질의 명칭과 그 유해성·위험성
2. 안전·보건상 유해하거나 위험한 작업에 대한 안전·보건상의 주의사항
3. 안전·보건상 유해하거나 위험한 물질의 유출 등 사고가 발생한 경우에 필요한 조치의 내용

화학설비 및 그 부속설비의 종류
(제227조부터 제229조까지, 제243조 및 제2편제2장제4절 관련)

안전·보건정보의 제공 대상 작업

1. 폭발성·발화성·인화성·독성 등의 유해성·위험성이 있는 화학물질 중 고용노동부령으로 정하는 화학물질 또는 그 화학물질을 함유한 혼합물을 제조·사용·운반 또는저장하는 반응기·증류탑·배관 또는 저장탱크로서 고용노동부령으로 정하는 설비를 개조, 분해·해체 또는 철거하는 작업
2. 제1호에 따른 설비의 내부에서 이루어지는 작업
3. 질식 또는 붕괴의 위험이 있는 작업으로서 대통령령으로 정하는 작업

고용노동부령으로 정하는 화학물질 또는 그 화학물질을 함유한 혼합물: 안전보건 규칙 [별표 1] 및 [별표 12]에 따른 위험물질 및 관리대상 유해물질

- 안전보건 규칙 [별표 1]위험물질의 종류(제16조·제17조 및 제225조 관련)
- 안전보건 규칙 [별표 12] 관리대상 유해물질의 종류(제420조, 제439조 및 제440조 관련)

고용노동부령으로 정하는 설비
안전보건규칙 [별표 7]에 따른 화학설비 및 그 부속설비

- 안전보건규칙 [별표 7] 화학설비 및 그 부속설비의 종류 (제227조부터 제229조까지, 제243조 및 제2편제2장제4절 관련)

대통령령으로 정하는 작업
1. 산소결핍, 유해가스 등으로 인한 질식의 위험이 있는 장소로서 고용노동부령으로 정하는 장소에서 이루어지는 작업
2. 토사, 구축물·인공구조물 등의 붕괴 우려가 있는 장소에서 이루어지는 작업

질식의 위험이 있는 장소
안전보건규칙 [별표 18]에 따른 밀폐 공간

- 안전보건규칙 [별표 18] 밀폐공간(규칙 제618조제1호 관련)

수급인이 도급받은 작업을 하도급하는 경우

제공받은 문서의 사본을 해당 하도급작업이 시작되기 전까지 하수급인에게 제공

제1항 위반
1년 이하의 징역 또는 1천만원 이하의 벌금

도급인의 확인

수급인이 사용하는 근로자가 제공된 정보에 따라 필요한 조치를 받고 있는지 확인 및 확인을 위하여 필요한 때에는 해당 조치와 관련된 기록 등 자료의 제출 요청

■ 조문해석

폭발성·발화성·인화성·독성 등의 유해성·위험성이 있는 화학물질 중 고용노동부령으로 정하는 화학물질 또는 그 화학물질을 포함한 혼합물을 제조·사용·운반 또는 저장하는 반응기·증류탑·배관 또는 저장탱크로서 고용노동부령으로 정하는 설비를 개조·분해·해체 또는 철거하는 작업, 제1호에 따른 설비의 내부에서 이루어지는 작업, 질식 또는 붕괴의 위험이 있는 작업으로서 대통령령으로 정하는 작업을 도급하는 자는 그 작업을 수행하는 수급인 근로자의 산업재해를 예방하기 위하여 고용노동부령으로 정하는 바에 따라 해당 작업 시작 전에 수급인에게 안전 및 보건에 관한 정보를 문서로 제공하여야 한다. 또한 도급인이 제1항에 따라 안전 및 보건에 관한 정보를 해당 작업 시작 전까지 제공하지 아니한 경우에는 수급인이 정보 제공을 요청할 수 있으며 도급인은 수급인이 제1항에 따라 제공받은 안전 및 보건에 관한 정보에 따라 필요한 안전조치 및 보건조치를 하였는지를 확인하여야 한다. 그리고 수급인은 제2항에 따른 요청에도 불구하고 도급인이 정보를 제공하지 아니하는 경우에는 해당 도급 작업을 하지 아니할 수 있다. 이 경우 수급인은 계약의 이행 지체에 따른 책임을 지지 아니한다.

원도급주의 지시에 따라 원도급인 사업장 내의 일정한 장소에서 일을 하게 된 경우 작업내용, 근로장소에 다양한 정보를 하도급 근로자에게 제공하여야 한다. 이 규정은 작업장의 특성을 가장 잘 알고 있는 도급인이 작업 전 사전에 위험요인을 알려주어야 하도급 근로자가 재해에서 예방될 수 있어 중요한 규정이라 볼 수 있겠고 사외도급의 경우에 책임체계 확대에 대한 마땅한 법이론적 근거를 찾기는 어렵지만, 예외적으로 산업재해의 위험원인에 대한 다양한 정보는 원도급인이 제공할 필요가 있다. 사외도급계약이라 하더라도 그 도급업무의 내용에 따라 산업재해 위험요인에 위험물질 등의 정보나 인식 등의 정보가 원도급회사에게 있다고 판단될 경우에는 원도급회사에 대하여 위험원인에 관한 관련 정보제공의무를 부담시킬 필요가 있다.[2)]

시행령 제54조(질식 또는 붕괴의 위험이 있는 작업) 법 제65조제1항제3호에서 "대통령령으로 정하는 작업"이란 다음 각 호의 작업을 말한다.

1. 산소결핍, 유해가스 등으로 인한 질식의 위험이 있는 장소로서 고용노동부령으로 정하는 장소에서 이루어지는 작업
2. 토사·구축물·인공구조물 등의 붕괴 우려가 있는 장소에서 이루어지는 작업

2) 조흠학, "산업안전보건법", 신광문화사, 2020, 317면.

시행규칙

제83조(안전·보건 정보 제공 등) ① 법 제65조제1항 각 호의 어느 하나에 해당하는 작업을 도급하는 자는 다음 각 호의 사항을 적은 문서(전자문서를 포함한다. 이하 이 조에서 같다)를 해당 도급작업이 시작되기 전까지 수급인에게 제공하여야 한다.

1. 안전보건규칙 별표 7에 따른 화학설비 및 그 부속설비에서 제조, 사용·운반 또는 저장하는 위험물질 및 관리대상 유해물질의 명칭과 그 유해성·위험성
2. 안전·보건상 유해하거나 위험한 작업에 대한 안전·보건상의 주의사항
3. 안전·보건상 유해하거나 위험한 물질의 유출 등 사고가 발생한 경우에 필요한 조치의 내용

제84조(화학물질) ① 법 제65조제1항제1호에서 "고용노동부령으로 정하는 화학물질 또는 그 화학물질을 함유한 혼합물"이란 안전보건규칙 별표 1 및 별표 12에 따른 위험물질 및 관리대상 유해물질을 말한다.

② 법 제65조제1항제1호에서 "고용노동부령으로 정하는 설비"란 안전보건규칙 별표 7에 따른 화학설비 및 그 부속설비를 말한다.

제85조(질식의 위험이 있는 장소) 영 제54조제1호에서 "고용노동부령으로 정하는 장소에서 이루어지는 작업"이란 안전보건규칙 별표 18에 따른 밀폐공간에서 하는 작업을 말한다.

제66조(도급인의 관계수급인에 대한 시정조치) ① 도급인은 관계수급인 근로자가 도급인의 사업장에서 작업을 하는 경우에 관계수급인 또는 관계수급인 근로자가 도급받은 작업과 관련하여 이 법 또는 이 법에 따른 명령을 위반하면 관계수급인에게 그 위반행위를 시정하도록 필요한 조치를 할 수 있다. 이 경우 관계수급인은 정당한 사유가 없으면 그 조치에 따라야 한다.

② 도급인은 제65조제1항 각 호의 작업을 도급하는 경우에 수급인 또는 수급인 근로자가 도급받은 작업과 관련하여 이 법 또는 이 법에 따른 명령을 위반하면 수급인에게 그 위반행위를 시정하도록 필요한 조치를 할 수 있다. 이 경우 수급인은 정당한 사유가 없으면 그 조치에 따라야 한다.

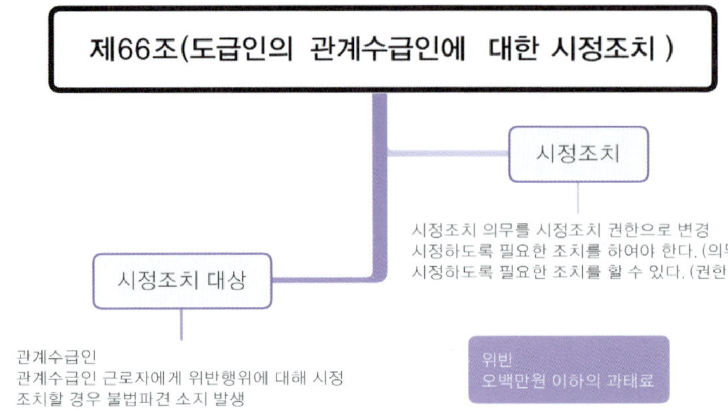

■ **조문해석**

도급인은 관계수급인 근로자가 도급인의 사업장에서 작업을 하는 경우에 관계수급인 또는 관계수급인 근로자가 도급받은 작업과 관련하여 이 법 또는 이 법에 따른 명령을 위반하면 관계수급인에게 그 위반행위를 시정하도록 필요한 조치를 할 수 있다. 이 경우 관계수급인은 정당한 사유가 없으면 그 조치에 따라야 한다. 또한 도급인은 제65조제1항 각 호의 작업을 도급하는 경우에 수급인 또는 수급인 근로자가 도급받은 작업과 관련하여 이 법 또는 이 법에 따른 명령을 위반하면 수급인에게 그 위반행위를 시정하도록 필요한 조치를 할 수 있고, 이 경우 수급인은 정당한 사유가 없으면 그 조치에 따라야 하며 도급인이 관계수급인에게 시정조치 규정을 두어 안전보건예방을 하도록 하고 있다.

제3절 건설업 등의 산업재해 예방

제67조(건설공사발주자의 산업재해 예방조치) ① 대통령령으로 정하는 건설공사의 건설공사발주자는 산업재해 예방을 위하여 건설공사의 계획, 설계 및 시공 단계에서 다음 각 호의 구분에 따른 조치를 하여야 한다.

1. 건설공사 계획 단계: 해당 건설공사에서 중점적으로 관리하여야 할 유해·위험요인과 이의 감소방안을 포함한 기본안전보건대장을 작성할 것
2. 건설공사 설계 단계: 제1호에 따른 기본안전보건대장을 설계자에게 제공하고, 설계자로 하여금 유해·위험요인의 감소방안을 포함한 설계안전보건대장을 작성하게 하고 이를 확인할 것

3. 건설공사 시공 단계: 건설공사발주자로부터 건설공사를 최초로 도급받은 수급인에게 제2호에 따른 설계안전보건대장을 제공하고, 그 수급인에게 이를 반영하여 안전한 작업을 위한 공사안전보건대장을 작성하게 하고 그 이행 여부를 확인할 것

② 제1항 각 호에 따른 대장에 포함되어야 할 구체적인 내용은 고용노동부령으로 정한다.

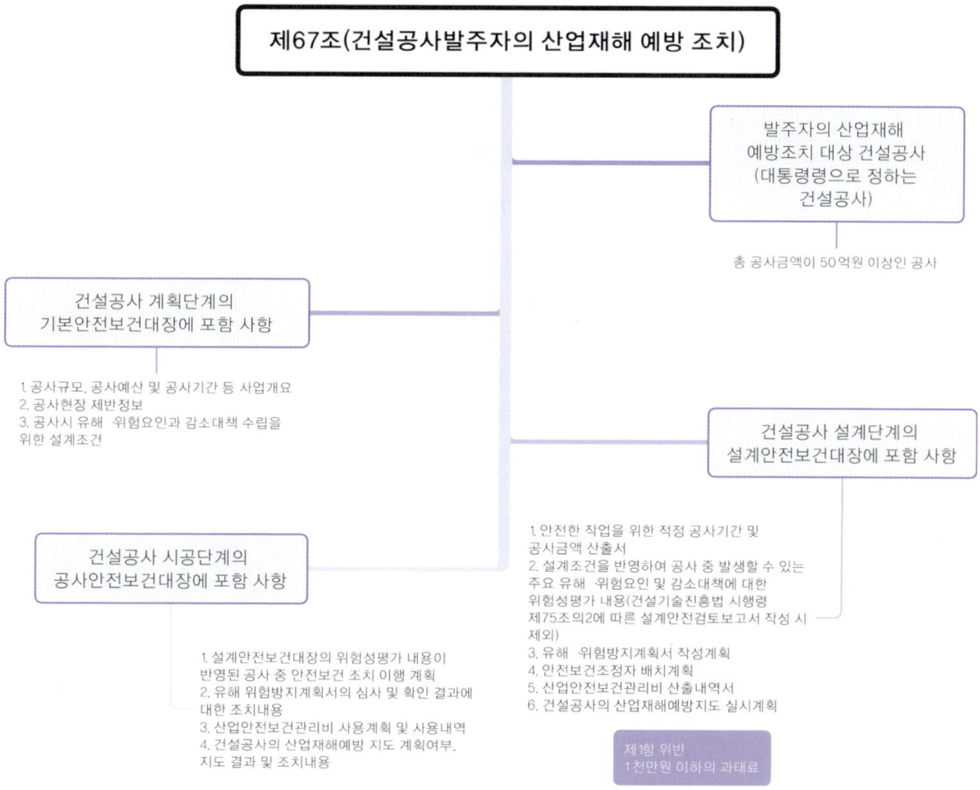

■ **조문해석**

대통령령으로 정하는 건설공사의 건설공사발주자는 산업재해 예방을 위하여 건설공사의 계획, 설계 및 시공 단계에서 건설공사 계획 단계: 해당 건설공사에서 중점적으로 관리하여야 할 유해·위험요인과 이의 감소방안을 포함한 기본안전보건대장을 작성할 것, 건설공사 설계 단계: 제1호에 따른 기본안전보건대장을 설계자에게 제공하고, 설계자로 하여금 유해·위험요인의 감소방안을 포함한 설계안전보건대장을 작성하게 하고 이를 확인할 것, 건설공사 시공 단계: 건설공사발주자로부터 건설공사를 최초로 도급받은 수급인에게

제2호에 따른 설계안전보건대장을 제공하고, 그 수급인에게 이를 반영하여 안전한 작업을 위한 공사안전보건대장을 작성하게 하고 그 이행 여부를 확인 등의 구분에 따른 조치를 하여야 한다. 또한 다른 대장에 포함되어야 할 구체적인 내용은 고용노동부령으로 정한다.

건설업이 사고사망 및 산재사고에 대한 사고가 가장 높게 나타나고 있다. 따라서 이번 산업안전보건법 개정에는 건설공사 사업주 또는 도급인에 대한 책임을 명확하게 하는 재해예방 규정을 추가하였다.

건설업은 계획・설계・시공 등 건설공사 전 단계에서 발주자, 건설공사 도급인(시공자), 설계자 및 건설사업관리기술자(감리자)가 참여하게 되며, 그 중 발주자는 공사계획・설계・시공 등 건설사업 전 과정에서 공사기간, 공사금액 등을 결정하는데 큰 영향을 미치게 된다. 제67조에서는 '발주자의 안전・보건조치'를 규정하면서 발주자는 자신이 발주하는 건설공사의 산업재해 예방을 위하여 건설공사의 계획, 설계 및 공사 단계에서 구체적인 조치를 모두 이행하도록 하였다.

시행규칙 제86조(기본안전보건대장 등) ① 기본안전보건대장에는 다음 각 호의 사항이 포함되어야 한다.

1. 공사규모, 공사예산 및 공사기간 등 사업개요
2. 공사현장 제반 정보
3. 공사 시 유해・위험요인과 감소대책 수립을 위한 설계조건

② 설계안전보건대장 포함 사항

1. 안전한 작업을 위한 적정 공사기간 및 공사금액 산출서
2. 제1항제3호의 설계조건을 반영하여 공사 중 발생할 수 있는 주요 유해・위험요인 및 감소대책에 대한 위험성평가 내용
3. 법 제42조제1항에 따른 유해위험방지계획서 작성계획
4. 법 제68조제 항에 따른 안전보건조정자의 배치계획
5. 법 제72조제 항에 따른 산업안전보건관리비의 산출내역서
6. 법 제73조제1항에 따른 건설공사의 산업재해 예방 지도의 실시계획

③ 공사안전보건대장에 포함사항

1. 설계안전보건대장의 위험성평가 내용이 반영된 공사 중 안전보건 조치 이행계획
2. 법 제42조제1항에 따른 유해위험방지계획서의 심사 및 확인결과에 대한 조치내용
3. 법 제72조제1항에 따라 계상된 산업안전보건관리비의 사용계획 및 사용내역
4. 법 제73조제1항에 따른 건설공사의 산업재해 예방 지도를 위한 계약 여부, 지도결과 및 조치내용

제68조(안전보건조정자) ① 2개 이상의 건설공사를 도급한 건설공사발주자는 그 2개 이상의 건설공사가 같은 장소에서 행해지는 경우에 작업의 혼재로 인하여 발생할 수 있는 산업재해를 예방하기 위하여 건설공사 현장에 안전보건조정자를 두어야 한다.

② 제1항에 따라 안전보건조정자를 두어야 하는 건설공사의 금액, 안전보건조정자의 자격·업무, 선임방법, 그 밖에 필요한 사항은 대통령령으로 정한다.

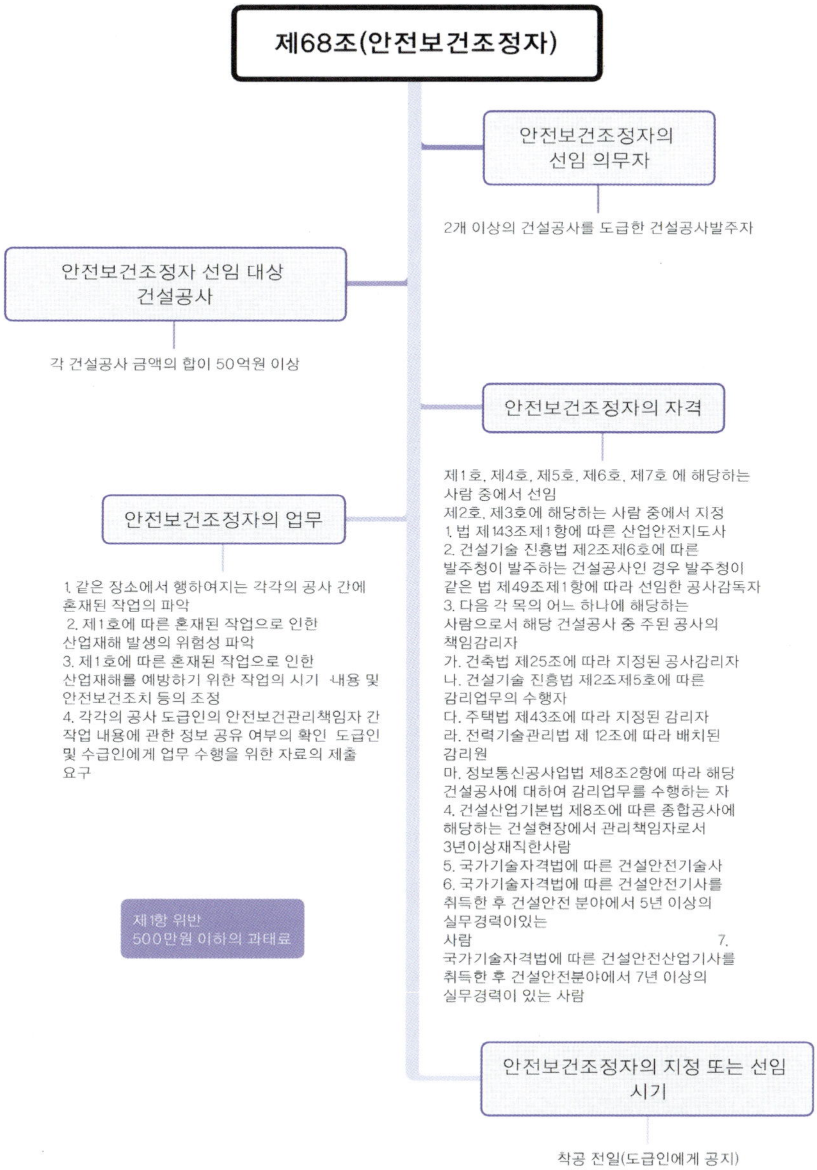

■ 조문해석

건설업은 건설공사가 2개 이상 같은 장소에서 행하여질 때가 많이 있다. 재해예방 및 책임에 대한 혼란이 발생되곤 한다. 그래서 건설업의 경우는 같은 장소에서 동시에 수개 이상의 작업이 혼재되는 경우가 많아 예방의 책임 및 예방조치를 하기 위한 조정자가 필요하여 2개 이상의 건설공사를 도급한 건설공사발주자는 산업재해를 예방하기 위하여 건설공사 현장에 안전보건조정자를 배치하도록 하였다. 안전보건조정자는 법 제68조제1항에 따라 같은 장소에서 행하여지는 각각의 공사 간에 혼재된 작업과 혼재된 작업으로 인한 산업재해 발생의 위험성을 파악하고 혼재된 작업으로 인한 산업재해를 예방하기 위한 작업의 시기・내용 및 안전보건 조치 등의 조정과 각각의 공사 도급인의 관리책임자 간 작업내용에 관한 정보 공유 여부의 확인" 등의 업무 등이다.

시행령 제56조(안전보건조정자의 선임 등) ① 법 제68조제2항에 따라 안전보건조정자를 두어야 하는 건설공사의 금액은 각 건설공사 금액의 합이 50억원 이상인 경우를 말한다.

② 제1항에 따라 안전보건조정자를 두어야 하는 건설공사발주자는 제1호나 제2호에 해당하는 사람 중에서 안전보건조정자를 지정하거나 호부터 호까지의 규정에 따른 자격을 가진 사람 중에서 안전보건조정자를 선임하여야 한다.

1. 건설기술 진흥법 제2조제6호에 따른 발주청이 발주하는 건설공사인 경우 발주청이 같은 법 제49조제 항에 따라 선임한 공사감독자
2. 다음 각 목의 어느 하나에 해당하는 사람으로서 해당 건설공사 중 주된 공사의 책임감리자
   가. 건축법 제25조에 따라 지정된 공사감리자
   나. 건설기술 진흥법 제2조제5호에 따른 감리 업무를 수행하는 자
   다. 주택법 제43조에 따라 지정된 감리자
   라. 전력기술관리법 제12조에 따라 배치된 감리원
   마. 정보통신공사업법 제8조제2항에 따라 해당 건설공사에 대하여 감리 업무를 수행하는 자
3. 건설산업기본법 제8조에 따른 종합공사에 해당하는 건설현장에서 관리책임자로서 3년 이상 재직한 사람
4. 법 제142조제1항에 따른 산업안전지도사
5. 국가기술자격법에 따른 건설안전기술사
6. 국가기술자격법에 따른 건설안전기사를 취득한 후 건설안전 분야에서 5년 이상의 실무경력이 있는 사람
7. 국가기술자격법에 따른 건설안전산업기사를 취득한 후 건설안전 분야에서 7년 이상의 실무경력이 있는 사람

제69조(공사기간 단축 및 공법변경 금지) ① 건설공사발주자 또는 건설공사도급인(건설공사발주자로부터 해당 건설공사를 최초로 도급받은 수급인 또는 건설공사의 시공을 주도하여 총괄·관리하는 자를 말한다. 이하 이 절에서 같다)은 설계도서 등에 따라 산정된 공사기간을 단축해서는 아니 된다.

② 건설공사발주자 또는 건설공사도급인은 공사비를 줄이기 위하여 위험성이 있는 공법을 사용하거나 정당한 사유 없이 정해진 공법을 변경해서는 아니 된다.

제69조(공사기간 단축 및 공법변경 금지)

제1항 제2항 위반 1천만원 이하의 과태료

■ **조문해석**

작업에서 발생하는 안전보건, 품질, 능률의 문제를 제거하여 안전하고 정확하게 그리고 능률적으로 작업을 하기 위한 가장 바람직한 순서와 요령(급소)을 제시한 문서이다. 즉, 작업절차서는 안전보건·품질·생산(능률)의 측면에서 본 가장 합리적인 작업방법을 제시한 것이다.

건설공사발주자 또는 건설공사도급인은 작업절차서에 있는 공기 및 작업공법을 변경 시 재해 발생의 주된 원인이므로 공기 단축에 있어 이를 제한하고 적정한 공사기간을 두고 작업공법변경을 금지하여 무리한 공사에서 재해를 예방하도록 하였다. 건설공사발주자로부터 해당 건설공사를 최초로 도급받은 수급인 또는 건설공사의 시공을 주도하여 총괄·관리하는 자는 설계도서 등에 따라 산정된 공사기간을 단축해서는 아니 되고, 또한 건설공사발주자 또는 건설공사도급인은 공사비를 줄이기 위하여 위험성이 있는 공법을 사용하거나 정당한 사유 없이 정해진 공법을 변경해서는 아니 되도록 규정하였다.

제70조(건설공사 기간의 연장) ① 건설공사발주자는 다음 각 호의 어느 하나에 해당하는 사유로 건설공사가 지연되어 해당 건설공사도급인이 산업재해 예방을 위하여 공사기간의 연장을 요청하는 경우에는 특별한 사유

가 없으면 공사기간을 연장하여야 한다.

1. 태풍・홍수 등 악천후, 전쟁・사변, 지진, 화재, 전염병, 폭동, 그 밖에 계약 당사자가 통제할 수 없는 사태의 발생 등 불가항력의 사유가 있는 경우
2. 건설공사발주자에게 책임이 있는 사유로 착공이 지연되거나 시공이 중단된 경우

② 건설공사의 관계수급인은 제1항제1호에 해당하는 사유 또는 건설공사도급인에게 책임이 있는 사유로 착공이 지연되거나 시공이 중단되어 해당 건설공사가 지연된 경우에 산업재해 예방을 위하여 건설공사도급인에게 공사기간의 연장을 요청할 수 있다. 이 경우 건설공사도급인은 특별한 사유가 없으면 공사기간을 연장하거나 건설공사발주자에게 그 기간의 연장을 요청하여야 한다.

③ 제1항 및 제2항에 따른 건설공사 기간의 연장 요청 절차, 그 밖에 필요한 사항은 고용노동부령으로 정한다.

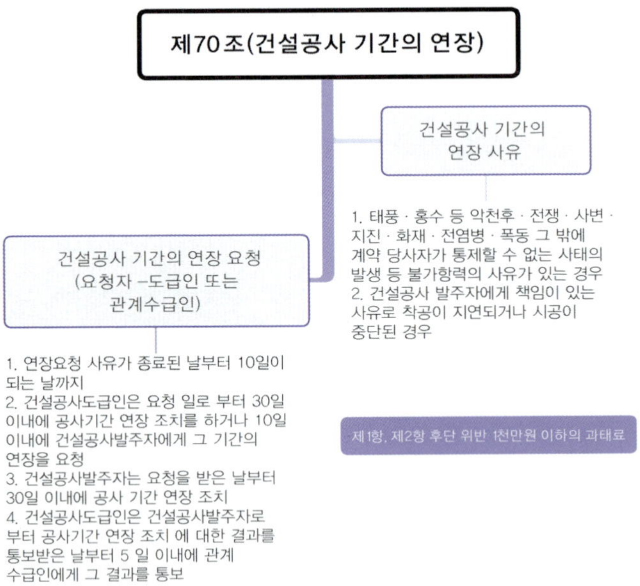

■ **조문해석**

건설공사발주자에게 책임이 있는 사유로 착공이 지연되거나 시공이 중단된 경우와 태풍・홍수 등 악천후, 전쟁・사변, 지진, 화재, 전염병, 폭동, 그 밖에

계약 당사자가 통제할 수 없는 사태의 발생 등 불가항력의 사유가 있는 경우에 해당하는 사유로 건설공사가 지연되어 해당 건설공사도급인이 산업재해 예방을 위하여 공사기간의 연장을 요청하는 경우에는 특별한 사유가 없으면 공사기간을 연장하여야 한다. 또한 건설공사도급인에게 책임이 있는 사유로 착공이 지연되거나 시공이 중단되어 해당 건설공사가 지연된 경우에 산업재해 예방을 위하여 건설공사도급인에게 공사기간의 연장을 요청할 수 있으며, 이 경우 건설공사도급인은 특별한 사유가 없으면 공사기간을 연장하거나 건설공사발주자에게 그 기간의 연장을 요청하여야 한다. 건설공사 기간의 연장 요청 절차, 그 밖에 필요한 사항은 고용노동부령으로 정한 이유는 공사기간으로 인한 무리한 건설공사로 재해 발생의 여지가 있어 이를 제한하도록 하자는 데 목적이 있다. 따라서 법 제70조에 건설공사 기간의 연장규정을 두어 연장하도록 하고 있다.

시행규칙 제87조(공사기간 연장 요청 등) ① 건설공사도급인이 법 제70조제1항에 따라 공사기간 연장을 요청하려면 같은 항 각 호의 사유가 종료된 날부터 10일이 되는 날까지 별지 제35호 서식의 공사기간 연장 요청서에 다음 각 호의 서류를 첨부하여 건설공사발주자에게 제출하여야 한다. 다만, 해당 공사기간의 연장 사유가 그 건설공사의 계약기간 만료 후에도 지속될 것으로 예상되는 경우에는 그 계약기간 만료 전에 건설공사발주자에게 공사기간 연장을 요청할 예정임을 통지하고 그 사유가 종료된 날부터 10일이 되는 날까지 공사기간 연장을 요청할 수 있다.

1. 공사기간 연장 요청 사유 및 그에 따른 공사 지연사실을 증명할 수 있는 서류
2. 공사기간 연장 요청 기간 산정 근거 및 공사 지연에 따른 공정 관리 변경에 관한 서류

제71조(설계변경의 요청) ① 건설공사도급인은 해당 건설공사 중에 대통령령으로 정하는 가설구조물의 붕괴 등으로 산업재해가 발생할 위험이 있다고 판단되면 건축·토목 분야의 전문가 등 대통령령으로 정하는 전문가의 의견을 들어 건설공사발주자에게 해당 건설공사의 설계변경을 요청할 수 있다. 다만, 건설공사발주자가 설계를 포함하여 발주한 경우는 그러하지 아니하다.

② 제42조제4항 후단에 따라 고용노동부장관으로부터 공사중지 또는 유

해위험방지계획서의 변경 명령을 받은 건설공사도급인은 설계변경이 필요한 경우 건설공사발주자에게 설계변경을 요청할 수 있다.

③ 건설공사의 관계수급인은 건설공사 중에 제1항에 따른 가설구조물의 붕괴 등으로 산업재해가 발생할 위험이 있다고 판단되면 제1항에 따른 전문가의 의견을 들어 건설공사도급인에게 해당 건설공사의 설계변경을 요청할 수 있다. 이 경우 건설공사도급인은 그 요청받은 내용이 기술적으로 적용이 불가능한 명백한 경우가 아니면 이를 반영하여 해당 건설공사의 설계를 변경하거나 건설공사발주자에게 설계변경을 요청하여야 한다.

④ 제1항부터 제3항까지의 규정에 따라 설계변경 요청을 받은 건설공사 발주자는 그 요청받은 내용이 기술적으로 적용이 불가능한 명백한 경우가 아니면 이를 반영하여 설계를 변경하여야 한다.

⑤ 제1항부터 제3항까지의 규정에 따른 설계변경의 요청 절차·방법, 그 밖에 필요한 사항은 고용노동부령으로 정한다. 이 경우 미리 국토교통부장관과 협의하여야 한다.

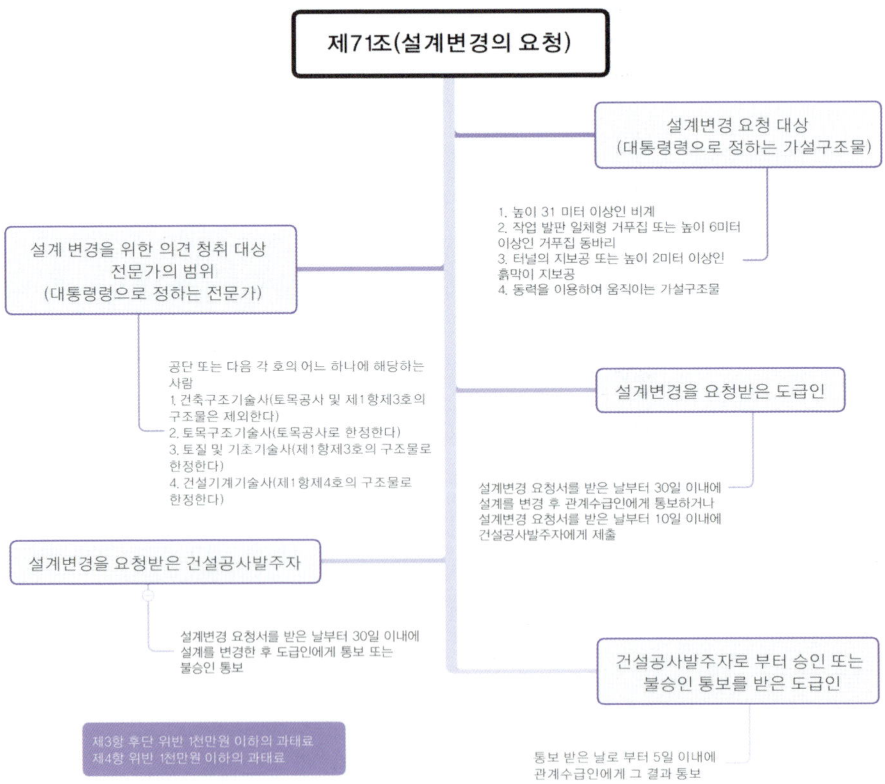

■ **조문해석**

건설공사도급인은 해당 건설공사 중에 대통령령으로 정하는 가설구조물의 붕괴 등으로 산업재해가 발생할 위험이 있다고 판단되면 건축・토목 분야의 전문가 등 대통령령으로 정하는 전문가의 의견을 들어 건설공사발주자에게 해당 건설공사의 설계변경을 요청할 수 있다. 다만, 건설공사발주자가 설계를 포함하여 발주한 경우는 그러하지 아니하며 고용노동부장관으로부터 공사중지 또는 유해위험방지계획서의 변경 명령을 받은 건설공사도급인은 설계변경이 필요한 경우 건설공사발주자에게 설계변경을 요청할 수 있다.

그리고 건설공사의 관계수급인은 건설공사 중에 가설구조물의 붕괴 등으로 산업재해가 발생할 위험이 있다고 판단되면 전문가의 의견을 들어 건설공사도급인에게 해당 건설공사의 설계변경을 요청할 수 있다. 이 경우 건설공사도급인은 그 요청받은 내용이 기술적으로 적용이 불가능한 명백한 경우가 아니면 이를 반영하여 해당 건설공사의 설계를 변경하거나 건설공사발주자에게 설계변경을 요청하여야 한다. 또한 설계변경 요청을 받은 건설공사발주자는 그 요청받은 내용이 기술적으로 적용이 불가능한 명백한 경우가 아니면 이를 반영하여 설계를 변경하여야 하며 설계변경의 요청 절차・방법, 그 밖에 필요한 사항은 고용노동부령으로 정한다. 이 경우 미리 국토교통부장관과 협의하여야 한다. 이 규정은 건설공사가 공사도중 다른 사항으로 인하여 재해 발생 위험이 나타날 때 이를 예방하기 위한 규정으로 건설공사의 설계변경규정을 두었다.

시행령 제58조(설계변경 요청 대상 및 전문가의 범위) ① 법 제71조제1항에 따른 "대통령령으로 정하는 가설구조물"이란 다음 각 호의 어느 하나를 말한다.

1. 높이 31미터 이상인 비계(飛階)
2. 작업발판 일체형 거푸집 또는 높이 6미터 이상인 거푸집 동바리
3. 터널의 지보공(支保工) 또는 높이 2미터 이상인 흙막이 지보공
4. 동력을 이용하여 움직이는 가설구조물

② 법 제71조제1항에 따른 "대통령령으로 정하는 전문가"는 공단 또는 다음 각 호의 어느 하나에 해당하는 사람으로서 해당 건설공사 도급인 및 관계수급인에게 고용되지 아니한 사람으로 한다.

1. 국가기술자격법에 따른 건축구조기술사(토목공사 및 제1항제3호의 구조물은 제외한다)
2. 국가기술자격법에 따른 토목구조기술사(토목공사로 한정한다)

3. 국가기술자격법에 따른 토질 및 기초기술사(제1항제3호의 구조물로 한정한다)
4. 국가기술자격법에 따른 건설기계기술사(제1항제4호의 구조물로 한정한다).

제72조(건설공사 등의 산업안전보건관리비 계상 등) ① 건설공사발주자가 도급계약을 체결하거나 건설공사의 시공을 주도하여 총괄·관리하는 자(건설공사발주자로부터 건설공사를 최초로 도급받은 수급인은 제외한다)가 건설공사 사업 계획을 수립할 때에는 고용노동부장관이 정하여 고시하는 바에 따라 산업재해 예방을 위하여 사용하는 비용(이하 산업안전보건관리비라 한다)을 도급금액 또는 사업비에 계상(計上)하여야 한다. 〈개정 2020. 6. 9.〉

② 고용노동부장관은 산업안전보건관리비의 효율적인 사용을 위하여 다음 각 호의 사항을 정할 수 있다.
1. 사업의 규모별·종류별 계상 기준
2. 건설공사의 진척 정도에 따른 사용비율 등 기준
3. 그 밖에 산업안전보건관리비의 사용에 필요한 사항

③ 건설공사도급인은 산업안전보건관리비를 제2항에서 정하는 바에 따라 사용하고 고용노동부령으로 정하는 바에 따라 그 사용명세서를 작성하여 보존하여야 한다. 〈개정 2020. 6. 9.〉

④ 선박의 건조 또는 수리를 최초로 도급받은 수급인은 사업 계획을 수립할 때에는 고용노동부장관이 정하여 고시하는 바에 따라 산업안전보건관리비를 사업비에 계상하여야 한다.

⑤ 건설공사도급인 또는 제4항에 따른 선박의 건조 또는 수리를 최초로 도급받은 수급인은 산업안전보건관리비를 산업재해 예방 외의 목적으로 사용해서는 아니 된다. 〈개정 2020. 6. 9.〉

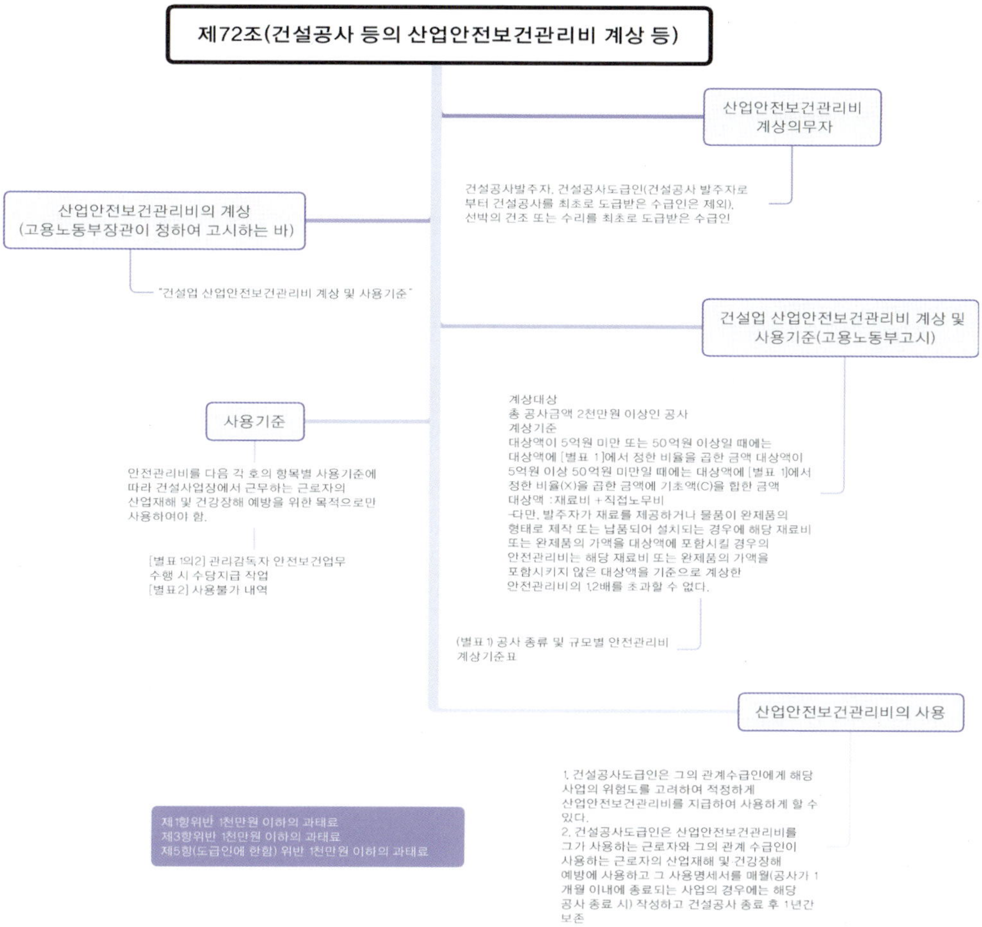

■ 조문해석

건설공사발주자가 도급계약을 체결하거나 건설공사의 시공을 주도하여 총괄·관리하는 자(건설공사발주자로부터 건설공사를 최초로 도급받은 수급인은 제외한다)가 건설공사 사업 계획을 수립할 때에는 고용노동부장관이 정하여 고시하는 바에 따라 산업재해 예방을 위하여 사용하는 비용(이하 산업안전보건관리비라 한다)을 도급금액 또는 사업비에 계상(計上)하여야 하며 고용노동부장관은 산업안전보건관리비의 효율적인 사용을 위하여 사업의 규모별·종류별 계상기준, 건설공사의 진척 정도에 따른 사용비율 등 기준, 그 밖에 산업안전보건관리비의 사용에 필요한 사항을 정할 수 있다. 또한 건설공사도급인은 산업안전보건관리비를 제2항에서 정하는 바에 따라 사용하고 고용노동부령으로 정하는 바에 따라 그 사용명세서를 작성하여 보존하여야 하며, 선박의 건조 또는 수리를 최초로 도급받은 수급인은 사업 계획을 수립할 때에는 고용노동부장관이 정하여 고시하는 바에 따라 산업안전보건관리비를 사업비에 계상하여야 한다. 그리고 건설공사도급인, 선박의 건조 또는 수리를 최초로 도급받은 수급인은 산업안전보건관리비를 산업재해 예방 외의 목적으로 사용해서는 아니 된다. 시행규칙 제89조(산업안전보건관리비의 사용)에는 건설공사도급인은 도급금액 또는 사업비에 계상(計上)된 산업안전보건관리비의 범위에서 그의 관계수급인에게 해당 사업의 위험도를 고려하여 적정하게 산업안전보건관리비를 지급하여 사용하게 할 수 있다와 건설공사도급인은 산업안전보건관리비를 사용하는 해당 건설공사의 금액(고용노동부장관이 정하여 고시하는 방법에 따라 산정한 금액을 말한다)이 4천만원 이상인 때에는 고용노동부장관이 정하는 바에 따라 매월(건설공사가 1개월 이내에 종료되는 사업의 경우에는 해당 건설공사가 끝나는 날이 속하는 달을 말한다) 사용명세서를 작성하고, 건설공사 종료 후 1년 동안 보존해야 한다라고 규정하고 있다.

제73조(건설공사의 산업재해 예방 지도) ① 대통령령으로 정하는 건설공사도급인은 해당 건설공사를 하는 동안에 제74조에 따라 지정받은 전문기관(이하 건설재해 예방전문지도기관이라 한다)에서 건설 산업재해 예방을 위한 지도를 받아야 한다.

② 건설재해 예방전문지도기관의 지도업무의 내용, 지도대상 분야, 지도의 수행방법, 그 밖에 필요한 사항은 대통령령으로 정한다.

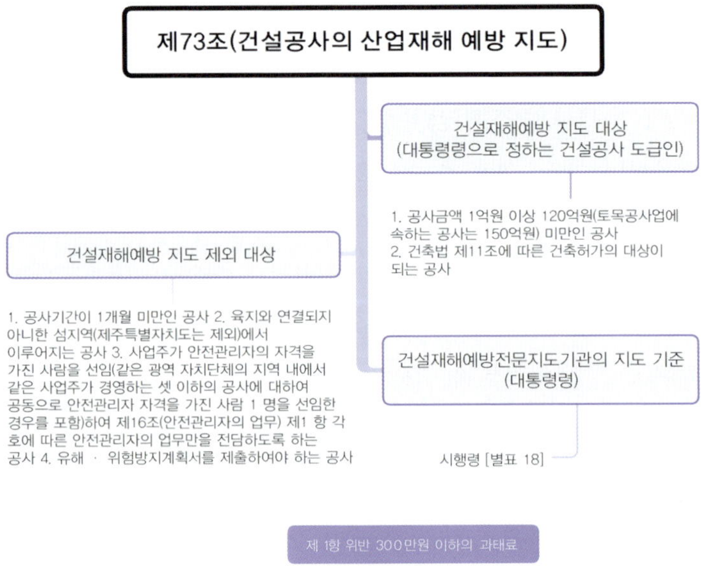

■ 조문해석

건설공사도급인은 해당 건설공사를 하는 동안에 제74조에 따라 지정받은 전문기관(이하 건설재해 예방전문지도기관이라 한다)에서 건설 산업재해 예방을 위한 지도를 받아야 한다. 건설재해 예방전문지도기관의 지도업무의 내용, 지도대상 분야, 지도의 수행방법, 그 밖에 필요한 사항은 대통령령 제60조(건설재해 예방전문지도기관의 지도 기준) [별표 18]으로 정한다.

시행령 제59조(건설재해예방 지도 대상 건설공사도급인) 법 제73조제1항에서 "대통령령으로 정하는 건설공사도급인"이란 공사금액 1억원 이상 120억원(건설산업기본법 시행령 별표 1의 토목공사업에 속하는 공사는 150억원) 미만인 공사를 하는 자와 건축법 제11조에 따른 건축허가의 대상이 되는 공사를 하는 자를 말한다. 다만, 다음 각 호의 어느 하나에 해당하는 공사를 하는 자는 제외한다.

1. 공사기간이 1개월 미만인 공사
2. 육지와 연결되지 아니한 섬지역(제주특별자치도는 제외한다)에서 이루어지는 공사
3. 사업주가 별표 4에 따른 안전관리자의 자격을 가진 사람을 선임(같은 광역자치단체의 지역 내에서 같은 사업주가 경영하는 셋 이하의 공사에 대하여 공동으로 안전관리자 자격을 가진 사람 명을 선임한 경우를 포함한다)하여 제16조제1항 각 호에 따른 안전관리자의 업무만을 전담하도록 하는 공사
4. 법 제42조제1항에 따라 유해·위험방지계획서를 제출하여야 하는 공사

제74조(건설재해 예방전문지도기관) ① 건설재해 예방전문지도기관이 되려는 자는 대통령령으로 정하는 인력·시설 및 장비 등의 요건을 갖추어 고용노동부장관의 지정을 받아야 한다.

② 제1항에 따른 건설재해 예방전문지도기관의 지정 절차, 그 밖에 필요한 사항은 대통령령으로 정한다.

③ 고용노동부장관은 건설재해 예방전문지도기관에 대하여 평가하고 그 결과를 공개할 수 있다. 이 경우 평가의 기준·방법, 결과의 공개에 필요한 사항은 고용노동부령으로 정한다.

④ 건설재해 예방전문지도기관에 관하여는 제21조제4항 및 제5항을 준용한다. 이 경우 "안전관리전문기관 또는 보건관리전문기관"은 "건설재해 예방전문지도기관"으로 본다.

제74조(건설재해예방전문지도기관)

시행령 제61조
(건설재해예방전문지도기관의 지정 요건)

"대통령령으로 정하는 인력 시설 및 장비 등의 요건"이란
법 제145조에 따라 등록한 산업안전지도사(전기안전
또는 건설안전 분야의 산업안전지도사만 해당한다)

별표 19

■ **조문해석**

건설재해 예방전문지도기관이 되려는 자는 대통령령으로 정하는 인력·시설 및 장비 등의 요건을 갖추어 고용노동부장관의 지정을 받아야 하며, 건설재해 예방전문지도기관의 지정 절차, 그 밖에 필요한 사항은 대통령령으로 정한다. 또한 고용노동부장관은 건설재해 예방전문지도기관에 대하여 평가하고 그 결과를 공개하며 평가의 기준·방법, 결과의 공개에 필요한 사항을 정한다. 그리고 건설재해 예방전문지도기관에 관하여는 법 제21조제4항 및 제5항을 준용한다. 이 경우 "안전관리전문기관 또는 보건관리전문기관"은 "건설재해 예방전문지도기관"으로 본다.

시행령 제61조(건설재해 예방전문지도기관의 지정 요건) 법 제74조제1항에서 "대통령령으로 정하는 인력·시설 및 장비 등의 요건"이란 다음 하나에 해당하는 자로서 별표 19에 따른 인력·시설 및 장비를 갖춘 것을 말한다.

1. 법 제145조에 따라 등록한 산업안전지도사(전기안전 또는 건설안전 분야의 산업안전지도사만 해당한다)
2. 건설 산업재해 예방 업무를 하려는 법인

제75조(안전 및 보건에 관한 협의체 등의 구성·운영에 관한 특례) ① 대통령령으로 정하는 규모의 건설공사의 건설공사도급인은 해당 건설공사 현장에 근로자위원과 사용자위원이 같은 수로 구성되는 안전 및 보건에 관한 협의체(이하 노사협의체라 한다)를 대통령령으로 정하는 바에 따라 구성·운영할 수 있다.

② 건설공사도급인이 제1항에 따라 노사협의체를 구성·운영하는 경우에

는 산업안전보건위원회 및 제64조제1항제1호에 따른 안전 및 보건에 관한 협의체를 각각 구성·운영하는 것으로 본다.

③ 제1항에 따라 노사협의체를 구성·운영하는 건설공사도급인은 제24조제2항 각 호의 사항에 대하여 노사협의체의 심의·의결을 거쳐야 한다. 이 경우 노사협의체에서 의결되지 아니한 사항의 처리방법은 대통령령으로 정한다.

④ 노사협의체는 대통령령으로 정하는 바에 따라 회의를 개최하고 그 결과를 회의록으로 작성하여 보존하여야 한다.

⑤ 노사협의체는 산업재해 예방 및 산업재해가 발생한 경우의 대피방법 등 고용노동부령으로 정하는 사항에 대하여 협의하여야 한다.

⑥ 노사협의체를 구성·운영하는 건설공사도급인·근로자 및 관계수급인·근로자는 제3항에 따라 노사협의체가 심의·의결한 사항을 성실하게 이행하여야 한다.

⑦ 노사협의체에 관하여는 제24조제5항 및 제6항을 준용한다. 이 경우 "산업안전보건위원회"는 "노사협의체"로 본다.

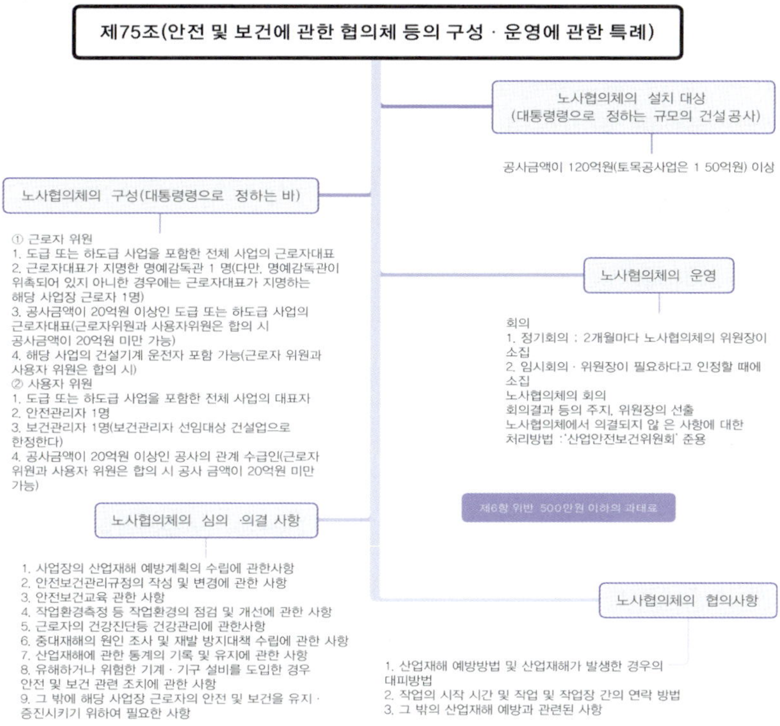

■ **조문해석**

대통령령으로 정하는 규모의 건설공사의 건설공사도급인은 해당 건설공사 현장에 근로자위원과 사용자위원이 같은 수로 구성되는 안전 및 보건에 관한 협의체(이하 노사협의체라 한다)를 대통령령으로 정하는 바에 따라 구성·운영할 수 있다.

노사협의체를 구성·운영하는 경우에는 산업안전보건위원회 및 제64조제1항 제1호에 따른 안전 및 보건에 관한 협의체를 각각 구성·운영, 건설공사도급인은 제24조제2항 각 호의 사항에 대하여 노사협의체의 심의·의결을 거쳐야 하고 노사협의체에서 의결되지 아니한 사항의 처리방법은 대통령령으로 정한다. 노사협의체는 대통령령으로 정하는 바에 따라 회의를 개최하고 그 결과를 회의록으로 작성하여 보존하여야 하며 산업재해 예방 및 산업재해가 발생한 경우의 대피방법 등 고용노동부령으로 정하는 사항에 대하여 협의하여야 한다. 그리고 건설공사도급인·근로자 및 관계수급인·근로자는 제3항에 따라 노사협의체가 심의·의결한 사항을 성실하게 이행하여야 하고, 노사협의체에 관하여는 제24조제5항 및 제6항을 준용한다. 이 경우 "산업안전보건위원회"는 "노사협의체"로 본다.

일정 규모, 즉 대통령령으로 정하는 규모에 대한 건설공사의 건설공사도급인은 해당 건설공사 현장에 근로자위원과 사용자위원이 같은 수로 구성되는 안전 및 보건에 관한 협의체를 구성·운영할 수 있도록 특례 규정을 두었다. 시행령 제63조에 따라 노사협의체 설치 대상인 "대통령령으로 정하는 규모"는 공사금액이 120억원(건설산업기본법 시행령 [별표1]에 따른 토목공사업은 150억원) 이상인 건설업을 말하며, 시행규칙 제93조의 노사협의체 협의사항은 산업재해 예방방법 및 산업재해가 발생한 경우의 대피방법, 작업의 시작시간 및 작업 및 작업장 간의 연락방법, 그 밖의 산업재해예방과 관련된 사항" 등을 하도록 규정하고 있다.

제76조(기계·기구 등에 대한 건설공사도급인의 안전조치) 건설공사도급인은 자신의 사업장에서 타워크레인 등 대통령령으로 정하는 기계·기구 또는 설비 등이 설치되어 있거나 작동하고 있는 경우 또는 이를 설치·해체·조립하는 등의 작업이 이루어지고 있는 경우에는 필요한 안전조치 및 보건조치를 하여야 한다.

제76조(기계 · 기구 등에 대한 건설공사도급인의 안전조치)

건설공사 도급인의 안전 보건조치 대상 기계 · 기구 또는 설비(대통령 령으로 정하는 기계 · 기구 또는 설비)
1. 타워크레인
2. 건설용리프트
3. 항타기 및 항발기

기계 · 기구등에 대한 건설공사도급인의 안전조치 의무	
기계 · 기구 또는 설비가 설치되어 있거나 작동하고 있는 경우 또는 이를 설치 해체 조립하는 등의 작업을 하는 경우에는 다음 각 호 사항의 확인 또는 조치	1. 작업시작 전 기계 – 기구 등을 소유 또는 대여하는 자와 합동으로 안전점검 실시
	2. 작업을 수행하는 사업주의 작업계획서 작성 및 이행여부 확인(타워크레인과 항타기 및 항발기 한함)
	3. 작업자가 법 제140조에서 정한 자격 · 면허 · 경험 또는 기능을 가지고 있는지 여부 확인(타워크레인과 항타기 및 항발기 한함)
	4. 그 밖에 해당 기계 · 기구 또는 설비 등에 대하여 안전보건규칙에서 정하고 있는 안전보건 조치
	5. 기계 · 기구 등의 결함, 작업방법과 절차 미준수, 강풍 등 이상 환경으로 인하여 작업수행시 현저한 위험이 예상되는 경우 작업중지 조치

위반: 3년이하의 징역 또는 3천만원 이하의 벌금

■ 조문해석

건설공사도급인은 자신의 사업장에서 타워크레인, 건설용 리프트, 항타기·항발기 등 기계·기구 또는 설비 등이 설치되어 있거나 작동하고 있는 경우 또는 이를 설치·해체·조립하는 등의 작업이 이루어지고 있는 경우에는 필요한 안전조치 및 보건조치를 하여야 한다.

법 제76조에 따라 건설공사도급인은 영 제66조에 따른 타워크레인, 건설용 리프트, 항타기·항발기 등 기계·기구 또는 설비가 설치되어 있거나 작동하고 있는 경우 또는 이를 설치·해체·조립하는 등의 작업을 하는 경우에는 작업시작 전 기계·기구 등을 소유 또는 대여하는 자와 합동으로 안전점검 실시, 작업을 수행하는 사업주의 작업계획서 작성 및 이행여부 확인(영 제66조제1호 및 제3호에 한정한다), 작업자가 법 제140조에서 정한 자격·면허·경험 또는 기능을 가지고 있는지 여부 확인(영 제66조제1호 및 제3호에 한정한다), 그 밖에 해당 기계·기구 또는 설비 등에 대하여 안전보건규칙에서 정하고 있는 안전보건 조치 등을 하여야 하고 기계·기구 등의 결함, 작업방법과 절차 미준수, 강풍 등 이상 환경으로 인하여 작업수행 시 현저한 위험이 예상되는 경우 작업중지 조치 등의 사항을 실시·확인 또는 조치해야 한다.

제4절 그 밖의 고용형태에서의 산업재해 예방

제77조(특수형태근로종사자에 대한 안전조치 및 보건조치 등) ① 계약의 형식에 관계없이 근로자와 유사하게 노무를 제공하여 업무상의 재해로부터 보호할 필요가 있음에도 근로기준법 등이 적용되지 아니하는 사람으로서 다음 각 호의 요건을 모두 충족하는 사람(이하 특수형태근로종사자라 한다)의 노무를 제공받는 자는 특수형태근로종사자의 산업재해 예방을 위하여 필요한 안전조치 및 보건조치를 하여야 한다. 〈개정 2020. 5. 26.〉

1. 대통령령으로 정하는 직종에 종사할 것
2. 주로 하나의 사업에 노무를 상시적으로 제공하고 보수를 받아 생활할 것
3. 노무를 제공할 때 타인을 사용하지 아니할 것

② 대통령령으로 정하는 특수형태근로종사자로부터 노무를 제공받는 자는 고용노동부령으로 정하는 바에 따라 안전 및 보건에 관한 교육을 실시하여야 한다.

③ 정부는 특수형태근로종사자의 안전 및 보건의 유지·증진에 사용하는 비용의 일부 또는 전부를 지원할 수 있다.

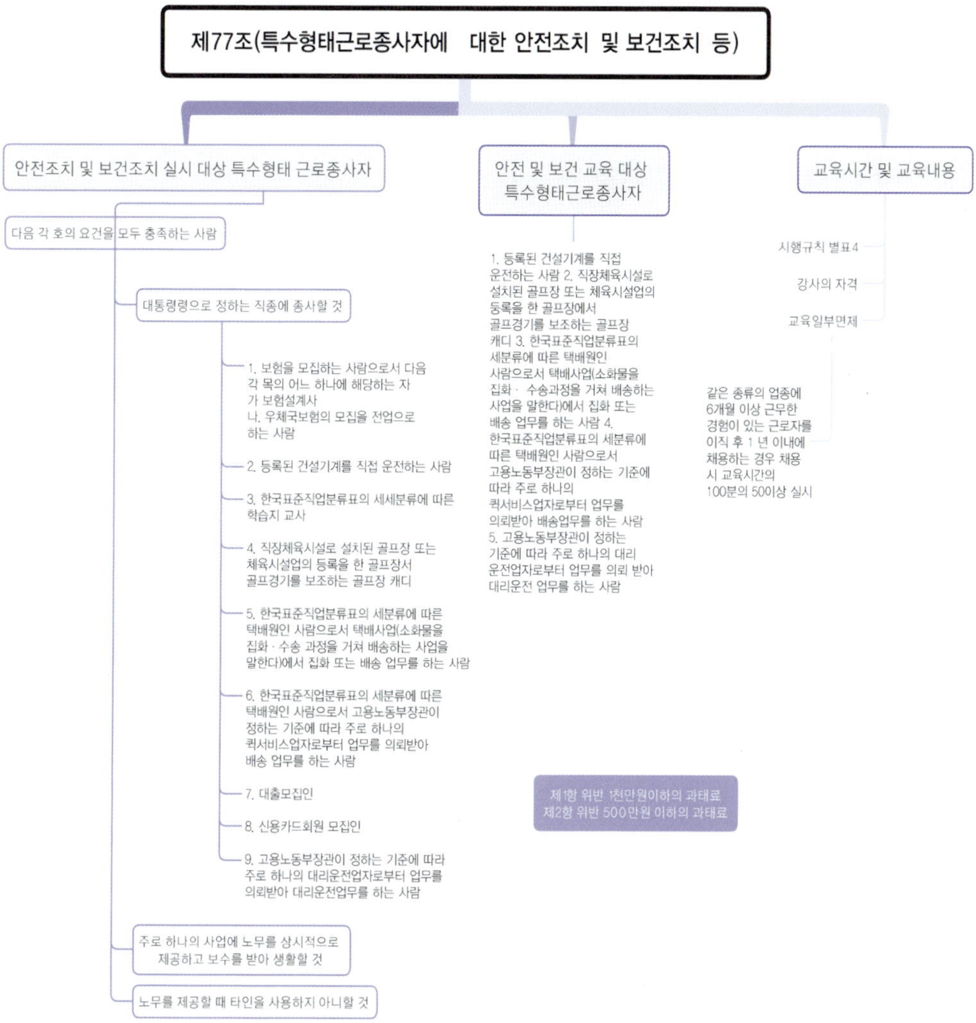

■ **조문해석**

사회적 변화에 따른 다양한 형태의 근로자 범위가 늘어남에 따라 계약의 형식에 관계없이 근로자와 유사하게 노무를 제공하여 업무상의 재해로부터 보호할 필요가 있음에도 근로기준법 등이 적용되지 아니하는 사람으로서 대통령령으로 정하는 직종에 종사자와 주로 하나의 사업에 노무를 상시적으로 제공하고 보수를 받아 생활, 노무를 제공할 때 타인을 사용하지 아니하는 요건을 모두 충족하는 사람(이하 특수형태근로종사자라 한다)의 노무를 제공받는 자는 특수형태근로종사자의 산업재해 예방을 위하여 필요한 안전조치 및 보건조치를 하여야 한다. 또한 안전 및 보건에 관한 교육을 실시하여야 한다. 정부는 특수형태근로종사자의 안전 및 보건의 유지 · 증진에 사용하는 비용의 일부 또는 전부를 지원할 수 있다.

그러나 문제는 특고의 범위인데 특고의 범위를 정해 놓으면 산업환경이 바뀌면서 나타나는 다양한 직업을 포함시킬 수 없어 도리어 법률 공백 상태가 나타나게 되고 논쟁이 발생할 수 있는 문제가 있다.

시행령 제67조(특수형태근로종사자의 범위 등) 법 제77조제1항제1호에 따른 대통령령으로 정하는 직종에 종사하는 사람은 다음 각 호의 어느 하나에 해당하는 사람을 말한다.

1. 보험을 모집하는 사람으로서 다음 각 목의 어느 하나에 해당하는 자
   가. 보험업법 제83조제1항제1호에 따른 보험설계사
   나. 우체국 예금·보험에 관한 법률에 따른 우체국보험의 모집을 전업으로 하는 사람
2. 건설기계관리법 제3조제1항에 따라 등록된 건설기계를 직접 운전하는 사람
3. 통계법 제22조에 따라 통계청장이 고시히는 직업에 관한 표준분류(이하 한국표준직업분류표라 한다)의 세세분류에 따른 학습지 교사
4. 체육시설의 설치·이용에 관한 법률 제7조에 따라 직장체육시설로 설치된 골프장 또는 같은 법 제19조에 따라 체육시설업의 등록을 한 골프장에서 골프경기를 보조하는 골프장 캐디
5. 한국표준직업분류표의 세분류에 따른 택배원인 사람으로서 택배사업(소화물을 집화·수송 과정을 거쳐 배송하는 사업을 말한다)에서 집화 또는 배송 업무를 하는 사람
6. 한국표준직업분류표의 세분류에 따른 택배원인 사람으로서 고용노동부장관이 정하는 기준에 따라 업무를 의뢰받아 배송 업무를 하는 사람
7. 대부업 등의 등록 및 금융이용자 보호에 관한 법률 제3조제1항 단서에 따른 대출 모집인
8. 여신전문금융업법 제14조의2제1항제2호에 따른 신용카드회원 모집인
9. 고용노동부장관이 정하는 기준에 따라 대리운전 업무를 하는 사람

제78조(배달종사자에 대한 안전조치) 이동통신단말장치 유통구조 개선에 관한 법률 제2조제4호에 따른 이동통신단말장치로 물건의 수거·배달 등을 중개하는 자는 그 중개를 통하여 자동차관리법 제3조제1항제5호에 따른 이륜자동차로 물건을 수거·배달 등을 하는 사람의 산업재해 예방을 위하여 필요한 안전조치 및 보건조치를 하여야 한다. 〈개정 2020. 5. 26.〉

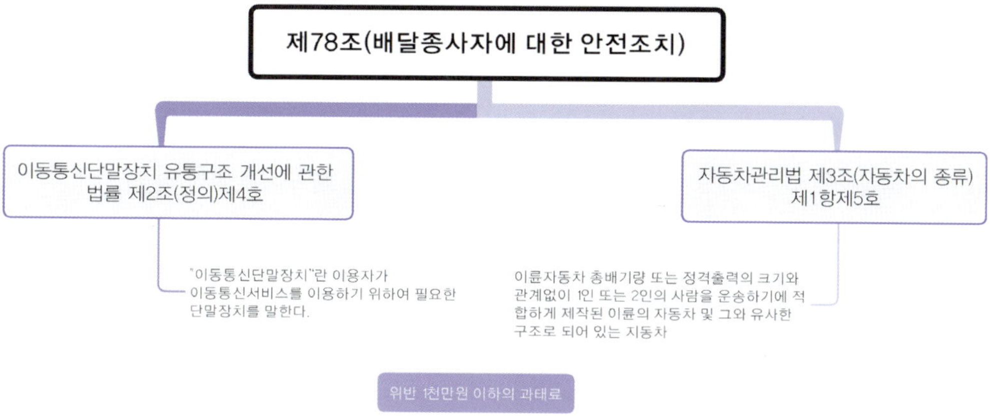

■ **조문해석**

이동통신 단말장치 유통구조 개선에 관한 법률 제2조제4호에 따른 이동통신 단말장치로 물건의 수거·배달 등을 중개하는 자는 그 중개를 통하여 자동차관리법 제3조제1항제5호에 따른 이륜자동차로 물건을 수거·배달 등을 하는 사람의 산업재해 예방을 위하여 필요한 안전조치 및 보건조치를 하여야 한다. 서비스업 중 업무상 사고사망자가 가장 높은 업종은 음식업이다. 이 중 배달에 필요한 이륜자동차 사고가 많은데, 이에 이륜자동차를 운행하여 배달 근로자의 산업재해 예방을 위하여 산업안전보건규칙에서 승차용 안전모 지급 등의 규정을 마련하였다. "이 법은 모든 사업 또는 사업장에 적용한다"고 규정하면서 유해·위험의 정도, 사업의 종류·규모 및 사업의 소재지 등을 고려하여 법의 전부 또는 일부 규정이 적용 제외될 수 있는 근거를 규정하고 있다.

제79조(가맹본부의 산업재해 예방조치) ① 가맹사업거래의 공정화에 관한 법률 제2조제2호에 따른 가맹본부 중 대통령령으로 정하는 가맹본부는 같은 조 제3호에 따른 가맹점사업자에게 가맹점의 설비나 기계, 원자재 또는 상품 등을 공급하는 경우에 가맹점사업자와 그 소속 근로자의 산업재해 예방을 위하여 다음 각 호의 조치를 하여야 한다.

1. 가맹점의 안전 및 보건에 관한 프로그램의 마련·시행
2. 가맹본부가 가맹점에 설치하거나 공급하는 설비·기계 및 원자재

또는 상품 등에 대하여 가맹점사업자에게 안전 및 보건에 관한 정보의 제공

② 제1항제1호에 따른 안전 및 보건에 관한 프로그램의 내용·시행방법, 같은 항 제2호에 따른 안전 및 보건에 관한 정보의 제공방법, 그 밖에 필요한 사항은 고용노동부령으로 정한다.

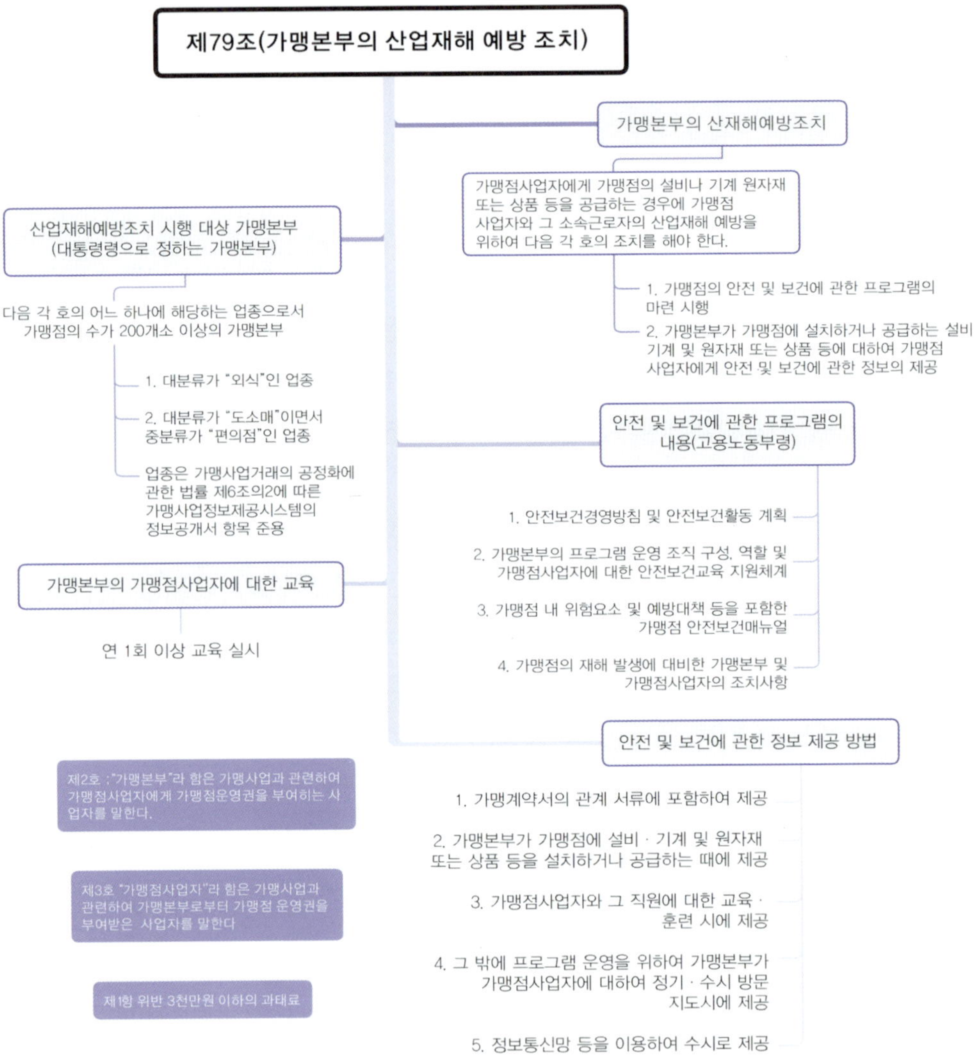

■ **조문해석**

가맹사업거래의 공정화에 관한 법률 제2조제2호에 따른 가맹본부 중 대통령령으로 정하는 가맹본부는 같은 조 제3호에 따른 가맹점사업자에게 가맹점

의 설비나 기계, 원자재 또는 상품 등을 공급하는 경우에 가맹점사업자와 그 소속 근로자의 산업재해 예방을 위하여 가맹점의 안전 및 보건에 관한 프로그램의 마련·시행과 가맹본부가 가맹점에 설치하거나 공급하는 설비·기계 및 원자재 또는 상품 등에 대하여 가맹점사업자에게 안전 및 보건에 관한 정보 제공의 조치를 하여야 한다. 또한 안전 및 보건에 관한 프로그램의 내용·시행방법, 안전 및 보건에 관한 정보의 제공방법, 그 밖에 필요한 사항은 고용노동부령으로 정한다. 이 규정은 프랜차이즈 가맹점 및 종사자가 계속 증가하고 있다. 그러나 5인 미만 소규모 사업장이 대부분이기 때문에, 근로자가 재해에 쉽게 노출되는 문제를 개선하기 위한 것이다.

CHAPTER 06

유해 · 위험 기계 등에 대한 조치

제80조(유해하거나 위험한 기계 · 기구에 대한 방호조치)
제81조(기계 · 기구 등의 대여자 등의 조치)
제82조(타워크레인 설치 · 해체업의 등록 등)
제83조(안전인증기준)
제84조(안전인증)
제85조(안전인증의 표시 등)
제86조(안전인증의 취소 등)
제87조(안전인증 대상기계 등의 제조 등의 금지 등)
제88조(안전인증기관)
제89조(자율안전 확인의 신고)
제90조(자율안전 확인의 표시 등)
제91조(자율안전 확인표시의 사용금지 등)
제92조(자율안전 확인대상기계 등의 제조 등의 금지 등)
제93조(안전검사)
제94조(안전검사합격증명서 발급 등)
제95조(안전검사 대상기계 등의 사용 금지)
제96조(안전검사기관)
제97조(안전검사기관의 보고의무)
제98조(자율검사프로그램에 따른 안전검사)
제99조(자율검사프로그램 인정의 취소 등)
제100조(자율안전검사기관)
제101조(성능시험 등)
제102조(유해 · 위험기계 등 제조사업 등의 지원)
제103조(유해 · 위험기계 등의 안전 관련 정보의 종합관리)

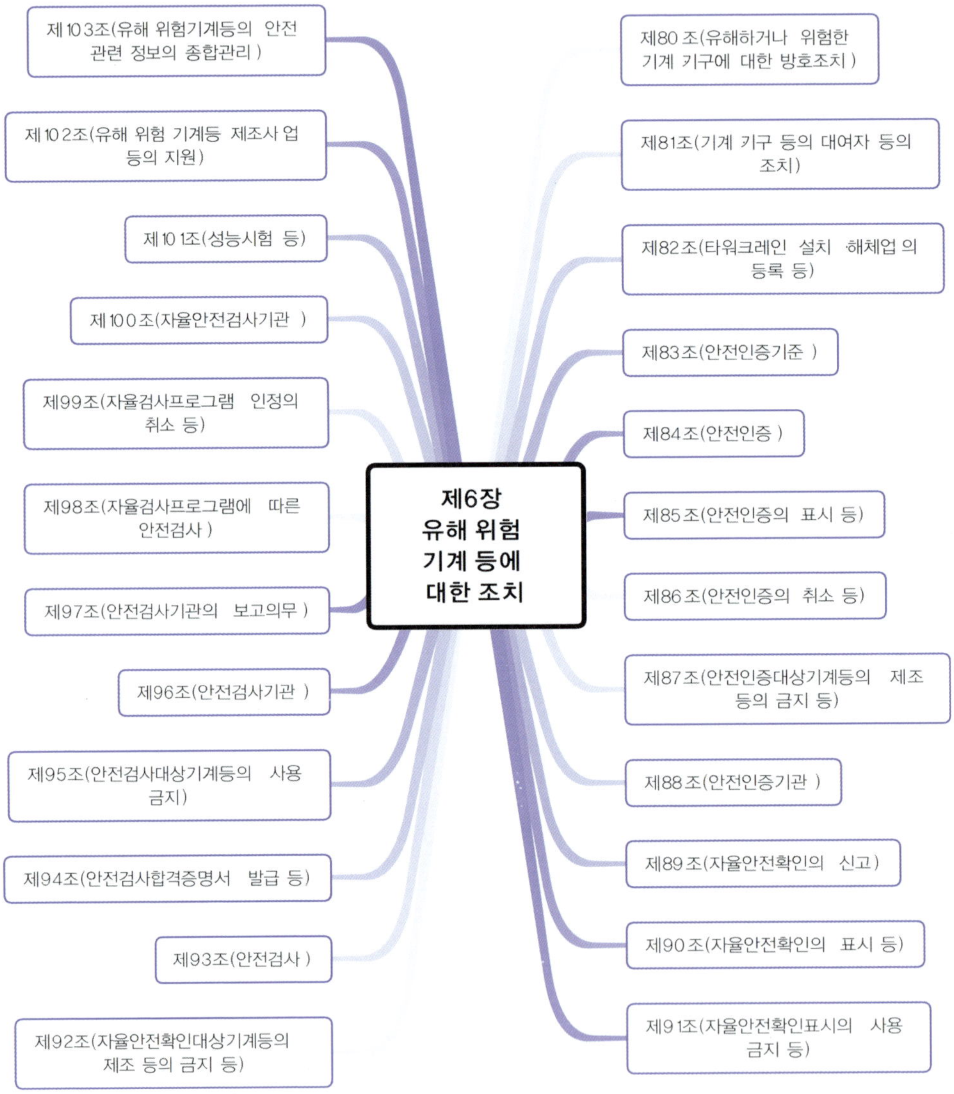

제6장 유해 위험 기계 등에 대한 조치
제80조(유해하거나 위험한 기계 기구에 대한 방호조치)
제81조(기계 기구 등의 대여자 등의 조치)
제82조(타워크레인 설치 ·해체업 의 등록 등)
제83조(안전인증기준)
제84조(안전인증)
제85조(안전인증의 표시 등)
제86조(안전인증의 취소 등)
제87조(안전인증대상기계등의 제조 등의 금지 등)
제88조(안전인증기관)
제89조(자율안전확인의 신고)
제90조(자율안전확인의 표시 등)
제91조(자율안전확인표시의 사용 금지 등)
제92조(자율안전확인대상기계등의 제조 등의 금지 등)
제93조(안전검사)
제94조(안전검사합격증명서 발급 등)
제95조(안전검사대상기계등의 사용 금지)
제96조(안전검사기관)
제97조(안전검사기관의 보고의무)
제98조(자율검사프로그램에 따른 안전검사)
제99조(자율검사프로그램 인정의 취소 등)
제100조(자율안전검사기관)
제101조(성능시험 등)
제102조(유해 위험 기계등 제조사업 등의 지원)
제103조(유해 위험기계등의 안전 관련 정보의 종합관리)

CHAPTER 06

유해 · 위험 기계 등에 대한 조치

제1절 유해하거나 위험한 기계 등에 대한 방호조치 등

제80조(유해하거나 위험한 기계 · 기구에 대한 방호조치) ① 누구든지 동력(動力)으로 작동하는 기계 · 기구로서 대통령령으로 정하는 것은 고용노동부령으로 정하는 유해 · 위험 방지를 위한 방호조치를 하지 아니하고는 양도, 대여, 설치 또는 사용에 제공하거나 양도 · 대여의 목적으로 진열해서는 아니 된다.

② 누구든지 동력으로 작동하는 기계 · 기구로서 다음 각 호의 어느 하나에 해당하는 것은 고용노동부령으로 정하는 방호조치를 하지 아니하고는 양도, 대여, 설치 또는 사용에 제공하거나 양도, 대여의 목적으로 진열해서는 아니 된다.

1. 작동 부분에 돌기 부분이 있는 것
2. 동력전달 부분 또는 속도조절 부분이 있는 것
3. 회전기계에 물체 등이 말려 들어갈 부분이 있는 것

③ 사업주는 제1항 및 제2항에 따른 방호조치가 정상적인 기능을 발휘할 수 있도록 방호조치와 관련되는 장치를 상시적으로 점검하고 정비하여야 한다.

④ 사업주와 근로자는 제1항 및 제2항에 따른 방호조치를 해체하려는 경우 등 고용노동부령으로 정하는 경우에는 필요한 안전조치 및 보건조치를 하여야 한다.

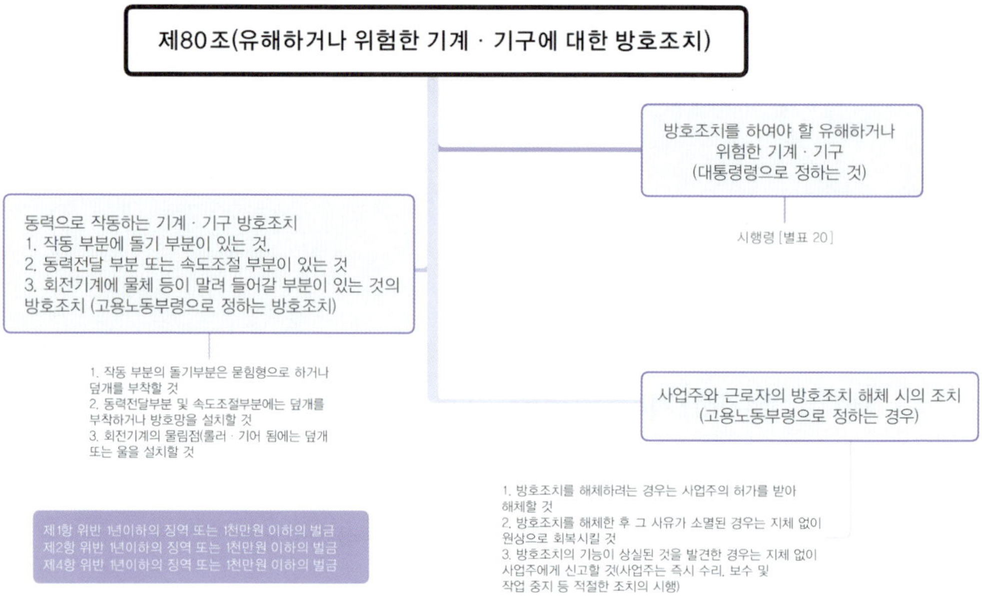

■ **조문해석**

누구든지 동력(動力)으로 작동하는 기계·기구로서 대통령령으로 정하는 것은 고용노동부령으로 정하는 유해·위험 방지를 위한 방호조치를 하지 아니하고는 양도, 대여, 설치 또는 사용에 제공하거나 양도·대여의 목적으로 진열해서는 아니 되며, 누구든지 동력으로 작동하는 기계·기구로서 작동 부분에 돌기 부분이 있는 것, 동력전달 부분 또는 속도조절 부분이 있는 것, 회전기계에 물체 등이 말려 들어갈 부분이 있는 것의 어느 하나에 해당하는 것은 고용노동부령으로 정하는 방호조치를 하지 아니하고는 양도, 대여, 설치 또는 사용에 제공하거나 양도·대여의 목적으로 진열해서는 아니 된다. 또한 사업주는 제1항 및 제2항에 따른 방호조치가 정상적인 기능을 발휘할 수 있도록 방호조치와 관련되는 장치를 상시적으로 점검·정비하고 해체하려는 경우 등 고용노동부령으로 정하는 경우에는 필요한 안전조치 및 보건조치를 하여야 한다.

제81조(기계·기구 등의 대여자 등의 조치) 대통령령으로 정하는 기계·기구·설비 또는 건축물 등을 타인에게 대여하거나 대여받는 자는 필요한 안전조치 및 보건조치를 하여야 한다.

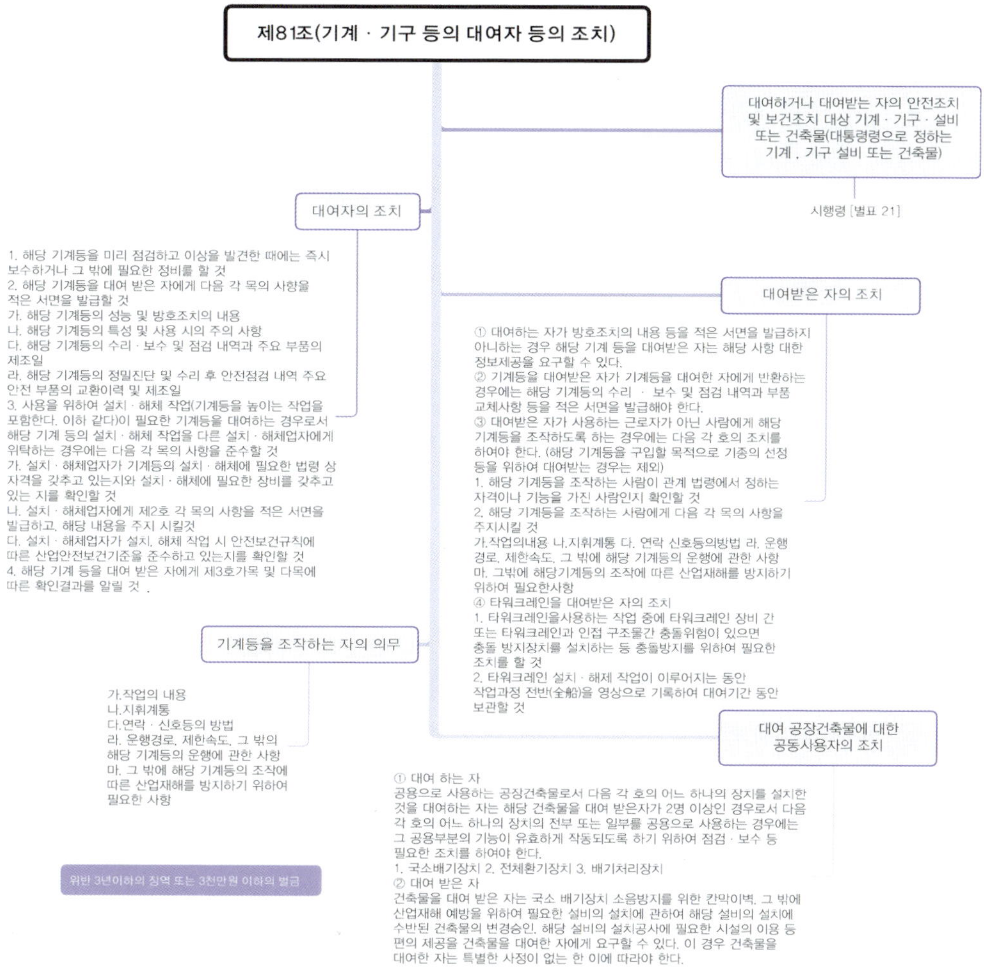

■ 조문해석

대통령령으로 정하는 기계·기구·설비 또는 건축물 등을 타인에게 대여하거나 대여받는 자는 필요한 안전조치 및 보건조치를 하여야 한다.

시행규칙
제100조(기계 등 대여자의 조치)

1. 해당 기계 등을 미리 점검하고 이상을 발견한 때에는 즉시 보수하거나 그 밖에 필요한 정비를 할 것
2. 해당 기계 등을 대여받은 자에게 다음 각 목의 사항을 적은 서면을 발급할 것
   가. 해당 기계 등의 성능 및 방호조치의 내용
   나. 해당 기계 등의 특성 및 사용 시의 주의사항

다. 해당 기계 등의 수리·보수 및 점검 내역과 주요 부품의 제조일
라. 해당 기계 등의 정밀진단 및 수리 후 안전점검 내역, 주요 안전부품의 교환이력 및 제조일

3. 사용을 위하여 설치·해체 작업이 필요한 기계 등을 대여하는 경우로서 해당 기계 등의 설치·해체 작업을 다른 설치·해체업자에게 위탁하는 경우에는 다음 각 목의 사항을 준수할 것
   가. 설치·해체업자가 기계 등의 설치·해체에 필요한 법령상 자격을 갖추고 있는지와 설치·해체에 필요한 장비를 갖추고 있는지를 확인할 것
   나. 설치·해체업자에게 제2호 각 목의 사항을 적은 서면을 발급하고, 해당 내용을 주지시킬 것
   다. 설치·해체업자가 설치·해체 작업 시 안전보건규칙에 따른 산업안전보건기준을 준수하고 있는지를 확인할 것
4. 해당 기계 등을 대여받은 자에게 제3호가목 및 다목에 따른 확인결과를 알릴 것

제101조(기계 등을 대여받는 자의 조치) ① 법 제81조에 따라 기계 등을 대여받는 자는 그가 사용하는 근로자가 아닌 사람에게 해당 기계 등을 조작하도록 하는 경우에는 다음 각 호의 조치를 하여야 한다. 다만, 해당 기계 등을 구입할 목적으로 기종의 선정 등을 위하여 대여받는 경우에는 그러하지 아니하다.

1. 해당 기계 등을 조작하는 사람이 관계 법령에서 정하는 자격이나 기능을 가진 사람인지 확인할 것
2. 해당 기계 등을 조작하는 사람에게 다음 각 목의 사항을 주지시킬 것
   가. 작업의 내용
   나. 지휘계통
   다. 연락·신호 등의 방법
   라. 운행경로, 제한속도, 그 밖에 해당 기계 등의 운행에 관한 사항
   마. 그 밖에 해당 기계 등의 조작에 따른 산업재해를 방지하기 위하여 필요한 사항

② 타워크레인을 대여받은 자는 다음 각 호의 조치를 하여야 한다.

1. 타워크레인을 사용하는 작업 중에 타워크레인 장비 간 또는 타워크레인과 인접 구조물 간 충돌위험이 있으면 충돌방지장치를 설치하는 등 충돌방지를 위하여 필요한 조치를 할 것
2. 타워크레인 설치·해체 작업이 이루어지는 동안 작업과정 전반(全般)을 영상으로 기록하여 대여기간 동안 보관할 것

제82조(타워크레인 설치·해체업의 등록 등) ① 타워크레인을 설치하거나 해체를 하려는 자는 대통령령으로 정하는 바에 따라 인력·시설 및

장비 등의 요건을 갖추어 고용노동부장관에게 등록하여야 한다. 등록한 사항 중 대통령령으로 정하는 중요한 사항을 변경할 때에도 또한 같다.

② 사업주는 제1항에 따라 등록한 자로 하여금 타워크레인을 설치하거나 해체하는 작업을 하도록 하여야 한다.

③ 제1항에 따른 등록 절차, 그 밖에 필요한 사항은 고용노동부령으로 정한다.

④ 제1항에 따라 등록한 자에 대해서는 제21조제4항 및 제5항을 준용한다. 이 경우 "안전관리전문기관 또는 보건관리전문기관"은 "제1항에 따라 등록한 자"로, "지정"은 "등록"으로 본다.

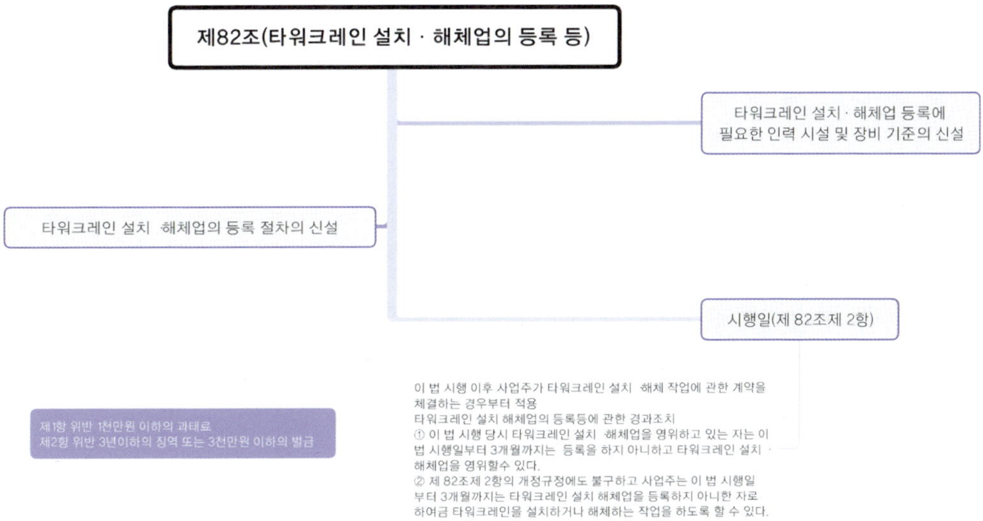

■ **조문해석**

고층 건설공사 시 건설자재를 인양하고 사용되는 타워크레인은 대형 인명사고가 급증하고 자주 발생하고 있다. 특히 타워크레인 사망사고 중 설치·해체과정에서 많이 발생하고 있어 타워크레인을 설치하거나 해체를 하려는 자, 등록한 사항 중 중요한 사항을 변경할 때 대통령령으로 정하는 바에 따라 인력·시설 및 장비 등의 요건을 갖추어 고용노동부장관에게 등록하여야 한다. 또한 사업주는 등록한 자로 하여금 타워크레인을 설치하거나 해체하는 작업을 하도록 하여야 하고 등록 절차, 그 밖에 필요한 사항은 고용노동부령으로 정한다. 그리고 제1항에 따라 등록한 자에 대해서는 제21조제4항 및 제5항을 준용한다. 이 경우 "안전관리전문기관 또는 보건관리전문기관"은 "제1항에 따라 등록한 자"로, "지정"은 "등록"으로 본다.

제2절 안전인증

제83조(안전인증기준) ① 고용노동부장관은 유해하거나 위험한 기계·기구·설비 및 방호장치·보호구(이하 유해·위험기계 등이라 한다)의 안전성을 평가하기 위하여 그 안전에 관한 성능과 제조자의 기술 능력 및 생산 체계 등에 관한 기준(이하 안전인증기준이라 한다)을 정하여 고시하여야 한다.

② 안전인증기준은 유해·위험기계 등의 종류별, 규격 및 형식별로 정할 수 있다.

제83조(안전인증기준)

안전인증기준 "방호장치 안전인증 고시"(고용노동부고시)

■ **조문해석**

유해하거나 위험한 기계·기구·설비 및 방호장치·보호구(이하 유해·위험기계 등이라 한다)의 안전성을 평가하기 위하여 그 안전에 관한 성능과 제조자의 기술 능력 및 생산 체계 등에 관한 기준(이하 안전인증기준이라 한다)을 정하여 고용노동부장관은 고시하여야 하며 안전인증기준은 유해·위험기계 등의 종류별, 규격 및 형식별로 정할 수 있다.

제84조(안전인증) ① 유해·위험기계 등 중 근로자의 안전 및 보건에 위해(危害)를 미칠 수 있다고 인정되어 대통령령으로 정하는 것(이하 안전인증 대상기계 등이라 한다)을 제조하거나 수입하는 자(고용노동부령으로 정하는 안전인증 대상기계 등을 설치·이전하거나 주요 구조 부분을 변경하는 자를 포함한다. 이하 이 조 및 제85조부터 제87조까지의 규정에서 같다)는 안전인증 대상기계 등이 안전인증기준에 맞는지에 대하여 고용노동부장관이 실시하는 안전인증을 받아야 한다.

② 고용노동부장관은 다음 각 호의 어느 하나에 해당하는 경우에는 고용노동부령으로 정하는 바에 따라 제1항에 따른 안전인증의 전부 또는

일부를 면제할 수 있다.

1. 연구·개발을 목적으로 제조·수입하거나 수출을 목적으로 제조하는 경우
2. 고용노동부장관이 정하여 고시하는 외국의 안전인증기관에서 인증을 받은 경우
3. 다른 법령에 따라 안전성에 관한 검사나 인증을 받은 경우로서 고용노동부령으로 정하는 경우

③ 안전인증 대상기계 등이 아닌 유해·위험기계 등을 제조하거나 수입하는 자가 그 유해·위험기계 등의 안전에 관한 성능 등을 평가받으려면 고용노동부장관에게 안전인증을 신청할 수 있다. 이 경우 고용노동부장관은 안전인증기준에 따라 안전인증을 할 수 있다.

④ 고용노동부장관은 제1항 및 제3항에 따른 안전인증(이하 안전인증이라 한다)을 받은 자가 안전인증기준을 지키고 있는지를 3년 이하의 범위에서 고용노동부령으로 정하는 주기마다 확인하여야 한다. 다만, 제2항에 따라 안전인증의 일부를 면제받은 경우에는 고용노동부령으로 정하는 바에 따라 확인의 전부 또는 일부를 생략할 수 있다.

⑤ 제1항에 따라 안전인증을 받은 자는 안전인증을 받은 안전인증 대상기계 등에 대하여 고용노동부령으로 정하는 바에 따라 제품명·모델명·제조수량·판매수량 및 판매처 현황 등의 사항을 기록하여 보존하여야 한다.

⑥ 고용노동부장관은 근로자의 안전 및 보건에 필요하다고 인정하는 경우 안전인증 대상기계 등을 제조·수입 또는 판매하는 자에게 고용노동부령으로 정하는 바에 따라 해당 안전인증 대상기계 등의 제조·수입 또는 판매에 관한 자료를 공단에 제출하게 할 수 있다.

⑦ 안전인증의 신청 방법·절차, 제4항에 따른 확인의 방법·절차, 그 밖에 필요한 사항은 고용노동부령으로 정한다.

제84조(안전인증)

안전인증 대상기계 등(대통령령으로 정하는 것)

1. 다음각목에 해당하는 기계 및 설비
가. 프레스 나. 전단기 및 절곡기 다. 크레인
라.리프트 마. 압력용기 바. 롤러기 사. 사출성형기
아. 고소작업대 자.곤돌라

2. 다음 각목에 해당하는 방호장치
가 프레스 및 전단기 방호장치
나. 양중기용 과부하방지장치
다. 보일러 압력방출용 안전밸브
라. 압력용기 압력방출용 안전밸브
마. 압력용기 압력방출용 파열판
바. 절연용 방호구 및 활선작업용기구
사 방폭구조 전기기계 · 기구 및 부품
아. 추락 · 낙하 및 붕괴 등의 위험 방지 및 보호에 필요한 가설기자재로서 고용노동부장관이 정하여 고시하는 것
자. 충돌 · 협착 등의 위험 방지에 필요한 산업용 로봇 방호장치로서 고용노동부장관이 정하여 고시하는 것

3. 다음 각 목에 해당하는 보호구
가. 추락 및 감전 위험 방지용 안전모 나. 안전화
다. 안전장갑 라. 방진마스크 마. 방독마스크
바. 송기마스크 사. 전동식 호흡보호구
아. 보호복 자. 안전대 차. 차광 및 비산물 위험방지용 보안경 카. 용접용보안면 타. 방음용 귀마개 또는 귀덮개

설치 · 이전 및 주요 구조 부분을 변경하는 경우 안전인증을 받아야 하는 기계(고용노동부령으로 정하는 안전인증대상기계등)

1. 설치 · 이전하는 경우 안전인증을 받아야 하는 기계
가. 크레인 나. 리프트 다. 곤돌라

2. 주요 구조 부분을 변경하는 경우 안전인증을 받아야 하는 기계 가. 프레스 나. 전단기 및 절곡기 다. 크래인 라.리프트 마.압력용기 바. 롤러기 사. 사출성형기 아. 고소작업대 자.곤돌라

안전인증의 전부 면제 대상

1. 연구개발을 목적으로 제조 · 수입하거나 수출을 목적으로 제조하는 경우 2. 고압가스 안전관리법 제 17조제1항에 따른 검사를 받은 경우 3. 에너지이용 합리화법 제39조 제1항 및 제2항에 따른 검사를 받은 경우 4. 전기사업법 제63조에 따른 검사를 받은 경우 5. 항만법 제26조제1항 제1호 제2호 및 제4호에 따른 검사를 받은 경우
6. 광산안전법 제9조에 따른 검사 중 광업시설의 설치공사 또는 변경공사가 완료된 때에 받는 검사를 받은 경우
7. 건설기계관리법 제13조제1항제1호 , 제2호 · 제3호에 따른 검사를 받은 경우 또는 같은 법 제 18조에 따른 형식 승인을 받거나 같은 조에 따른 형식 신고를 한 경우
8. 선박안전법 제7조에 따른 검사를 받은 경우
9. 원자력안전법 제16조제1항에 따른 검사를 받은 경우
10. 화재예방, 소방시설 설치 · 유지 및 안전관리에 관한 법률 제36조제1항에 따른 형식 승인을 받은 경우 11. 방위사업법 제28조제1 항에 따른 품질보증을 받은 경우
12. 위험물안전관리법 제8조제1항 또는 제20조제2항에 따른 검사를 받은 경우

안전인증의 일부 면제 대상

다음 각 호의 어느 하나에 해당하는 인증 또는 시험을 받았거나 그 일부 항목이 안전 인증기준과 같은 수준 이상인 것으로 인정되는 경우에는 해당 인증 또는 시험이나 그 일부 항목에 한하여 안전인증을 면제함.
1. 고용노동부장관이 정하여 고시하는 외국의 안전인증기관에서 인증을 받은 경우
2. 전기용품 및 생활용품 안전관리법 제5조에 따른 안전인증을 받은 경우
3. 산업표준화법 제 15조에 따른 인증을 받은 경우
4. 국가표준기본법에 따른 시험 · 검사기관에서 실시하는 시험을 받은 경우
5. 국제전기기술위원회 (IEC)의 국제방폭전기기계 · 기구 상호인정제도(IECEx Scheme)에 따라 인증을 받은 경우

안전인증 확인의 방법 및 주기

안전인증을 받은 자에 대하여 다음 각 호의 사항을 확인하여야 함. 1. 안전인증서에 적힌 제조 사업장에서 해당 유해 · 위험기계등을 생산하고 있는지 여부
2. 안전인증을 받은 유해 · 위험기계 등이 안전인증 기준에 적합한지 여부(이 경우 심사 종류 및 방법은 제 114조의제1 항제4호를 준용한다)
3. 제조자가 안전인증을 받을 당시의 기술능력 · 생산체계를 지속적으로 유지하고 있는지 여부
4. 유해 · 위험기계등이 서면심사 내용과 같은 수준 이상의 재료 및 부품을 사용하고 있는지 여부

2년에 1 회 이상확인(다만, 다음 각 호에 모두 해당하는 경우에는 3년에 1 회 이상 확인)
1. 최근 3년 동안 법 제86조제1 항에 따라 안전인증이 취소되거나 안전인증표시의 사용 금지 또는 개선명령을 받은 사실이 없는 경우 2. 최근 2회의 확인 결과 기술능력 및 생산체계가 고용노동부장관이 정하는 기준 이상 경우

제 1항 위반 3년 이하의 징역 또는 3천만원 이하의 벌금
제6항 위반 300만원 이하의 과태료

■ 조문해석

유해 · 위험기계 등 중 근로자의 안전 및 보건에 위해(危害)를 미칠 수 있다고 인정되어 대통령령으로 정하는 것(이하 안전인증 대상기계 등이라 한다)을 제조하거나 수입하는 자(고용노동부령으로 정하는 안전인증 대상기계 등을 설치 · 이전하거나 주요 구조 부분을 변경하는 자를 포함한다. 이하 이

조 및 제85조부터 제87조까지의 규정에서 같다)는 안전인증 대상기계 등이 안전인증기준에 맞는지에 대하여 고용노동부장관이 실시하는 안전인증을 받아야 한다. 또한 고용노동부장관은 연구·개발을 목적으로 제조·수입하거나 수출을 목적으로 제조하는 경우, 고용노동부장관이 정하여 고시하는 외국의 안전인증기관에서 인증을 받은 경우, 다른 법령에 따라 안전성에 관한 검사나 인증을 받은 경우로서 어느 하나에 해당하는 경우에는 고용노동부령으로 정하는 바에 따라 제1항에 따른 안전인증의 전부 또는 일부를 면제할 수 있다.

시행령

제74조(안전인증 대상기계 등)

1. 다음 각 목에 해당하는 기계 및 설비
   가. 프레스, 나. 전단기(剪斷機) 및 절곡기(折曲機), 다. 크레인, 라. 리프트, 마. 압력용기, 바. 롤러기, 사. 사출성형기(射出成形機), 아. 고소(高所) 작업대, 자. 곤돌라
2. 다음 각 목에 해당하는 방호장치
   가. 프레스 및 전단기 방호장치, 나. 양중기용(揚重機用) 과부하방지장치, 다. 보일러 압력방출용 안전밸브, 라. 압력용기 압력방출용 안전밸브, 마. 압력용기 압력방출용 파열판, 바. 절연용 방호구 및 활선작업용(活線作業用) 기구, 사. 방폭구조(防爆構造) 전기기계·기구 및 부품, 아. 추락·낙하 및 붕괴 등의 위험 방지 및 보호에 필요한 가설기자재로서 고용노동부장관이 정하여 고시하는 것, 자. 충돌·협착 등의 위험방지에 필요한 산업용 로봇 방호장치로서 고용노동부장관이 정하여 고시하는 것
3. 다음 각 목에 해당하는 보호구
   가. 추락 및 감전 위험방지용 안전모, 나. 안전화, 다. 안전장갑, 라. 방진마스크, 마. 방독마스크, 바. 송기마스크, 사. 전동식 호흡보호구, 아. 보호복, 자. 안전대, 차. 차광(遮光) 및 비산물(飛散物) 위험방지용 보안경, 카. 용접용 보안면, 타. 방음용 귀마개 또는 귀덮개

시행규칙

제107조(안전인증 대상기계 등)

1. 설치·이전하는 경우 안전인증을 받아야 하는 기계
   가. 크레인, 나. 리프트, 다. 곤돌라
2. 주요 구조 부분을 변경하는 경우 안전인증을 받아야 하는 기계
   가. 프레스, 나. 전단기 및 절곡기(折曲機), 다. 크레인, 라. 리프트, 마.

압력용기, 바. 롤러기, 사. 사출성형기(射出成形機), 아. 고소(高所)작업대, 자. 곤돌라

제109조(안전인증의 면제)

1. 연구・개발을 목적으로 제조・수입하거나 수출을 목적으로 제조하는 경우
2. 고압가스 안전관리법 제17조제1항에 따른 검사를 받은 경우
3. 에너지이용 합리화법 제39조제1항 및 제2항에 따른 검사를 받은 경우
4. 전기사업법 제63조에 따른 검사를 받은 경우
5. 항만법 제26조제1항제1호・제2호 및 제4호에 따른 검사를 받은 경우
6. 광산안전법 제9조에 따른 검사 중 광업시설의 설치공사 또는 변경공사가 완료된 때에 받는 검사를 받은 경우
7. 건설기계관리법 제13조제1항제1호・제2호・제3호에 따른 검사를 받은 경우 또는 같은 법 제18조에 따른 형식승인을 받거나 같은 조에 따른 형식신고를 한 경우
8. 선박안전법 제7조에 따른 검사를 받은 경우
9. 원자력안전법 제16조제1항에 따른 검사를 받은 경우
10. 화재예방, 소방시설 설치・유지 및 안전관리에 관한 법률 제36조제1항에 따른 형식승인을 받은 경우
11. 방위사업법 제28조제1항에 따른 품질보증을 받은 경우
12. 위험물안전관리법 제8조제1항 또는 제20조제2항에 따른 검사를 받은 경우

제110조(안전인증 심사의 종류 및 방법)

1. 예비심사: 기계 및 방호장치・보호구가 유해・위험기계 등 인지를 확인하는 심사(법 제84조제3항에 따라 안전인증을 신청한 경우만 해당한다)
2. 서면심사: 유해・위험기계 등의 종류별 또는 형식별로 설계도면 등 유해・위험기계 등의 제품기술과 관련된 문서가 법 83조에 따른 안전인증기준에 적합한지에 대한 심사
3. 기술능력 및 생산체계 심사: 유해・위험기계 등의 안전성능을 지속적으로 유지・보증하기 위하여 사업장에서 갖추어야 할 기술능력과 생산체계가 안전인증기준에 적합한지에 대한 심사. 다만, 다음 각 목의 어느 하나에 해당하는 경우에는 기술능력 및 생산체계 심사를 생략한다.
   가. 영 제74조제1항제2호 및 제3호에 따른 방호장치 및 보호구를 고용노동부장관이 정하여 고시하는 수량 이하로 수입하는 경우
   나. 제4호가목의 개별 제품심사를 하는 경우
   다. 안전인증(제4호나목의 형식별 제품심사를 하여 안전인증을 받은 경

우로 한정한다)을 받은 후 같은 공정에서 제조되는 같은 종류의 안전 인증 대상기계 등에 대하여 안전인증을 하는 경우

4. 제품심사: 유해·위험기계 등이 서면심사 내용과 일치하는지와 유해·위험기계 등의 안전에 관한 성능이 안전인증기준에 적합한지에 대한 심사. 다만, 다음 각 목의 심사는 유해·위험기계 등별로 고용노동부장관이 정하여 고시하는 기준에 따라 어느 하나만을 받는다.
   가. 개별 제품심사: 서면심사 결과가 안전인증기준에 적합할 경우에 유해·위험기계 등 모두에 대하여 하는 심사(안전인증을 받으려는 자가 서면심사와 개별 제품심사를 동시에 할 것을 요청하는 경우 병행하여 할 수 있다)
   나. 형식별 제품심사: 서면심사와 기술능력 및 생산체계 심사 결과가 안전인증기준에 적합할 경우에 유해·위험기계 등의 형식별로 표본을 추출하여 하는 심사(안전인증을 받으려는 자가 서면심사, 기술능력 및 생산체계 심사와 형식별 제품심사를 동시에 할 것을 요청하는 경우 병행하여 할 수 있다)

제85조(안전인증의 표시 등) ① 안전인증을 받은 자는 안전인증을 받은 유해·위험기계 등이나 이를 담은 용기 또는 포장에 고용노동부령으로 정하는 바에 따라 안전인증의 표시(이하 안전인증표시라 한다)를 하여야 한다.

② 안전인증을 받은 유해·위험기계 등이 아닌 것은 안전인증표시 또는 이와 유사한 표시를 하거나 안전인증에 관한 광고를 해서는 아니 된다.

③ 안전인증을 받은 유해·위험기계 등을 제조·수입·양도·대여하는 자는 안전인증표시를 임의로 변경하거나 제거해서는 아니 된다.

④ 고용노동부장관은 다음 각 호의 어느 하나에 해당하는 경우에는 안전인증표시나 이와 유사한 표시를 제거할 것을 명하여야 한다.

1. 제2항을 위반하여 안전인증표시나 이와 유사한 표시를 한 경우
2. 제86조제1항에 따라 안전인증이 취소되거나 안전인증표시의 사용 금지 명령을 받은 경우

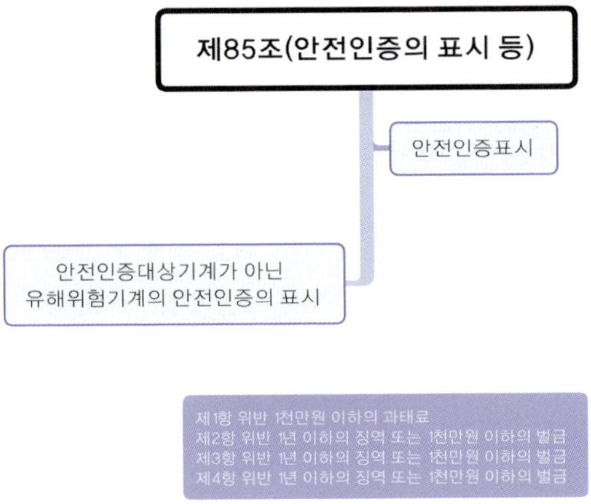

■ **조문해석**

안전인증을 받은 자는 안전인증을 받은 유해·위험기계 등이나 이를 담은 용기 또는 포장에 고용노동부령으로 정하는 바에 따라 안전인증의 표시(이하 안전인증표시라 한다)를 하여야 한다. 또한 유해·위험기계 등이 아닌 것은 안전인증표시 또는 이와 유사한 표시를 하거나 안전인증에 관한 광고를 해서는 아니 되며, 유해·위험기계 등을 제조·수입·양도·대여하는 자는 안전인증표시를 임의로 변경하거나 제거해서는 아니 된다. 그리고 고용노동부장관은 제2항을 위반하여 안전인증표시나 이와 유사한 표시를 한 경우와 제86조제1항에 따라 안전인증이 취소되거나 안전인증표시의 사용 금지 명령을 받은 경우의 어느 하나에 해당하는 경우에는 안전인증표시나 이와 유사한 표시를 제거할 것을 명하여야 한다.

제86조(안전인증의 취소 등) ① 고용노동부장관은 안전인증을 받은 자가 다음 각 호의 어느 하나에 해당하면 안전인증을 취소하거나 6개월 이내의 기간을 정하여 안전인증표시의 사용을 금지하거나 안전인증기준에 맞게 시정하도록 명할 수 있다. 다만, 제1호의 경우에는 안전인증을 취소하여야 한다.

1. 거짓이나 그 밖의 부정한 방법으로 안전인증을 받은 경우
2. 안전인증을 받은 유해·위험기계 등의 안전에 관한 성능 등이 안전인증기준에 맞지 아니하게 된 경우
3. 정당한 사유 없이 제84조제4항에 따른 확인을 거부, 방해 또는 기피하는 경우

② 고용노동부장관은 제1항에 따라 안전인증을 취소한 경우에는 고용노동부령으로 정하는 바에 따라 그 사실을 관보 등에 공고하여야 한다.

③ 제1항에 따라 안전인증이 취소된 자는 안전인증이 취소된 날부터 1년 이내에는 취소된 유해 · 위험기계 등에 대하여 안전인증을 신청할 수 없다.

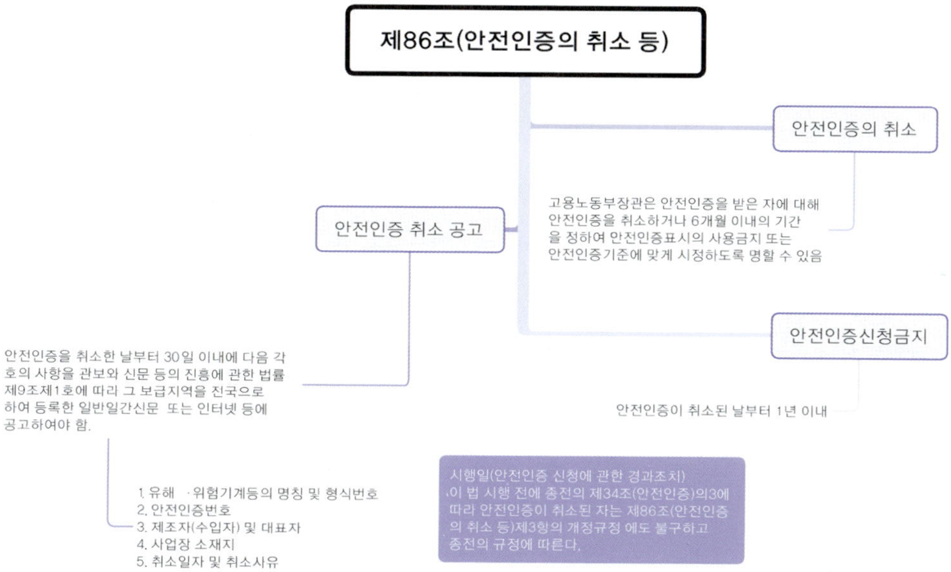

■ **조문해석**

고용노동부장관은 안전인증을 받은 자가 거짓이나 그 밖의 부정한 방법으로 안전인증을 받은 경우, 안전인증을 받은 유해 · 위험기계 등의 안전에 관한 성능 등이 안전인증기준에 맞지 아니하게 된 경우, 정당한 사유 없이 제84조 제4항에 따른 확인을 거부, 방해 또는 기피하는 경우의 어느 하나에 해당하면 안전인증을 취소하거나 6개월 이내의 기간을 정하여 안전인증표시의 사용을 금지하거나 안전인증기준에 맞게 시정하도록 명할 수 있다. 다만, 제1호의 경우에는 안전인증을 취소하여야 한다. 또한 고용노동부장관은 제1항에 따라 안전인증을 취소한 경우에는 고용노동부령으로 정하는 바에 따라 그 사실을 관보 등에 공고하여야 하고 제1항에 따라 안전인증이 취소된 자는 안전인증이 취소된 날부터 1년 이내에는 취소된 유해 · 위험기계 등에 대하여 안전인증을 신청할 수 없다.

제87조(안전인증 대상기계 등의 제조 등의 금지 등) ① 누구든지 다음 각 호의 어느 하나에 해당하는 안전인증 대상기계 등을 제조・수입・양도・대여・사용하거나 양도・대여의 목적으로 진열할 수 없다.

1. 제84조제1항에 따른 안전인증을 받지 아니한 경우(같은 조 제2항에 따라 안전인증이 전부 면제되는 경우는 제외한다)
2. 안전인증기준에 맞지 아니하게 된 경우
3. 제86조제1항에 따라 안전인증이 취소되거나 안전인증표시의 사용 금지 명령을 받은 경우

② 고용노동부장관은 제1항을 위반하여 안전인증 대상기계 등을 제조・수입・양도・대여하는 자에게 고용노동부령으로 정하는 바에 따라 그 안전인증 대상기계 등을 수거하거나 파기할 것을 명할 수 있다.

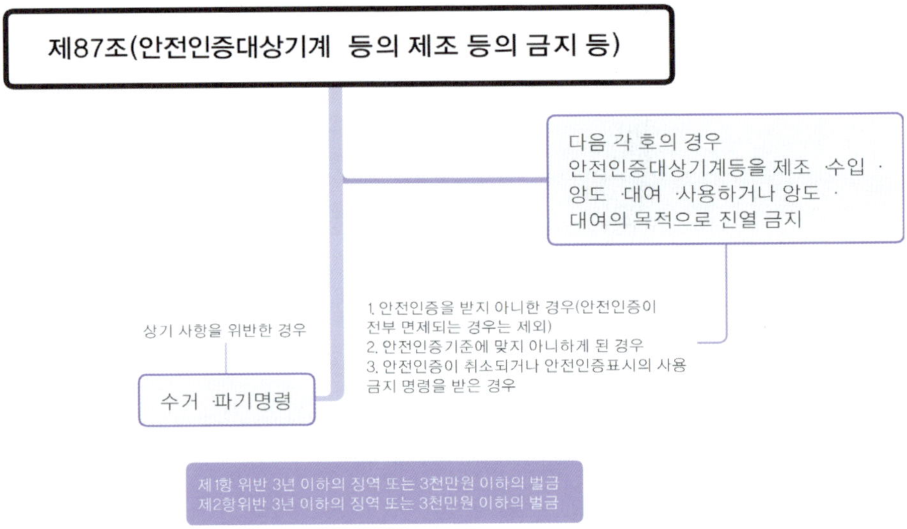

■ **조문해석**

제84조제1항에 따른 안전인증을 받지 아니한 경우(같은 조 제2항에 따라 안전인증이 전부 면제되는 경우는 제외한다), 안전인증기준에 맞지 아니하게 된 경우, 제86조제1항에 따라 안전인증이 취소되거나 안전인증표시의 사용 금지 명령을 받은 경우의 어느 하나에 해당하는 안전인증 대상기계 등을 누구든지 제조・수입・양도・대여・사용하거나 양도・대여의 목적으로 진열할 수 없다. 또한 고용노동부장관은 제1항을 위반하여 안전인증 대상기계 등

을 제조·수입·양도·대여하는 자에게 고용노동부령으로 정하는 바에 따라 그 안전인증 대상기계 등을 수거하거나 파기할 것을 명할 수 있다.

제88조(안전인증기관) ① 고용노동부장관은 제84조에 따른 안전인증 업무 및 확인 업무를 위탁 받아 수행할 기관을 안전인증기관으로 지정할 수 있다.

② 제1항에 따라 안전인증기관으로 지정 받으려는 자는 대통령령으로 정하는 인력·시설 및 장비 등의 요건을 갖추어 고용노동부장관에게 신청하여야 한다.

③ 고용노동부장관은 제1항에 따라 지정 받은 안전인증기관(이하 안전인증기관이라 한다)에 대하여 평가하고 그 결과를 공개할 수 있다. 이 경우 평가의 기준·방법 및 결과의 공개에 필요한 사항은 고용노동부령으로 정한다.

④ 안전인증기관의 지정 신청 절차, 그 밖에 필요한 사항은 고용노동부령으로 정한다.

⑤ 안전인증기관에 관하여는 제21조제4항 및 제5항을 준용한다. 이 경우 "안전관리전문기관 또는 보건관리전문기관"은 "안전인증기관"으로 본다.

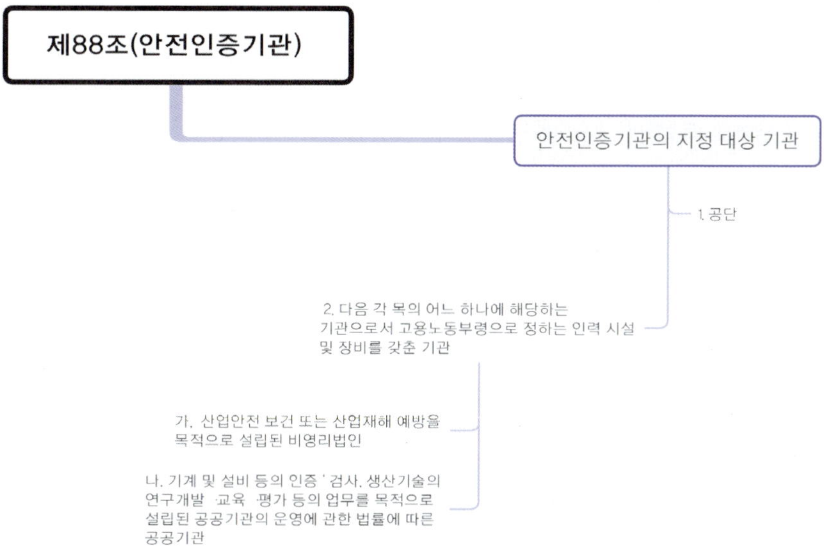

■ 조문해석

고용노동부장관은 제84조에 따른 안전인증 업무 및 확인 업무를 위탁받아 수행할 기관을 안전인증기관으로 지정할 수 있고 제1항에 따라 안전인증기관으로 지정 받으려는 자는 대통령령으로 정하는 인력·시설 및 장비 등의 요건을 갖추어 고용노동부장관에게 신청하여야 한다. 또한 고용노동부장관은 제1항에 따라 지정 받은 안전인증기관(이하 안전인증기관이라 한다)에 대하여 평가하고 그 결과를 공개할 수 있다. 이 경우 평가의 기준·방법 및 결과의 공개에 필요한 사항은 고용노동부령으로 정하며 안전인증기관의 지정 신청 절차, 그 밖에 필요한 사항은 고용노동부령으로 정한다. 그리고 안전인증기관에 관하여는 제21조제4항 및 제5항을 준용한다. 이 경우 "안전관리전문기관 또는 보건관리전문기관"은 "안전인증기관"으로 본다.

안전인증기관은 공단과 산업안전·보건 또는 산업재해 예방을 목적으로 설립된 비영리법인, 기계 및 설비 등의 인증·검사, 생산기술의 연구개발·교육·평가 등의 업무를 목적으로 설립된 공공기관의 운영에 관한 법률에 따른 공공기관 등이 지정기관으로 규정하고 있다.

시행령 제76조(안전인증기관의 지정 취소 등의 사유) 법 제88조제5항에 따라 준용되는 법 제21조제4항제5호에서 "대통령령으로 정하는 사유에 해당하는 경우"란 다음 각 호의 경우를 말한다.

1. 안전인증 관련 서류를 거짓으로 작성한 경우
2. 정당한 사유 없이 안전인증 업무를 거부한 경우
3. 안전인증 업무를 게을리하거나 업무에 차질을 일으킨 경우
4. 안전인증·확인의 방법 및 절차를 위반한 경우
5. 법에 따른 관계 공무원의 지도·감독을 거부·방해 또는 기피한 경우

제3절 자율안전 확인의 신고

제89조(자율안전 확인의 신고) ① 안전인증 대상기계 등이 아닌 유해·위험기계 등으로서 대통령령으로 정하는 것(이하 자율안전 확인대상기계 등이라 한다)을 제조하거나 수입하는 자는 자율안전 확인대상기계 등의 안전에 관한 성능이 고용노동부장관이 정하여 고시하는 안전기준(이하 자율안전기준이라 한다)에 맞는지 확인(이하 자율안전 확인이라 한다)하여 고용노동부

장관에게 신고(신고한 사항을 변경하는 경우를 포함한다)하여야 한다. 다만, 다음 각 호의 어느 하나에 해당하는 경우에는 신고를 면제할 수 있다.

1. 연구 · 개발을 목적으로 제조 · 수입하거나 수출을 목적으로 제조하는 경우
2. 제84조제3항에 따른 안전인증을 받은 경우(제86조제1항에 따라 안전인증이 취소되거나 안전인증표시의 사용 금지 명령을 받은 경우는 제외한다)
3. 다른 법령에 따라 안전성에 관한 검사나 인증을 받은 경우로서 고용노동부령으로 정하는 경우

② 고용노동부장관은 제1항 각 호 외의 부분 본문에 따른 신고를 받은 경우 그 내용을 검토하여 이 법에 적합하면 신고를 수리하여야 한다.

③ 제1항 각 호 외의 부분 본문에 따라 신고를 한 자는 자율안전 확인대상기계등이 자율안전기준에 맞는 것임을 증명하는 서류를 보존하여야 한다.

④ 제1항 각 호 외의 부분 본문에 따른 신고의 방법 및 절차, 그 밖에 필요한 사항은 고용노동부령으로 정한다.

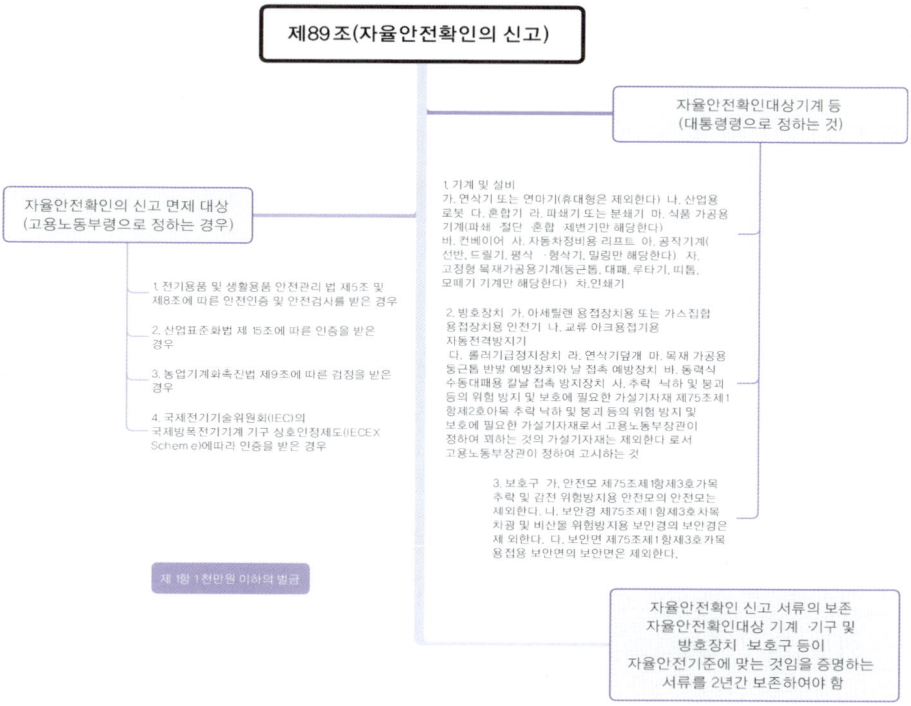

■ **조문해석**

안전인증 대상기계 등이 아닌 유해・위험기계 등으로서 대통령령으로 정하는 것(이하 자율안전 확인대상기계 등이라 한다)을 제조하거나 수입하는 자는 자율안전 확인대상기계 등의 안전에 관한 성능이 고용노동부장관이 정하여 고시하는 안전기준(이하 자율안전기준이라 한다)에 맞는지 확인(이하 자율안전 확인이라 한다)하여 고용노동부장관에게 신고(신고한 사항을 변경하는 경우를 포함한다)하여야 한다. 다만, 연구・개발을 목적으로 제조・수입하거나 수출을 목적으로 제조하는 경우, 제84조제3항에 따른 안전인증을 받은 경우(제86조제1항에 따라 안전인증이 취소되거나 안전인증표시의 사용 금지 명령을 받은 경우는 제외한다) 그리고 다른 법령에 따라 안전성에 관한 검사나 인증을 받은 경우로서 고용노동부령으로 정한다.

시행규칙 제119조에 신고의 면제 규정을 두고 있다.

1. 농업기계화촉진법 제9조에 따른 검정을 받은 경우
2. 산업표준화법 제15조에 따른 인증을 받은 경우
3. 전기용품 및 생활용품 안전관리법 제5조 및 제8조에 따른 안전인증 및 안전검사를 받은 경우
4. 국제전기기술위원회(IEC)의 국제방폭전기기계・기구 상호인정제도(IECEx Scheme)에 따라 인증을 받은 경우

제90조(자율안전 확인의 표시 등) ① 제89조제1항 각 호 외의 부분 본문에 따라 신고를 한 자는 자율안전 확인대상기계 등이나 이를 담은 용기 또는 포장에 고용노동부령으로 정하는 바에 따라 자율안전 확인의 표시(이하 자율안전 확인표시라 한다)를 하여야 한다.

② 제89조제1항 각 호 외의 부분 본문에 따라 신고된 자율안전 확인대상기계 등이 아닌 것은 자율안전 확인표시 또는 이와 유사한 표시를 하거나 자율안전 확인에 관한 광고를 해서는 아니 된다.

③ 제89조제1항 각 호 외의 부분 본문에 따라 신고된 자율안전 확인대상기계 등을 제조・수입・양도・대여하는 자는 자율안전 확인표시를 임의로 변경하거나 제거해서는 아니 된다.

④ 고용노동부장관은 다음 각 호의 어느 하나에 해당하는 경우에는 자율

안전 확인표시나 이와 유사한 표시를 제거할 것을 명하여야 한다.

1. 제2항을 위반하여 자율안전 확인표시나 이와 유사한 표시를 한 경우
2. 거짓이나 그 밖의 부정한 방법으로 제89조제1항 각 호 외의 부분 본문에 따른 신고를 한 경우
3. 제91조제1항에 따라 자율안전 확인표시의 사용 금지 명령을 받은 경우

제90조(자율안전확인의 표시 등)

제 2항 위반 1천만원이하의 벌금
제 3항 위반 1천만원이하의 벌금
제4항 위반 1천만원이하의벌금
제 1항 위반 500 만원이하의 과태료

■ **조문해석**

자율안전 확인대상기계 등이나 이를 담은 용기 또는 포장에 고용노동부령으로 정하는 바에 따라 자율안전 확인의 표시(이하 자율안전 확인표시라 한다)를 하여야 하고 신고된 자율안전 확인대상기계 등이 아닌 것은 자율안전 확인표시 또는 이와 유사한 표시를 하거나 자율안전 확인에 관한 광고를 해서는 아니 된다. 또한 신고된 자율안전 확인대상기계 등을 제조 · 수입 · 양도 · 대여하는 자는 자율안전 확인표시를 임의로 변경하거나 제거해서는 아니 되며 고용노동부장관은 제2항을 위반하여 자율안전 확인표시나 이와 유사한 표시를 한 경우, 거짓이나 그 밖의 부정한 방법으로 제89조제1항 각 호 외의 부분 본문에 따른 신고를 한 경우, 제91조제1항에 따라 자율안전 확인표시의 사용 금지 명령을 받은 경우의 어느 하나에 해당하는 경우에는 자율안전 확인표시나 이와 유사한 표시를 제거할 것을 명하여야 한다.

제91조(자율안전 확인표시의 사용금지 등) ① 고용노동부장관은 제89조제1항 각 호 외의 부분 본문에 따라 신고된 자율안전 확인대상기계 등의 안전에 관한 성능이 자율안전기준에 맞지 아니하게 된 경우에는 같은 항 각 호 외의 부분 본문에 따라 신고한 자에게 6개월 이내의 기간을 정하여 자율안전 확인표시의 사용을 금지하거나 자율안전기준에 맞게 시정하도

록 명할 수 있다.

② 고용노동부장관은 제1항에 따라 자율안전 확인표시의 사용을 금지하였을 때에는 그 사실을 관보 등에 공고하여야 한다.

③ 제2항에 따른 공고의 내용, 방법 및 절차, 그 밖에 필요한 사항은 고용노동부령으로 정한다.

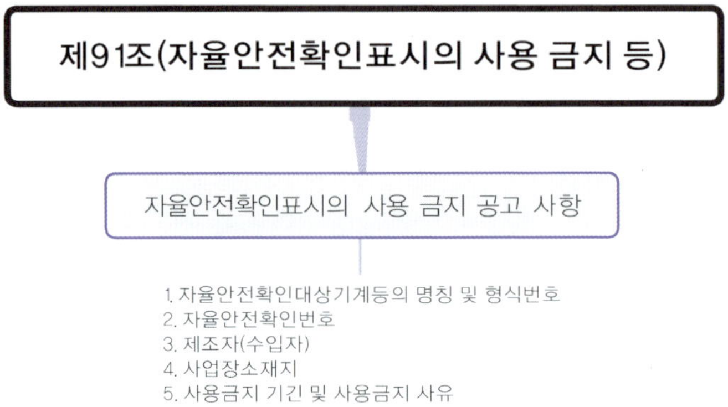

■ **조문해석**

고용노동부장관은 신고된 자율안전 확인대상기계 등의 안전에 관한 성능이 자율안전기준에 맞지 아니하게 된 경우에는 같은 항 각 호 외의 부분 본문에 따라 신고한 자에게 6개월 이내의 기간을 정하여 자율안전 확인표시의 사용을 금지하거나 자율안전기준에 맞게 시정하도록 명할 수 있고, 자율안전 확인표시의 사용을 금지하였을 때에는 그 사실을 관보 등에 공고하여야 한다. 또한 공고의 내용, 방법 및 절차, 그 밖에 필요한 사항은 고용노동부령으로 정한다.

시행규칙 제122조(자율안전 확인표시의 사용 금지 공고내용 등) ① 지방고용노동관서의 장은 법 제91조제1항에 따라 자율안전 확인표시의 사용을 금지한 경우에는 이를 고용노동부장관에게 보고해야 한다.

② 고용노동부장관은 법 제91조제3항에 따라 자율안전 확인표시 사용을 금지한 날부터 30일 이내에 다음 각 호의 사항을 관보나 인터넷 등에 공고해야 한다.

1. 자율안전 확인대상기계 등의 명칭 및 형식번호
2. 자율안전 확인번호
3. 제조자(수입자)
4. 사업장 소재지
5. 사용금지 기간 및 사용금지 사유

제92조(자율안전 확인대상기계 등의 제조 등의 금지 등) ① 누구든지 다음 각 호의 어느 하나에 해당하는 자율안전 확인대상기계 등을 제조·수입·양도·대여·사용하거나 양도·대여의 목적으로 진열할 수 없다.

1. 제89조제1항 각 호 외의 부분 본문에 따른 신고를 하지 아니한 경우(같은 항 각 호 외의 부분 단서에 따라 신고가 면제되는 경우는 제외한다)
2. 거짓이나 그 밖의 부정한 방법으로 제89조제1항 각 호 외의 부분 본문에 따른 신고를 한 경우
3. 자율안전 확인대상기계 등의 안전에 관한 성능이 자율안전기준에 맞지 아니하게 된 경우
4. 제91조제1항에 따라 자율안전 확인표시의 사용 금지 명령을 받은 경우

② 고용노동부장관은 제1항을 위반하여 자율안전 확인대상기계 등을 제조·수입·양도·대여하는 자에게 고용노동부령으로 정하는 바에 따라 그 자율안전 확인대상기계 등을 수거하거나 파기할 것을 명할 수 있다.

제92조(자율안전확인대상기계등의 제조 등의 금지 등)

제조·수입·양도·대여·사용 또는 양도·대여의 목적으로 진열 금지

1. 신고를 하지 아니한 경우(신고가 면제되는 경우는 제외한다)
2. 거짓이나 그 밖의 부정한 방법으로 신고를 한 경우
3. 자율안전확인대상기계등의 안전에 관한 성능이 자율안전 기준에 맞지 아니하게 된 경우
4. 자율안전확인표시의 사용 금지 명령을 받은 경우

제1항 위반 1년 이하의 징역 또는 1천만원 이하의 벌금
제2항 위반 1년 이하의 징역 또는 1천만원 이하의 벌금

■ 조문해석

제89조제1항 각 호 외의 부분 본문에 따른 신고를 하지 아니한 경우(같은 항 각 호 외의 부분 단서에 따라 신고가 면제되는 경우는 제외한다), 거짓이나 그 밖의 부정한 방법으로 제89조제1항 각 호 외의 부분 본문에 따른 신고를 한 경우, 자율안전 확인대상기계 등의 안전에 관한 성능이 자율안전기준에 맞지 아니하게 된 경우, 제91조제1항에 따라 자율안전 확인표시의 사용 금지 명령을 받은 경우 등 누구든지 어느 하나에 해당하는 자율안전 확인대상기계 등을 제조・수입・양도・대여・사용하거나 양도・대여의 목적으로 진열할 수 없다. 또한 고용노동부장관은 제1항을 위반하여 자율안전 확인대상기계 등을 제조・수입・양도・대여하는 자에게 고용노동부령으로 정하는 바에 따라 그 자율안전 확인대상기계 등을 수거하거나 파기할 것을 명할 수 있다.

제4절 안전검사

제93조(안전검사) ① 유해하거나 위험한 기계・기구・설비로서 대통령령으로 정하는 것(이하 안전검사 대상기계 등이라 한다)을 사용하는 사업주(근로자를 사용하지 아니하고 사업을 하는 자를 포함한다. 이하 이 조, 제94조, 제95조 및 제98조에서 같다)는 안전검사 대상기계 등의 안전에 관한 성능이 고용노동부장관이 정하여 고시하는 검사기준에 맞는지에 대하여 고용노동부장관이 실시하는 검사(이하 안전검사라 한다)를 받아야 한다. 이 경우 안전검사 대상기계 등을 사용하는 사업주와 소유자가 다른 경우에는 안전검사 대상기계 등의 소유자가 안전검사를 받아야 한다.

② 제1항에도 불구하고 안전검사 대상기계 등이 다른 법령에 따라 안전성에 관한 검사나 인증을 받은 경우로서 고용노동부령으로 정하는 경우에는 안전검사를 면제할 수 있다.

③ 안전검사의 신청, 검사 주기 및 검사합격 표시방법, 그 밖에 필요한 사항은 고용노동부령으로 정한다. 이 경우 검사 주기는 안전검사 대상기계 등의 종류, 사용연한(使用年限) 및 위험성을 고려하여 정한다.

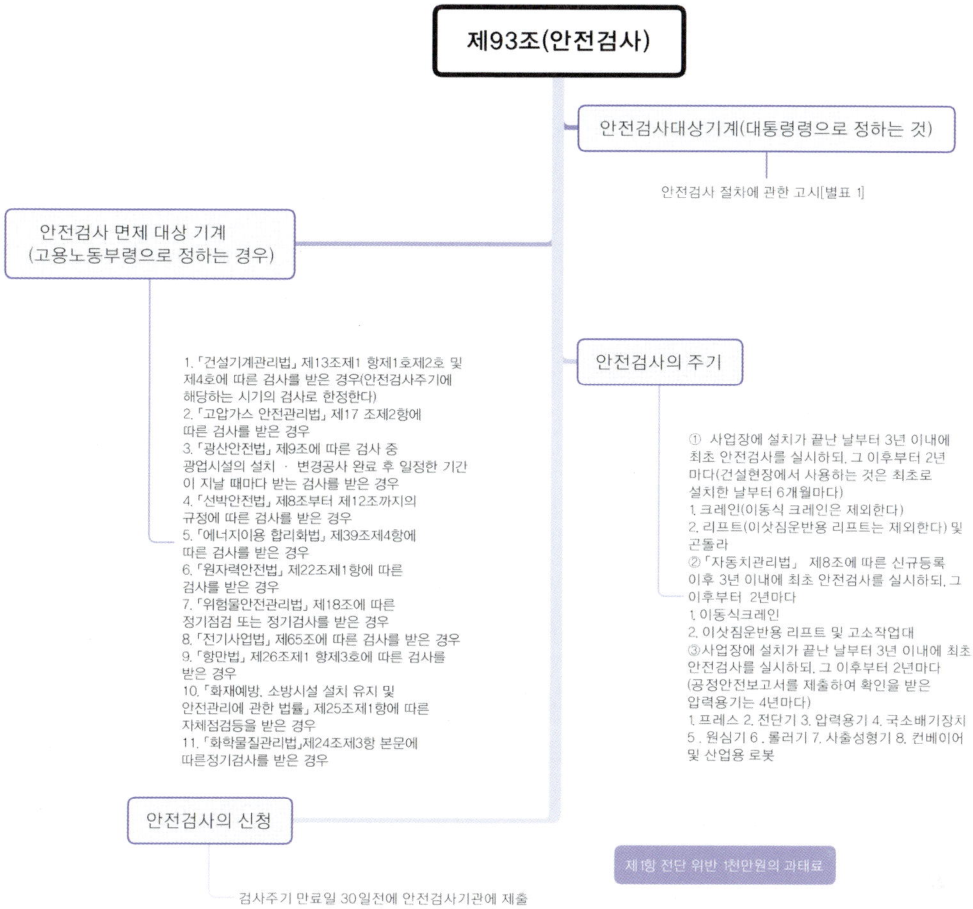

■ **조문해석**

유해하거나 위험한 기계·기구·설비로서 대통령령으로 정하는 것을 사용하는 사업주는 안전검사 대상기계 등의 안전에 관한 성능이 고용노동부장관이 정하여 고시하는 검사기준에 맞는지에 대하여 고용노동부장관이 실시하는 검사(이하 안전검사라 한다)를 받아야 한다. 이 경우 안전검사 대상기계 등을 사용하는 사업주와 소유자가 다른 경우에는 안전검사 대상기계 등의 소유자가 안전검사를 받아야 한다. 또한 안전검사 대상기계 등이 다른 법령에 따라 안전성에 관한 검사나 인증을 받은 경우로서 고용노동부령으로 정하는 경우에는 안전검사를 면제할 수 있고 안전검사의 신청, 검사 주기 및 검사합격 표시방법, 그 밖에 필요한 사항은 고용노동부령으로 정한다. 이 경우 검사 주기는 안전검사 대상기계 등의 종류, 사용연한(使用年限) 및 위험성을 고려하여 정한다.

시행령 제78조(안전검사 대상기계 등)

1. 프레스, 2. 전단기, 3. 크레인(정격 하중이 2톤 미만인 것은 제외한다), 4. 리프트, 5. 압력용기, 6. 곤돌라, 7. 국소 배기장치(이동식은 제외한다), 8. 원심기(산업용만 해당한다), 9. 롤러기(밀폐형 구조는 제외한다), 10. 사출성형기[형 체결력(型 縮結力) 294킬로뉴턴(kN) 미만은 제외한다], 11. 고소작업대[자동차관리법 제3조제3호 또는 제4호에 따른 화물자동차 또는 특수자동차에 탑재한 고소작업대(高所作業臺)로 한정한다], 12. 컨베이어, 13. 산업용 로봇

시행규칙 제125조(안전검사의 면제) 법 제93조제2항에서 "고용노동부령으로 정하는 경우"란 다음 각 호의 어느 하나에 해당하는 경우를 말한다.

1. 건설기계관리법 제13조제1항제1호·제2호 및 제4호에 따른 검사를 받은 경우(안전검사 주기에 해당하는 시기의 검사로 한정한다)
2. 고압가스 안전관리법 제17조제2항에 따른 검사를 받은 경우
3. 광산안전법 제9조에 따른 검사 중 광업시설의 설치·변경공사 완료 후 일정한 기간이 지날 때마다 받는 검사를 받은 경우
4. 선박안전법 제8조부터 제12조까지의 규정에 따른 검사를 받은 경우
5. 에너지이용 합리화법 제39조제4항에 따른 검사를 받은 경우
6. 원자력안전법 제22조제1항에 따른 검사를 받은 경우
7. 위험물안전관리법 제18조에 따른 정기점검 또는 정기검사를 받은 경우
8. 전기사업법 제65조에 따른 검사를 받은 경우
9. 항만법 제26조제1항제3호에 따른 검사를 받은 경우
10. 화재예방, 소방시설 설치·유지 및 안전관리에 관한 법률 제25조제1항에 따른 자체점검 등을 받은 경우
11. 화학물질관리법 제24조제3항 본문에 따른 정기검사를 받은 경우

제94조(안전검사합격증명서 발급 등) ① 고용노동부장관은 제93조제1항에 따라 안전검사에 합격한 사업주에게 고용노동부령으로 정하는 바에 따라 안전검사합격증명서를 발급하여야 한다.

② 제1항에 따라 안전검사합격증명서를 발급받은 사업주는 그 증명서를 안전검사 대상기계 등에 붙여야 한다. 〈개정 2020. 5. 26.〉

제94조(안전검사합격증명서 발급 등)

안전검사합격증명서

제2항 위반 500만원 이하의 과태료

■ **조문해석**

고용노동부장관은 제93조제1항에 따라 안전검사에 합격한 사업주에게 고용노동부령으로 정하는 바에 따라 안전검사합격증명서를 발급하여야 하고, 안전검사합격증명서를 발급받은 사업주는 그 증명서를 안전검사 대상기계 등에 붙여야 한다.

제95조(안전검사 대상기계 등의 사용 금지) 사업주는 다음 각 호의 어느 하나에 해당하는 안전검사 대상기계 등을 사용해서는 아니 된다.

1. 안전검사를 받지 아니한 안전검사 대상기계 등(제93조제2항에 따라 안전검사가 면제되는 경우는 제외한다)
2. 안전검사에 불합격한 안전검사 대상기계 등

제95조(안전검사대상기계등의 사용 금지)

위반 1000만원 이하의 과태료

■ **조문해석**

사업주는 안전검사를 받지 아니한 안전검사 대상기계 등(제93조제2항에 따라 안전검사가 면제되는 경우는 제외한다), 안전검사에 불합격한 안전검사 대상기계 등의 어느 하나에 해당하는 안전검사 대상기계 등을 사용해서는 아니 된다.

제96조(안전검사기관) ① 고용노동부장관은 안전검사 업무를 위탁받아 수행하는 기관을 안전검사기관으로 지정할 수 있다.

② 제1항에 따라 안전검사기관으로 지정 받으려는 자는 대통령령으로 정하는 인력・시설 및 장비 등의 요건을 갖추어 고용노동부장관에게 신청하여야 한다.

③ 고용노동부장관은 제1항에 따라 지정 받은 안전검사기관(이하 안전검사기관이라 한다)에 대하여 평가하고 그 결과를 공개할 수 있다. 이 경우 평가의 기준・방법 및 결과의 공개에 필요한 사항은 고용노동부령으로 정한다.

④ 안전검사기관의 지정 신청 절차, 그 밖에 필요한 사항은 고용노동부령으로 정한다.

⑤ 안전검사기관에 관하여는 제21조제4항 및 제5항을 준용한다. 이 경우 "안전관리전문기관 또는 보건관리전문기관"은 "안전검사기관"으로 본다.

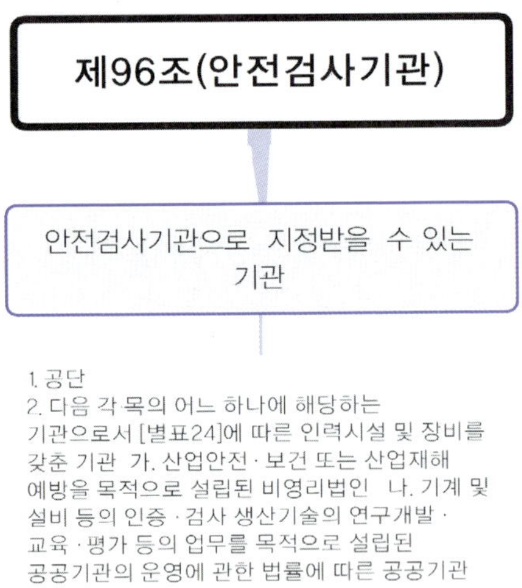

■ **조문해석**

고용노동부장관은 안전검사 업무를 위탁받아 수행하는 기관을 안전검사기관으로 지정할 수 있으며 안전검사기관으로 지정 받으려는 자는 대통령령으로 정하는 인력・시설 및 장비 등의 요건을 갖추어 고용노동부장관에게 신청하여야 한다. 또한 고용노동부장관은 제1항에 따라 지정 받은 안전검사기관(이하 안전검사기관이라 한다)에 대하여 평가하고 그 결과를 공개할 수 있다. 이 경우 평가의 기준·방법 및 결과의 공개에 필요한 사항은 고용노동부령으로 정한다. 그리고 안전검사기관의 지정 신청 절차, 그 밖에 필요한 사항은 고용노동부령으로 정하며 안전검사기관에 관하여는 제21조제4항 및 제5항을 준용한다. 이 경우 "안전관리전문기관 또는 보건관리전문기관"은 "안전검사기관"으로 본다.

시행령 제79조(안전검사기관의 지정 요건)

1. 공단
2. 다음 각 목의 어느 하나에 해당하는 기관으로서 별표 24에 따른 인력·시설 및 장비를 갖춘 기관
   가. 산업안전·보건 또는 산업재해 예방을 목적으로 설립된 비영리법인
   나. 기계 및 설비 등의 인증·검사, 생산기술의 연구개발·교육·평가 등의 업무를 목적으로 설립된 공공기관의 운영에 관한 법률에 따른 공공기관

제97조(안전검사기관의 보고의무) 안전검사기관은 제95조 각 호의 어느 하나에 해당하는 안전검사 대상기계 등을 발견하였을 때에는 이를 고용노동부장관에게 지체 없이 보고하여야 한다.

제97조(안전검사기관의 보고의무)

제95조 각 호의 어느 하나에
해당하는 안전검사대상기계등을
발견하였을 때에는 이를
고용노동부장관에게 지체 없이 보고

제95조(안전검사대상기계등의 사용 금지)
사업주는 다음 각 호의 어느 하나에 해당하는
안전검사대상기계등을 사용해서는 아니 된다.
1. 안전검사를 받지 아니한 안전검사 대상기계 등
(제93조제2항에 따라 안전검사가 면제되는
경우는 제외한다)
2. 안전검사에 불합격한 안전검사대상기계 등

■ 조문해석

안전검사기관은 안전검사를 받지 아니한 안전검사 대상기계 등(제93조제2항에 따라 안전검사가 면제되는 경우는 제외한다), 안전검사에 불합격한 안전검사 대상기계 등의 어느 하나에 해당하는 안전검사 대상기계 등을 발견하였을 때에는 이를 고용노동부장관에게 지체 없이 보고하여야 한다.

제98조(자율검사프로그램에 따른 안전검사) ① 제93조제1항에도 불구하고 같은 항에 따라 안전검사를 받아야 하는 사업주가 근로자대표와 협의(근로자를 사용하지 아니하는 경우는 제외한다)하여 같은 항 전단에 따른 검사기준, 같은 조 제3항에 따른 검사 주기 등을 충족하는 검사프로그램(이하 자율검사프로그램이라 한다)을 정하고 고용노동부장관의 인정을 받아 다음 각 호의 어느 하나에 해당하는 사람으로부터 자율검사프로그램에 따라 안전검사 대상기계 등에 대하여 안전에 관한 성능검사(이하 자율안전검사라 한다)를 받으면 안전검사를 받은 것으로 본다.

1. 고용노동부령으로 정하는 안전에 관한 성능검사와 관련된 자격 및 경험을 가진 사람
2. 고용노동부령으로 정하는 바에 따라 안전에 관한 성능검사 교육을 이수하고 해당 분야의 실무 경험이 있는 사람

② 자율검사프로그램의 유효기간은 2년으로 한다.

③ 사업주는 자율안전검사를 받은 경우에는 그 결과를 기록하여 보존하여야 한다.

④ 자율안전검사를 받으려는 사업주는 제100조에 따라 지정 받은 검사기관(이하 자율안전검사기관이라 한다)에 자율안전검사를 위탁할 수 있다.

⑤ 자율검사프로그램에 포함되어야 할 내용, 자율검사프로그램의 인정요건, 인정 방법 및 절차, 그 밖에 필요한 사항은 고용노동부령으로 정한다.

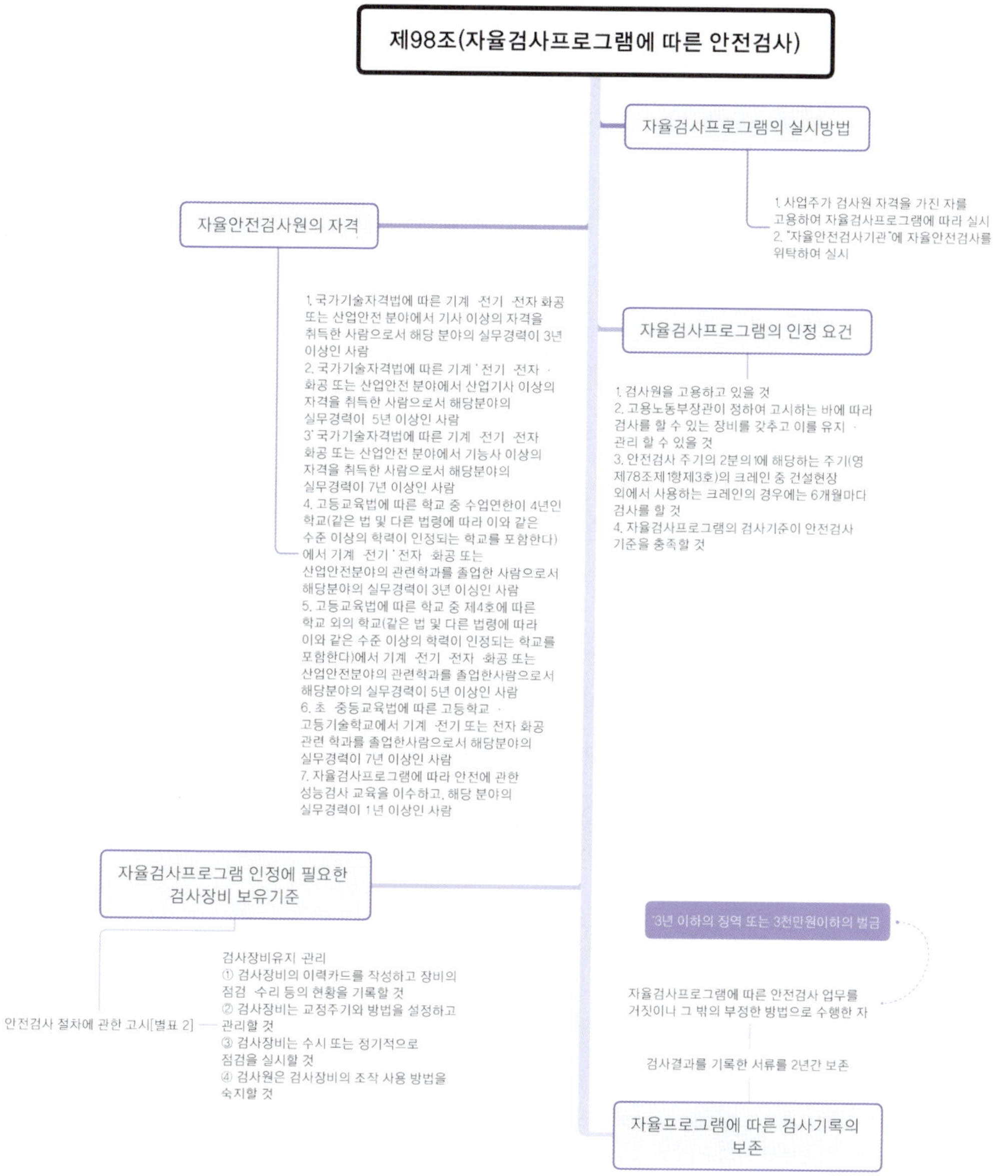

■ **조문해석**

제93조제1항에도 불구하고 같은 항에 따라 안전검사를 받아야 하는 사업주가 근로자대표와 협의(근로자를 사용하지 아니하는 경우는 제외한다)하여 같은 항 전단에 따른 검사기준, 같은 조 제3항에 따른 검사 주기 등을 충족하는 검사프로그램(이하 자율검사프로그램이라 한다)을 정하고 고용노동부장관의 인정을 받아 고용노동부령으로 정하는 안전에 관한 성능검사와 관련된 자격 및 경험을 가진 사람, 고용노동부령으로 정하는 바에 따라 안전에 관한 성능검

사 교육을 이수하고 해당 분야의 실무 경험이 있는 사람 등의 어느 하나에 해당하는 사람으로부터 자율검사프로그램에 따라 안전검사 대상기계 등에 대하여 안전에 관한 성능검사(이하 자율안전검사라 한다)를 받으면 안전검사를 받은 것으로 본다. 또한 자율검사프로그램의 유효기간은 2년으로 하고 사업주는 자율안전검사를 받은 경우에는 그 결과를 기록하여 보존하여야 한다. 그리고 자율안전검사를 받으려는 사업주는 제100조에 따라 지정받은 검사기관(이하 자율안전검사기관이라 한다)에 자율안전검사를 위탁할 수 있으며 자율검사프로그램에 포함되어야 할 내용, 자율검사프로그램의 인정 요건, 인정 방법 및 절차, 그 밖에 필요한 사항은 고용노동부령으로 정한다.

제99조(자율검사프로그램 인정의 취소 등) ① 고용노동부장관은 자율검사프로그램의 인정을 받은 자가 다음 각 호의 어느 하나에 해당하는 경우에는 자율검사프로그램의 인정을 취소하거나 인정받은 자율검사프로그램의 내용에 따라 검사를 하도록 하는 등 시정을 명할 수 있다. 다만, 제1호의 경우에는 인정을 취소하여야 한다.

1. 거짓이나 그 밖의 부정한 방법으로 자율검사프로그램을 인정받은 경우
2. 자율검사프로그램을 인정받고도 검사를 하지 아니한 경우
3. 인정받은 자율검사프로그램의 내용에 따라 검사를 하지 아니한 경우
4. 제98조제1항 각 호의 어느 하나에 해당하는 사람 또는 자율안전검사기관이 검사를 하지 아니한 경우

② 사업주는 제1항에 따라 자율검사프로그램의 인정이 취소된 안전검사 대상기계 등을 사용해서는 아니 된다.

제99조(자율검사프로그램 인정의 취소 등)

제2항 위반 1천만원 이하의 과태료

■ 조문해석

고용노동부장관은 자율검사프로그램의 인정을 받은 자가 거짓이나 그 밖의 부정한 방법으로 자율검사프로그램을 인정받은 경우, 자율검사프로그램을 인정받고도 검사를 하지 아니한 경우, 인정받은 자율검사프로그램의 내용에 따라 검사를 하지 아니한 경우, 제98조제1항 각 호의 어느 하나에 해당하는 사람 또는 자율안전검사기관이 검사를 하지 아니한 경우 등의 어느 하나에 해당하는 경우에는 자율검사프로그램의 인정을 취소하거나 인정받은 자율검사프로그램의 내용에 따라 검사를 하도록 하는 등 시정을 명할 수 있다. 다만, 제1호의 경우에는 인정을 취소하여야 한다. 또한 사업주는 제1항에 따라 자율검사프로그램의 인정이 취소된 안전검사 대상기계 등을 사용해서는 아니 된다.

제100조(자율안전검사기관) ① 자율안전검사기관이 되려는 자는 대통령령으로 정하는 인력·시설 및 장비 등의 요건을 갖추어 고용노동부장관의 지정을 받아야 한다.

② 고용노동부장관은 자율안전검사기관에 대하여 평가하고 그 결과를 공개할 수 있다. 이 경우 평가의 기준·방법 및 결과의 공개에 필요한 사항은 고용노동부령으로 정한다.

③ 자율안전검사기관의 지정 절차, 그 밖에 필요한 사항은 고용노동부령으로 정한다.

④ 자율안전검사기관에 관하여는 제21조제4항 및 제5항을 준용한다. 이 경우 "안전관리전문기관 또는 보건관리전문기관"은 "자율안전검사기관"으로 본다.

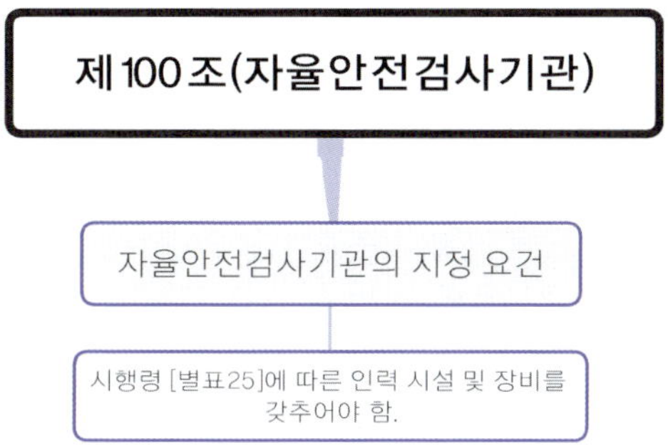

■ **조문해석**

자율안전검사기관이 되려는 자는 대통령령으로 정하는 인력・시설 및 장비 등의 요건을 갖추어 고용노동부장관의 지정을 받아야 한다. 또한 고용노동부장관은 자율안전검사기관에 대하여 평가하고 그 결과를 공개할 수 있다. 이 경우 평가의 기준・방법 및 결과의 공개에 필요한 사항은 고용노동부령으로 정한다. 그리고 자율안전검사기관의 지정 절차, 그 밖에 필요한 사항은 고용노동부령으로 정하며 자율안전검사기관에 관하여는 제21조제4항 및 제5항을 준용한다. 이 경우 "안전관리전문기관 또는 보건관리전문기관"은 "자율안전검사기관"으로 본다.

제5절 유해・위험기계 등의 조사 및 지원 등

제101조(성능시험 등) 고용노동부장관은 안전인증 대상기계 등 또는 자율안전 확인대상기계 등의 안전성능의 저하 등으로 근로자에게 피해를 주거나 줄 우려가 크다고 인정하는 경우에는 대통령령으로 정하는 바에 따라 유해・위험기계 등을 제조하는 사업장에서 제품 제조 과정을 조사할 수 있으며, 제조・수입・양도・대여하거나 양도・대여의 목적으로 진열된 유해・위험기계 등을 수거하여 안전인증기준 또는 자율안전기준에 적합한지에 대한 성능시험을 할 수 있다.

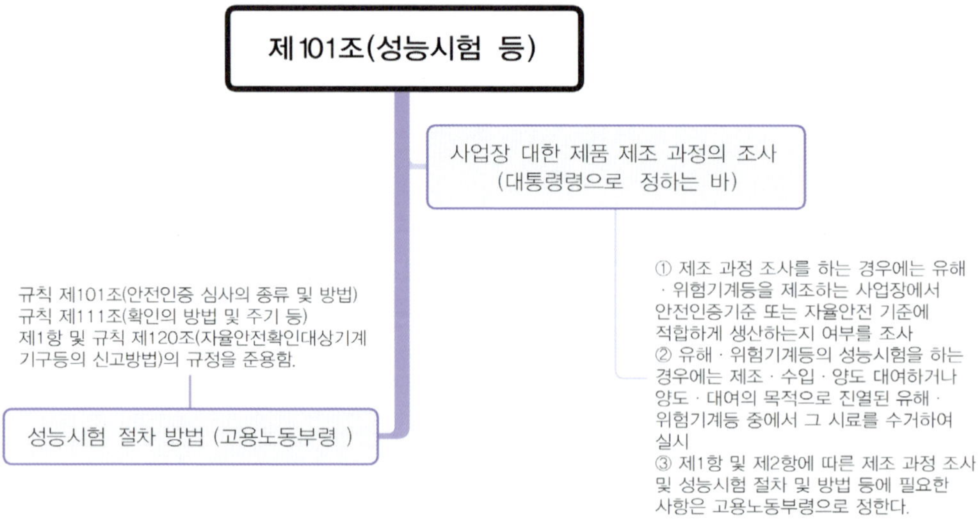

■ 조문해석

안전인증 대상기계 등 또는 자율안전 확인대상기계 등의 안전성능의 저하 등으로 근로자에게 피해를 주거나 줄 우려가 크다고 인정하는 경우에는 대통령령으로 정하는 바에 따라 유해·위험기계 등을 제조하는 사업장에서 제품 제조 과정을 조사할 수 있으며, 제조·수입·양도·대여하거나 양도·대여의 목적으로 진열된 유해·위험기계 등을 수거하여 고용노동부장관은 안전인증기준 또는 자율안전기준에 적합한지에 대한 성능시험을 할 수 있다.

제102조(유해·위험기계 등 제조사업 등의 지원) ① 고용노동부장관은 다음 각 호의 어느 하나에 해당하는 자에게 유해·위험기계 등의 품질·안전성 또는 설계·시공 능력 등의 향상을 위하여 예산의 범위에서 필요한 지원을 할 수 있다.

1. 다음 각 목의 어느 하나에 해당하는 것의 안전성 향상을 위하여 지원이 필요하다고 인정되는 것을 제조하는 자
   가. 안전인증 대상기계 등
   나. 자율안전 확인대상기계 등
   다. 그 밖에 산업재해가 많이 발생하는 유해·위험기계 등
2. 작업환경 개선시설을 설계·시공하는 자

② 제1항에 따른 지원을 받으려는 자는 고용노동부령으로 정하는 인력·시설 및 장비 등의 요건을 갖추어 고용노동부장관에게 등록하여야 한다.

③ 고용노동부장관은 제2항에 따라 등록한 자가 다음 각 호의 어느 하나에 해당하는 경우에는 그 등록을 취소하거나 1년의 범위에서 제1항에 따른 지원을 제한할 수 있다. 다만, 제1호의 경우에는 등록을 취소하여야 한다.

1. 거짓이나 그 밖의 부정한 방법으로 등록한 경우
2. 제2항에 따른 등록 요건에 적합하지 아니하게 된 경우
3. 제86조제1항제1호에 따라 안전인증이 취소된 경우

④ 고용노동부장관은 제1항에 따라 지원받은 자가 다음 각 호의 어느 하나에 해당하는 경우에는 지원한 금액 또는 지원에 상응하는 금액을 환수하여야 한다. 이 경우 제1호에 해당하면 지원한 금액에 상당하는 액수 이하의 금액을 추가로 환수할 수 있다.

1. 거짓이나 그 밖의 부정한 방법으로 지원받은 경우
2. 제1항에 따른 지원 목적과 다른 용도로 지원금을 사용한 경우
3. 제3항제1호에 해당하여 등록이 취소된 경우

⑤ 고용노동부장관은 제3항에 따라 등록을 취소한 자에 대하여 등록을 취소한 날부터 2년 이내의 기간을 정하여 제2항에 따른 등록을 제한할 수 있다.

⑥ 제1항부터 제5항까지의 규정에 따른 지원내용, 등록 및 등록 취소, 환수 절차, 등록 제한 기준, 그 밖에 필요한 사항은 고용노동부령으로 정한다.

제102조(유해 · 위험기계등 제조사업 등의 지원)

지원내용

1. 설계 · 시공, 연구 · 개발 및 시험에 관한 기술 지원
2. 설계 · 시공, 연구 · 개발 및 시험 비용의 일부 또는 전부의 지원
3. 연구 · 개발, 품질관리를 위한 시험장비 구매 비용의 일부 또는 전부의 지원
4. 국내외 전시회 개최 비용의 일부 또는 전부의 지원
5. 공단이 소유하고 있는 공업소유권의 우선사용 지원
6. 그 밖의 고용노동부장관이 등록업체의 제조 · 설계 · 시공능력의 향상을 위하여 필요하다고 인정하는 사업의 지원

■ 조문해석

고용노동부장관은 안전인증 대상기계 등, 자율안전 확인대상기계 등, 그 밖에 산업재해가 많이 발생하는 유해・위험기계 등을 안전성 향상을 위하여 지원이 필요하다고 인정되는 것을 제조하는 자, 작업환경 개선시설을 설계・시공하는 자 등의 어느 하나에 해당하는 자에게 유해・위험기계 등의 품질・안전성 또는 설계・시공 능력 등의 향상을 위하여 예산의 범위에서 필요한 지원을 할 수 있고, 지원을 받으려는 자는 고용노동부령으로 정하는 인력・시설 및

장비 등의 요건을 갖추어 고용노동부장관에게 등록하여야 한다.

또한 고용노동부장관은 제2항에 따라 등록한 자가 거짓이나 그 밖의 부정한 방법으로 등록한 경우, 제2항에 따른 등록 요건에 적합하지 아니하게 된 경우, 제86조제1항제1호에 따라 안전인증이 취소된 경우의 어느 하나에 해당하는 경우에는 그 등록을 취소하거나 1년의 범위에서 제1항에 따른 지원을 제한할 수 있다. 다만, 제1호의 경우에는 등록을 취소하여야 한다.

그리고 고용노동부장관은 제1항에 따라 지원받은 자가 거짓이나 그 밖의 부정한 방법으로 지원받은 경우, 제1항에 따른 지원 목적과 다른 용도로 지원금을 사용한 경우, 제3항제1호에 해당하여 등록이 취소된 경우의 어느 하나에 해당하는 경우에는 지원한 금액 또는 지원에 상응하는 금액을 환수하여야 한다. 이 경우 제1호에 해당하면 지원한 금액에 상당하는 액수 이하의 금액을 추가로 환수할 수 있다.

시행규칙 제139조(지원내용 등) ① 공단은 법 제102조제2항에 따라 등록한 자에 대하여 다음 각 호의 지원을 할 수 있다.

1. 설계 · 시공, 연구, 개발 및 시험에 관한 기술 지원
2. 설계 · 시공, 연구 · 개발 및 시험 비용의 일부 또는 전부의 지원
3. 연구개발, 품질관리를 위한 시험장비 구매 비용의 일부 또는 전부의 지원
4. 국내 · 외 전시회 개최 비용의 일부 또는 전부의 지원
5. 공단이 소유하고 있는 공업소유권의 우선사용 지원
6. 그 밖에 고용노동부장관이 등록업체의 제조 · 설계 · 시공능력의 향상을 위하여 필요하다고 인정하는 사업의 지원

제103조(유해 · 위험기계 등의 안전 관련 정보의 종합관리) ① 고용노동부장관은 사업장의 유해 · 위험기계 등의 보유현황 및 안전검사 이력 등 안전에 관한 정보를 종합관리하고, 해당 정보를 안전인증기관 또는 안전검사기관에 제공할 수 있다.

② 고용노동부장관은 제1항에 따른 정보의 종합관리를 위하여 안전인증기관 또는 안전검사기관에 사업장의 유해 · 위험기계 등의 보유현황 및 안전검사 이력 등의 필요한 자료를 제출하도록 요청할 수 있다. 이 경우 요청을 받은 기관은 특별한 사유가 없으면 그 요청에 따라야 한다.

③ 고용노동부장관은 제1항에 따른 정보의 종합관리를 위하여 유해・위험기계 등의 보유현황 및 안전검사 이력 등 안전에 관한 종합정보망을 구축・운영하여야 한다.

제103조(유해·위험기계등의 안전 관련 정보의 종합관리)

정보 종합관리, 제공, 자료제출 요청, 종합정보망 구축운영

■ **조문해석**

사업장의 유해・위험기계 등의 보유현황 및 안전검사 이력 등 안전에 관한 정보를 종합관리하며, 해당 정보를 안전인증기관 또는 안전검사기관에 제공과 정보의 종합관리를 위하여 안전인증기관 또는 안전검사기관에 사업장의 유해・위험기계 등의 보유현황 및 안전검사 이력 등의 필요한 자료를 제출하도록 요청할 수 있다, 또한 정보의 종합관리를 위하여 유해・위험기계 등의 보유현황 및 안전검사 이력 등 안전에 관한 종합정보망을 구축・운영하여야 한다.

CHAPTER 07

유해 · 위험물질에 대한 조치

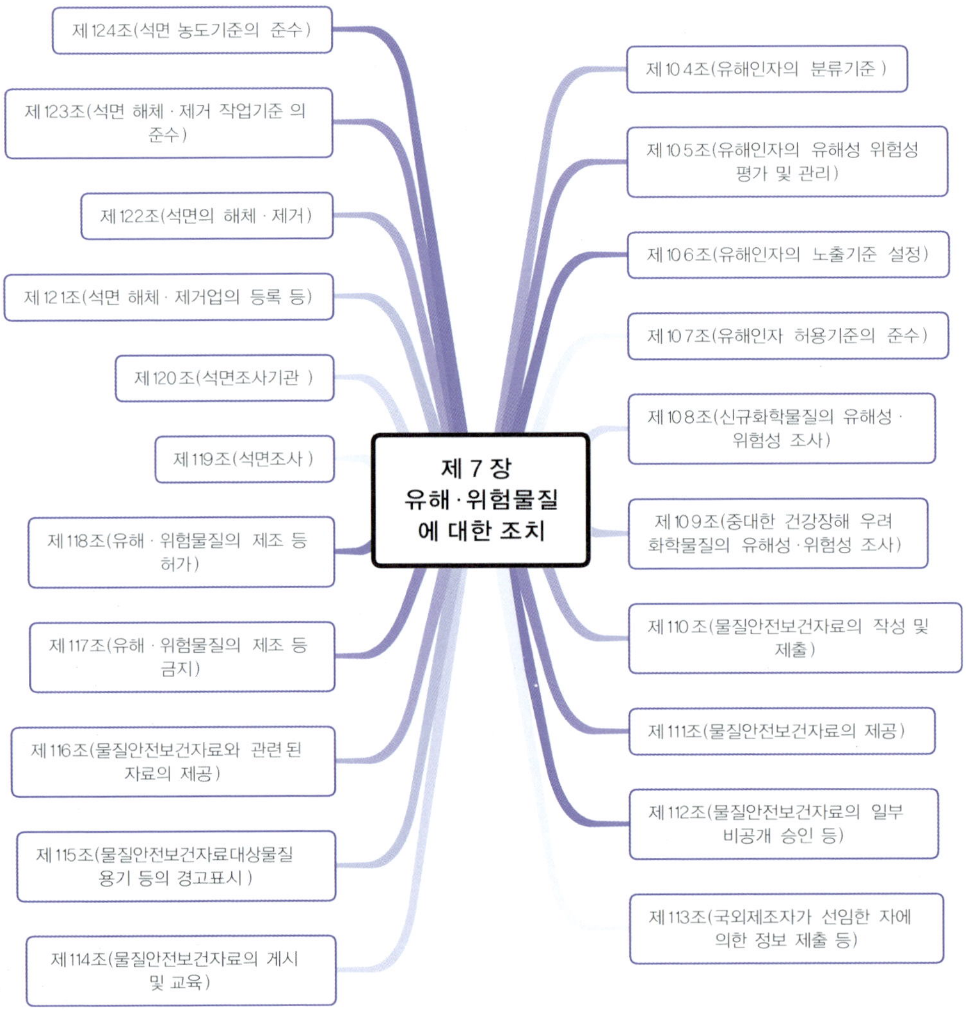
제 7 장
유해·위험물질
에 대한 조치
제124조(석면 농도기준의 준수)
제123조(석면 해체·제거 작업기준 의 준수)
제122조(석면의 해체·제거)
제121조(석면 해체·제거업의 등록 등)
제120조(석면조사기관)
제119조(석면조사)
제118조(유해·위험물질의 제조 등 허가)
제117조(유해·위험물질의 제조 등 금지)
제116조(물질안전보건자료와 관련 된 자료의 제공)
제115조(물질안전보건자료대상물질 용기 등의 경고표시)
제114조(물질안전보건자료의 게시 및 교육)
제104조(유해인자의 분류기준)
제105조(유해인자의 유해성 위험성 평가 및 관리)
제106조(유해인자의 노출기준 설정)
제107조(유해인자 허용기준의 준수)
제108조(신규화학물질의 유해성·위험성 조사)
제109조(중대한 건강장해 우려 화학물질의 유해성·위험성 조사)
제110조(물질안전보건자료의 작성 및 제출)
제111조(물질안전보건자료의 제공)
제112조(물질안전보건자료의 일부 비공개 승인 등)
제113조(국외제조자가 선임한 자에 의한 정보 제출 등)

CHAPTER 07 유해 · 위험물질에 대한 조치

제1절 유해 · 위험물질의 분류 및 관리

제104조(유해인자의 분류기준) 고용노동부장관은 고용노동부령으로 정하는 바에 따라 근로자에게 건강장해를 일으키는 화학물질 및 물리적 인자 등(이하 유해인자라 한다)의 유해성 · 위험성 분류기준을 마련하여야 한다.

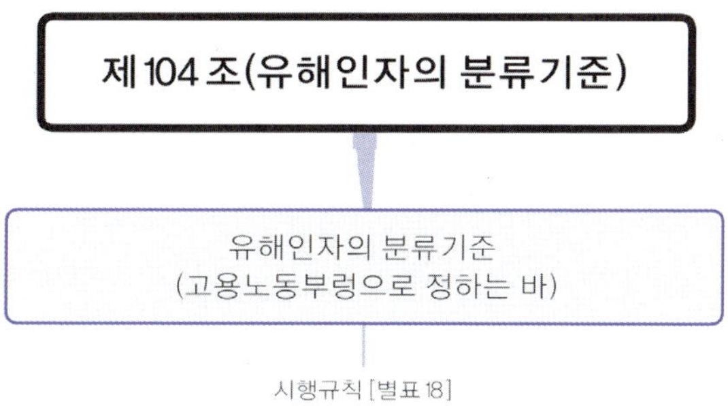

■ **조문해석**

근로자에게 건강장해를 일으키는 화학물질 및 물리적 인자 등의 유해인자의 유해성 · 위험성 분류기준을 고용노동부장관은 마련하여야 한다.

제105조(유해인자의 유해성 · 위험성 평가 및 관리) ① 고용노동부장관은 유해인자가 근로자의 건강에 미치는 유해성 · 위험성을 평가하고 그 결과를 관보 등에 공표할 수 있다.

② 고용노동부장관은 제1항에 따른 평가 결과 등을 고려하여 고용노동부령으로 정하는 바에 따라 유해성 · 위험성 수준별로 유해인자를 구분하여 관리하여야 한다.

③ 제1항에 따른 유해성·위험성 평가대상 유해인자의 선정기준, 유해성·위험성 평가의 방법, 그 밖에 필요한 사항은 고용노동부령으로 정한다.

제105조(유해인자의 유해성 · 위험성 평가 및 관리)

유해성 ·위험성 평가대상 선정기준

1. 규칙 제143조제1항 각 호로 분류하기 위하여 유해성 위험성 평가가 필요한 유해인 자
2. 노출 시 변이원성, 흡입독성, 생식독성, 발암성 등 근로자의 건강장해 발생이 의심되는 유해인자
3. 그 밖에 사회적 물의를 일으키는 등 유해성 위험성 평가가 필요한 유해인자

유해인자의 구분 관리(제148조제1항)

유해성 ·위험성 평가 결과 등을 고려하여 다음 각 호의 물질 또는 인자로 정하여 관리

1. "노출기준"설정 대상 유해인자(법 제106 조)
2. "허용기준"설정 대상 유해인자(법 제 107조 1항)
3. 제조 등 금지물질(법 제117조)
4. 제조 등 허가물질(법 제118조)
5. 작업환경측정 대상 유해인자(규칙 제186조1항)
6. 특수건강진단 대상 유해인자(규칙 별표 22 제1호부터 제3호까지)
7. 관리대상 유해물질(안전보건규칙 제 420조 제1호)

■ **조문해석**

고용노동부장관은 유해인자가 근로자의 건강에 미치는 유해성·위험성을 평가하고 그 결과를 관보 등에 공표할 수 있고 제1항에 따른 평가 결과 등을 고려하여 고용노동부령으로 정하는 바에 따라 유해성·위험성 수준별로 유해인자를 구분하여 관리하여야 한다. 또한 유해성·위험성 평가대상 유해인자의 선정기준, 유해성·위험성 평가의 방법, 그 밖에 필요한 사항은 고용노동부령으로 정한다.

또한 법 제105조에서는 고용노동부장관은 유해인자가 근로자의 건강에 미치는 유해성·위험성을 평가하고 그 결과를 관보 등에 공표하고, 유해성·위험성 수준별로 유해인자를 구분하여 관리하여야 한다. 또한 유해성·위험성 평가대상 유해인자의 선정기준, 유해성·위험성 평가의 방법, 그 밖에 필요한 사항은 고용노동부령으로 정한다.

동 **시행규칙 제142조**에는 유해성·위험성 평가의 대상이 되는 유해인자의 선정기준을 두고 있다. 따라서 유해성·위험성 평가가 필요한 유해인자, 노출 시 변이원성(變異原性), 흡입독성, 생식독성(生植毒性), 발암성 등 근로자의 건강장해 발생이 의심되는 유해인자, 그 밖에 사회적 물의를 일으키는 등 유해성·위험성 평가가 필요한 유해인자를 고려하고 선정기준을 마련해야 한다.

시행규칙 제142조(유해성·위험성 평가대상 선정기준 및 평가방법 등) ① 법 제105조제1항에 따른 유해성·위험성 평가의 대상이 되는 유해인자의 선정기준은 다음 각 호와 같다.

1. 제143조제1항 각 호로 분류하기 위하여 유해성·위험성 평가가 필요한 유해인자
2. 노출 시 변이원성(變異原性: 유전적인 돌연변이를 일으키는 물리적·화학적 성질), 흡입독성, 생식독성(生殖毒性: 생물체의 생식에 해를 끼치는 약물 등의 독성), 발암성 등 근로자의 건강장해 발생이 의심되는 유해인자
3. 그 밖에 사회적 물의를 일으키는 등 유해성·위험성 평가가 필요한 유해인자

② 고용노동부장관은 제1항에 따라 선정된 유해인자에 대한 유해성·위험성 평가를 실시할 때에는 다음 각 호의 사항을 고려해야 한다.

1. 독성시험자료 등을 통한 유해성·위험성 확인
2. 화학물질의 노출이 인체에 미치는 영향
3. 화학물질의 노출수준

③ 제2항에 따른 유해성·위험성 평가의 세부 방법 및 절차, 그 밖에 필요한 사항은 고용노동부장관이 정한다.

제106조(유해인자의 노출기준 설정) 고용노동부장관은 제105조제1항에 따른 유해성·위험성 평가 결과 등 고용노동부령으로 정하는 사항을 고려하여 유해인자의 노출기준을 정하여 고시하여야 한다.

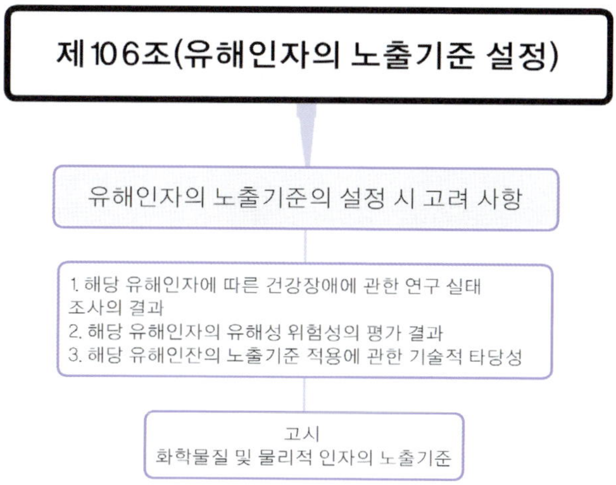

■ 조문해석

유해성·위험성 평가 결과 등을 고려하여 유해인자의 노출기준을 정하여 고시하여야 한다. 해당 유해인자에 따른 건강장해에 관한 연구·실태조사의 결과, 해당 유해인자의 유해성·위험성의 평가 결과, 해당 유해인자의 노출기준 적용에 관한 기술적 타당성 등의 노출기준을 정하는 경우를 고려하여야 한다.

시행규칙 제144조(유해인자의 노출기준의 설정 등) 법 제106조에 따라 고용노동부장관이 노출기준을 정하는 경우에는 다음 각 호의 사항을 고려해야 한다.

1. 해당 유해인자에 따른 건강장해에 관한 연구·실태조사의 결과
2. 해당 유해인자의 유해성·위험성의 평가 결과
3. 해당 유해인자의 노출기준 적용에 관한 기술적 타당성

제107조(유해인자 허용기준의 준수) ① 사업주는 발암성 물질 등 근로자에게 중대한 건강장해를 유발할 우려가 있는 유해인자로서 대통령령으로 정하는 유해인자는 작업장 내의 그 노출 농도를 고용노동부령으로 정하는 허용기준 이하로 유지하여야 한다. 다만, 다음 각 호의 어느 하나에 해당하는 경우에는 그러하지 아니하다.

1. 유해인자를 취급하거나 정화·배출하는 시설 및 설비의 설치나 개선이 현존하는 기술로 가능하지 아니한 경우
2. 천재지변 등으로 시설과 설비에 중대한 결함이 발생한 경우
3. 고용노동부령으로 정하는 임시 작업과 단시간 작업의 경우
4. 그 밖에 대통령령으로 정하는 경우

② 사업주는 제1항 각 호 외의 부분 단서에도 불구하고 유해인자의 노출 농도를 제1항에 따른 허용기준 이하로 유지하도록 노력하여야 한다.

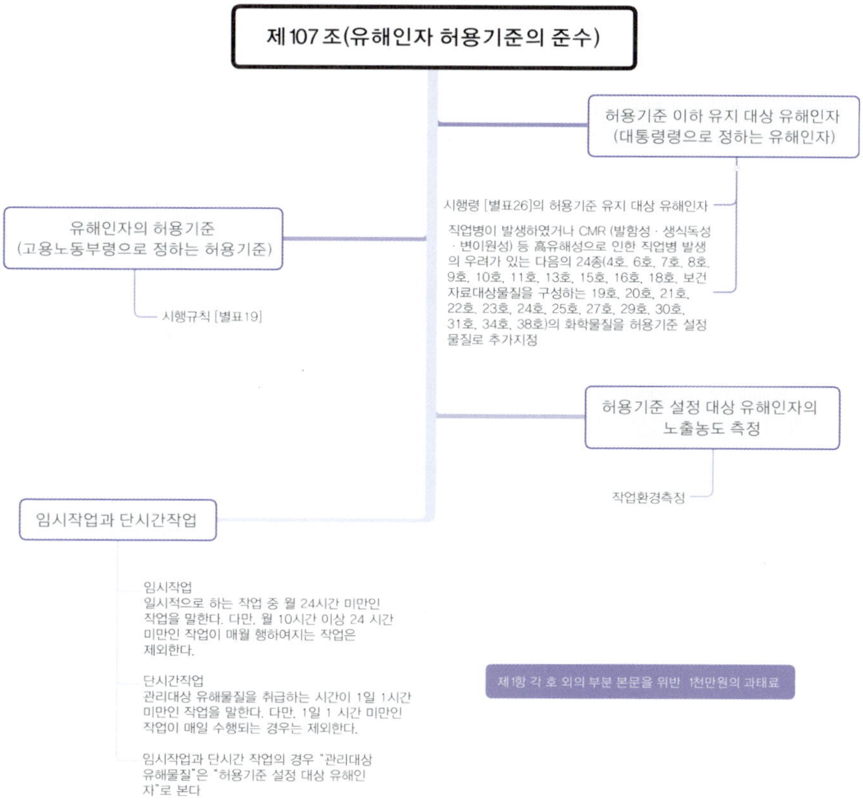

■ **조문해석**

① 사업주는 발암성 물질 등 근로자에게 중대한 건강장해를 유발할 우려가 있는 유해인자로서 대통령령으로 정하는 유해인자는 작업장 내의 그 노출 농도를 고용노동부령으로 정하는 허용기준 이하로 유지하여야 한다. 다만, 유해인자를 취급하거나 정화・배출하는 시설 및 설비의 설치나 개선이 현존하는 기술로 가능하지 아니한 경우, 천재지변 등으로 시설과 설비에 중대한 결함이 발생한 경우, 고용노동부령으로 정하는 임시 작업과 단시간 작업의 경우, 그 밖에 대통령령으로 정하는 경우의 어느 하나에 해당하는 경우에는 그러하지 아니하다. 그리고 사업주는 제1항 각 호 외의 부분 단서에도 불구하고 유해인자의 노출 농도를 제1항에 따른 허용기준 이하로 유지하도록 노력하여야 한다.

시행령 제84조(유해인자 허용기준 이하 유지 대상 유해인자) 법 제107조제1항 각 호 외의 부분 본문에서 "대통령령으로 정하는 유해인자"란 별표 26 각 호에 따른 유해인자를 말한다.

시행규칙

제145조(유해인자 허용기준) ① 법 제107조제1항 각 호 외의 부분 본문에서 "고용노동부령으로 정하는 허용기준"이란 별표 19와 같다.

② 허용기준 설정 대상 유해인자의 노출 농도 측정에 관하여는 제189조를 준용한다. 이 경우 "작업환경측정"은 "유해인자의 노출 농도 측정"으로 본다.

제146조(임시 작업과 단시간 작업) 법 제107조제1항제3호에서 "고용노동부령으로 정하는 임시 작업과 단시간 작업"이란 안전보건규칙 제420조제8호에 따른 임시 작업과 같은 조 제9호에 따른 단시간 작업을 말한다. 이 경우 "관리대상 유해물질"은 "허용기준 설정 대상 유해인자"로 본다.

제108조(신규화학물질의 유해성·위험성 조사) ① 대통령령으로 정하는 화학물질 외의 화학물질(이하 신규화학물질이라 한다)을 제조하거나 수입하려는 자(이하 신규화학 물질제조자 등이라 한다)는 신규화학물질에 의한 근로자의 건강장해를 예방하기 위하여 고용노동부령으로 정하는 바에 따라 그 신규화학물질의 유해성·위험성을 조사하고 그 조사보고서를 고용노동부장관에게 제출하여야 한다. 다만, 다음 각 호의 어느 하나에 해당하는 경우에는 그러하지 아니하다.

1. 일반 소비자의 생활용으로 제공하기 위하여 신규화학물질을 수입하는 경우로서 고용노동부령으로 정하는 경우
2. 신규화학물질의 수입량이 소량이거나 그 밖에 위해의 정도가 적다고 인정되는 경우로서 고용노동부령으로 정하는 경우

② 신규화학 물질제조자 등은 제1항 각 호 외의 부분 본문에 따라 유해성·위험성을 조사한 결과 해당 신규화학물질에 의한 근로자의 건강장해를 예방하기 위하여 필요한 조치를 하여야 하는 경우 이를 즉시 시행하여야 한다.

③ 고용노동부장관은 제1항에 따라 신규화학물질의 유해성·위험성 조사보고서가 제출되면 고용노동부령으로 정하는 바에 따라 그 신규화학물질의 명칭, 유해성·위험성, 근로자의 건강장해 예방을 위한 조치 사항 등을 공표하고 관계 부처에 통보하여야 한다.

④ 고용노동부장관은 제1항에 따라 제출된 신규화학물질의 유해성·위험성 조사보고서를 검토한 결과 근로자의 건강장해 예방을 위하여 필요하

다고 인정할 때에는 신규화학 물질제조자 등에게 시설·설비를 설치·정비하고 보호구를 갖추어 두는 등의 조치를 하도록 명할 수 있다.

⑤ 신규화학 물질제조자 등이 신규화학물질을 양도하거나 제공하는 경우에는 제4항에 따른 근로자의 건강장해 예방을 위하여 조치하여야 할 사항을 기록한 서류를 함께 제공하여야 한다.

제108조(신규화학물질의 유해성 · 위험성 조사)

유해성 ·위험성 조사 제외 화학물질 (대통령령으로 정하는 화학물질)

1. 원소
2. 천연으로 산출된 화학물질
3. 건강기능식품에 관한 법률 제3조제1호에 따른 건강기능식품
4. 군수품관근법 제2조 및 방위사업법 제3조제2호에 따른 군수품 군수품관리법 제3조에 따른 통상품은 제외한다
5. 농약관리법 제2조제1호 및 제3호에 따른 농약 및 원제
6. 마약류 관리에 관한 법률 제2조제1호에 따른 마약류
7. 비료관리법 제2조제1호에 따른 비료
8. 사료관리법 제2조제1호에 따른 사료
9. 생활화학제품 및 살생물제의 안전관리에 관한 법률 제3조제7호 및 제8호에 따른 살생물물질및살생물제품
10. 식품위생법 제2조제1호 및 제2호에 따른 식품 및 식품첨가물
11. 약사법 제2조제4호 및 제7호에 따른 의약품 및 의약외품
12. 원자력안전법 제2조제5호에 따른 방사성물질
13. 위생용품 관리법 제2조제1호에 따른 위생용품
14. 의료기기법 제2조제항에 따른 의료기기
15. 총포 · 도검 · 화약류 등의 안전관리에 관한 법률 제2조제3항에 따른 화약류
16. 화장품법 제2조제1호에 따른 화장품과 화장품에 사용하는 원료
17. 법 제108조제3항에 따라 고용노동부장관이 명칭 · 유해성 · 위험성, 근로자의 건강장해 예방을 위한 조치 사항 및 연간 제조량 · 수입량을 공표한 물질로서 공표된 연간제조량 수입량 이하로 제조하거나 수입한 물질
18. 고용노동부장관이 환경부장관과 협의 때 고시하는 화학물질 목록에 기록되어 있는 물질

신규화학물질의 유해성 · 위험성 조사보고서의 제출

신규화학물질을 제조하거나 수입하려는 자는 제조하거나 수입하려는 날 30일(연간 제조하거나 수입하려는 양이 100킬로그램 이상 1톤 미만인 경우에는 14일) 전까지 "유해성 · 위험성 조사보고서"를 고용노동부장관에게 제출하여야 한다. (다만, 그 신규화학물질을 화학물질의 등록 및 평가 등에 관한 법률 제10조에 따라 환경부장관에게 등록한 경우에는 고용노동부장관에게 유해성 · 위험성 조사보고서를 제출한 것으로 본다.)

신규화학물질의 유해성 , 위험성 조사 및 조사보고서 제출 제외 대상

일반소비자 생활용 신규화학물질의 유해성 · 위험성 조사 제외(고용노동부령으로 정하는경우) 다음 각 호의 어느 하나에 해당하는 경우로서 고용노동부장관의 확인을 받은 경우
1. 해당 신규화학물질이 완성된 제품으로서 국내에서 가공하지 아니하는 경우
2. 해당 신규화학물질의 포장 또는 용기를 국내에서 변경하지 아니하거나 국내에서 포장하거나 용기에 담지 아니하는 경우
3. 해당 신규화학물질이 직접 소비자에게 제공되고 국내의 사업장서 사용되지 아니한 경우

소량 신규화학물질의 유해성 · 위험성 조사 제외 (수입량이 소량)
– 연간 수입량이 100 킬로그램 미만인 경우로서 고용노동부장관의 확인(유효기간은 1년) 을 받은 경우

그 밖의 신규화학질의 유해성 · 위험성 조사 제외 (그 밖의 위해의 정도가 적다고 인정 되는 경우로서 고용노동부령으로 정하는 경우)
– 고용노동부장관의 확인을 받은 다음 각 호의 경우
1. 제조하거나 수입하려는 신규화학물질이 시험 · 연구를 위하여 사용되는 경우
2. 신규화학물질을 전량 수출하기 위하여 연간 10톤 이하로 제조하거나 수입하는 경우
3. 신규화학물질이 아닌 화학물질로만 구성된 고분자화학물로서 고용노동부장관이 정하여 고시하는 경우

고용노동부장관의 확인 면제

화학물질의 등록 및 평가 등에 관한 법률 제11조에 따라 환경부장관으로부터 화학물 질의 등록 면제 확인을 받은 경우

제2항, 제4항 위반 1천만원이하의 벌금
제1항 위반 300만원 이하의 과태료
제5항 위반 300만원 이하의 과태료

신규화학물질의 명칭 등의 공표

고용노동부장관은 신규화학물질제조자등이 유해성 · 위험성조사보고서를 제출하거나 환경부장관으로부터 신규화학물질 등록자료 등을 제공받은 경우 다음 각호의 사항을 일간신문 등에 공표하고 관계 부처에 통보하여야 한다.
1. 명칭
2. 유해성 · 위험성
3. 조치사항 및 연간 제조량 – 수입량

고용노동부장관은 사업주가 신규화학물질의 명칭과 CAS번호에 대한 정보보호를 요청하는 경우 그 타당성을 평가하여 해당 정보보호기간 동안에 화학물질의 등록 및 평가 등에 관한 법률 제2조제13호에 따른 총칭명으로 공표할 수 있으며, 그 정보보 호기간이 끝나면 그 신규화학물질의 명칭 등을 공표하여야 한다.

■ **조문해석**

대통령령으로 정하는 화학물질 외의 화학물질을 제조하거나 수입하려는 자는 신규화학물질에 의한 근로자의 건강장해를 예방하기 위하여 고용노동부령으로 정하는 바에 따라 그 신규화학물질의 유해성·위험성을 조사하고 그 조사보고서를 고용노동부장관에게 제출하여야 한다. 다만, 일반 소비자의 생활용으로 제공하기 위하여 신규화학물질을 수입하는 경우로서 고용노동부령으로 정하는 경우와 신규화학물질의 수입량이 소량이거나 그 밖에 위해의 정도가 적다고 인정되는 경우로서 고용노동부령으로 정하는 경우의 어느 하나에 해당하는 경우에는 그러하지 아니하다.

또한 신규화학 물질제조자 등은 제1항 각 호 외의 부분 본문에 따라 유해성·위험성을 조사한 결과 해당 신규화학물질에 의한 근로자의 건강장해를 예방하기 위하여 필요한 조치를 하여야 하는 경우 이를 즉시 시행하여야 하며 고용노동부장관은 제1항에 따라 신규화학물질의 유해성·위험성 조사보고서가 제출되면 고용노동부령으로 정하는 바에 따라 그 신규화학물질의 명칭, 유해성·위험성, 근로자의 건강장해 예방을 위한 조치 사항 등을 공표하고 관계 부처에 통보하여야 한다.

그리고 고용노동부장관은 제1항에 따라 제출된 신규화학물질의 유해성·위험성 조사보고서를 검토한 결과 근로자의 건강장해 예방을 위하여 필요하다고 인정할 때에는 신규화학 물질제조자 등에게 시설·설비를 설치·정비하고 보호구를 갖추어 두는 등의 조치를 하도록 명할 수 있으며 신규화학 물질제조자 등이 신규화학물질을 양도하거나 제공하는 경우에는 제4항에 따른 근로자의 건강장해 예방을 위하여 조치하여야 할 사항을 기록한 서류를 함께 제공하여야 한다.

시행령 제85조(유해성·위험성 조사 제외 화학물질)

1. 원소
2. 천연으로 산출된 화학물질
3. 건강기능식품에 관한 법률 제3조제1호에 따른 건강기능식품
4. 군수품관리법 조 및 방위사업법 제3조제2호에 따른 군수품(군수품관리법 제3조에 따른 통상품(痛傷品)은 제외한다)
5. 농약관리법 제2조제1호·제3호에 따른 농약과 원제
6. 마약류 관리에 관한 법률 제2조제1호에 따른 마약류
7. 비료관리법 제2조제1호에 따른 비료

8. 사료관리법 제2조제1호에 따른 사료
9. 생활화학제품 및 살생물제의 안전관리에 관한 법률 제3조제7호 및 제8호에 따른 살생물물질 및 살생물제품
10. 식품위생법 제2조제1호·제2호에 따른 식품 및 식품첨가물
11. 약사법 제2조제4호·제7호에 따른 의약품 및 의약외품
12. 원자력안전법 제2조제5호에 따른 방사성 물질
13. 위생용품 관리법 제2조제1호에 따른 위생용품
14. 의료기기법 제2조제1항에 따른 의료기기
15. 총포·도검·화약류 등의 안전관리에 관한 법률 제2조제3항에 따른 화약류
16. 화장품법 제2조제1호에 따른 화장품과 화장품에 사용하는 원료
17. 법 제108조제3항에 따라 고용노동부장관이 명칭, 유해성·위험성, 근로자의 건강장해 예방을 위한 조치 사항 및 연간제조량·수입량을 공표한 물질로서 공표된 연간 제조량·수입량 이하로 제조하거나 수입한 물질
18. 고용노동부장관이 환경부장관과 협의하여 고시하는 화학물질 목록에 기록되어 있는 물질

제109조(중대한 건강장해 우려 화학물질의 유해성·위험성 조사) ① 고용노동부장관은 근로자의 건강장해를 예방하기 위하여 필요하다고 인정할 때에는 고용노동부령으로 정하는 바에 따라 암 또는 그 밖에 중대한 건강장해를 일으킬 우려가 있는 화학물질을 제조·수입하는 자 또는 사용하는 사업주에게 해당 화학물질의 유해성·위험성 조사와 그 결과의 제출 또는 제105조제1항에 따른 유해성·위험성 평가에 필요한 자료의 제출을 명할 수 있다.

② 제1항에 따라 화학물질의 유해성·위험성 조사 명령을 받은 자는 유해성·위험성 조사 결과 해당 화학물질로 인한 근로자의 건강장해가 우려되는 경우 근로자의 건강장해를 예방하기 위하여 시설·설비의 설치 또는 개선 등 필요한 조치를 하여야 한다.

③ 고용노동부장관은 제1항에 따라 제출된 조사 결과 및 자료를 검토하여 근로자의 건강장해를 예방하기 위하여 필요하다고 인정하는 경우에는 해당 화학물질을 제105조제2항에 따라 구분하여 관리하거나 해당 화학물질을 제조·수입한 자 또는 사용하는 사업주에게 근로자의

건강장해 예방을 위한 시설·설비의 설치 또는 개선 등 필요한 조치를 하도록 명할 수 있다.

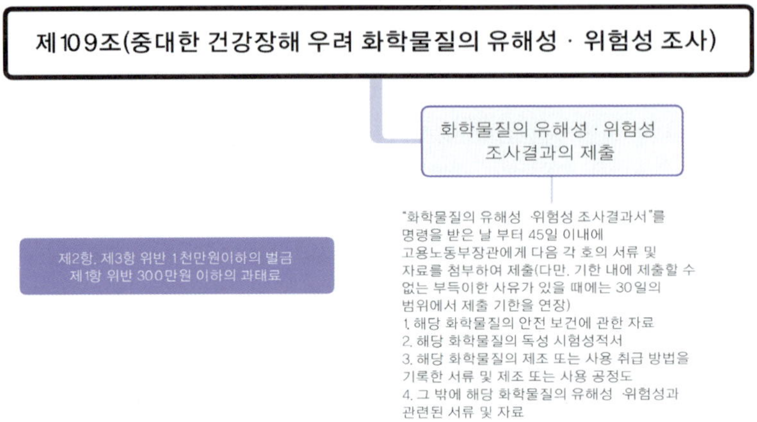

■ 조문해석

근로자의 건강장해를 예방하기 위하여 필요하다고 인정할 때에는 고용노동부령으로 정하는 바에 따라 암 또는 그 밖에 중대한 건강장해를 일으킬 우려가 있는 화학물질을 제조·수입하는 자 또는 사용하는 사업주에게 해당 화학물질의 유해성·위험성을 조사하고 그 결과의 제출 또는 제105조제1항에 따른 유해성·위험성 평가에 필요한 자료의 제출을 명할 수 있다.

또한 화학물질의 유해성·위험성 조사 명령을 받은 자는 유해성·위험성 조사 결과 해당 화학 물질로 인한 근로자의 건강장해가 우려되는 경우 근로자의 건강장해를 예방하기 위하여 시설·설비의 설치 또는 개선 등 필요한 조치를 하여야 한다. 그리고 제출된 조사결과 및 자료를 검토하여 근로자의 건강장해를 예방하기 위하여 필요하다고 인정하는 경우에는 해당 화학물질을 제105조제2항에 따라 구분하여 관리하거나 해당 화학물질을 제조 수입한 자 또는 사용하는 사업주에게 근로자의 건강장해 예방을 위한 시설·설비의 설치 또는 개선 등 필요한 조치를 하도록 명할 수 있다.

시행규칙 제155조(화학물질의 유해성·위험성 조사결과 등의 제출)

1. 해당 화학물질의 안전·보건에 관한 자료
2. 해당 화학물질의 독성시험 성적서
3. 해당 화학물질의 제조 또는 사용· 취급방법을 기록한 서류 및 제조 또는 사용 공정도(工程圖)
4. 그 밖에 해당 화학물질의 유해성·유험성과 관련된 서류 및 자료

제110조(물질안전 보건자료의 작성 및 제출) ① 화학물질 또는 이를 포함한 혼합물로서 제104조에 따른 분류기준에 해당하는 것(대통령령으로 정하는 것은 제외한다. 이하 물질안전 보건자료대상물질이라 한다)을 제조하거나 수입하려는 자는 다음 각 호의 사항을 적은 자료(이하 물질안전 보건자료라 한다)를 고용노동부령으로 정하는 바에 따라 작성하여 고용노동부장관에게 제출하여야 한다. 이 경우 고용노동부장관은 고용노동부령으로 물질안전 보건자료의 기재 사항이나 작성 방법을 정할 때 화학물질관리법 및 화학물질의 등록 및 평가 등에 관한 법률과 관련된 사항에 대해서는 환경부장관과 협의하여야 한다. 〈개정 2020. 5. 26.〉

1. 제품명
2. 물질안전 보건자료대상물질을 구성하는 화학물질 중 제104조에 따른 분류기준에 해당하는 화학물질의 명칭 및 함유량
3. 안전 및 보건상의 취급 주의 사항
4. 건강 및 환경에 대한 유해성, 물리적 위험성
5. 물리·화학적 특성 등 고용노동부령으로 정하는 사항

② 물질안전 보건자료대상물질을 제조하거나 수입하려는 자는 물질안전 보건자료대상물질을 구성하는 화학물질 중 제104조에 따른 분류기준에 해당하지 아니하는 화학물질의 명칭 및 함유량을 고용노동부장관에게 별도로 제출하여야 한다. 다만, 다음 각 호의 어느 하나에 해당하는 경우는 그러하지 아니하다.

1. 제1항에 따라 제출된 물질안전 보건자료에 이 항 각 호 외의 부분 본문에 따른 화학물질의 명칭 및 함유량이 전부 포함된 경우
2. 물질안전 보건자료대상물질을 수입하려는 자가 물질안전 보건자료대상물질을 국외에서 제조하여 우리나라로 수출하려는 자(이하 국외제조자라 한다)로부터 물질안전 보건자료에 적힌 화학물질 외에는 제104조에 따른 분류기준에 해당하는 화학물질이 없음을 확인하는 내용의 서류를 받아 제출한 경우

③ 물질안전 보건자료대상물질을 제조하거나 수입한 자는 제1항 각 호에

따른 사항 중 고용노동부령으로 정하는 사항이 변경된 경우 그 변경 사항을 반영한 물질안전 보건자료를 고용노동부장관에게 제출하여야 한다.

④ 제1항부터 제3항까지의 규정에 따른 물질안전 보건자료 등의 제출 방법・시기, 그 밖에 필요한 사항은 고용노동부령으로 정한다.

제110조(물질안전보건자료의 작성 및 제출)

물질안전보건자료

작성대상
화학물질 또는 이를 함유한 혼합물로서 법 제104조의 유해인자 분류기준에 해당하는 것(물질안전보건자료대상물질)

제출의무자
제조하거나 수입하려는 자
MSDS를 양도 제공 받는 자에게만 제공하므로 정부는 유통되는 화학물질의 현황 파악이 곤란한 점을 개선함

제출기관
고용노동부장관

물질안전보건자료의 기재 사항

1. 제품명 2. 물질안전보건자료대상물질을 구성하는 화학물질 중 제104조에 따른 분류기준에 해당하는 화학물질의 명칭 및 함유량 3. 안전 및 보건상의 취급 주의 사항 4. 건강 및 환경에 대한 유해성, 물리적 위험성 5. 물리 화학적 특성 등 고용노동부령으로 정하는 사항

고용노동부령으로 정하는 사항 1) 물리 ·화학적 특성 2) 독성에 관한 정보 3) 폭발 화재 시의 대처 방법 4) 응급조치 요령
5) 그 밖에 고용노동부장관이 정하는 사항
※ 물질안전보건자료의 신뢰성이 확보될 수 있도록 인용된 자료의 출처 기재

변경된 물질안전보건자료 항목의 제출(고용노동부령으로 정하는 사항이 변경된 경우)

1. 제품명(구성성분의 명칭 및 함유량의 변경이 없는 경우에 한함)
2. 건강 및 환경에 대한 유해성, 물리적 위험성
3. 물질안전보건자료대상물질을 구성하는 화학물질 중 제146조에 따른 분류기준에 해당하는 화학물질의 명칭 및 함유량(제품명의 변경 없이 구성성분의 명칭 및 함유량만 변경된 경우에 한한다)

자료의 열람

고용노동부장관은 환경부장관이 화학물질의 등록 및 평가 등에 관한 법률시행규칙 제35조의2에 따른 화학물질안전정보의 제공 범위에 대한 승인을 위하여 필요하다고 요청하는 경우에는 물질안전보건자료시스템의 자료 중 해당 화학물질과 관련된 자료를 열람하게 할 수 있다.

물질안전보건자료의 작성 •제출 제외 대상 화학물질(대통령령으로 정하는 것)

1. 건강기능식품에 관한 법률 제3조제1호에 따른 건강 기능식품
2. 농약관리법 제2조제1호에 따른 농약
3. 마약류 관리에 관한 법률 제2조제2호 및 제3호에 따른 마약 및 향정신성의약품
4. 비료관리법 제2조제1호에 따른 비료
5. 사료관리법 제2조제1 호에 따른 사료
6. 생활주변방사선 안전관리법 제2조제2호에 따른 원료물질
7. 생활화학제품 및 살생물제의 안전관리에 관한 법률 제3조제4호 및 제8호에 따른 안전확인대상생활화학제품 및 살생물제품 중 일반소비자의 생활용으로 제공되는 제품
8. 식품위생법 제2조제1호 및 제2호에 따른 식품 및 식품첨가물
9. 약사법 제2조제4호 및 제7호에 따른 의약품 및 의약외품
10. 원자력안전법 제2조제5호에 따른 방사성물질
11. 위생용품 관리법 제2조제1호에 따른 위생용품
12. 의료기기법 제2조제1 항에 따른 의료기기
13. 총포 도검 화약류 등의 안전관리에 관한 법률 제2조제3항에 따른 화약류
14. 폐기물관리법 제2조제1호에 따른 폐기물
15. 화장품법 제2조제1호에 따른 화장품
16. 제1호부터 제15호까지의 규정 외의 화학물질 또는 혼합물로서 일반소비자의 생활용으로 제공되는 것(일반소비자의 생활용으로 제공되는 화학물질 또는 혼합물이 사업장 내에서 취급되는 경우를 포함한다
17. 고용노동부장관이 정하여 고시하는 연구 개발용 화학물질 또는 화학제품. 이 경우 법 제110조제1 항부터 제3항까지의 규정에 따른 자료의 제출만 제외된다.
18. 그 밖의 고용노동부장관이 독성 · 폭발성 등으로 인한 위해의 정도가 적다고 인정하여 고시하는 화학물질

물질안전보건자료 등의 제출방법 및 시기

물질안전보건자료 대상물질을 제조하거나 수입하기 전에 공단에 제출 •공단이 구축하여 운영하는 "물질안전보건자료시스템"을 통한 전자적 방법으로 제출

변경된 물질안전보건자료 항목의 제출 시기

즉시

제1항 위반 500만원 이하의 과태료
제 1항 2호위반 500만원 이하의 과태료
제2항위반 500만원 이하의 과태료
제3항위반 500만원 이하의 과태료

■ 조문해석

화학물질 또는 이를 포함한 혼합물로서 제104조에 따른 분류기준에 해당하는 것을 제조하거나 수입하려는 자는 제품명, 물질안전 보건자료대상물질을 구성하는 화학물질 중 제104조에 따른 분류기준에 해당하는 화학물질의 명칭 및 함유량, 안전 및 보건상의 취급 주의 사항, 건강 및 환경에 대한 유해성, 물리적 위험성, 물리・화학적 특성 등 고용노동부령으로 정하는 사항을 적은 자료를 고용노동부령으로 정하는 바에 따라 작성하여 고용노동부장관에게 제출하여야 한다. 이 경우 고용노동부장관은 고용노동부령으로 물질안전 보건자료의 기재 사항이나 작성 방법을 정할 때 화학물질관리법 및 화학물질의 등록 및 평가 등에 관한 법률과 관련된 사항에 대해서는 환경부장관과 협의하여야 한다.

또한 물질안전 보건자료대상물질을 제조하거나 수입하려는 자는 물질안전 보건자료대상물질을 구성하는 화학물질 중 제104조에 따른 분류기준에 해당하지 아니하는 화학물질의 명칭 및 함유량을 고용노동부장관에게 별도로 제출하여야 한다. 다만, 제1항에 따라 제출된 물질안전 보건자료에 이 항 각 호 외의 부분 본문에 따른 화학물질의 명칭 및 함유량이 전부 포함된 경우, 물질안전 보건자료대상물질을 수입하려는 자가 물질안전 보건자료대상물질을 국외에서 제조하여 우리나라로 수출하려는 자(이하 국외제조자라 한다)로부터 물질안전 보건자료에 적힌 화학물질 외에는 제104조에 따른 분류기준에 해당하는 화학물질이 없음을 확인하는 내용의 서류를 받아 제출한 경우는 그러하지 아니하다.

그리고 물질안전 보건자료대상물질을 제조하거나 수입한 자는 제1항 각 호에 따른 사항 중 고용노동부령으로 정하는 사항이 변경된 경우 그 변경 사항을 반영한 물질안전 보건자료를 고용노동부장관에게 제출하여야 하며, 제1항부터 제3항까지의 규정에 따른 물질안전 보건자료 등의 제출 방법・시기, 그 밖에 필요한 사항은 고용노동부령으로 정한다.

제111조(물질안전 보건자료의 제공) ① 물질안전 보건자료대상물질을 양도하거나 제공하는 자는 이를 양도받거나 제공받는 자에게 물질안전 보건자료를 제공하여야 한다.

② 물질안전 보건자료대상물질을 제조하거나 수입한 자는 이를 양도받거나 제공받은 자에게 제110조제3항에 따라 변경된 물질안전 보건자료를 제공하여야 한다.

③ 물질안전 보건자료대상물질을 양도하거나 제공한 자(물질안전 보건자료대상물질을 제조하거나 수입한 자는 제외한다)는 제110조제3항에 따른 물질안전 보건자료를 제공받은 경우 이를 물질안전 보건자료대상물질을 양도받거나 제공받은 자에게 제공하여야 한다.

④ 제1항부터 제3항까지의 규정에 따른 물질안전 보건자료 또는 변경된 물질안전 보건자료의 제공방법 및 내용, 그 밖에 필요한 사항은 고용노동부령으로 정한다.

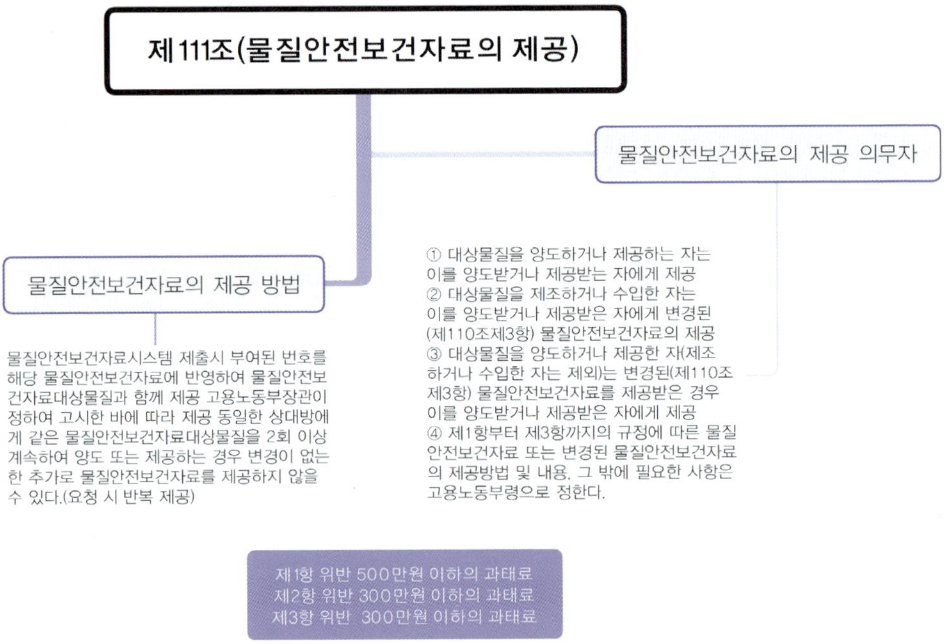

■ **조문해석**

물질안전 보건자료대상물질을 양도하거나 제공하는 자는 이를 양도받거나 제공받는 자에게 물질안전 보건자료를 제공하여야 하며 물질안전 보건자료 대상물질을 제조하거나 수입한 자는 이를 양도받거나 제공받은 자에게 제110조제3항에 따라 변경된 물질안전 보건자료를 제공하여야 한다. 또한 물질안전 보건자료대상물질을 양도하거나 제공한 자(물질안전 보건자료대상물질을 제조하거나 수입한 자는 제외한다)는 제110조제3항에 따른 물질안전 보건자료를 제공받은 경우 이를 물질안전 보건자료대상물질을 양도받거나 제공받은 자에게 제공하여야 한다.

그리고 제1항부터 제3항까지의 규정에 따른 물질안전 보건자료 또는 변경된 물질안전 보건자료의 제공방법 및 내용, 그 밖에 필요한 사항은 고용노동부령으로 정한다.

제112조(물질안전 보건자료의 일부 비공개 승인 등) ① 제110조제1항에도 불구하고 영업비밀과 관련되어 같은 항 제2호에 따른 화학물질의 명칭 및 함유량을 물질안전 보건자료에 적지 아니하려는 자는 고용노동부령으로 정하는 바에 따라 고용노동부장관에게 신청하여 승인을 받아 해당 화학물질의 명칭 및 함유량을 대체할 수 있는 명칭 및 함유량(이하 대체자료라 한다)으로 적을 수 있다. 다만, 근로자에게 중대한 건강장해를 초래할 우려가 있는 화학물질로서 산업재해보상보험법 제8조제1항에 따른 산업재해보상보험 및 예방심의위원회의 심의를 거쳐 고용노동부장관이 고시하는 것은 그러하지 아니하다.

② 고용노동부장관은 제1항 본문에 따른 승인 신청을 받은 경우 고용노동부령으로 정하는 바에 따라 화학물질의 명칭 및 함유량의 대체 필요성, 대체자료의 적합성 및 물질안전 보건자료의 적정성 등을 검토하여 승인 여부를 결정하고 신청인에게 그 결과를 통보하여야 한다.

③ 고용노동부장관은 제2항에 따른 승인에 관한 기준을 산업재해보상보험법 제8조제1항에 따른 산업재해보상보험 및 예방심의위원회의 심의를 거쳐 정한다.

④ 제1항에 따른 승인의 유효기간은 승인을 받은 날부터 5년으로 한다.

⑤ 고용노동부장관은 제4항에 따른 유효기간이 만료되는 경우에도 계속하여 대체자료로 적으려는 자가 그 유효기간의 연장승인을 신청하면 유효기간이 만료되는 다음 날부터 5년 단위로 그 기간을 계속하여 연장승인할 수 있다.

⑥ 신청인은 제1항 또는 제5항에 따른 승인 또는 연장승인에 관한 결과에

대하여 고용노동부령으로 정하는 바에 따라 고용노동부장관에게 이의신청을 할 수 있다.

⑦ 고용노동부장관은 제6항에 따른 이의신청에 대하여 고용노동부령으로 정하는 바에 따라 승인 또는 연장승인 여부를 결정하고 그 결과를 신청인에게 통보하여야 한다.

⑧ 고용노동부장관은 다음 각 호의 어느 하나에 해당하는 경우에는 제1항, 제5항 또는 제7항에 따른 승인 또는 연장승인을 취소할 수 있다. 다만, 제1호의 경우에는 그 승인 또는 연장승인을 취소하여야 한다.

1. 거짓이나 그 밖의 부정한 방법으로 제1항, 제5항 또는 제7항에 따른 승인 또는 연장승인을 받은 경우
2. 제1항, 제5항 또는 제7항에 따른 승인 또는 연장승인을 받은 화학물질이 제1항 단서에 따른 화학물질에 해당하게 된 경우

⑨ 제5항에 따른 연장승인과 제8항에 따른 승인 또는 연장승인의 취소 절차 및 방법, 그 밖에 필요한 사항은 고용노동부령으로 정한다.

⑩ 다음 각 호의 어느 하나에 해당하는 자는 근로자의 안전 및 보건을 유지하거나 직업성 질환 발생 원인을 규명하기 위하여 근로자에게 중대한 건강장해가 발생하는 등 고용노동부령으로 정하는 경우에는 물질안전 보건자료대상물질을 제조하거나 수입한 자에게 제1항에 따라 대체자료로 적힌 화학물질의 명칭 및 함유량 정보를 제공할 것을 요구할 수 있다. 이 경우 정보 제공을 요구받은 자는 고용노동부장관이 정하여 고시하는 바에 따라 정보를 제공하여야 한다.

1. 근로자를 진료하는 의료법 제2조에 따른 의사
2. 보건관리자 및 보건관리전문기관
3. 산업보건의
4. 근로자대표
5. 제165조제2항제38호에 따라 제141조제1항에 따른 역학조사(疫學調査) 실시 업무를 위탁 받은 기관
6. 산업재해보상보험법 제38조에 따른 업무상질병판정위원회

제112조(물질안전보건자료의 일부 비공개 승인 등)

물질안전보건자료의 비공개

영업비밀과 관련되어 화학물질의 명칭 및 함유량의 비공개
고용노동부장관의 승인을 받아 해당 화학물질의 명칭 및
함유량을 대체할 수 명칭 및 함유량을 기재

비공개 승인 신청

물질안전보건자료대상물질을 제조하거나
수입하기 전에 물질안전보건자료시스템을 통
하여 승인 신청(공단에 제출)

비공개 승인 신청 서류

1. 비공개 하고자 하는 화학물질의 명칭 및 함유량이 부정경쟁방지 및 영업비밀 보호에 관한 법률 제2조제2호에 따른 영업비밀에 해당함을 입증하는 자료로서 고용노동부장관이 정하여 고시하는 자료
2. 대체자료
3. 비공개하고자 하는 화학물질의 명칭 및 함유량 건강 및 환경에 대한 유해성, 물리적 위험성 정보
4. 물질안전보건자료
5. 법 제104조에 따른 분류기준에 해당하지 아니하는 화학물질의 명칭 및 함유량
6. 그 밖에 비공개 승인을 위해 필요한 정보로서 고용노동부장관이 정하여 고시하는 서류

부정경쟁방지 및 영업비밀 보호에 관한 법률
제2조(정의)제2호"영업비밀"이란 공공연히
알려져 있지 아니하고 독립된 경제적 가치를
가지는 것으로서, 비밀로 관리된 생산방법,
판매방법, 그 밖에 영업활동에유용한 기술상
또는 경영상의 정보를 말한다.

비공개 승인의 유효기간

5년

제 1항 위반 500만원 이하의 과태료
제5항 위반 500만원 이하의 과태료
제10항위반500만원 이하의 과태료

비공개연장 승인 신청

유효기간이 만료되기 30일 전까지 신청

비공개 승인 결과에 대한 이의신청

결과에 이의가 있는 경우 해당통보를
받은 날부터 20일 이내

대체자료로 적힌 화학물질의 명칭 및 함유량 정보의 제공 요구

근로자에게 중대한 건강 장해가 발생하는 등 고용노동부령으로 정하는 경우 정보의 제공 요구 사유
1. 물질안전보건자료대상물질로 인하여 발생한 직업성 질병에 대한 근로자의 치료를 위하여 필요하다고 판단하는 경우
2. 물질안전보건자료대상물질로 인하여 근로자에게 직업성 질환 등 중대한 건강상의 장해가 발생할 우려가 있다고 판단하는 경우
3. 근로자에게 발생한 직업성 질환의 원인 규명을 위해 필요하다고 판단하는 경우 정보의 제공 요구자
1. 근로자를 진료하는 의사
2. 보건관리자 및 보건관리전문기관
3. 산업보건의
4. 근로자대표
5. 역학조사 실시 업무를 위탁받은 기관
6. 업무상질병판정위원회

■ 조문해석

영업비밀과 관련되어 같은 항 제2호에 따른 화학물질의 명칭 및 함유량을 물질안전 보건자료에 적지 아니하려는 자는 고용노동부장관에게 신청하여 승인을 받아 해당 화학물질의 명칭 및 함유량을 대체할 수 있는 명칭 및 함유량 등 대체자료로 적을 수 있다. 다만, 근로자에게 중대한 건강장해를 초래할 우려가 있는 화학물질로서 산업재해보상보험법 제8조제1항에 따른 산업재해

보상보험 및 예방심의위원회의 심의를 거쳐 고용노동부장관이 고시하는 것은 그러하지 아니하다.

또한 고용노동부장관은 제1항 본문에 따른 승인 신청을 받은 경우 고용노동부령으로 정하는 바에 따라 화학물질의 명칭 및 함유량의 대체 필요성, 대체자료의 적합성 및 물질안전 보건자료의 적정성 등을 검토하여 승인 여부를 결정하고 신청인에게 그 결과를 통보하여야 하고 고용노동부장관은 제2항에 따른 승인에 관한 기준을 산업재해보상보험법 제8조제1항에 따른 산업재해보상보험 및 예방심의위원회의 심의를 거쳐 정하며 승인의 유효기간은 승인을 받은 날부터 5년으로 한다.

그리고 고용노동부장관은 제4항에 따른 유효기간이 만료되는 경우에도 계속하여 대체자료로 적으려는 자가 그 유효기간의 연장승인을 신청하면 유효기간이 만료되는 다음 날부터 5년 단위로 그 기간을 계속하여 연장승인할 수 있으며, 근로자를 진료하는 의료법 제2조에 따른 의사, 보건관리자 및 보건관리전문기관, 산업보건의, 근로자대표, 165조제2항제38호에 따라 제141조제1항에 따른 역학조사(疫學調査) 실시 업무를 위탁 받은 기관, 산업재해보상보험법 제38조에 따른 업무상질병판정위원회 등의 어느 하나에 해당하는 자는 근로자의 안전 및 보건을 유지하거나 직업성 질환 발생 원인을 규명하기 위하여 근로자에게 중대한 건강장해가 발생하는 등 고용노동부령으로 정하는 경우에는 물질안전 보건자료대상물질을 제조하거나 수입한 자에게 제1항에 따라 대체자료로 적힌 화학물질의 명칭 및 함유량 정보를 제공할 것을 요구할 수 있다. 이 경우 정보 제공을 요구받은 자는 고용노동부장관이 정하여 고시하는 바에 따라 정보를 제공하여야 한다.

시행규칙

제161조(비공개 승인 또는 연장승인을 위한 제출서류 및 제출시기) ① 법 제112조제1항 본문에 따라 물질안전 보건자료에 화학물질의 명칭 및 함유량을 대체할 수 있는 명칭 및 함유량(이하 대체자료라 한다)으로 적기 위하여 승인을 신청하려는 자는 물질안전 보건자료대상물질을 제조하거나 수입하기 전에 물질안전 보건자료시스템을 통하여 별지 제63호서식에 따른 물질안전 보건자료 비공개 승인신청서에 다음 각 호의 정보를 기재하거나 첨부하여 공단에 제출해야 한다.

1. 대체자료로 적으려는 화학물질의 명칭 및 함유량이 부정경쟁방지 및 영업비밀 보호에 관한 법률 제2조제2호에 따른 영업비밀에 해당함을 입증하는 자료로서 고용노동부장관이 정하여 고시하는 자료

2. 대체자료
3. 대체자료로 적으려는 화학물질의 명칭 및 함유량, 건강 및 환경에 대한 유해성, 물리적 위험성 정보
4. 물질안전 보건자료
5. 법 제104조에 따른 분류기준에 해당하지 않는 화학물질의 명칭 및 함유량
6. 그 밖에 화학물질의 명칭 및 함유량을 대체자료로 적도록 승인하기 위해 필요한 정보로서 고용노동부장관이 정하여 고시하는 서류

② 제1항에도 불구하고 고용노동부장관이 정하여 고시하는 연구·개발용 화학물질 또는 화학제품에 대한 물질안전 보건자료에 화학물질의 명칭 및 함유량을 대체자료로 적기 위해 승인을 신청하려는 자는 제1항제1호 및 제6호의 자료를 생략하여 제출할 수 있다.

③ 법 제112조제5항에 따른 연장승인 신청을 하려는 자는 유효기간이 만료되기 30일 전까지 물질안전 보건자료시스템을 통하여 별지 제63호서식에 따른 물질안전 보건자료 비공개 연장승인 신청서에 제1항 각 호에 따른 서류를 첨부하여 공단에 제출해야 한다.

제164조(승인 또는 연장승인의 취소) ① 고용노동부장관은 법 제112조제8항에 따라 승인 또는 연장승인을 취소하는 경우 별지 제67호의 서식에 따라 그 결과를 신청인에게 즉시 통보해야 한다.

② 제1항에 따른 취소 결정을 통지받은 자는 화학물질의 명칭 및 함유량을 기재하는 등 그 결과를 반영하여 물질안전 보건자료를 변경해야 한다.

③ 제1항에 따른 취소 결정을 통지받은 자는 제2항의 변경된 물질안전 보건자료에 대하여 법 제110조제3항, 법 제111조제2항 및 제3항에 따른 제출 및 제공 등의 조치를 해야 한다.

제165조(대체자료로 적힌 화학물질의 명칭 및 함유량 정보의 제공 요구) 법 제112조제10항 각 호 외의 부분 전단에서 "근로자에게 중대한 건강장해가 발생하는 등 고용노동부령으로 정하는 경우"란 다음 각 호의 어느 하나에 해당하는 경우를 말한다.

1. 법 제112조제10항제1호 및 제3호에 해당하는 자가 물질안전 보건자료대상물질로 인하여 발생한 직업성 질병에 대한 근로자의 치료를 위하여 필요하다고 판단하는 경우
2. 법 제112호제10항제2호에서 제4호까지의 규정에 해당하는 자 또는 기관이 물질안전 보건자료대상물질로 인하여 근로자에게 직업성 질환 등 중대한 건강상의 장해가 발생할 우려가 있다고 판단하는 경우
3. 법 제112호제10항제4호에서 제6호까지의 규정에 해당하는 자 또는 기관(제6호의 경우 위원회를 말한다)이 근로자에게 발생한 직업성 질환의 원인 규명을 위해 필요하다고 판단하는 경우

제113조(국외제조자가 선임한 자에 의한 정보 제출 등) ① 국외제조자는 고용노동부령으로 정하는 요건을 갖춘 자를 선임하여 물질안전 보건자료대상물질을 수입하는 자를 갈음하여 다음 각 호에 해당하는 업무를 수행하도록 할 수 있다.

1. 제110조제1항 또는 제3항에 따른 물질안전 보건자료의 작성ㆍ제출
2. 제110조제2항 각 호 외의 부분 본문에 따른 화학물질의 명칭 및 함유량 또는 같은 항 제2호에 따른 확인서류의 제출
3. 제112조제1항에 따른 대체자료 기재 승인, 같은 조 제5항에 따른 유효기간 연장승인 또는 같은 조 제6항에 따른 이의신청

② 제1항에 따라 선임된 자는 고용노동부장관에게 제110조제1항 또는 제3항에 따른 물질안전 보건자료를 제출하는 경우 그 물질안전 보건자료를 해당 물질안전 보건자료대상물질을 수입하는 자에게 제공하여야 한다.

③ 제1항에 따라 선임된 자는 고용노동부령으로 정하는 바에 따라 국외제조자에 의하여 선임되거나 해임된 사실을 고용노동부장관에게 신고하여야 한다.

④ 제2항에 따른 물질안전 보건자료의 제출 및 제공 방법ㆍ내용, 제3항에 따른 신고 절차ㆍ방법, 그 밖에 필요한 사항은 고용노동부령으로 정한다.

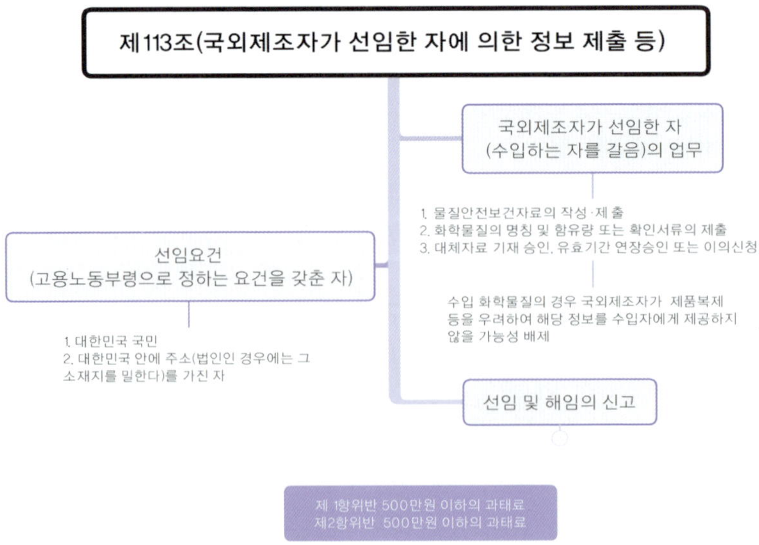

■ 조문해석

국외제조자는 고용노동부령으로 정하는 요건을 갖춘 자를 선임하여 물질안전 보건자료대상물질을 수입하는 자를 갈음하여 제110조제1항 또는 제3항에 따른 물질안전 보건자료의 작성・제출, 제110조제2항 각 호 외의 부분 본문에 따른 화학물질의 명칭 및 함유량 또는 같은 항 제2호에 따른 확인서류의 제출, 제112조제1항에 따른 대체자료 기재 승인, 같은 조 제5항에 따른 유효기간 연장승인 또는 같은 조 제6항에 따른 이의신청 등에 해당하는 업무를 수행하도록 할 수 있다.

또한 제1항에 따라 선임된 자는 고용노동부장관에게 제110조제1항 또는 제3항에 따른 물질안전 보건자료를 제출하는 경우 그 물질안전 보건자료를 해당 물질안전 보건자료대상물질을 수입하는 자에게 제공하여야 하며, 제1항에 따라 선임된 자는 고용노동부령으로 정하는 바에 따라 국외제조자에 의하여 선임되거나 해임된 사실을 고용노동부장관에게 신고하여야 한다.

그리고 제2항에 따른 물질안전 보건자료의 제출 및 제공 방법・내용, 제3항에 따른 신고 절차・방법, 그 밖에 필요한 사항은 고용노동부령으로 정한다.

제114조(물질안전 보건자료의 게시 및 교육) ① 물질안전 보건자료대상물질을 취급하려는 사업주는 제110조제1항 또는 제3항에 따라 작성하였거나 제111조제1항부터 제3항까지의 규정에 따라 제공받은 물질안전 보건자료를 고용노동부령으로 정하는 방법에 따라 물질안전 보건자료대상물질을 취급하는 작업장 내에 이를 취급하는 근로자가 쉽게 볼 수 있는 장소에 게시하거나 갖추어 두어야 한다.

② 제1항에 따른 사업주는 물질안전 보건자료대상물질을 취급하는 작업 공정별로 고용노동부령으로 정하는 바에 따라 물질안전 보건자료대상물질의 관리 요령을 게시하여야 한다.

③ 제1항에 따른 사업주는 물질안전 보건자료대상물질을 취급하는 근로자의 안전 및 보건을 위하여 고용노동부령으로 정하는 바에 따라 해당 근로자를 교육하는 등 적절한 조치를 하여야 한다.

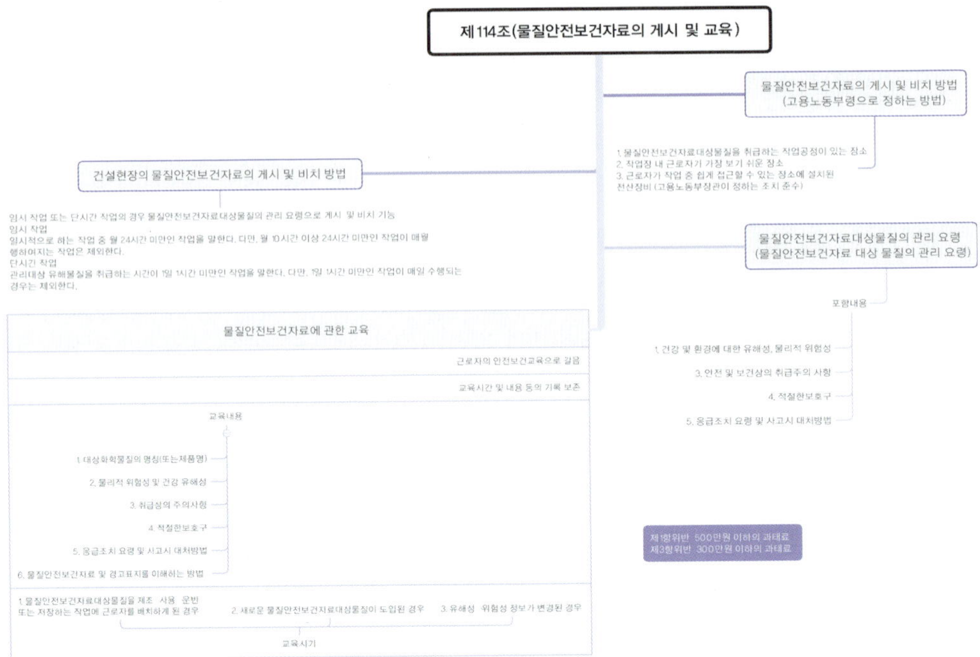

■ 조문해석

물질안전 보건자료대상물질을 취급하려는 사업주는 제110조제1항 또는 제3항에 따라 작성하였거나 제111조제1항부터 제3항까지의 규정에 따라 제공받은 물질안전 보건자료를 고용노동부령으로 정하는 방법에 따라 물질안전 보건자료대상물질을 취급하는 작업장 내에 이를 취급하는 근로자가 쉽게 볼 수 있는 장소에 게시하거나 갖추어 두어야 한다. 또한 제1항에 따른 사업주는 물질안전 보건자료대상물질을 취급하는 작업공정별로 고용노동부령으로 정하는 바에 따라 물질안전 보건자료대상물질의 관리 요령을 게시하여야 한다. 그리고 ③ 제1항에 따른 사업주는 물질안전 보건자료대상물질을 취급하는 근로자의 안전 및 보건을 위하여 고용노동부령으로 정하는 바에 따라 해당 근로자를 교육하는 등 적절한 조치를 하여야 한다.

시행규칙

제167조(물질안전 보건자료를 게시하거나 갖추어 두는 방법) ① 법 제114조제1항에서 "고용노동부령으로 정하는 방법"이란 다음 각 호의 어느 하나에 해당하는 장소 또는 전산장비에 항상 게시하거나 갖추어 두는 것을 말한다. 다만, 제3호에 따른 장비에 게시하거나 갖추어 두는 경우는 고용노동부장관이 정하는 조치를 하여야 한다.

1. 물질안전 보건자료대상물질을 취급하는 작업공정이 있는 장소
2. 작업장 내 근로자가 가장 보기 쉬운 장소
3. 근로자가 작업 중 쉽게 접근할 수 있는 장소에 설치된 전산장비

제168조(물질안전 보건자료대상물질의 관리 요령 게시)

1. 제품명
2. 건강 및 환경에 대한 유해성, 물리적 위험성
3. 안전 및 보건상의 취급주의 사항
4. 적절한 보호구
5. 응급조치 요령 및 사고 시 대처방법

제169조(물질안전 보건자료에 관한 교육의 시기·내용·방법 등) ① 법 제114조제3항에 따라 사업주는 다음 각 호의 어느 하나에 해당하는 경우에는 작업장에서 취급하는 물질안전 보건자료대상물질의 물질안전 보건자료에서 별표 5에 해당되는 내용을 근로자에게 교육하여야 한다. 이 경우 교육받은 근로자에 대해서는 해당 교육 시간만큼 법 제29조에 따른 안전·보건교육을 실시한 것으로 본다.

1. 물질안전 보건자료대상물질을 제조·사용·운반 또는 저장하는 작업에 근로자를 배치하게 된 경우
2. 새로운 물질안전 보건자료대상물질이 도입된 경우
3. 유해성·위험성 정보가 변경된 경우

제115조(물질안전 보건자료대상물질 용기 등의 경고표시) ① 물질안전 보건자료대상물질을 양도하거나 제공하는 자는 고용노동부령으로 정하는 방법에 따라 이를 담은 용기 및 포장에 경고표시를 하여야 한다. 다만, 용기 및 포장에 담는 방법 외의 방법으로 물질안전 보건자료대상물질을 양도하거나 제공하는 경우에는 고용노동부장관이 정하여 고시한 바에 따라 경고표시 기재 항목을 적은 자료를 제공하여야 한다.

② 사업주는 사업장에서 사용하는 물질안전 보건자료대상물질을 담은 용기에 고용노동부령으로 정하는 방법에 따라 경고표시를 하여야 한다. 다만, 용기에 이미 경고표시가 되어 있는 등 고용노동부령으로 정하는 경우에는 그러하지 아니하다.

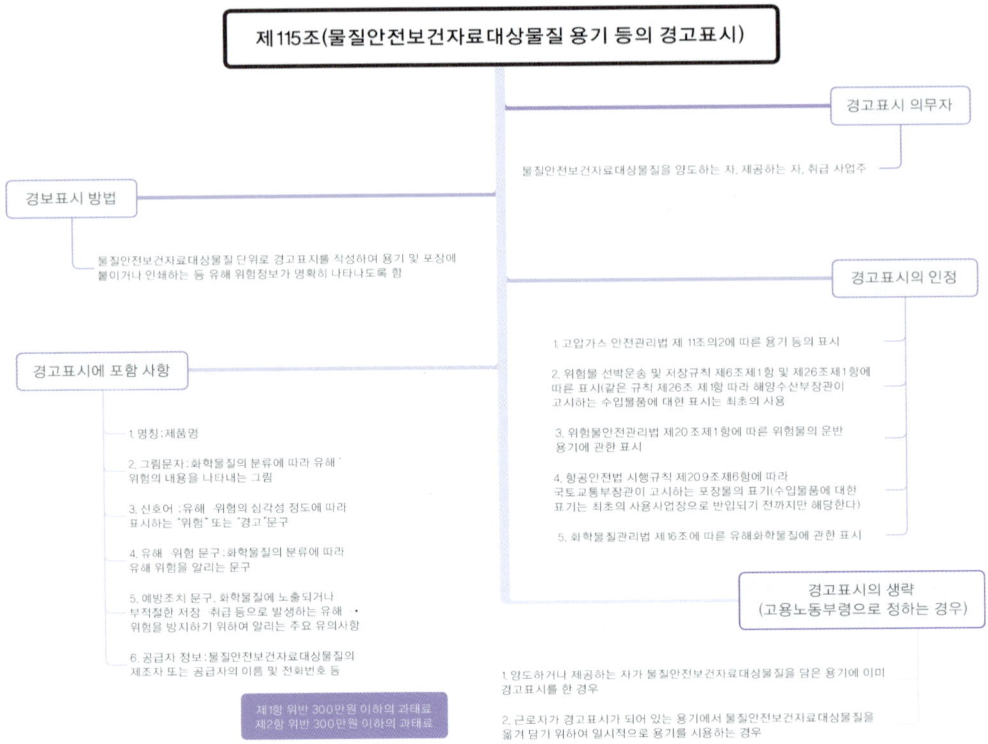

■ 조문해석

물질안전 보건자료대상물질을 양도하거나 제공하는 자는 고용노동부령으로 정하는 방법에 따라 이를 담은 용기 및 포장에 경고표시를 하여야 한다. 다만, 용기 및 포장에 담는 방법 외의 방법으로 물질안전 보건자료대상물질을 양도하거나 제공하는 경우에는 고용노동부장관이 정하여 고시한 바에 따라 경고표시 기재 항목을 적은 자료를 제공하여야 한다.

또한 사업주는 사업장에서 사용하는 물질안전 보건자료대상물질을 담은 용기에 고용노동부령으로 정하는 방법에 따라 경고표시를 하여야 한다. 다만, 용기에 이미 경고표시가 되어 있는 등 고용노동부령으로 정하는 경우에는 그러하지 아니하다.

시행규칙 제170조(경고표시 방법 및 기재항목) ① 물질안전 보건자료대상물질을 양도하거나 제공하는 자 또는 이를 사업장에서 취급하는 사업주가 법 제115조제1항 및 제2항에 따른 경고표시를 하는 경우에는 물질안전 보건자료대상물질 단위로 경고표지를 작성하여 물질안전 보건자료대상물질을 담은 용기 및 포장에 붙이거나 인쇄하는 등 유해·위험정보가 명확히 나타나도록 해야 한다. 다만, 다음 각 호의 어느 하나에 해당하는 표시를 한 경우에는 경고표시를 한 것으로 본다.

1. 고압가스 안전관리법 제11조의2에 따른 용기 등의 표시
2. 위험물 선박운송 및 저장규칙 제6조제1항 및 제26조제1항에 따른 표시(같은 규칙 제26조제1항에 따라 해양수산부장관이 고시하는 수입물품에 대한 표시는 최초의 사용사업장으로 반입되기 전까지만 해당한다)
3. 위험물안전관리법 제20조제1항에 따른 위험물의 운반용기에 관한 표시
4. 항공안전법 시행규칙 제209조제6항에 따라 국토교통부장관이 고시하는 포장물의 표기(수입물품에 대한 표기는 최초의 사용사업장으로 반입되기 전까지만 해당한다)
5. 화학물질관리법 제16조에 따른 유해화학물질에 관한 표시

② 제1항 각 호 외의 부분 본문에 따른 경고표지에는 다음 각 호의 사항이 모두 포함되어야 한다.

1. 명칭: 제품명
2. 그림문자: 화학물질의 분류에 따라 유해·위험의 내용을 나타내는 그림
3. 신호어: 유해·위험의 심각성 정도에 따라 표시하는 "위험" 또는 "경고" 문구
4. 유해·위험 문구: 화학물질의 분류에 따라 유해·위험을 알리는 문구
5. 예방조치 문구: 화학물질에 노출되거나 부적절한 저장·취급 등으로 발생하는 유해·위험을 방지하기 위하여 알리는 주요 유의사항
6. 공급자 정보: 물질안전 보건자료대상물질의 제조자 또는 공급자의 이름 및 전화번호 등

③ 제1항과 제2항에 따른 경고표지의 규격, 그림문자, 신호어, 유해·위험 문구, 예방조치 문구, 그 밖의 경고표시의 방법 등에 관하여 필요한 사항은 고용노동부장관이 정하여 고시한다.

④ 법 제115조제2항 단서에서 "고용노동부령으로 정하는 경우"란 다음 각 호의 어느 하나에 해당하는 경우를 말한다.

1. 법 제115조제1항에 따라 물질안전 보건자료대상물질을 양도하거나 제공하는 자가 물질안전 보건자료대상물질을 담은 용기에 이미 경고표시를 한 경우
2. 근로자가 경고표시가 되어 있는 용기에서 물질안전 보건자료대상물질을 옮겨 담기 위하여 일시적으로 용기를 사용하는 경우

제116조(물질안전 보건자료와 관련된 자료의 제공) 고용노동부장관은 근로자의 안전 및 보건 유지를 위하여 필요하면 물질안전 보건자료와 관련된 자료를 근로자 및 사업주에게 제공할 수 있다.

제116조(물질안전보건자료와 관련된 자료의 제공)

물질안전보건자료 관련 자료의 제공

제공자 고용노동부장관

고용노동부장관 및 공단은 관련된 자료를 제공하기 위하여 물질안전보건자료 대상물질을 제조하거나 수입하는 자에게 물질안전보건자료와 관련된 자료를 요청할 수 있다

■ 조문해석

고용노동부장관은 근로자의 안전 및 보건 유지를 위하여 필요하면 물질안전보건자료와 관련된 자료를 근로자 및 사업주에게 제공할 수 있다. 또한 고용노동부장관 및 공단은 법 제116조에 따라 근로자나 사업주에게 물질안전 보건자료와 관련된 자료를 제공하기 위하여 필요하다고 인정하는 경우에는 물질안전 보건자료대상물질을 제조하거나 수입하는 자에게 물질안전 보건자료와 관련된 자료를 요청할 수 있다라고 시행규칙 제171조에 규정되어 있다.

제117조(유해・위험물질의 제조 등 금지) ① 누구든지 다음 각 호의 어느 하나에 해당하는 물질로서 대통령령으로 정하는 물질(이하 제조 등 금지 물질이라 한다)을 제조・수입・양도・제공 또는 사용해서는 아니 된다.

1. 직업성 암을 유발하는 것으로 확인되어 근로자의 건강에 특히 해롭다고 인정되는 물질
2. 제105조제1항에 따라 유해성・위험성이 평가된 유해인자나 제109조에 따라 유해성・위험성이 조사된 화학물질 중 근로자에게 중대한 건강장해를 일으킬 우려가 있는 물질

② 제1항에도 불구하고 시험・연구 또는 검사 목적의 경우로서 다음 각 호의 어느 하나에 해당하는 경우에는 제조 등 금지물질을 제조・수입・양도・제공 또는 사용할 수 있다.

1. 제조・수입 또는 사용을 위하여 고용노동부령으로 정하는 요건을

갖추어 고용노동부장관의 승인을 받은 경우

2. 화학물질관리법 제18조제1항 단서에 따른 금지물질의 판매 허가를 받은 자가 같은 항 단서에 따라 판매 허가를 받은 자나 제1호에 따라 사용 승인을 받은 자에게 제조 등 금지물질을 양도 또는 제공하는 경우

③ 고용노동부장관은 제2항제1호에 따른 승인을 받은 자가 같은 호에 따른 승인요건에 적합하지 아니하게 된 경우에는 승인을 취소하여야 한다.

④ 제2항제1호에 따른 승인 절차, 승인 취소 절차, 그 밖에 필요한 사항은 고용노동부령으로 정한다.

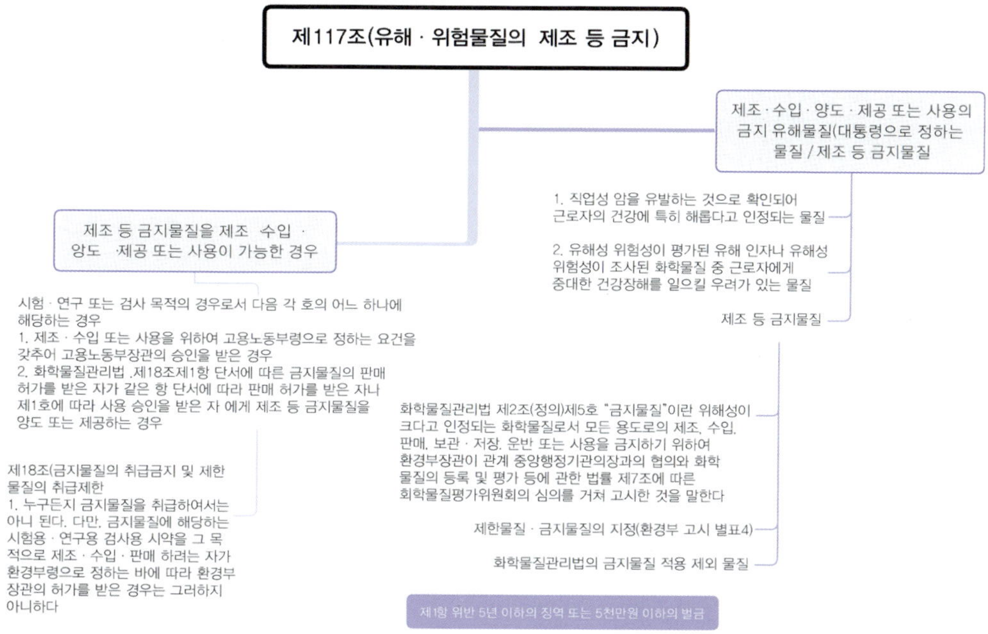

■ 조문해석

누구든지 직업성 암을 유발하는 것으로 확인되어 근로자의 건강에 특히 해롭다고 인정되는 물질과 유해성·위험성이 평가된 유해인자나 유해성·위험성이 조사된 화학물질 중 근로자에게 중대한 건강장해를 일으킬 우려가 있는 물질 중의 어느 하나에 해당하는 물질로서 대통령령으로 정하는 물질(이하 제조 등 금지물질이라 한다)을 제조·수입·양도·제공 또는 사용해서는 아니 된다.

또한 제1항에도 불구하고 시험·연구 또는 검사 목적의 경우로서 제조·수입 또는 사용을 위하여 고용노동부령으로 정하는 요건을 갖추어 고용노동부장관의 승인을 받은 경우, 화학물질관리법 제18조제1항 단서에 따른 금지물질의 판매 허가를 받은 자가 같은 항 단서에 따라 판매 허가를 받은 자나 제1호에 따라 사용 승인을 받은 자에게 제조 등 금지물질을 양도 또는 제공하는 경우 등의 어느 하나에 해당하는 경우에는 제조 등 금지물질을 제조·수입·양도·제공 또는 사용할 수 있다.

그리고 고용노동부장관은 제2항제1호에 따른 승인을 받은 자가 같은 호에 따른 승인요건에 적합하지 아니하게 된 경우에는 승인을 취소하여야 하고 제2항제1호에 따른 승인 절차, 승인 취소 절차, 그 밖에 필요한 사항은 고용노동부령으로 정한다.

시행령 제87조(제조 등이 금지되는 유해물질)

1. β-나프틸아민[91-59-8]과 그 염(β-Naphthylamine and its salts)
2. 4-니트로디페닐[92-93-3]과 그 염(4-Nitrodiphenyl and its salts)
3. 백연[1319-46-6]을 함유한 페인트(함유된 중량의 비율이 2퍼센트 이하인 것은 제외한다)(Paint containing more than 2 % white lead by weight)
4. 벤젠[71-43-2]을 함유하는 고무풀(함유된 중량의 비율이 5퍼센트 이하인 것은 제외한다)(Mucilage(gum) containing more than 5% benzene by weight)
5. 석면(Asbestos; 1332-21-4 등)
6. 폴리클로리네이티드 터페닐(Polychlorinated terphenyls; 61788-33-8 등)
7. 황린(黃燐)[12185-10-3] 성냥(Yellow phosphorus match)
8. 제1호 및 제2호, 제5호 및 제6호의 어느 하나에 해당하는 물질을 함유한 혼합물(함유된 중량의 비율이 1퍼센트 이하인 것은 제외한다)
9. 화학물질관리법 제2조제5호에 따른 금지물질(화학물질관리법 제3조제1항제1호부터 제12호의 어느 하나에 해당하는 화학물질은 제외한다)
10. 그 밖에 보건상 해로운 물질로서 산업재해보상보험 및 예방심의위원회의 심의를 거쳐 고용노동부장관이 정하는 유해물질

제118조(유해·위험물질의 제조 등 허가) ① 제117조제1항 각 호의 어느 하나에 해당하는 물질로서 대체물질이 개발되지 아니한 물질 등 대통령

령으로 정하는 물질(이하 허가대상물질이라 한다)을 제조하거나 사용하려는 자는 고용노동부장관의 허가를 받아야 한다. 허가받은 사항을 변경할 때에도 또한 같다.

② 허가대상물질의 제조·사용설비, 작업방법, 그 밖의 허가기준은 고용노동부령으로 정한다.

③ 제1항에 따라 허가를 받은 자(이하 허가대상물질제조·사용자라 한다)는 그 제조·사용설비를 제2항에 따른 허가기준에 적합하도록 유지하여야 하며, 그 기준에 적합한 작업방법으로 허가대상물질을 제조·사용하여야 한다.

④ 고용노동부장관은 허가대상물질제조·사용자의 제조·사용설비 또는 작업방법이 제2항에 따른 허가기준에 적합하지 아니하다고 인정될 때에는 그 기준에 적합하도록 제조·사용설비를 수리·개조 또는 이전하도록 하거나 그 기준에 적합한 작업방법으로 그 물질을 제조·사용하도록 명할 수 있다.

⑤ 고용노동부장관은 허가대상물질제조·사용자가 다음 각 호의 어느 하나에 해당하면 그 허가를 취소하거나 6개월 이내의 기간을 정하여 영업을 정지하게 할 수 있다. 다만, 제1호에 해당할 때에는 그 허가를 취소하여야 한다.

1. 거짓이나 그 밖의 부정한 방법으로 허가를 받은 경우
2. 제2항에 따른 허가기준에 맞지 아니하게 된 경우
3. 제3항을 위반한 경우
4. 제4항에 따른 명령을 위반한 경우
5. 자체검사 결과 이상을 발견하고도 즉시 보수 및 필요한 조치를 하지 아니한 경우

⑥ 제1항에 따른 허가의 신청절차, 그 밖에 필요한 사항은 고용노동부령으로 정한다.

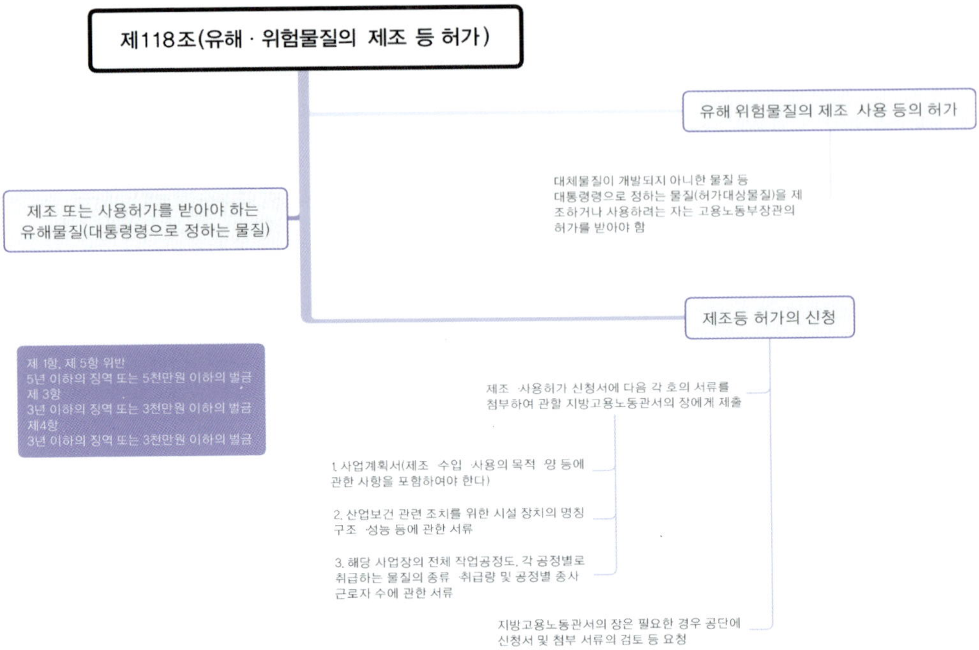

■ 조문해석

제117조제1항 직업성 암을 유발하는 것으로 확인되어 근로자의 건강에 특히 해롭다고 인정되는 물질, 제105조제1항에 따라 유해성·위험성이 평가된 유해인자나 제109조에 따라 유해성·위험성이 조사된 화학물질 중 근로자에게 중대한 건강장해를 일으킬 우려가 있는 물질 등의 어느 하나에 해당하는 물질로서 대체물질이 개발되지 아니한 물질 등 대통령령으로 정하는 물질(이하 허가대상물질이라 한다)을 제조하거나 사용하려는 자는 고용노동부장관의 허가를 받아야 한다. 허가받은 사항을 변경할 때에도 또한 같다.

또한 허가대상물질의 제조·사용설비, 작업방법, 그 밖의 허가기준은 고용노동부령으로 정하고 제1항에 따라 허가를 받은 자는 그 제조·사용설비를 제2항에 따른 허가기준에 적합하도록 유지하여야 하며, 그 기준에 적합한 작업방법으로 허가대상물질을 제조·사용하여야 한다.

그리고 고용노동부장관은 허가대상물질제조·사용자의 제조·사용설비 또는 작업방법이 제2항에 따른 허가기준에 적합하지 아니하다고 인정될 때에는 그 기준에 적합하도록 제조·사용설비를 수리·개조 또는 이전하도록 하거나 그 기준에 적합한 작업방법으로 그 물질을 제조·사용하도록 명할 수 있으며 고용노동부장관은 허가대상물질제조·사용자가 1. 거짓이나 그 밖의 부정한 방법으로 허가를 받은 경우, 2. 제2항에 따른 허가기준에 맞지 아니하게 된 경우, 3. 제3항을 위반한 경우, 4. 제4항에 따른 명령을 위반한 경우의 어느 하나에 해당하면 그 허가를 취소하거나 6개월 이내의 기간을 정하여 영업을 정지하게 할 수 있다. 다만, 제1호에 해당할 때에는 그 허가를 취소하여야 한다.

시행령 제88조(허가 대상 유해물질)

1. α-나프틸아민[134-32-7] 및 그 염(α-naphthylamine and its salts)
2. 디아니시딘[119-90-4] 및 그 염(Dianisidine and its salts)
3. 디클로로벤지딘[91-94-1] 및 그 염(Dichlorobenzidine and its salts)
4. 베릴륨(Beryllium; 7440-41-7)
5. 벤조트리클로라이드(Benzotrichloride; 98-07-7)
6. 비소[7440-38-2] 및 그 무기화합물(Arsenic and its inorganic compounds)
7. 염화비닐(Vinyl chloride; 75-01-4)
8. 콜타르피치[65996-93-2] 휘발물(Coal tar pitch volatiles)
9. 크롬광 가공(열을 가하여 소성 처리하는 경우만 해당한다)(Chromite ore processing)
10. 크롬산 아연(Zinc chromates; 13530-65-9 등)
11. o-톨리딘[119-93-7] 및 그 염(o-Tolidine and its salts)
12. 황화니켈류(Nickel sulfides; 12035-72-2, 16812-54-7)
13. 제1호부터 제12호까지의 어느 하나에 해당하는 물질(제5호는 제외한다)을 함유한 혼합물(함유된 중량의 비율이 1퍼센트 이하인 것은 제외한다)
14. 제5호의 물질을 함유한 혼합물(함유된 중량의 비율이 0.5퍼센트 이하인 것은 제외한다)
15. 그 밖에 보건상 해로운 물질로서 고용노동부장관이 산업재해보상보험 및 예방심의위원회의 심의를 거쳐 정하는 유해물질

제2절 석면에 대한 조치

제119조(석면조사) ① 건축물이나 설비를 철거하거나 해체하려는 경우에 해당 건축물이나 설비의 소유주 또는 임차인 등(이하 건축물·설비소유주 등이라 한다)은 다음 각 호의 사항을 고용노동부령으로 정하는 바에 따라 조사(이하 일반석면조사라 한다)한 후 그 결과를 기록하여 보존하여야 한다. 〈개정 2020. 5. 26.〉

1. 해당 건축물이나 설비에 석면이 포함되어 있는지 여부

2. 해당 건축물이나 설비 중 석면이 포함된 자재의 종류, 위치 및 면적

② 제1항에 따른 건축물이나 설비 중 대통령령으로 정하는 규모 이상의 건축물·설비소유주 등은 제120조에 따라 지정 받은 기관(이하 석면조사기관이라 한다)에 다음 각 호의 사항을 조사(이하 기관석면조사라 한다)하도록 한 후 그 결과를 기록하여 보존하여야 한다. 다만, 석면함유 여부가 명백한 경우 등 대통령령으로 정하는 사유에 해당하여 고용노동부령으로 정하는 절차에 따라 확인을 받은 경우에는 기관석면조사를 생략할 수 있다. 〈개정 2020. 5. 26.〉

1. 제1항 각 호의 사항
2. 해당 건축물이나 설비에 포함된 석면의 종류 및 함유량

③ 건축물·설비소유주 등이 석면안전관리법 등 다른 법률에 따라 건축물이나 설비에 대하여 석면조사를 실시한 경우에는 고용노동부령으로 정하는 바에 따라 일반석면조사 또는 기관석면조사를 실시한 것으로 본다.

④ 고용노동부장관은 건축물·설비소유주 등이 일반석면조사 또는 기관석면조사를 하지 아니하고 건축물이나 설비를 철거하거나 해체하는 경우에는 다음 각 호의 조치를 명할 수 있다.

1. 해당 건축물·설비소유주 등에 대한 일반석면조사 또는 기관석면조사의 이행 명령
2. 해당 건축물이나 설비를 철거하거나 해체하는 자에 대하여 제1호에 따른 이행 명령의 결과를 보고받을 때까지의 작업중지 명령

⑤ 기관석면조사의 방법, 그 밖에 필요한 사항은 고용노동부령으로 정한다.

제119조(석면조사)

석면조사

건축물이나 설비를 철거하거나 해체하려는 경우에 해당 건축물이나 설비의 소유주 또는 임차인 등(건축물 · 설비소유주등)은 석면함유 여부 등을 조사한 후 그 결과를 기록 보존하여야함

석면조사의무자 –"건축물이나 설비의 소유주 또는 임차인 등"은 해당 건축물이나 설비의 철거 권한과 의도가 있어야 하는 바 건축물 소유주, 임차인, 사업시행자, 재개발 조합 등이 이에 해당됨(석면해체 ·제거업자는 해당되지 않음)

일반석면조사 –건축물이나 설비를 철거 · 해체하려는 경우로서 소유주 또는 임차인 등이 그 건축물이나 설비의 석면함유 여부를 육안, 설계도서, 자재이력 등 적절한 방법을 통하여 조사

기관석면조사 –건축물이나 설비를 철거 – 해체하려는 경우로서 대통령령으로 정하는 규모 이상의 건축물 설비소유주등이 석변조사기관으로 하여금 실시하는 조사

기관석면조사 대상(대통령령으로 정하는 규모 이상의 건축물 설비)

1. 건축물(제2호에 따른 주택은 제외)의 연면적 합계가 50㎡이면서, 그 건축물의 철거 ·해체하려는 부분의 면적 합계가 50㎡ 이상인 경우
2. 주택 건축법 시행령 제2조제 12호에 따른 부속건축물을 포함)의 연면적 합계가 200㎡이면서, 그 주택의 철거 ·해체하려는 부분의 면적 합계가 200㎡이상인 경우
3. 설비의 철거 해체하려는 부분에 다음 각 목의 어느 하나에 해당히는 자재(물질을 포함)를 사용한 면적의 합이 15㎡이상 또는 그 부피의 합이 ㎥이상인 경우
가.단열재 나.보온재 다.분무재 라.내화피복재 마. 개스킷 바. 패킹재 사 실링재 아. 그 밖에 가목부터 사목까지의 자재와 유사한 용도로 사용되는 자재로서 고용노동부장관이 정때 고시한 자재
4. 파이프 길이의 합이 80㎡이면서 그 파이프의 철거 , 해체하려는 부분의 보온재로 사용된 길이의 합에 80㎡이상인 경우

기관석면조사의 생략(석면함유 여부가 명백한 경우 등 대통령령으로 정하는 사유)

기관석면조사 대상 중 다음 사항의 경우에는 지방고용노동관서의 장에게 확인신청서를 제출하여 확인을 받은 후 석면조사를 생략

1. 건축물이나 설비의 철거 해체 부분에 사용된 자재가 설계도서, 자재 이력 등 관련 자료를 통해 석면을 함유하고 있지 않음이 명백하다고 인정되는 경우
2. 건축물이나 설비의 철거 해체 부분에 석면이 1%(무게 %) 초과하여 함유된 자재를 사용하였음이 명백하다고 인정되는 경우

석면안전관리법에 따라 건축물이나 설비에 대한 석면조사를 실시한 경우 지방고용노동관서의 장에게 확인 신청서를 제출한 경우 석면조사를 생략

석면조사 결과의 보존

일반석면조사를 한 건축물 · 설비소유주등은 그 결과에 관한 서류를 그 건축물이나 설비에 대한 해체, 제거작업이 종료될 때까지 보존히여야 하고 기관석면조사를 한 건축물 · 설비소유주등과 석면조사기관은 그 결과에 관한 서류를 3년 동안 보존하여야 함

제 1항 위반 300만원 이하의 과태료
제2항 위반 5천만원 이하의 과태료
제4항 위반 3년 이하의 징역 또는 3천만원 이하의 벌금

■ **조문해석**

건축물이나 설비를 철거하거나 해체하려는 경우에 해당 건축물이나 설비의 소유주 또는 임차인 등(이하 건축물 · 설비소유주 등이라 한다)은 해당 건축물이나 설비에 석면이 포함되어 있는지 여부와 해당 건축물이나 설비 중 석면이 포함된 자재의 종류, 위치 및 면적 등의 사항을 고용노동부령으로 정하는 바에 따라 조사(이하 일반석면조사라 한다)한 후 그 결과를 기록하여 보존하여야 한다.

또한 제1항에 따른 건축물이나 설비 중 대통령령으로 정하는 규모 이상의 건축물 · 설비소유주 등은 제120조에 따라 지정받은 기관(이하 석면조사기관이라 한다)에 제1항 각 호의 사항과 해당 건축물이나 설비에 포함된 석면의 종류 및 함유량의 사항을 조사(이하 기관석면조사라 한다)하도록 한 후 그 결과를 기록하여 보존하여야 한다. 다만, 석면함유 여부가 명백한 경우 등 대통령령으로 정하는 사유에 해당하여 고용노동부령으로 정하는 절차에 따라 확인을 받은 경우에는 기관석면조사를 생략할 수 있고 건축물 · 설비소유주 등이 석면안전관리법 등 다른 법률에 따라 건축물이나 설비에 대하여 석면조사를 실시한 경우에는 고용노동부령으로 정하는 바에 따라 일반석면조사 또는 기관석면조사를 실시한 것으로 본다.

그리고 고용노동부장관은 건축물 · 설비소유주 등이 일반석면조사 또는 기관석면조사를 하지 아니하고 건축물이나 설비를 철거하거나 해체하는 경우에는 해당 건축물 · 설비소유주 등에 대한 일반석면조사 또는 기관석면조사의 이행 명령, 해당 건축물이나 설비를 철거하거나 해체하는 자에 대하여 제1호에 따른 이행 명령의 결과를 보고받을 때까지의 작업중지 명령의 조치를 명할 수 있다.

시행령 제89조(기관석면조사 대상) ① "대통령령으로 정하는 규모 이상"이란 다음 각 호의 어느 하나와 같다.

1. 건축물(제2호에 따른 주택은 제외한다. 이하 이 호에서 같다)의 연면적 합계가 50제곱미터 이상이면서, 그 건축물의 철거 · 해체하려는 부분의 면적 합계가 50제곱미터 이상인 경우
2. 주택(건축법 시행령 제2조제12호에 따른 부속건축물을 포함한다. 이하 이 조에서 같다)의 연면적 합계가 200제곱미터 이상이면서, 그 주택의 철거 · 해체하려는 부분의 면적 합계가 200제곱미터 이상인 경우

3. 설비의 철거·해체하려는 부분에 다음 각 목의 어느 하나에 해당하는 자재(물질을 포함한다. 이하 같다)를 사용한 면적의 합이 15제곱미터 이상 또는 그 부피의 합이 1세제곱미터 이상인 경우

가. 단열재, 나. 보온재, 다. 분무재, 라. 내화피복재, 마. 개스킷(Gasket), 바. 패킹(Packing)재, 사. 실링(Sealing)재, 아. 그 밖에 가목부터 사목까지의 자재와 유사한 용도로 사용되는 자재로서 고용노동부장관이 정하여 고시한 자재

4. 파이프 길이의 합이 80미터 이상이면서, 그 파이프의 철거·해체하려는 부분의 보온재로 사용된 길이의 합이 80미터 이상인 경우

② "석면함유 여부가 명백한 경우 등 대통령령으로 정하는 사유"란 다음 각 호의 어느 하나와 같다.

1. 건축물이나 설비의 철거·해체 부분에 사용된 자재가 설계도서, 자재 이력 등 관련 자료를 통해 석면을 함유하고 있지 않음이 명백하다고 인정되는 경우
2. 건축물이나 설비의 철거·해체 부분에 석면이 1퍼센트(무게 퍼센트) 초과하여 함유된 자재를 사용하였음이 명백하다고 인정되는 경우

제120조(석면조사기관) ① 석면조사기관이 되려는 자는 대통령령으로 정하는 인력·시설 및 장비 등의 요건을 갖추어 고용노동부장관의 지정을 받아야 한다.

② 고용노동부장관은 기관석면조사의 결과에 대한 정확성과 정밀도를 확보하기 위하여 석면조사기관의 석면조사 능력을 확인하고, 석면조사기관을 지도하거나 교육할 수 있다. 이 경우 석면조사 능력의 확인, 석면조사기관에 대한 지도 및 교육의 방법, 절차, 그 밖에 필요한 사항은 고용노동부장관이 정하여 고시한다.

③ 고용노동부장관은 석면조사기관에 대하여 평가하고 그 결과를 공개(제2항에 따른 석면조사 능력의 확인 결과를 포함한다)할 수 있다. 이 경우 평가의 기준·방법 및 결과의 공개에 필요한 사항은 고용노동부령으로 정한다.

④ 석면조사기관의 지정 절차, 그 밖에 필요한 사항은 고용노동부령으로 정한다.

⑤ 석면조사기관에 관하여는 제21조제4항 및 제5항을 준용한다. 이 경우 "안전관리전문기관 또는 보건관리전문기관"은 "석면조사기관"으로 본다.

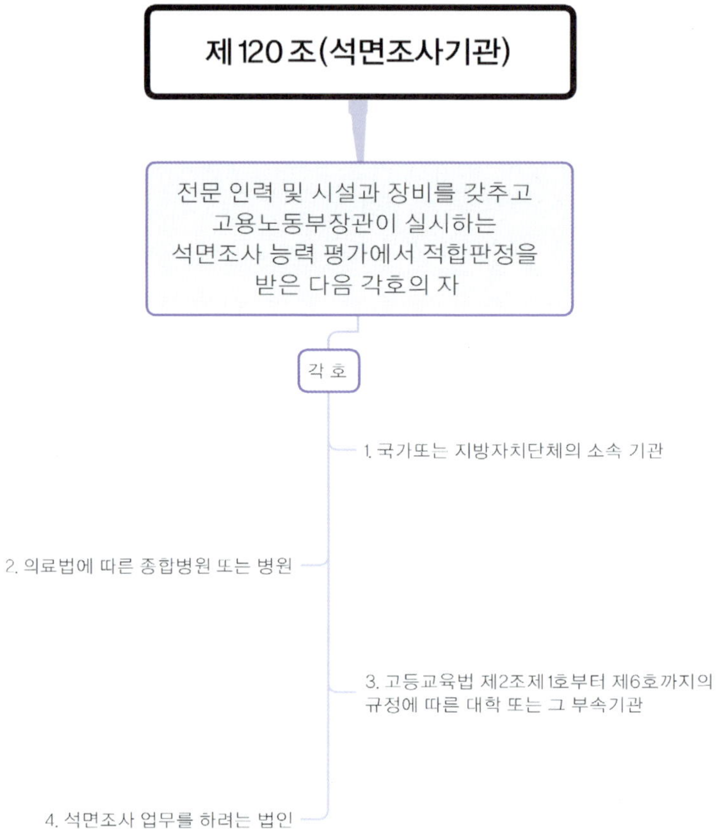

■ **조문해석**

석면조사기관이 되려는 자는 대통령령으로 정하는 인력·시설 및 장비 등의 요건을 갖추어 고용노동부장관의 지정을 받아야 하며 고용노동부장관은 기관석면조사의 결과에 대한 정확성과 정밀도를 확보하기 위하여 석면조사기관의 석면조사 능력을 확인하고, 석면조사기관을 지도하거나 교육할 수 있다. 이 경우 석면조사 능력의 확인, 석면조사기관에 대한 지도 및 교육의 방법, 절차, 그 밖에 필요한 사항은 고용노동부장관이 정하여 고시한다.

또한 고용노동부장관은 석면조사기관에 대하여 평가하고 그 결과를 공개(제2항에 따른 석면조사 능력의 확인 결과를 포함한다)할 수 있다. 이 경우 평가의 기준·방법 및 결과의 공개에 필요한 사항은 고용노동부령으로 정한다.

제121조(석면해체 · 제거업의 등록 등) ① 석면해체 · 제거를 업으로 하려는 자는 대통령령으로 정하는 인력 · 시설 및 장비를 갖추어 고용노동부장관에게 등록하여야 한다.

② 고용노동부장관은 제1항에 따라 등록한 자(이하 석면해체 · 제거업자라 한다)의 석면해체 · 제거작업의 안전성을 고용노동부령으로 정하는 바에 따라 평가하고 그 결과를 공개할 수 있다. 이 경우 평가의 기준 · 방법 및 결과의 공개에 필요한 사항은 고용노동부령으로 정한다.

③ 제1항에 따른 등록 절차, 그 밖에 필요한 사항은 고용노동부령으로 정한다.

④ 석면해체 · 제거업자에 관하여는 제21조제4항 및 제5항을 준용한다. 이 경우 "안전관리전문기관 또는 보건관리전문기관"은 "석면해체 · 제거업자"로, "지정"은 "등록"으로 본다.

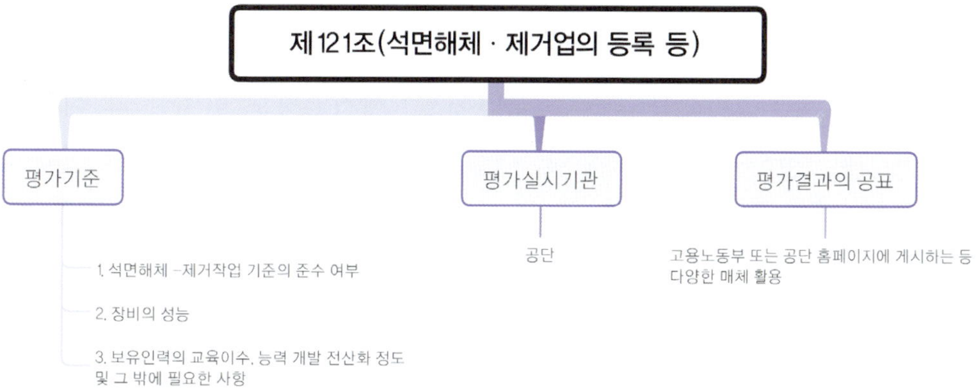

■ **조문해석**

석면해체 · 제거를 업으로 하려는 자는 대통령령으로 정하는 인력 · 시설 및 장비를 갖추어 고용노동부장관에게 등록하여야 한다.
또한 고용노동부장관은 제1항에 따라 등록한 자(이하 석면해체 · 제거업자라 한다)의 석면해체 · 제거작업의 안전성을 고용노동부령으로 정하는 바에 따라 평가하고 그 결과를 공개할 수 있다. 이 경우 평가의 기준 · 방법 및 결과의 공개에 필요한 사항은 고용노동부령으로 정한다. 이 경우 평가의 기준 · 방법 및 결과의 공개에 필요한 사항은 고용노동부령으로 정하고, 이 경우 "안전관리전문기관 또는 보건관리전문기관"은 "석면해체 · 제거업자"로, "지정"은 "등록"으로 본다.

시행령 제93조(석연해체 · 제거업자의 등록 취소 등의 사유)

법 제121조제4항에 따라 준용되는 법 제21조제4항제5호에서 "대통령령으로 정하는 사유에 해당하는 경우"란 다음 각 호의 어느 하나에 해당하는 경우를 말한다.

1. 법 제123조제1항에 따라 고용노동부령으로 정하는 석면해체 · 제거의 작업기준을 준수하지 아니하여 벌금형의 선고 또는 금고 이상의 형의 선고를 받은 경우
2. 법 제122조제3항에 따른 서류를 거짓이나 그 밖의 부정한 방법으로 작성한 경우
3. 법 제122조제3항에 따른 신고(변경신고는 제외한다) 또는 서류 보존 의무를 이행하지 아니한 경우
4. 관계 공무원의 지도 · 감독 업무를 거부 · 방해 · 기피한 경우

제122조(석면의 해체 · 제거) ① 기관석면조사 대상인 건축물이나 설비에 대통령령으로 정하는 함유량과 면적 이상의 석면이 포함되어 있는 경우 해당 건축물 · 설비소유주 등은 석면해체 · 제거업자로 하여금 그 석면을 해체 · 제거하도록 하여야 한다. 다만, 건축물 · 설비소유주 등이 인력 · 장비 등에서 석면해체 · 제거업자와 동등한 능력을 갖추고 있는 경우 등 대통령령으로 정하는 사유에 해당할 경우에는 스스로 석면을 해체 · 제거할 수 있다. 〈개정 2020. 5. 26.〉

② 제1항에 따른 석면해체 · 제거는 해당 건축물이나 설비에 대하여 기관석면조사를 실시한 기관이 해서는 아니 된다.

③ 석면해체 · 제거업자(제1항 단서의 경우에는 건축물 · 설비소유주 등을 말한다. 이하 제124조에서 같다)는 제1항에 따른 석면해체 · 제거작업을 하기 전에 고용노동부령으로 정하는 바에 따라 고용노동부장관에게 신고하고, 제1항에 따른 석면해체 · 제거작업에 관한 서류를 보존하여야 한다.

④ 고용노동부장관은 제3항에 따른 신고를 받은 경우 그 내용을 검토하

여 이 법에 적합하면 신고를 수리하여야 한다.

⑤ 제3항에 따른 신고 절차, 그 밖에 필요한 사항은 고용노동부령으로 정한다.

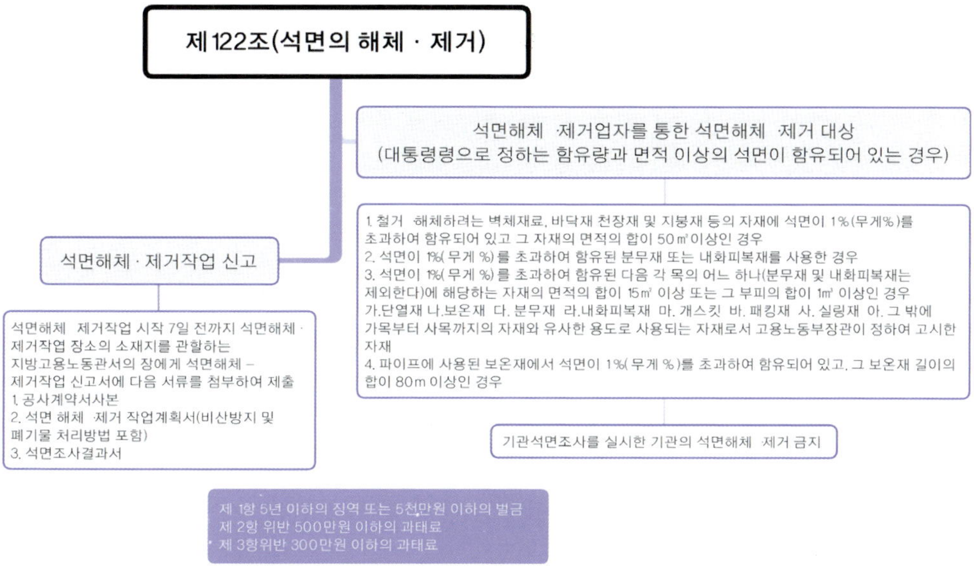

■ 조문해석

기관석면조사 대상인 건축물이나 설비에 대통령령으로 정하는 함유량과 면적 이상의 석면이 포함되어 있는 경우 해당 건축물·설비소유주 등은 석면해체·제거업자로 하여금 그 석면을 해체·제거하도록 하여야 한다. 다만, 건축물·설비소유주 등이 인력·장비 등에서 석면해체·제거업자와 동등한 능력을 갖추고 있는 경우 등 대통령령으로 정하는 사유에 해당할 경우에는 스스로 석면을 해체·제거할 수 있으며, 석면해체·제거는 해당 건축물이나 설비에 대하여 기관석면조사를 실시한 기관이 해서는 아니 된다.

또한 석면해체·제거업자는 석면해체·제거작업을 하기 전에 고용노동부령으로 정하는 바에 따라 고용노동부장관에게 신고하고, 석면해체·제거작업에 관한 서류를 보존하여야 한다.

그리고 고용노동부장관은 제3항에 따른 신고를 받은 경우 그 내용을 검토하여 이 법에 적합하면 신고를 수리하여야 하고 신고 절차, 그 밖에 필요한 사항은 고용노동부령으로 정한다.

시행령 제94조(석면해체·제거업자를 통한 석면해체·제거 대상)

1. 철거·해체하려는 벽체재료, 바닥재, 천장재 및 지붕재 등의 자재에 석면이 1퍼센트(무게 퍼센트)를 초과하여 함유되어 있고 그 자재의 면적의 합이 50제곱미터 이상인 경우
2. 석면이 1퍼센트(무게 퍼센트)를 초과하여 함유된 분무재 또는 내화피복재를 사용한 경우
3. 석면이 1퍼센트(무게 퍼센트)를 초과하여 함유된 제30조의3제1항제3호 각 목의 어느 하나(분무재 및 내화피복재는 제외한다)에 해당하는 자재의 면적의 합이 15제곱미터 이상 또는 그 부피의 합이 1세제곱미터 이상인 경우
4. 파이프에 사용된 보온재에서 석면이 1퍼센트(무게 퍼센트)를 초과하여 함유되어 있고, 그 보온재 길이의 합이 80미터 이상인 경우

제123조(석면해체·제거 작업기준의 준수) ① 석면이 포함된 건축물이나 설비를 철거하거나 해체하는 자는 고용노동부령으로 정하는 석면해체·제거의 작업기준을 준수하여야 한다. 〈개정 2020. 5. 26.〉

② 근로자는 석면이 포함된 건축물이나 설비를 철거하거나 해체하는 자가 제1항의 작업기준에 따라 근로자에게 한 조치로서 고용노동부령으로 정하는 조치 사항을 준수하여야 한다. 〈개정 2020. 5. 26.〉

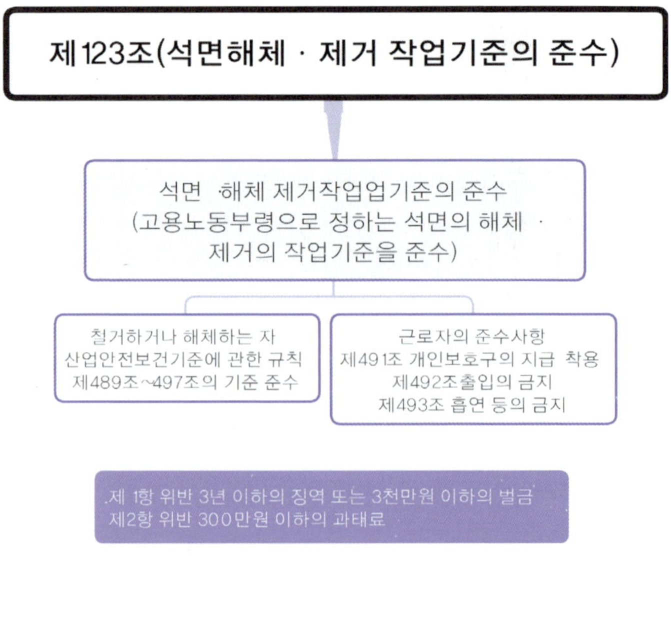

■ **조문해석**

석면이 포함된 건축물이나 설비를 철거하거나 해체하는 자는 고용노동부령으로 정하는 석면해체·제거의 작업기준을 준수하여야 한다. 또한 근로자는 석면이 포함된 건축물이나 설비를 철거하거나 해체하는 자가 제1항의 작업기준에 따라 근로자에게 한 조치로서 고용노동부령으로 정하는 조치 사항을 준수하여야 한다.

제124조(석면농도기준의 준수) ① 석면해체·제거업자는 제122조제1항에 따른 석면해체·제거작업이 완료된 후 해당 작업장의 공기 중 석면농도가 고용노동부령으로 정하는 기준 이하가 되도록 하고, 그 증명자료를 고용노동부장관에게 제출하여야 한다.

② 제1항에 따른 공기 중 석면농도를 측정할 수 있는 자의 자격 및 측정방법에 관한 사항은 고용노동부령으로 정한다.

③ 건축물·설비소유주 등은 석면해체·제거작업 완료 후에도 작업장의 공기 중 석면농도가 제1항의 기준을 초과한 경우 해당 건축물이나 설비를 철거하거나 해체해서는 아니 된다.

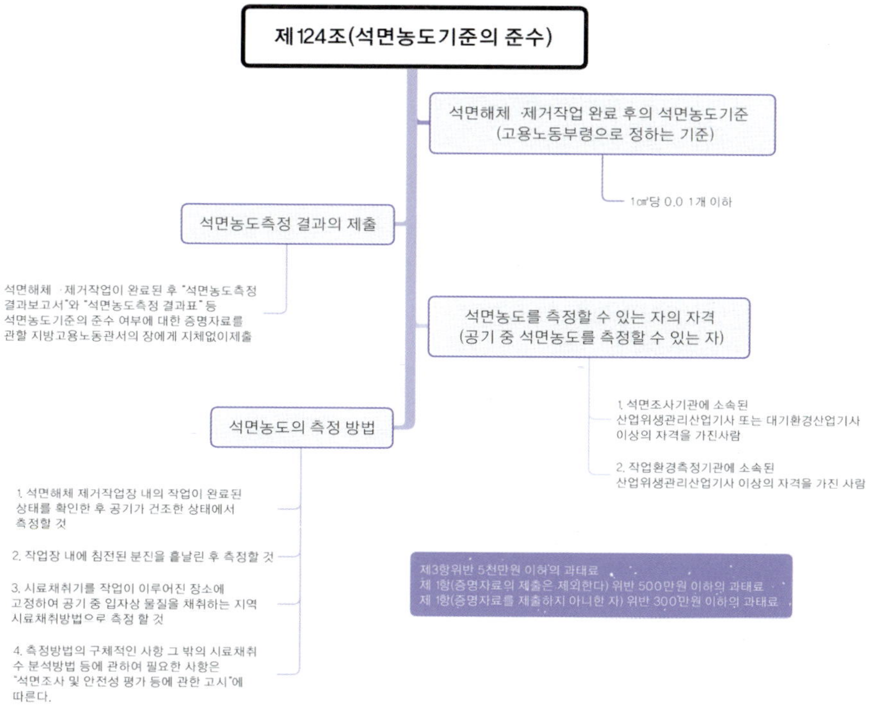

■ 조문해석

석면해체・제거업자는 제122조제1항에 따른 석면해체・제거작업이 완료된 후 해당 작업장의 공기 중 석면농도가 고용노동부령으로 정하는 기준 이하가 되도록 하고, 그 증명자료를 고용노동부장관에게 제출하여야 한다. 또한 제1항에 따른 공기 중 석면농도를 측정할 수 있는 자의 자격 및 측정방법에 관한 사항은 고용노동부령으로 정하고 건축물・설비소유주 등은 석면해체・제거작업 완료 후에도 작업장의 공기 중 석면농도가 제1항의 기준을 초과한 경우 해당 건축물이나 설비를 철거하거나 해체해서는 아니 된다.

시행규칙

제182조(석면해체・제거작업 완료 후의 석면농도기준) 법 제124조제1항에서 "고용노동부령으로 정하는 기준"이란 세제곱센티미터당 0.01개를 말한다.

제183조(석면농도측정 결과의 제출) 석면해체・제거업자는 법 제124조제1항에 따라 석면해체・제거작업이 완료된 후에는 별지 제80호서식의 석면농도측정 결과보고서에 해당 기관이 작성한 별지 제81호서식의 석면농도측정 결과표를 첨부하여 지체 없이 석면농도기준의 준수 여부에 대한 증명자료를 관할 지방고용노동관서의 장에게 제출(전자문서를 통한 제출을 포함한다)하여야 한다.

제184조(석면농도를 측정할 수 없는 자의 자격) 법 제124조제2항에 따른 "공기 중 석면농도를 측정할 수 있는 자"는 다음 각 호의 어느 하나에 해당하는 자격을 가진 사람으로 한다.

1. 법 제120조제1항에 따른 석면조사기관에 소속된 산업위생관리산업기사 또는 대기환경산업기사 이상의 자격을 가진 사람
2. 법 제126조제1항에 따른 작업환경측정기관에 소속된 산업위생관리산업기사 이상의 자격을 가진사람

제185조(석연농도의 측정방법)

1. 석면해체・제거작업장 내의 작업이 완료된 상태를 확인한 후 공기가 건조한 상태에서 측정할 것
2. 작업장 내에 침전된 분진을 비산(飛散)시킨 후 측정할 것
3. 시료채취기를 작업이 이루어진 장소에 고정하여 공기 중 입자상 물질을 채취하는 지역시료채취방법으로 측정할 것

CHAPTER 08

근로자 보건교육

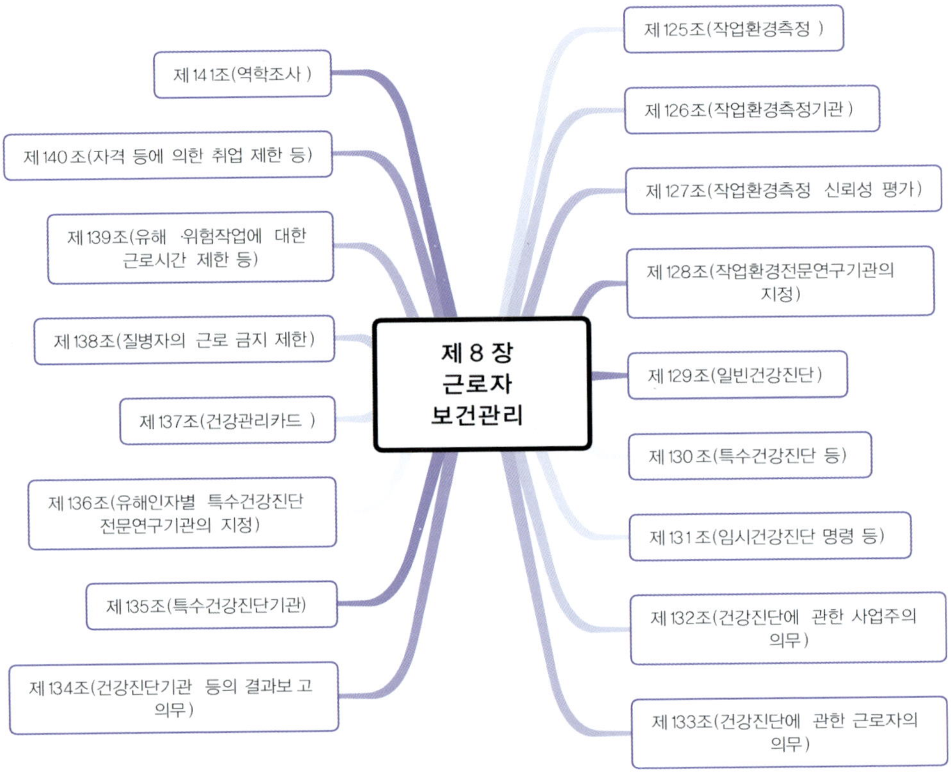
제 8 장
근로자
보건관리
제125조(작업환경측정)
제126조(작업환경측정기관)
제127조(작업환경측정 신뢰성 평가)
제128조(작업환경전문연구기관의 지정)
제129조(일반건강진단)
제130조(특수건강진단 등)
제131조(임시건강진단 명령 등)
제132조(건강진단에 관한 사업주의 의무)
제133조(건강진단에 관한 근로자의 의무)
제141조(역학조사)
제140조(자격 등에 의한 취업 제한 등)
제139조(유해 ·위험작업에 대한 근로시간 제한 등)
제138조(질병자의 근로 금지 제한)
제137조(건강관리카드)
제136조(유해인자별 특수건강진단 전문연구기관의 지정)
제135조(특수건강진단기관)
제134조(건강진단기관 등의 결과보고 의무)

CHAPTER 08

근로자 보건교육

제1절 근로환경의 개선

제125조(작업환경측정) ① 사업주는 유해인자로부터 근로자의 건강을 보호하고 쾌적한 작업환경을 조성하기 위하여 인체에 해로운 작업을 하는 작업장으로서 고용노동부령으로 정하는 작업장에 대하여 고용노동부령으로 정하는 자격을 가진 자로 하여금 작업환경측정을 하도록 하여야 한다.

② 제1항에도 불구하고 도급인의 사업장에서 관계수급인 또는 관계수급인의 근로자가 작업을 하는 경우에는 도급인이 제1항에 따른 자격을 가진 자로 하여금 작업환경측정을 하도록 하여야 한다.

③ 사업주(제2항에 따른 도급인을 포함한다. 이하 이 조 및 제127조에서 같다)는 제1항에 따른 작업환경측정을 제126조에 따라 지정 받은 기관(이하 작업환경측정기관이라 한다)에 위탁할 수 있다. 이 경우 필요한 때에는 작업환경측정 중 시료의 분석만을 위탁할 수 있다.

④ 사업주는 근로자대표(관계수급인의 근로자대표를 포함한다. 이하 이 조에서 같다)가 요구하면 작업환경측정 시 근로자대표를 참석시켜야 한다.

⑤ 사업주는 작업환경측정 결과를 기록하여 보존하고 고용노동부령으로 정하는 바에 따라 고용노동부장관에게 보고하여야 한다. 다만, 제3항에 따라 사업주로부터 작업환경측정을 위탁 받은 작업환경측정기관이 작업환경측정을 한 후 그 결과를 고용노동부령으로 정하는 바에 따라 고용노동부장관에게 제출한 경우에는 작업환경측정 결과를 보고한 것으로 본다.

⑥ 사업주는 작업환경측정 결과를 해당 작업장의 근로자(관계수급인 및 관계수급인 근로자를 포함한다. 이하 이 항, 제127조 및 제175조제5항 제15호에서 같다)에게 알려야 하며, 그 결과에 따라 근로자의 건강을 보호하기 위하여 해당 시설·설비의 설치·개선 또는 건강진단의 실시 등의 조치를 하여야 한다.

⑦ 사업주는 산업안전보건위원회 또는 근로자대표가 요구하면 작업환경측정 결과에 대한 설명회 등을 개최하여야 한다. 이 경우 제3항에 따라 작업환경측정을 위탁하여 실시한 경우에는 작업환경측정기관에 작업환경측정 결과에 대하여 설명하도록 할 수 있다.

⑧ 제1항 및 제2항에 따른 작업환경측정의 방법·횟수, 그 밖에 필요한 사항은 고용노동부령으로 정한다.

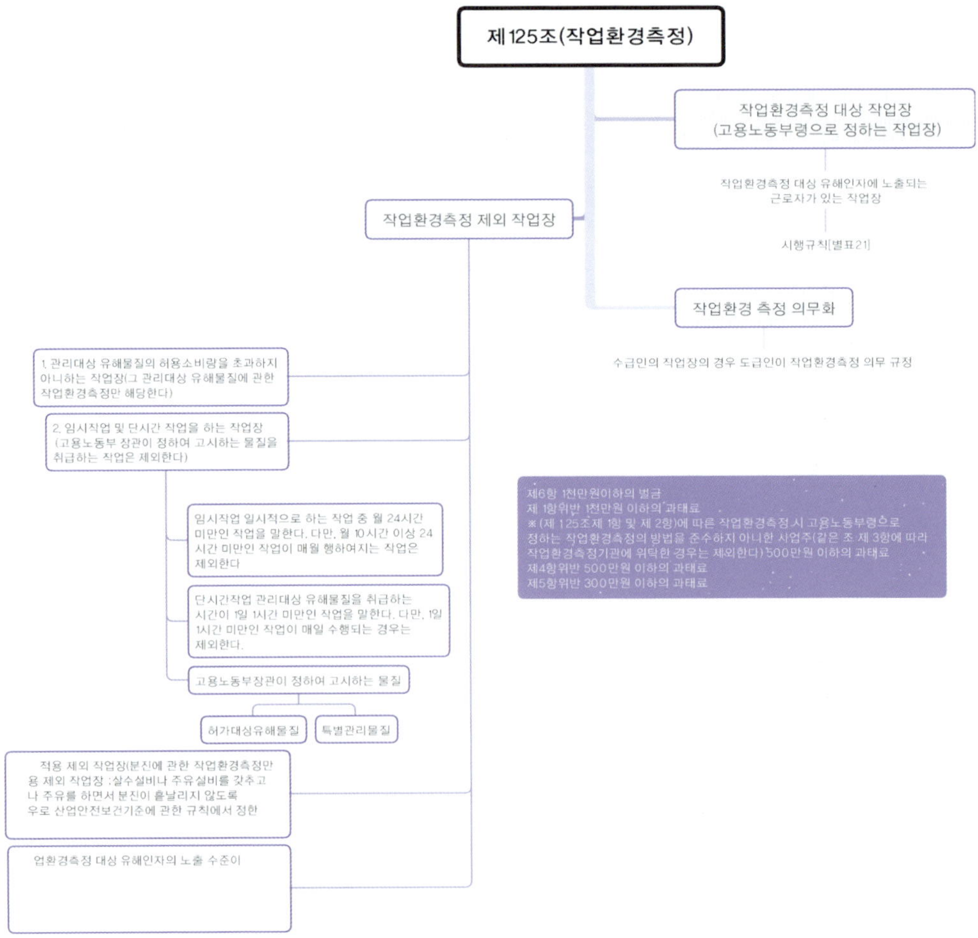

■ 조문해석

사업주는 유해인자로부터 근로자의 건강을 보호하고 쾌적한 작업환경을 조성하기 위하여 인체에 해로운 작업을 하는 작업장으로서 고용노동부령으로 정하는 작업장에 대하여 고용노동부령으로 정하는 자격을 가진 자로 하여금 작업환경측정을 하도록 하여야 하며, 제1항에도 불구하고 도급인의 사업장에서 관계수급인 또는 관계수급인의 근로자가 작업을 하는 경우에는 도급인이 제1항에 따른 자격을 가진 자로 하여금 작업환경측정을 하도록 하여야 한다. 또한 사업주는 제1항에 따른 작업환경측정을 제126조에 따라 지정받은 기관에 위탁할 수 있다. 이 경우 필요한 때에는 작업환경측정 중 시료의 분석만을 위탁할 수 있고 근로자대표가 요구하면 작업환경측정 시 근로자대표를 참석시켜야 한다.

그리고 사업주는 작업환경측정 결과를 기록하여 보존하고 고용노동부령으로 정하는 바에 따라 고용노동부장관에게 보고하여야 한다. 다만, 제3항에 따라 사업주로부터 작업환경측정을 위탁 받은 작업환경측정기관이 작업환경측정을 한 후 그 결과를 고용노동부령으로 정하는 바에 따라 고용노동부장관에게 제출한 경우에는 작업환경측정 결과를 보고한 것으로 보며, 작업환경측정 결과를 해당 작업장의 근로자에게 알려야 하며, 그 결과에 따라 근로자의 건강을 보호하기 위하여 해당 시설·설비의 설치·개선 또는 건강진단의 실시 등의 조치를 하여야 한다.

사업주는 산업안전보건위원회 또는 근로자대표가 요구하면 작업환경측정 결과에 대한 설명회 등을 개최하여야 한다. 이 경우 제3항에 따라 작업환경측정을 위탁하여 실시한 경우에는 작업환경측정기관에 작업환경측정 결과에 대하여 설명하도록 할 수 있으며 제1항 및 제2항에 따른 작업환경측정의 방법·횟수, 그 밖에 필요한 사항은 고용노동부령으로 정한다.

시행규칙

제186조(작업환경측정 대상 작업장 등) ① 법 제125조제1항에서 "고용노동부령으로 정하는 작업장"이란 별표 21의 작업환경측정 대상 유해인자에 노출되는 근로자가 있는 작업장을 말한다. 다만, 다음 각 호의 어느 하나에 해당하는 경우에는 작업환경측정을 하지 아니할 수 있다.

1. 안전보건규칙 제420조제1호에 따른 관리대상 유해물질의 허용소비량을

초과하지 아니하는 작업장(그 관리대상 유해물질에 관한 작업환경측정만 해당한다)

2. 안전보건규칙 제420조제8호에 따른 임시작업 및 같은 조 제9호에 따른 단시간 작업을 하는 작업장(고용노동부장관이 정하여 고시하는 물질을 취급하는 작업은 제외한다)
3. 안전보건규칙 제605조제2호에 따른 분진작업의 적용 제외 작업장(분진에 관한 작업환경측정만 해당한다)
4. 그 밖에 작업환경측정 대상 유해인자의 노출 수준이 노출기준에 비하여 현저히 낮은 경우로서 고용노동부장관이 정하여 고시하는 작업장

제189조(작업환경측정방법)

1. 작업환경측정을 하기 전에 예비조사를 할 것
2. 작업이 정상적으로 이루어져 작업시간과 유해인자에 대한 근로자의 노출 정도를 정확히 평가할 수 있을 때 실시할 것
3. 모든 측정은 개인시료 채취방법으로 하되, 개인시료 채취방법이 곤란한 경우에는 지역시료 채취방법으로 실시(이 경우 그 사유를 별지 제83호서식의 작업환경측정 결과표에 분명하게 밝혀야 한다)할 것
4. 법 제125조제3항에 따라 작업환경측정기관에 위탁하여 실시하는 경우에는 해당 작업환경측정기관에 공정별 작업내용, 화학물질의 사용실태 및 물질안전 보건자료 등 작업환경측정에 필요한 정보를 제공할 것

제126조(작업환경측정기관) ① 작업환경측정기관이 되려는 자는 대통령령으로 정하는 인력·시설 및 장비 등의 요건을 갖추어 고용노동부장관의 지정을 받아야 한다.

② 고용노동부장관은 작업환경측정기관의 측정·분석 결과에 대한 정확성과 정밀도를 확보하기 위하여 작업환경측정기관의 측정·분석능력을 확인하고, 작업환경측정기관을 지도하거나 교육할 수 있다. 이 경우 측정·분석능력의 확인, 작업환경측정기관에 대한 교육의 방법·절차, 그 밖에 필요한 사항은 고용노동부장관이 정하여 고시한다.

③ 고용노동부장관은 작업환경측정의 수준을 향상시키기 위하여 필요한 경우 작업환경측정기관을 평가하고 그 결과(제2항에 따른 측정·분석능력의 확인 결과를 포함한다)를 공개할 수 있다. 이 경우 평가기

준·방법 및 결과의 공개, 그 밖에 필요한 사항은 고용노동부령으로 정한다.

④ 작업환경측정기관의 유형, 업무 범위 및 지정 절차, 그 밖에 필요한 사항은 고용노동부령으로 정한다.

⑤ 작업환경측정기관에 관하여는 제21조제4항 및 제5항을 준용한다. 이 경우 "안전관리전문기관 또는 보건관리전문기관"은 "작업환경측정기관"으로 본다.

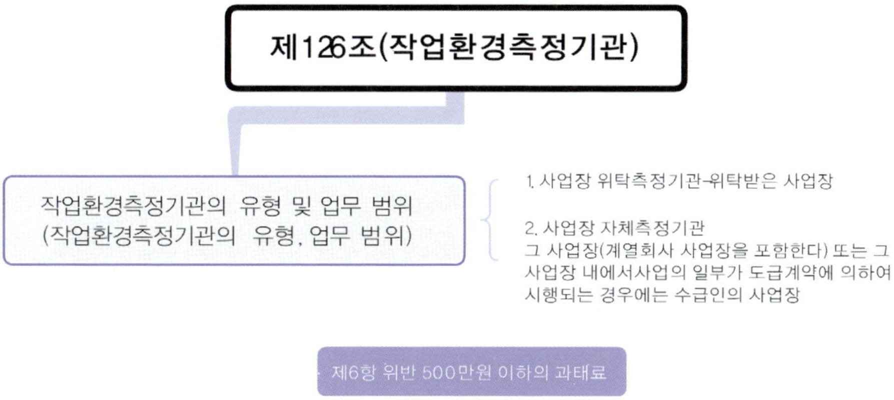

■ **조문해석**

작업환경측정기관이 되려는 자는 대통령령으로 정하는 인력·시설 및 장비 등의 요건을 갖추어 고용노동부장관의 지정을 받아야 하며 고용노동부장관은 작업환경측정기관의 측정·분석 결과에 대한 정확성과 정밀도를 확보하기 위하여 작업환경측정기관의 측정·분석능력을 확인하고, 작업환경측정기관을 지도하거나 교육할 수 있다. 이 경우 측정·분석능력의 확인, 작업환경측정기관에 대한 교육의 방법·절차, 그 밖에 필요한 사항은 고용노동부장관이 정하여 고시한다.

또한 고용노동부장관은 작업환경측정의 수준을 향상시키기 위하여 필요한 경우 작업환경측정기관을 평가하고 그 결과를 공개할 수 있다. 이 경우 평가기준·방법 및 결과의 공개, 그 밖에 필요한 사항은 고용노동부령으로 정하며 작업환경측정기관의 유형, 업무 범위 및 지정 절차, 그 밖에 필요한 사항은 고용노동부령으로 정한다.

그리고 작업환경측정기관에 관하여는 제21조제4항 및 제5항을 준용한다. 이 경우 "안전관리전문기관 또는 보건관리전문기관"은 "작업환경측정기관"으로 본다.

시행령

제95조(작업환경측정기관의 지정 요건) 법 제126조제1항에 따른 작업환경측정기관으로 지정받으려는 자는 법 제126조제4항에 따른 작업환경측정기관의 유형별로 별표 29에 따른 인력·시설 및 장비 등의 요건을 갖추어야 한다.

시행규칙

제191조(작업환경측정기관의 평가 등) ① 공단이 법 제126조제3항에 따라 작업환경측정기관을 평가하는 기준은 다음 각 호와 같다.

1. 인력·시설 및 장비의 보유 수준과 그에 대한 관리능력
2. 작업환경측정 및 시료분석 능력과 그 결과의 신뢰도
3. 작업환경측정 대상 사업장의 만족도

② 작업환경측정기관에 대한 평가 방법 및 평가 결과의 공개에 관하여는 제17조제2항부터 제8항까지의 규정을 준용한다. 이 경우 "안전관리전문기관 또는 보건관리전문기관"은 "작업환경측정기관"으로 본다.

제192조(작업환경측정기관의 유형과 업무 범위)

1. 사업장 위탁측정기관: 위탁 받은 사업장
2. 사업장 자체측정기관: 그 사업장(계열회사 사업장을 포함한다) 또는 그 사업장 내에서 사업의 일부가 도급계약에 의하여 시행되는 경우에는 수급인의 사업장

제127조(작업환경측정 신뢰성 평가) ① 고용노동부장관은 제125조제1항 및 제2항에 따른 작업환경측정 결과에 대하여 그 신뢰성을 평가할 수 있다.

② 사업주와 근로자는 고용노동부장관이 제1항에 따른 신뢰성을 평가할 때에는 적극적으로 협조하여야 한다.

③ 제1항에 따른 신뢰성 평가의 방법·대상 및 절차, 그 밖에 필요한 사항은 고용노동부령으로 정한다.

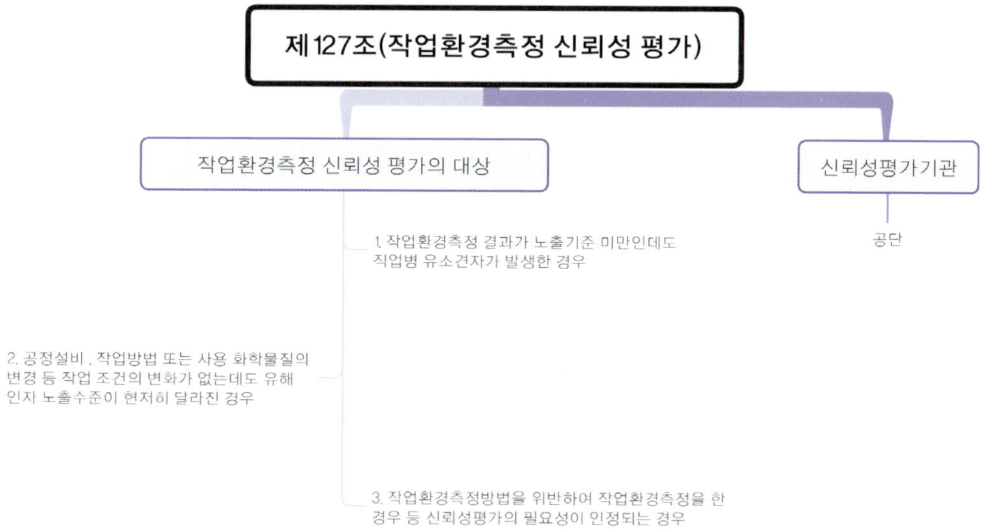

■ **조문해석**

고용노동부장관은 제125조제1항 및 제2항에 따른 작업환경측정 결과에 대하여 그 신뢰성을 평가할 수 있다. 그리고 사업주와 근로자는 고용노동부장관이 제1항에 따른 신뢰성을 평가할 때에는 적극적으로 협조하여야 하며, 제1항에 따른 신뢰성 평가의 방법·대상 및 절차, 그 밖에 필요한 사항은 고용노동부령으로 정하며 신뢰성 평가절차는 시행규칙에 규정하고 있다.

시행규칙

제194조(작업환경측정 신뢰성평가의 대상 등) ① 공단은 법 제127조제1항에 따라 다음 각 호의 어느 하나에 해당하는 경우에는 법 제127조제1항에 따른 작업환경측정 신뢰성평가(이하 신뢰성평가라 한다)를 할 수 있다.

1. 작업환경측정 결과가 노출기준 미만인데도 직업병 유소견자가 발생한 경우
2. 공정설비, 작업방법 또는 사용 화학물질의 변경 등 작업 조건의 변화가 없는데도 유해인자 노출수준이 현저히 달라진 경우
3. 제189조에 따른 작업환경측정방법을 위반하여 작업환경측정을 한 경우 등 신뢰성평가의 필요성이 인정되는 경우

제128조(작업환경전문연구기관의 지정) ① 고용노동부장관은 작업장의 유해인자로부터 근로자의 건강을 보호하고 작업환경관리방법 등에 관한 전문연구를 촉진하기 위하여 유해인자별·업종별 작업환경전문연구기관을 지정하여 예산의 범위에서 필요한 지원을 할 수 있다.

② 제1항에 따른 유해인자별·업종별 작업환경전문연구기관의 지정기준, 그 밖에 필요한 사항은 고용노동부장관이 정하여 고시한다.

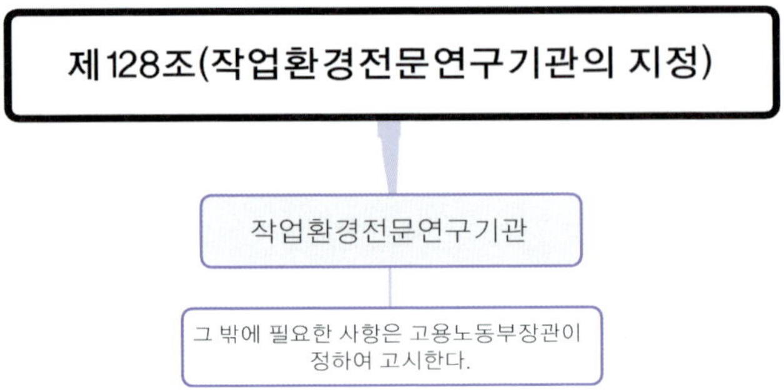

■ **조문해석**

작업장의 유해인자로부터 근로자의 건강을 보호하고 작업환경관리방법 등에 관한 전문연구를 촉진하기 위하여 작업환경전문연구기관의 지정에 관한 규정을 두고 있으며 유해인자별·업종별 작업환경전문연구기관 지정에 대하여 예산의 범위에서 필요한 지원을 할 수 있고 유해인자별·업종별 작업환경전문연구기관의 지정기준과 그 밖에 필요한 사항은 고용노동부장관이 정하여 고시하도록 규정되어 있다.

제2절 건강진단 및 건강관리

제129조(일반건강진단) ① 사업주는 상시 사용하는 근로자의 건강관리를 위하여 건강진단(이하 일반건강진단이라 한다)을 실시하여야 한다. 다만, 사업주가 고용노동부령으로 정하는 건강진단을 실시한 경우에는 그 건강진단을 받은 근로자에 대하여 일반건강진단을 실시한 것으로 본다.

② 사업주는 제135조제1항에 따른 특수건강진단기관 또는 건강검진기본법 제3조제2호에 따른 건강검진기관(이하 건강진단기관이라 한다)에서 일반건강진단을 실시하여야 한다.

③ 일반건강진단의 주기·항목·방법 및 비용, 그 밖에 필요한 사항은 고용노동부령으로 정한다.

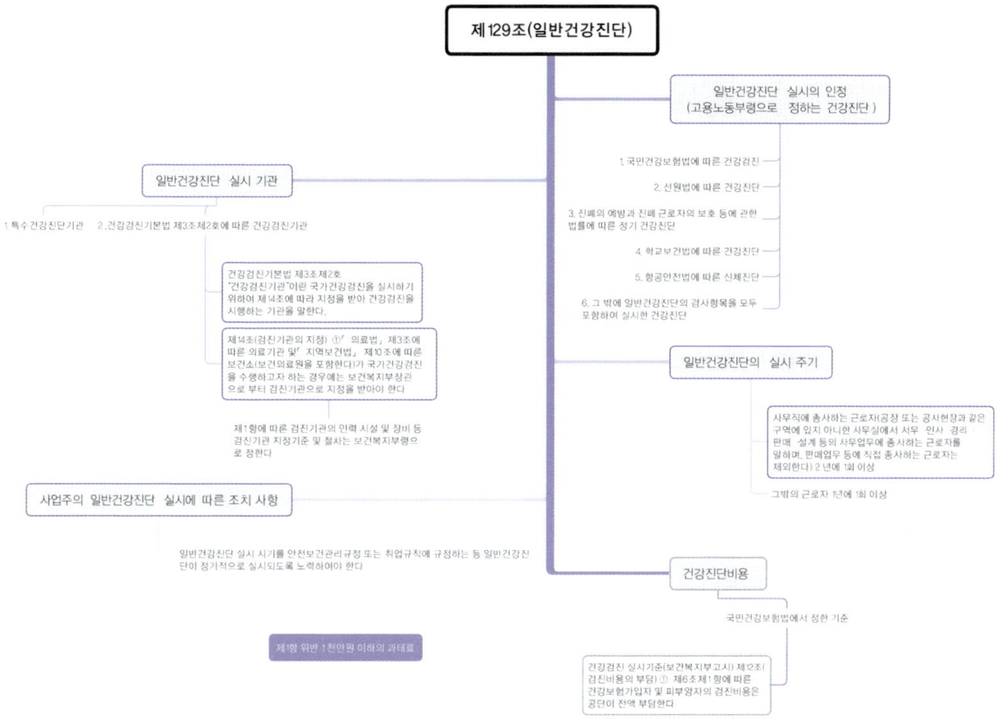

■ 조문해석

사업주는 상시 사용하는 근로자의 건강관리를 위하여 건강진단(이하 일반건강진단이라 한다)을 실시하여야 한다. 다만, 사업주가 고용노동부령으로 정하는 건강진단을 실시한 경우에는 그 건강진단을 받은 근로자에 대하여 일반건강진단을 실시한 것으로 본다.

또한 사업주는 제135조제1항에 따른 특수건강진단기관 또는 건강검진기본법 제3조제2호에 따른 건강검진기관(이하 건강진단기관이라 한다)에서 일반건강진단을 실시하여야 한다.

그리고 일반건강진단의 주기・항목・방법 및 비용, 그 밖에 필요한 사항은 고용노동부령으로 정한다.

시행규칙

제195조(근로자 건강진단 실시에 대한 협력 등) ① 사업주는 건강진단기관이 근로자의 건강진단을 위하여 다음 각 호의 정보를 요청하는 경우 해당 정보를 제공하는 등 근로자의 건강진단이 원활히 실시될 수 있도록 적극 협조하여야 한다.

1. 근로자의 작업장소, 근로시간, 작업내용, 작업방식 등 근무환경에 관한 정보
2. 건강진단 결과, 작업환경측정 결과, 화학물질 사용 실태, 물질안전 보건

자료 등 건강진단에 필요한 정보

② 근로자는 사업주가 실시하는 건강진단 및 의학적 조치에 적극 협조하여야 한다.

③ 건강진단기관은 사업주가 법 제129조부터 제131조의 규정에 따라 건강진단을 실시하기 위하여 출장검진을 요청하는 경우에는 출장검진을 할 수 있다.

제196조(일반건강진단 실시의 인정) 법 제129조제1항 단서에서 "고용노동부령으로 정하는 건강진단"이란 다음 각 호 어느 하나에 해당하는 건강진단을 말한다.

1. 국민건강보험법에 따른 건강검진
2. 선원법에 따른 건강진단
3. 진폐의 예방과 진폐근로자의 보호 등에 관한 법률에 따른 정기 건강진단
4. 학교보건법에 따른 건강검사
5. 항공안전법에 따른 신체검사
6. 그 밖에 제198조제1항에서 정한 일반건강진단의 검사항목을 모두 포함하여 실시한 건강진단

시행규칙 제197조(일반건강진단의 주기 등) ① 사업주는 상시 사용하는 근로자 중 사무직에 종사하는 근로자(공장 또는 공사현장과 같은 구역에 있지 아니한 사무실에서 서무·인사·경리·판매·설계 등의 사무업무에 종사하는 근로자를 말하며, 판매업무 등에 직접 종사하는 근로자는 제외한다)에 대해서는 2년에 1회 이상, 그 밖의 근로자에 대해서는 1년에 1회 이상 일반건강진단을 실시하여야 한다.

② 법 제129조에 따른 일반건강진단을 실시하여야 할 사업주는 일반건강진단 실시 시기를 안전보건관리규정 또는 취업규칙에 규정하는 등 일반건강진단이 정기적으로 실시되도록 노력하여야 한다.

제198조(일반건강진단의 검사항목 및 실시방법 등) ① 법 제129조에 따른 일반건강진단의 제1차 검사항목은 다음 각 호와 같다.

1. 과거병력, 작업경력 및 자각·타각증상 시진·촉진·청진 및 문진)
2. 혈압·혈당·요당·요단백 및 빈혈검사
3. 체중·시력 및 청력
4. 흉부방사선 촬영
5. AST(SGOT) 및 ALT(SGPT), γ-GTP 및 총콜레스테롤

② 제1항에 따른 제1차 검사항목 중 혈당·총콜레스테롤 및 γ-GTP 검사는 고용노동부장관이 정하는 근로자에 대하여 실시한다.

③ 제11항에 따른 검사 결과 질병의 확진이 곤란한 경우에는 제2차 건강진단을 받아야 하며, 제2차 건강진단의 범위, 검사항목, 방법 및 시기 등은 고

용노동부장관이 정하여 고시한다.

④ 제196조 및 제201조 각 호에 따른 법령과 그 밖에 다른 법령에 따라 제1항부터 제3항까지에서 정한 검사항목과 같은 항목의 건강진단을 실시한 경우에는 해당 항목에 한정하여 제1항부터 제3항에 따른 검사를 생략할 수 있다.

⑤ 제1항부터 제4항까지에서 정한 사항 외에 일반건강진단의 검사방법, 실시방법, 그 밖에 필요한 사항은 고용노동부장관이 정한다.

제199조(일반건강진단 결과의 제출) 지방고용노동관서의 장은 근로자의 건강을 유지하기 위하여 필요하다고 인정하는 사업장의 경우 해당 사업주에게 별지 제84호서식의 일반건강진단 결과표를 제출하게 할 수 있다.

제130조(특수건강진단 등) ① 사업주는 다음 각 호의 어느 하나에 해당하는 근로자의 건강관리를 위하여 건강진단(이하 특수건강진단이라 한다)을 실시하여야 한다. 다만, 사업주가 고용노동부령으로 정하는 건강진단을 실시한 경우에는 그 건강진단을 받은 근로자에 대하여 해당 유해인자에 대한 특수건강진단을 실시한 것으로 본다.

1. 고용노동부령으로 정하는 유해인자에 노출되는 업무(이하 특수건강 진단대상업무라 한다)에 종사하는 근로자
2. 제1호, 제3항 및 제131조에 따른 건강진단 실시 결과 직업병 소견이 있는 근로자로 판정 받아 작업 전환을 하거나 작업 장소를 변경하여 해당 판정의 원인이 된 특수건강 진단대상업무에 종사하지 아니하는 사람으로서 해당 유해인자에 대한 건강진단이 필요하다는 의료법 제2조에 따른 의사의 소견이 있는 근로자

② 사업주는 특수건강 진단대상업무에 종사할 근로자의 배치 예정 업무에 대한 적합성 평가를 위하여 건강진단(이하 배치 전 건강진단이라 한다)을 실시하여야 한다. 다만, 고용노동부령으로 정하는 근로자에 대해서는 배치 전 건강진단을 실시하지 아니할 수 있다.

③ 사업주는 특수건강 진단대상업무에 따른 유해인자로 인한 것이라고 의심되는 건강장해 증상을 보이거나 의학적 소견이 있는 근로자 중 보건관리자 등이 사업주에게 건강진단 실시를 건의하는 등 고용노동

부령으로 정하는 근로자에 대하여 건강진단(이하 수시건강진단이라 한다)을 실시하여야 한다.

④ 사업주는 제135조제1항에 따른 특수건강진단기관에서 제1항부터 제3항까지의 규정에 따른 건강진단을 실시하여야 한다.

⑤ 제1항부터 제3항까지의 규정에 따른 건강진단의 시기・주기・항목・방법 및 비용, 그 밖에 필요한 사항은 고용노동부령으로 정한다.

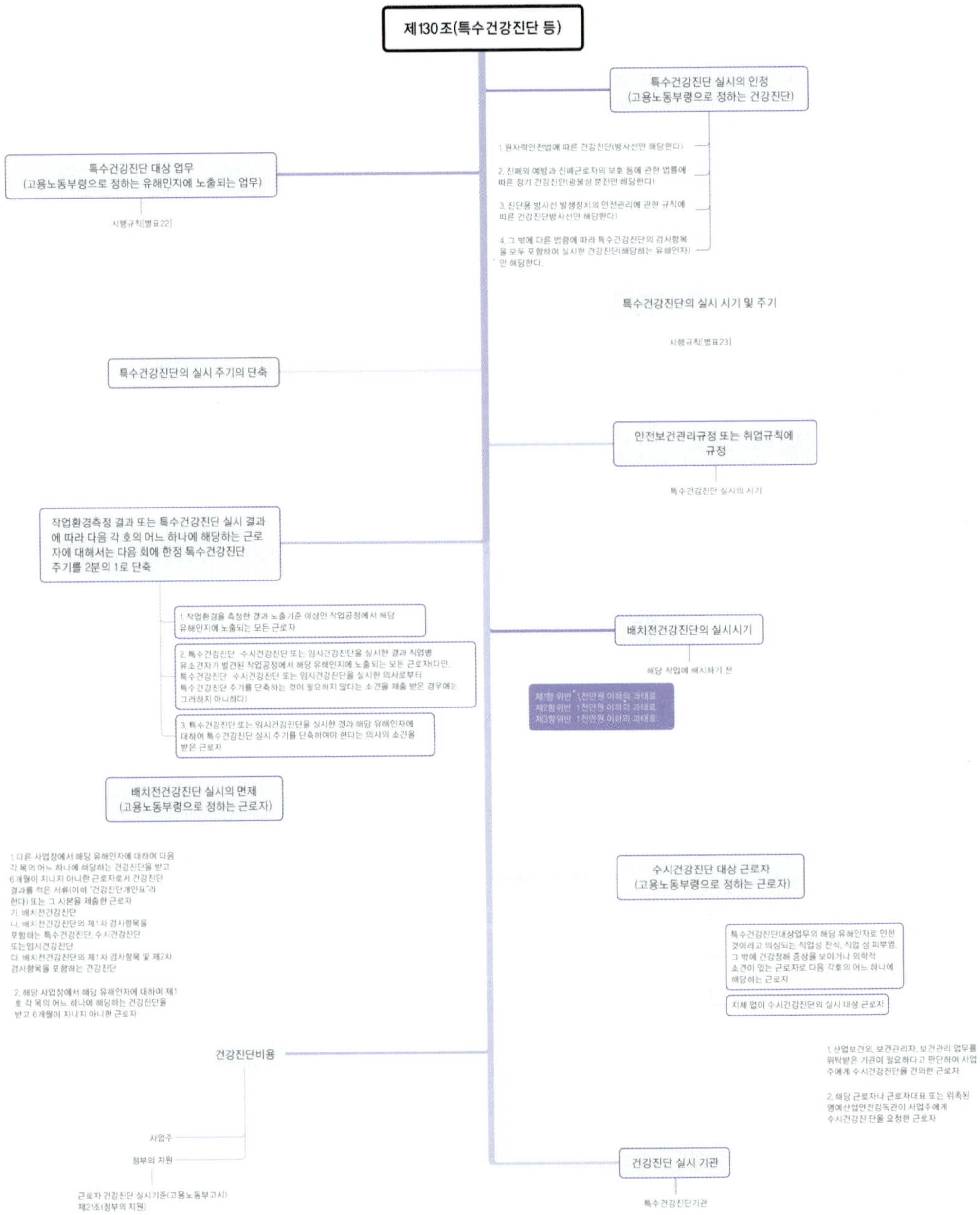

■ 조문해석

사업주는 고용노동부령으로 정하는 유해인자에 노출되는 업무에 종사하는 근로자, 건강진단 실시 결과 직업병 소견이 있는 근로자로 판정받아 작업 전환을 하거나 작업 장소를 변경하여 해당 판정의 원인이 된 특수건강 진단대상업무에 종사하지 아니하는 사람으로서 해당 유해인자에 대한 건강진단이 필요하다는 의료법 제2조에 따른 의사의 소견이 있는 근로자 등의 어느 하나에 해당하는 근로자의 건강관리를 위하여 건강진단을 실시하여야 한다. 다만, 사업주가 고용노동부령으로 정하는 건강진단을 실시한 경우에는 그 건강진단을 받은 근로자에 대하여 해당 유해인자에 대한 특수건강진단을 실시한 것으로 본다.

또한 사업주는 특수건강 진단대상업무에 종사할 근로자의 배치 예정 업무에 대한 적합성 평가를 위하여 건강진단을 실시하여야 한다. 다만, 고용노동부령으로 정하는 근로자에 대해서는 배치 전 건강진단을 실시하지 아니할 수 있고, 특수건강 진단대상업무에 따른 유해인자로 인한 것이라고 의심되는 건강장해 증상을 보이거나 의학적 소견이 있는 근로자 중 보건관리자 등이 사업주에게 건강진단 실시를 건의하는 등 고용노동부령으로 정하는 근로자에 대하여 건강진단을 실시하여야 한다.

그리고 사업주는 제135조제1항에 따른 특수건강진단기관에서 제1항부터 제3항까지의 규정에 따른 건강진단을 실시하여야 하며, 제1항부터 제3항까지의 규정에 따른 건강진단의 시기·주기·항목·방법 및 비용, 그 밖에 필요한 사항은 고용노동부령으로 정한다.

시행규칙 제200조(특수건강진단 실시의 인정) 법 제130조제1항 단서에서 "고용노동부령으로 정하는 건강진단"이란 다음 각 호의 어느 하나에 해당하는 건강진단을 말한다.

1. 원자력안전법에 따른 건강진단(방사선만 해당한다)
2. 진폐의 예방과 진폐근로자의 보호 등에 관한 법률에 따른 정기 건강진단(광물성 분진만 해당한다)
3. 진단용 방사선 발생장치의 안전관리에 관한 규칙에 따른 건강진단(방사선만 해당한다)
4. 그 밖에 다른 법령에 따라 별표 24에서 정한 특수건강진단의 검사항목을 모두 포함하여 실시한 건강진단(해당하는 유해인자만 해당한다)

제131조(임시건강진단 명령 등) ① 고용노동부장관은 같은 유해인자에 노출되는 근로자들에게 유사한 질병의 증상이 발생한 경우 등 고용노동부령으로 정하는 경우에는 근로자의 건강을 보호하기 위하여 사업주에게 특정 근로자에 대한 건강진단(이하 임시건강진단이라 한다)의 실시나 작업전환, 그 밖에 필요한 조치를 명할 수 있다.

② 임시건강진단의 항목, 그 밖에 필요한 사항은 고용노동부령으로 정한다.

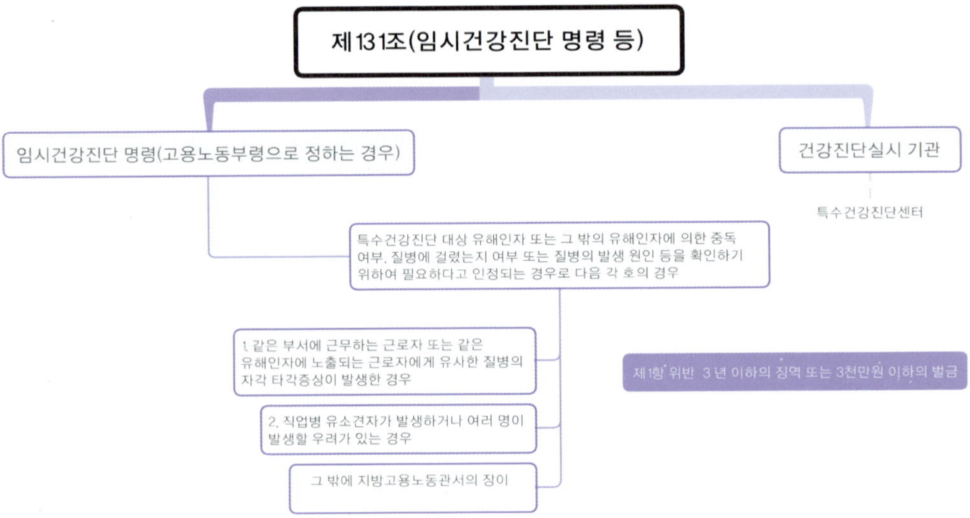

■ **조문해석**

고용노동부장관은 같은 유해인자에 노출되는 근로자들에게 유사한 질병의 증상이 발생한 경우(같은 부서에서 근무하는 근로자에게 유해인자에 노출될 경우 유사한 질병의 증상이 발생한 경우) 등 고용노동부령으로 정하는 경우에는 근로자의 건강을 보호하기 위하여 사업주에게 특정 근로자에 대한 건강진단(이하 임시건강진단이라 한다)의 실시나 작업전환, 그 밖에 필요한 조치를 명할 수 있고 임시건강진단의 항목, 그 밖에 필요한 사항은 고용노동부령으로 정한다.

근로자의 건강을 보호하기 위하여 사업주에게 특정 근로자에 대한 "임시건강진단"의 실시나 작업전환, 그 밖에 필요한 조치를 명할 수 있으며, **시행규칙 제207조**의 **임시건강진단 명령**을 통하여 실시한다.

시행규칙 제207조(임시건강진단 명령 등) ① 법 제131조제1항에서 "고용노동부령으로 정하는 경우"란 특수건강진단 대상 유해인자 또는 그 밖의 유해인자에 의한 중독 여부, 질병에 걸렸는지 여부 또는 질병의 발생 원인 등을 확인하기 위하여 필요하다고 인정되는 경우로서 다음 각 호의 어느 하나에 해당하는 경우를 말한다.

1. 같은 부서에 근무하는 근로자 또는 같은 유해인자에 노출되는 근로자에게 유사한 질병의 자각·타각 증상이 발생한 경우
2. 직업병 유소견자가 발생하거나 여러 명이 발생할 우려가 있는 경우
3. 그 밖에 지방고용노동관서의 장이 필요하다고 판단하는 경우

② 임시건강진단의 검사항목은 별표 24에 따른 특수건강진단의 검사항목 중 전부 또는 일부와 건강진단 담당 의사가 필요하다고 인정하는 검사항목으로 한다.

③ 제2항에서 정한 사항 외에 임시건강진단의 검사방법, 실시방법, 그 밖에 필요한 사항은 고용노동부장관이 정한다.

제132조(건강진단에 관한 사업주의 의무) ① 사업주는 제129조부터 제131조까지의 규정에 따른 건강진단을 실시하는 경우 근로자대표가 요구하면 근로자대표를 참석시켜야 한다.

② 사업주는 산업안전보건위원회 또는 근로자대표가 요구할 때에는 직접 또는 제129조부터 제131조까지의 규정에 따른 건강진단을 한 건강진단기관에 건강진단 결과에 대하여 설명하도록 하여야 한다. 다만, 개별 근로자의 건강진단 결과는 본인의 동의 없이 공개해서는 아니 된다.

③ 사업주는 제129조부터 제131조까지의 규정에 따른 건강진단의 결과를 근로자의 건강 보호 및 유지 외의 목적으로 사용해서는 아니 된다.

④ 사업주는 제129조부터 제131조까지의 규정 또는 다른 법령에 따른 건강진단의 결과 근로자의 건강을 유지하기 위하여 필요하다고 인정할 때에는 작업장소 변경, 작업 전환, 근로시간 단축, 야간근로(오후 10시부터 다음 날 오전 6시까지 사이의 근로를 말한다)의 제한, 작업환경측정 또는 시설·설비의 설치·개선 등 고용노동부령으로 정하는 바에 따라 적절한 조치를 하여야 한다.

⑤ 제4항에 따라 적절한 조치를 하여야 하는 사업주로서 고용노동부령으로 정하는 사업주는 그 조치 결과를 고용노동부령으로 정하는 바에 따라 고용노동부장관에게 제출하여야 한다.

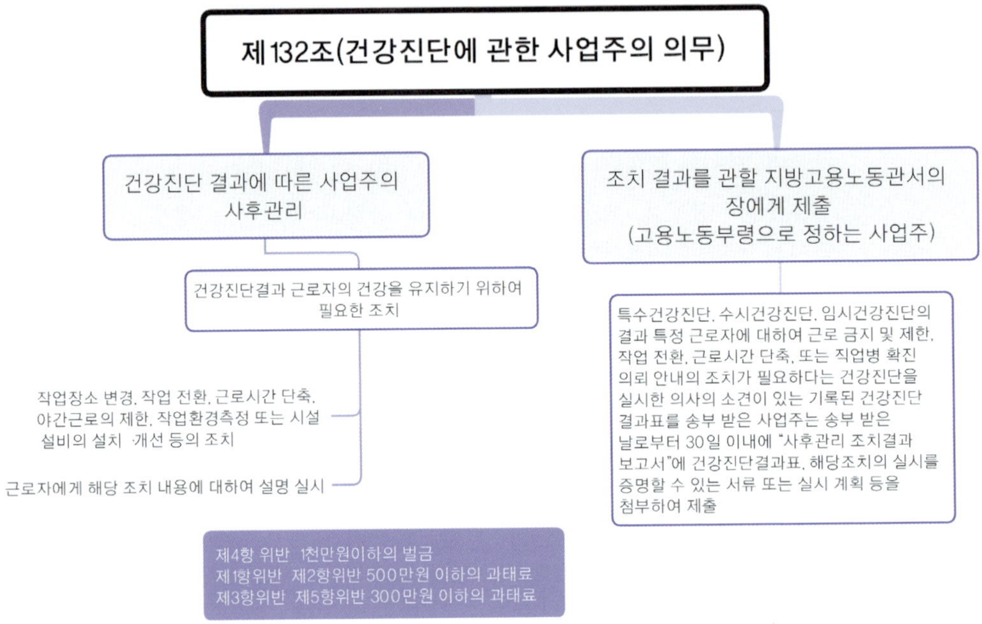

■ **조문해석**

사업주는 제129조부터 제131조까지의 규정에 따른 건강진단을 실시하는 경우 근로자대표가 요구하면 근로자대표를 참석시켜야 하며, 사업주는 산업안전보건위원회 또는 근로자대표가 요구할 때에는 직접 또는 건강진단을 한 건강진단기관에 건강진단 결과에 대하여 설명하도록 하여야 한다. 다만, 개별 근로자의 건강진단 결과는 본인의 동의 없이 공개해서는 아니 된다.

그리고 사업주는 건강진단의 결과를 근로자의 건강 보호 및 유지 외의 목적으로 사용해서는 아니 되며 제129조부터 제131조까지의 규정 또는 다른 법령에 따른 건강진단의 결과 근로자의 건강을 유지하기 위하여 필요하다고 인정할 때에는 작업장소 변경, 작업 전환, 근로시간 단축, 야간근로(오후 10시부터 다음 날 오전 6시까지 사이의 근로를 말한다)의 제한, 작업환경측정 또는 시설・설비의 설치・개선 등 고용노동부령으로 정하는 바에 따라 적절한 조치와 그 조치 결과를 고용노동부령으로 정하는 바에 따라 고용노동부장관에게 제출하여야 한다.

시행규칙 제210조(건강진단 결과에 따른 사후관리 등) ① 사업주는 제210조 제3항에 따른 건강진단 결과표에 따라 근로자의 건강을 유지하기 위하여 필요하면 법 제132조제4항에 따른 조치를 하고, 근로자에게 해당 조치 내용에 대하여 설명하여야 한다.

② 고용노동부장관은 사업주가 제1항에 따른 조치를 하는 데 필요한 사항을 정하여 고시할 수 있다.

③ 법 제132조제5항에서 "고용노동부령으로 정하는 사업주"란 법 제130조 제1항 및 제3항, 제131조에 따른 특수건강진단, 수시건강진단, 임시건강진단의 결과 특정 근로자에 대하여 근로 금지 및 제한, 작업전환, 근로시간 단축, 직업병 확진의 안내의 조치가 필요하다는 건강진단을 실시한 의사의 소견이 있는 건강진단표를 송부 받은 사업주를 말한다.

④ 제3항에 따른 사업주는 건강진단 결과표를 송부 받은 날로부터 30일 이내에 별지 86호 서식의 사후관리 조치결과 보고서에 건강진단결과표, 제3항에 따른 조치의 실시를 증명할 수 있는 서류 또는 실시 계획 등을 첨부하여 관할 지방고용노동관서의 장에게 제출하여야 한다.

⑤ 그 밖에 제4항에 따른 사후관리 조치결과보고서 등의 제출에 필요한 사항은 고용노동부장관이 정한다.

제133조(건강진단에 관한 근로자의 의무) 근로자는 제129조부터 제131조까지의 규정에 따라 사업주가 실시하는 건강진단을 받아야 한다. 다만, 사업주가 지정한 건강진단기관이 아닌 건강진단기관으로부터 이에 상응하는 건강진단을 받아 그 결과를 증명하는 서류를 사업주에게 제출하는 경우에는 사업주가 실시하는 건강진단을 받은 것으로 본다.

제133조(건강진단에 관한 근로자의 의무)

근로자는 사업주가 실시하는 건강진단을 받아야 한다

위반 300만원 이하의 과태료

■ 조문해석

근로자는 제129조부터 제131조까지의 규정에 따라 사업주가 실시하는 건강진단을 받아야 한다. 다만, 사업주가 지정한 건강진단기관이 아닌 건강진단기관으로부터 이에 상응하는 건강진단을 받아 그 결과를 증명하는 서류를 사업주에게 제출하는 경우에는 사업주가 실시하는 건강진단을 받은 것으로 본다.

제134조(건강진단기관 등의 결과보고 의무) ① 건강진단기관은 제129조부터 제131조까지의 규정에 따른 건강진단을 실시한 때에는 고용노동부령으로 정하는 바에 따라 그 결과를 근로자 및 사업주에게 통보하고 고용노동부장관에게 보고하여야 한다.

② 제129조제1항 단서에 따라 건강진단을 실시한 기관은 사업주가 근로자의 건강보호를 위하여 그 결과를 요청하는 경우 고용노동부령으로 정하는 바에 따라 그 결과를 사업주에게 통보하여야 한다.

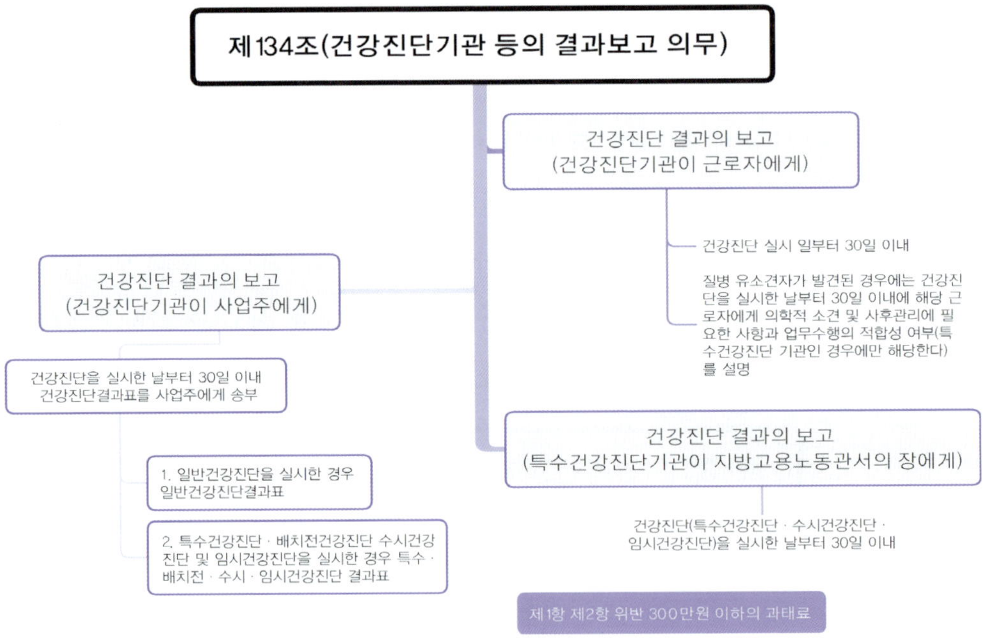

■ 조문해석

건강진단기관은 제129조부터 제131조까지의 규정에 따른 건강진단을 실시한 때에는 고용노동부령으로 정하는 바에 따라 그 결과를 근로자 및 사업주에게 통보하고 고용노동부장관에게 보고하여야 한다고 규정되어 있다. 제129조제1

항 단서에 따라 건강진단을 실시한 기관은 사업주가 근로자의 건강보호를 위하여 그 결과를 요청하는 경우 고용노동부령으로 정하는 바에 따라 그 결과를 사업주에게 통보하여야 한다.

시행규칙 제209조(건강진단 결과의 보고 등) ① 건강진단기관이 건강진단을 실시하였을 때에는 그 결과를 건강진단 실시일부터 30일 이내에 근로자에게 송부하여야 한다.

② 건강진단기관은 건강진단을 실시한 결과 질병 유소견자가 발견된 경우에는 건강진단을 실시한 날부터 30일 이내에 해당 근로자에게 의학적 소견 및 사후관리에 필요한 사항과 업무수행의 적합성 여부를 설명하여야 한다.

③ 건강진단기관은 건강진단을 실시한 날부터 30일 이내에 다음 각 호의 어느 하나에 해당하는 건강진단 결과표를 사업주에게 송부하여야 한다.

1. 일반건강진단을 실시한 경우: 별지 제84호서식의 일반건강진단 결과표
2. 특수건강진단・배치 전 건강진단・수시건강진단 및 임시건강진단을 실시한 경우: 별지 제85호서식의 특수・배치전・수시・임시건강진단 결과표

④ 특수건강진단기관은 특수건강진단・수시건강진단 또는 임시건강진단을 실시한 경우에는 법 제134조제1항에 따라 건강진단을 실시한 날부터 30일 이내에 건강진단 결과표를 지방고용노동관서의 장에게 제출하여야 한다.

제135조(특수건강진단기관) ① 의료법 제3조에 따른 의료기관이 특수건강진단, 배치 전 건강진단 또는 수시건강진단을 수행하려는 경우에는 고용노동부장관으로부터 건강진단을 할 수 있는 기관(이하 특수건강진단기관이라 한다)으로 지정 받아야 한다.

② 특수건강진단기관으로 지정 받으려는 자는 대통령령으로 정하는 요건을 갖추어 고용노동부장관에게 신청하여야 한다.

③ 고용노동부장관은 제1항에 따른 특수건강진단기관의 진단・분석 결과에 대한 정확성과 정밀도를 확보하기 위하여 특수건강진단기관의 진단・분석능력을 확인하고, 특수건강진단기관을 지도하거나 교육할 수 있다. 이 경우 진단・분석능력의 확인, 특수건강진단기관에 대한 지도 및 교육의 방법, 절차, 그 밖에 필요한 사항은 고용노동부장관이 정하여 고시한다.

④ 고용노동부장관은 특수건강진단기관을 평가하고 그 결과(제3항에 따

른 진단·분석능력의 확인 결과를 포함한다)를 공개할 수 있다. 이 경우 평가 기준·방법 및 결과의 공개, 그 밖에 필요한 사항은 고용노동부령으로 정한다.

⑤ 특수건강진단기관의 지정 신청 절차, 업무 수행에 관한 사항, 업무를 수행할 수 있는 지역, 그 밖에 필요한 사항은 고용노동부령으로 정한다.

⑥ 특수건강진단기관에 관하여는 제21조제4항 및 제5항을 준용한다. 이 경우 "안전관리전문기관 또는 보건관리전문기관"은 "특수건강진단기관"으로 본다.

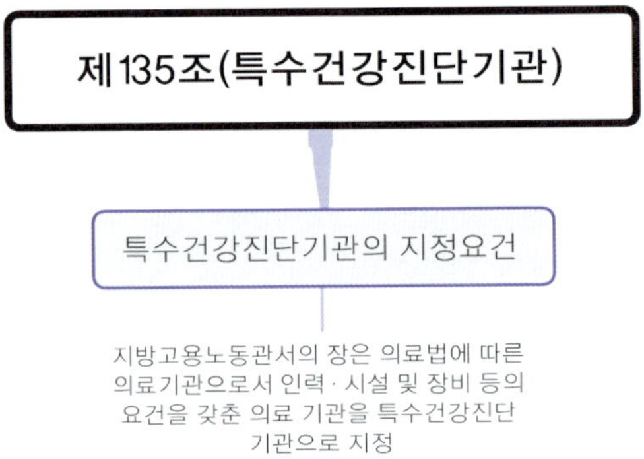

■ **조문해석**

의료법 제3조에 따른 의료기관이 특수건강진단, 배치 전 건강진단 또는 수시건강진단을 수행하려는 경우에는 고용노동부장관으로부터 건강진단을 할 수 있는 기관(이하 특수건강진단기관이라 한다)으로 지정 받아야 하고, 특수건강진단기관으로 지정 받으려는 자는 대통령령으로 정하는 요건을 갖추어 고용노동부장관에게 신청하여야 한다.

또한 고용노동부장관은 제1항에 따른 특수건강진단기관의 진단·분석 결과에 대한 정확성과 정밀도를 확보하기 위하여 특수건강진단기관의 진단·분석능력을 확인하고, 특수건강진단기관을 지도하거나 교육할 수 있다. 이 경우 진단·분석능력의 확인, 특수건강진단기관에 대한 지도 및 교육의 방법, 절차, 그 밖에 필요한 사항은 고용노동부장관이 정하여 고시하고 특수건강진단기관을 평가하고 그 결과를 공개할 수 있다. 이 경우 평가 기준·방법 및 결과의 공개, 그 밖에 필요한 사항은 고용노동부령으로 정한다.

그리고 특수건강진단기관의 지정 신청 절차, 업무 수행에 관한 사항, 업무를 수행할 수 있는 지역, 그 밖에 필요한 사항은 고용노동부령으로 정하며, 특수건강진단기관에 관하여는 제21조제4항 및 제5항을 준용한다. 이 경우 "안전관리전문기관 또는 보건관리전문기관"은 "특수건강진단기관"으로 본다.

시행령

제97조(특수건강진단기관의 지정 요건) ① 법 제135조제1항에 따라 특수건강진단기관으로 지정받을 수 있는 자는 의료법에 따른 의료기관으로서 별표 30에 따른 인력·시설 및 장비를 갖추고 법 제135조제3항에 따라 고용노동부장관이 실시하는 특수건강진단기관의 진단·분석능력 확인에서 적합 판정을 받은 자로 한다.

② 제1항에도 불구하고 고용노동부장관은 법 제135조제1항에 따른 특수건강진단기관이 없는 시·군(수도권정비계획법 제2조제1호에 따른 수도권에 속하는 시는 제외한다) 또는 제주특별자치도 설치 및 국제자유도시 조성을 위한 특별법 제10조에 따른 행정시의 경우에는 고용노동부령으로 정하는 유해인자에 대하여 건강검진기본법 제3조제2호에 따른 건강검진기관 중 고용노동부령으로 정하는 건강검진기관으로서 해당 기관에 의료법에 따른 의사(특수건강진단과 관련하여 고용노동부장관이 정하는 교육을 이수한 의사를 말한다) 및 간호사가 각각 1명 이상 있는 의료기관을 해당 지역의 특수건강진단기관으로 지정할 수 있다.

[대통령령 제30256호(2019. 12. 24.) 부칙 제3조의 규정에 의하여 이 조 제2항은 2023년 1월 31일까지 유효함]

제98조(특수건강진단기관의 지정 취소 등의 사유) 법 제135조제6항에 따라 준용되는 법 제21조제4항제5호에서 "대통령령으로 정하는 사유에 해당하는 경우"란 다음 각 호의 경우를 말한다.

1. 고용노동부령으로 정하는 검사항목을 빠뜨리거나 검사방법 및 실시 절차를 준수하지 않고 건강진단을 하는 경우
2. 고용노동부령으로 정하는 건강진단의 비용을 줄이는 등의 방법으로 건강진단을 유인하거나 건강진단의 비용을 부당하게 징수한 경우
3. 법 제135조제3항에 따라 고용노동부장관이 실시하는 특수건강진단기관의 진단·분석 능력 확인에서 부적합 판정을 받은 경우
4. 건강진단 결과를 거짓으로 판정하거나 고용노동부령으로 정하는 건강진단 개인표 등 건강진단 관련 서류를 거짓으로 작성한 경우
5. 무자격자 또는 제97조에 따른 특수건강진단기관의 지정 요건을 충족하지 못하는 자가 건강진단을 한 경우
6. 정당한 사유 없이 건강진단의 실시를 거부하거나 중단한 경우

7. 정당한 사유 없이 법 제135조제4항에 따른 특수건강진단기관의 평가를 거부한 경우
8. 법에 따른 관계 공무원의 지도・감독을 거부・방해 또는 기피한 경우

제136조(유해인자별 특수건강진단 전문연구기관의 지정) ① 고용노동부장관은 작업장의 유해인자에 관한 전문연구를 촉진하기 위하여 유해인자별 특수건강진단 전문연구기관을 지정하여 예산의 범위에서 필요한 지원을 할 수 있다.

② 제1항에 따른 유해인자별 특수건강진단 전문연구기관의 지정 기준 및 절차, 그 밖에 필요한 사항은 고용노동부장관이 정하여 고시한다.

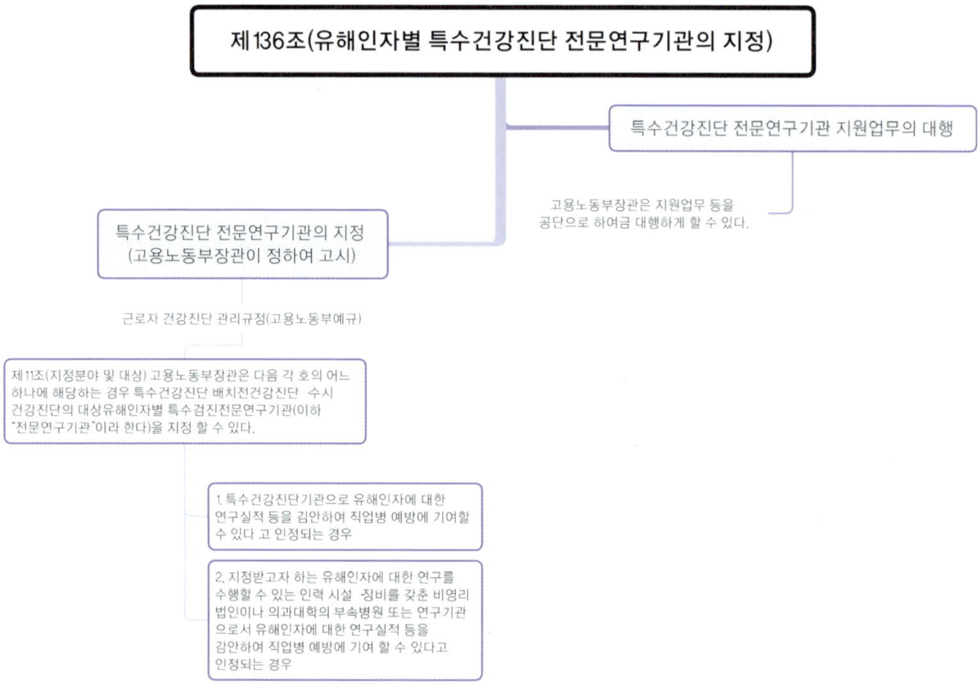

■ **조문해석**

고용노동부장관은 작업장의 유해인자에 관한 전문연구를 촉진하기 위하여 유해인자별 특수건강진단 전문연구기관을 지정하여 예산의 범위에서 필요한 지원을 할 수 있고 제1항에 따른 유해인자별 특수건강진단 전문연구기관의 지정 기준 및 절차, 그 밖에 필요한 사항은 고용노동부장관이 정하여 고시한다.

제137조(건강관리카드) ① 고용노동부장관은 고용노동부령으로 정하는 건강장해가 발생할 우려가 있는 업무에 종사하였거나 종사하고 있는 사람 중 고용노동부령으로 정하는 요건을 갖춘 사람의 직업병 조기발견 및 지속적인 건강관리를 위하여 건강관리카드를 발급하여야 한다.

② 건강관리카드를 발급받은 사람이 산업재해보상보험법 제41조에 따라 요양급여를 신청하는 경우에는 건강관리카드를 제출함으로써 해당 재해에 관한 의학적 소견을 적은 서류의 제출을 대신할 수 있다.

③ 건강관리카드를 발급받은 사람은 그 건강관리카드를 타인에게 양도하거나 대여해서는 아니 된다.

④ 건강관리카드를 발급받은 사람 중 제1항에 따라 건강관리카드를 발급받은 업무에 종사하지 아니하는 사람은 고용노동부령으로 정하는 바에 따라 특수건강진단에 준하는 건강진단을 받을 수 있다.

⑤ 건강관리카드의 서식, 발급 절차, 그 밖에 필요한 사항은 고용노동부령으로 정한다.

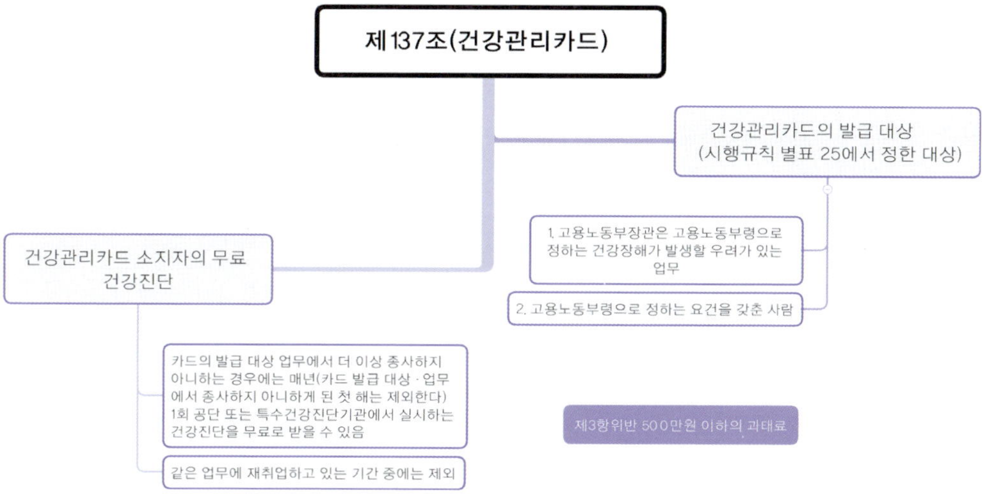

■ **조문해석**

고용노동부장관은 고용노동부령으로 정하는 건강장해가 발생할 우려가 있는 업무에 종사하였거나 종사하고 있는 사람 중 고용노동부령으로 정하는 요건을 갖춘 사람의 직업병 조기발견 및 지속적인 건강관리를 위하여 건강관리카드를 발급하여야 하며 건강관리카드를 발급받은 사람이 산업재해보상보험법 제41조에 따라 요양급여를 신청하는 경우에는 건강관리카드를 제출함으로써 해당 재해에 관한 의학적 소견을 적은 서류의 제출을 대신할 수 있다.
그리고 건강관리카드를 발급받은 사람은 그 건강관리카드를 타인에게 양도하거나 대여해서는 아니 되며 건강관리카드를 발급받은 사람 중 제1항에 따라 건강관리카드를 발급받은 업무에 종사하지 아니하는 사람은 고용노동부령으로 정하는 바에 따라 특수건강진단에 준하는 건강진단을 받을 수 있다.
또한 건강관리카드의 서식, 발급 절차, 그 밖에 필요한 사항은 고용노동부령으로 정한다.

시행규칙

제214조(건강관리카드의 발급 대상) 법 제137조제1항에서 "고용노동부령으로 정하는 건강장해가 발생할 우려가 있는 업무" 및 "고용노동부령으로 정하는 요건을 갖춘 사람"은 별표 25와 같다.

제215조(건강관리카드 소지자의 건강진단) ① 건강관리카드(이하 카드라 한다)를 발급받은 근로자가 카드의 발급 대상 업무에서 더 이상 종사하지 아니하는 경우에는 공단 또는 특수건강진단기관에서 실시하는 건강진단을 매년(카드 발급 대상 업무에서 종사하지 아니하게 된 첫 해는 제외한다) 1회 받을 수 있다. 다만, 카드를 발급받은 근로자(이하 카드소지자라 한다)가 카드의 발급 대상 업무와 같은 업무에 재취업하고 있는 기간 중에는 그러하지 아니하다.
② 공단은 항 본문에 따라 건강진단을 받는 카드소지자에게 교통비 및 식비를 지급할 수 있다.
③ 카드소지자는 건강진단을 받을 때에 해당 건강진단을 실시하는 의료기관에 카드 또는 주민등록증 등 신분을 확인할 수 있는 증명서를 제시하여야 한다.
④ 제3항에 따른 의료기관은 건강진단을 실시한 날로부터 30일 이내에 건강진단 실시 결과를 카드소지자 및 공단에 송부하여야 한다.
⑤ 제3항에 따른 의료기관은 건강진단 결과에 따라 카드소지자의 건강을 유지하기 위하여 필요하면 건강상담, 직업병 확진 의뢰 안내 등 고용노동부장관이 정하는 바에 따른 조치를 하고, 카드소지자에게 해당 조치 내용에 대하여 설명하여야 한다.
⑥ 카드소지자에 대한 건강진단의 실시방법과 그 밖에 필요한 사항은 고용노동부장관이 정하여 고시한다.

제138조(질병자의 근로 금지 · 제한) ① 사업주는 감염병, 정신질환 또는 근로로 인하여 병세가 크게 악화될 우려가 있는 질병으로서 고용노동부령으로 정하는 질병에 걸린 사람에게는 의료법 제2조에 따른 의사의 진단에 따라 근로를 금지하거나 제한하여야 한다.

② 사업주는 제1항에 따라 근로가 금지되거나 제한된 근로자가 건강을 회복하였을 때에는 지체 없이 근로를 할 수 있도록 하여야 한다.

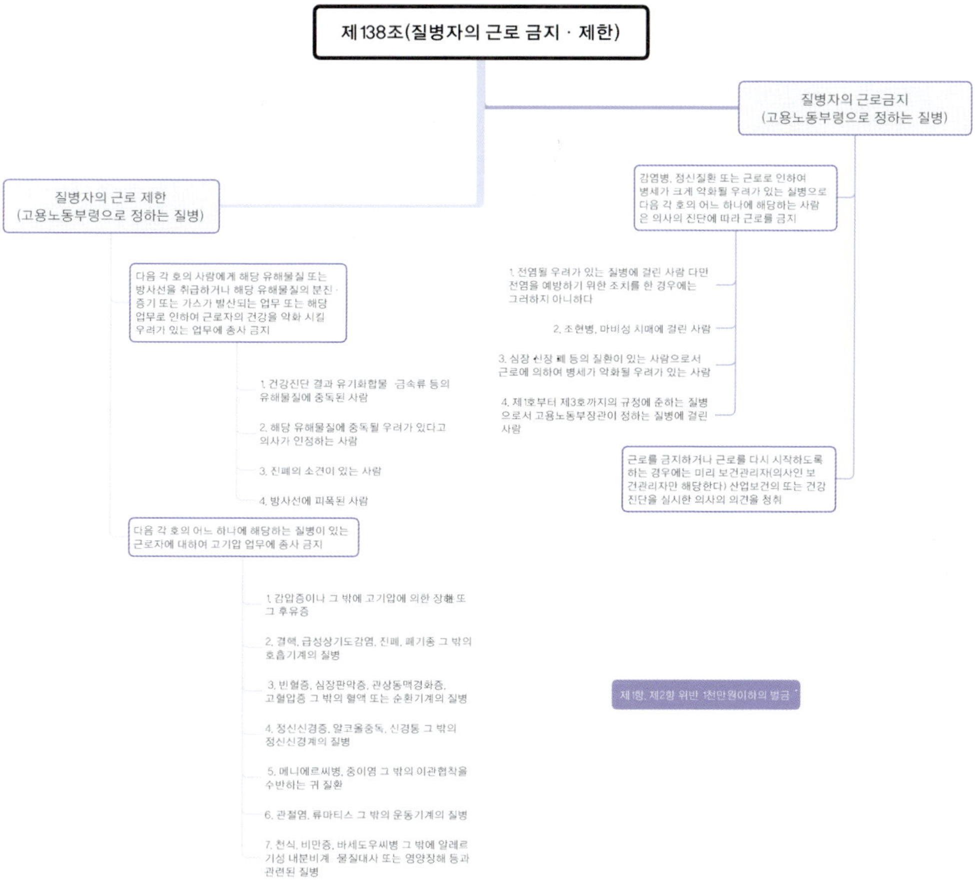

■ 조문해석

사업주는 감염병, 정신질환 또는 근로로 인하여 병세가 크게 악화될 우려가 있는 질병으로서 고용노동부령으로 정하는 질병에 걸린 사람에게는 의료법 제2조에 따른 의사의 진단에 따라 근로를 금지하거나 제한하여야 한다. 그리고 제1항에 따라 근로가 금지되거나 제한된 근로자가 건강을 회복하였을 때에는 지체 없이 근로를 할 수 있도록 하여야 한다.

시행규칙

제220조(질병자의 근로금지) ① 법 제138조제1항에 따라 사업주는 다음 각 호의 어느 하나에 해당하는 사람에 대해서는 근로를 금지하여야 한다.

1. 전염될 우려가 있는 질병에 걸린 사람. 다만, 전염을 예방하기 위한 조치를 한 경우에는 그러하지 아니하다.
2. 조현병, 마비성 치매에 걸린 사람
3. 심장·신장·폐 등의 질환이 있는 사람으로서 근로에 의하여 병세가 악화될 우려가 있는 사람
4. 제1호부터 제3호까지의 규정에 준하는 질병으로서 고용노동부장관이 정하는 질병에 걸린 사람

제221조(질병자 등의 근로 제한) ① 사업주는 법 제129조부터 제130조에 따른 건강진단 결과 유기화합물·금속류 등의 유해물질에 중독된 사람, 해당 유해물질에 중독될 우려가 있다고 의사가 인정하는 사람, 진폐의 소견이 있는 사람 또는 방사선에 피폭된 사람을 해당 유해물질 또는 방사선을 취급하거나 해당 유해물질의 분진·증기 또는 가스가 발산되는 업무 또는 해당 업무로 인하여 근로자의 건강을 악화시킬 우려가 있는 업무에 종사하도록 하여서는 아니 된다.

② 사업주는 다음 각 호의 어느 하나에 해당하는 질병이 있는 근로자를 고기압 업무에 종사하도록 하여서는 아니 된다.

1. 감압증이나 그 밖에 고기압에 의한 장해 또는 그 후유증
2. 결핵, 급성상기도감염, 진폐, 폐기종, 그 밖의 호흡기계의 질병
3. 빈혈증, 심장판막증, 관상동맥경화증, 고혈압증, 그 밖의 혈액 또는 순환기계의 질병
4. 정신신경증, 알코올중독, 신경통, 그 밖의 정신신경계의 질병
5. 메니에르씨병, 중이염, 그 밖의 이관협착을 수반하는 귀 질환
6. 관절염, 류마티스, 그 밖의 운동기계의 질병
7. 천식, 비만증, 바세도우씨병, 그 밖에 알레르기성·내분비계·물질대사 또는 영양장해 등과 관련된 질병

제139조(유해·위험작업에 대한 근로시간 제한 등) ① 사업주는 유해하거나 위험한 작업으로서 높은 기압에서 하는 작업 등 대통령령으로 정하는 작업에 종사하는 근로자에게는 1일 6시간, 1주 34시간을 초과하여 근로하게 해서는 아니 된다.

② 사업주는 대통령령으로 정하는 유해하거나 위험한 작업에 종사하는

근로자에게 필요한 안전조치 및 보건조치 외에 작업과 휴식의 적정한 배분 및 근로시간과 관련된 근로조건의 개선을 통하여 근로자의 건강 보호를 위한 조치를 하여야 한다.

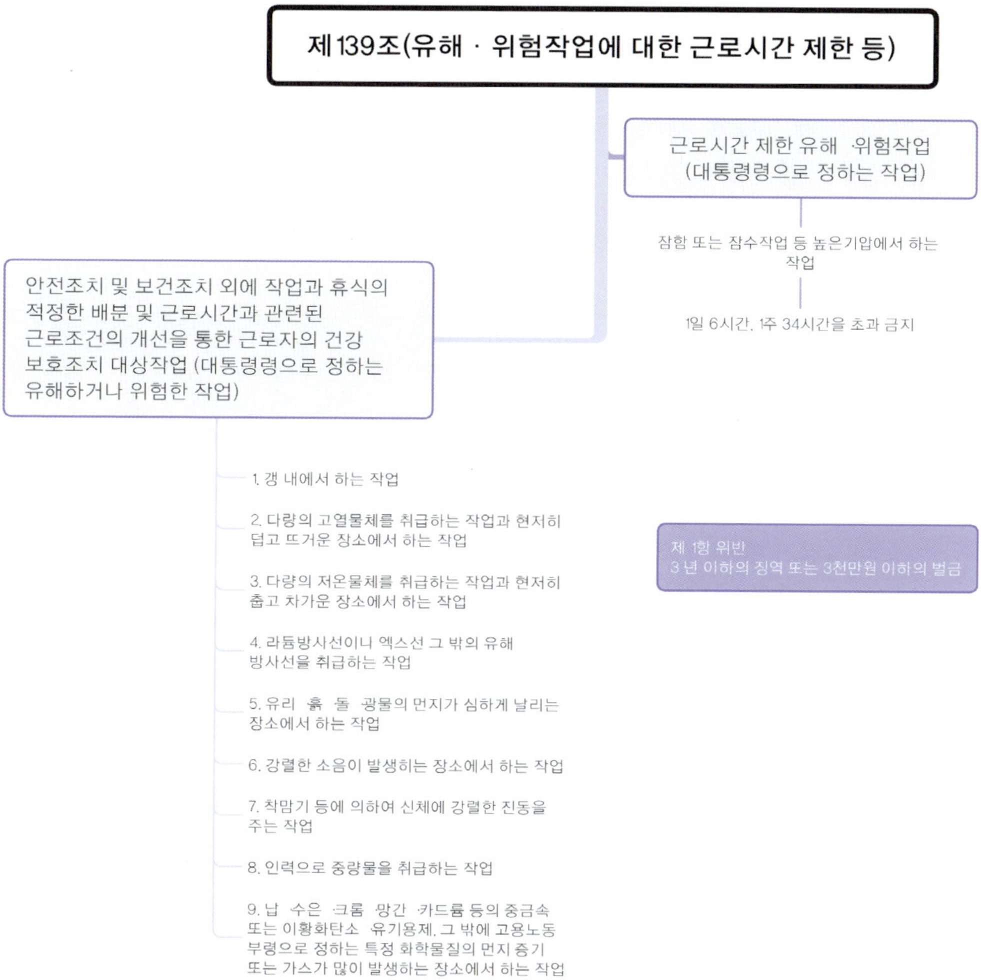

■ **조문해석**

사업주는 유해하거나 위험한 작업으로서 높은 기압에서 하는 작업 등 대통령령으로 정하는 작업에 종사하는 근로자에게는 1일 6시간, 1주 34시간을 초과하여 근로하게 해서는 아니 된다. 또한 대통령령으로 정하는 유해하거나 위험한 작업에 종사하는 근로자에게 필요한 안전조치 및 보건조치 외에 작업과 휴식의 적정한 배분 및 근로시간과 관련된 근로조건의 개선을 통하여 근로자의 건강 보호를 위한 조치를 하여야 한다.

시행령 제99조(유해·위험작업에 대한 근로시간 제한 등) ① 법 제139조제1항에서 "대통령령으로 정하는 작업"이란 잠함(潛函) 또는 잠수작업 등 높은 기압에서 하는 작업을 말한다.

② 제1항에 따른 작업에서 잠함·잠수 작업시간, 가압·감압방법 등 해당 근로자의 안전과 보건을 유지하기 위하여 필요한 사항은 고용노동부령으로 정한다.

③ 법 제139조제2항에 따라 "대통령령으로 정하는 유해하거나 위험한 작업"이란 다음 각호를 말한다.

1. 갱(抗) 내에서 하는 작업
2. 다량의 고열물체를 취급하는 작업과 현저히 덥고 뜨거운 장소에서 하는 작업
3. 다량의 저온물체를 취급하는 작업과 현저히 춥고 차가운 장소에서 하는 작업
4. 라듐방사선이나 엑스선, 그 밖의 유해 방사선을 취급하는 작업
5. 유리·흙·돌·광물의 먼지가 심하게 날리는 장소에서 하는 작업
6. 강렬한 소음이 발생하는 장소에서 하는 작업
7. 착암기 등에 의하여 신체에 강렬한 진동을 주는 작업
8. 인력으로 중량물을 취급하는 작업
9. 납·수은·크롬·망간·카드뮴 등의 중금속 또는 이황화탄소·유기용제, 그 밖에 고용노동부령으로 정하는 특정 화학물질의 먼지·증기 또는 가스가 많이 발생하는 장소에서 하는 작업

제140조(자격 등에 의한 취업 제한 등) ① 사업주는 유해하거나 위험한 작업으로서 상당한 지식이나 숙련도가 요구되는 고용노동부령으로 정하는 작업의 경우 그 작업에 필요한 자격·면허·경험 또는 기능을 가진 근로자가 아닌 사람에게 그 작업을 하게 해서는 아니 된다.

② 고용노동부장관은 제1항에 따른 자격·면허의 취득 또는 근로자의 기능 습득을 위하여 교육기관을 지정할 수 있다.

③ 제1항에 따른 자격·면허·경험·기능, 제2항에 따른 교육기관의 지정 요건 및 지정 절차, 그 밖에 필요한 사항은 고용노동부령으로 정한다.

④ 제2항에 따른 교육기관에 관하여는 제21조제4항 및 제5항을 준용한다. 이 경우 "안전관리전문기관 또는 보건관리전문기관"은 "제2항에 따른 교육기관"으로 본다.

제140조(자격 등에 의한 취업 제한 등)

자격 면허 경험 또는 기능에 의한 취업제한
(고용노동령으로 정하는 작업)

유해하거나 위험한 작업으로서 상당한 지식이나 숙련도가 요구되는 고용노동부령으로 정하는 작업의 경우 그 작업에 필요한 자격 면허 경험 또는 기능을 가진 근로자가 아닌 사람에게 그 작업을 하게 해서는 아니된다.

고용노동부령 (유해 · 위험작업의 취업 제한에 관한 규칙)

자격 · 면허 · 경험 또는 기능이 필요한 작업 및 해당 자격 · 면허 · 경험 또는 기능

제 1항 위반 3년 이하의 징역 또는 3천만원 이하의 벌금

■ **조문해석**

사업주는 유해하거나 위험한 작업으로서 상당한 지식이나 숙련도가 요구되는 고용노동부령으로 정하는 작업의 경우 그 작업에 필요한 자격・면허・경험 또는 기능을 가진 근로자가 아닌 사람에게 그 작업을 하게 해서는 아니되며 고용노동부장관은 제1항에 따른 자격・면허의 취득 또는 근로자의 기능 습득을 위하여 교육기관을 지정할 수 있다.

또한 자격・면허・경험・기능, 교육기관의 지정 요건 및 지정 절차, 그 밖에 필요한 사항은 고용노동부령으로 정하며 교육기관에 관하여는 제21조제4항 및 제5항을 준용한다. 이 경우 "안전관리전문기관 또는 보건관리전문기관"은 "제2항에 따른 교육기관"으로 본다.

시행령 제100조(교육기관의 지정 취소 등의 사유) 법 제140조제4항에 따라 준용되는 법 제21조제4항제5호에서 "대통령령으로 정하는 사유에 해당하는 경우"란 다음 각 호의 어느 하나에 해당하는 경우를 말한다.

1. 교육과 관련된 서류를 거짓으로 작성한 경우
2. 정당한 사유 없이 특정인에 대한 교육을 거부한 경우

3. 정당한 사유 없이 개월 이상의 휴업으로 인하여 위탁 받은 교육 업무의 수행에 차질을 일으킨 경우
4. 교육과 관련된 비치서류를 보존하지 않은 경우
5. 교육과 관련한 수수료 외의 금품을 받은 경우
6. 법에 따른 관계 공무원의 지도·감독을 거부·방해 또는 기피한 경우

제141조(역학조사) ① 고용노동부장관은 직업성 질환의 진단 및 예방, 발생원인의 규명을 위하여 필요하다고 인정할 때에는 근로자의 질환과 작업장의 유해요인의 상관관계에 관한 역학조사(이하 역학조사라 한다)를 할 수 있다. 이 경우 사업주 또는 근로자대표, 그 밖에 고용노동부령으로 정하는 사람이 요구할 때 고용노동부령으로 정하는 바에 따라 역학조사에 참석하게 할 수 있다.

② 사업주 및 근로자는 고용노동부장관이 역학조사를 실시하는 경우 적극 협조하여야 하며, 정당한 사유 없이 역학조사를 거부·방해하거나 기피해서는 아니 된다.

③ 누구든지 제1항 후단에 따라 역학조사 참석이 허용된 사람의 역학조사 참석을 거부하거나 방해해서는 아니 된다.

④ 제1항 후단에 따라 역학조사에 참석하는 사람은 역학조사 참석과정에서 알게 된 비밀을 누설하거나 도용해서는 아니 된다.

⑤ 고용노동부장관은 역학조사를 위하여 필요하면 제129조부터 제131조까지의 규정에 따른 근로자의 건강진단 결과, 국민건강보험법에 따른 요양급여기록 및 건강검진 결과, 고용보험법에 따른 고용정보, 암관리법에 따른 질병정보 및 사망원인 정보 등을 관련 기관에 요청할 수 있다. 이 경우 자료의 제출을 요청받은 기관은 특별한 사유가 없으면 이에 따라야 한다.

⑥ 역학조사의 방법·대상·절차, 그 밖에 필요한 사항은 고용노동부령으로 정한다.

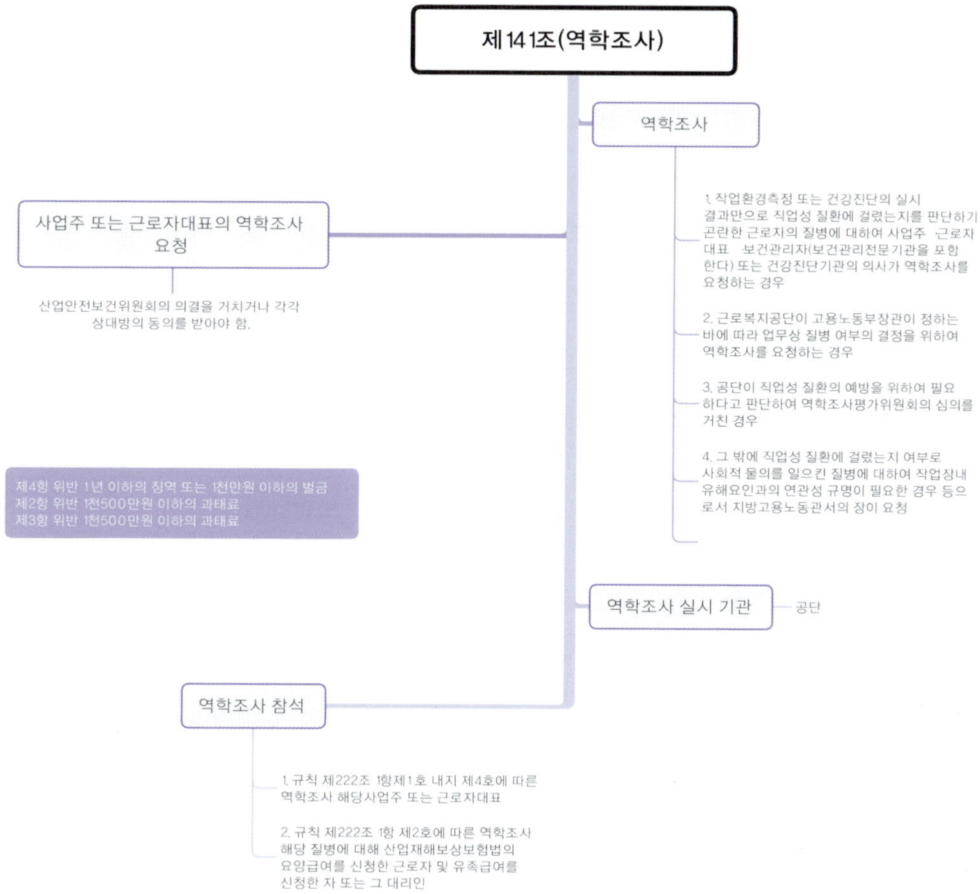

■ 조문해석

고용노동부장관은 직업성 질환의 진단 및 예방, 발생 원인의 규명을 위하여 필요하다고 인정할 때에는 근로자의 질환과 작업장의 유해요인의 상관관계에 관한 역학조사를 할 수 있다. 이 경우 사업주 또는 근로자대표, 그 밖에 고용노동부령으로 정하는 사람이 요구할 때 고용노동부령으로 정하는 바에 따라 역학조사에 참석하게 할 수 있으며, 사업주 및 근로자는 고용노동부장관이 역학조사를 실시하는 경우 적극 협조하여야 하며, 정당한 사유 없이 역학조사를 거부 · 방해하거나 기피해서는 아니 된다.

또한 누구든지 제1항 후단에 따라 역학조사 참석이 허용된 사람의 역학조사 참석을 거부하거나 방해해서는 아니 되며, 역학조사에 참석하는 사람은 역학조사 참석과정에서 알게 된 비밀을 누설하거나 도용해서는 아니 된다.

그리고 고용노동부장관은 역학조사를 위하여 필요하면 제129조부터 제131조까지의 규정에 따른 근로자의 건강진단 결과, 국민건강보험법에 따른 요양급여기록 및 건강검진 결과, 고용보험법에 따른 고용정보, 암관리법에 따른 질병정보 및 사망원인 정보 등을 관련 기관에 요청할 수 있다. 이 경우 자료의 제출을 요청받은 기관은 특별한 사유가 없으면 이에 따라야 한다. 역학조사의 방법·대상·절차, 그 밖에 필요한 사항은 고용노동부령으로 정한다.

시행규칙

제222조(역학조사의 대상 및 절차 등) ① 공단은 법 제141조제1항에 따라 다음 각 호의 어느 하나에 해당하는 경우에는 역학조사를 할 수 있다.

1. 법 제125조에 따른 작업환경측정 또는 법 제129조부터 제131조에 따른 건강진단의 실시 결과만으로 직업성 질환에 걸렸는지를 판단하기 곤란한 근로자의 질병에 대하여 사업주·근로자대표·보건관리자(보건관리전문기관을 포함한다) 또는 건강진단기관의 의사가 역학조사를 요청하는 경우
2. 산업재해보상보험법 제10조에 따른 근로복지공단이 고용노동부장관이 정하는 바에 따라 업무상 질병 여부의 결정을 위하여 역학조사를 요청하는 경우
3. 공단이 직업성 질환의 예방을 위하여 필요하다고 판단하여 제224조제1항에 따른 역학조사평가위원회의 심의를 거친 경우
4. 그 밖에 직업성 질환에 걸렸는지 여부로 사회적 물의를 일으킨 질병에 대하여 작업장 내 유해요인과의 연관성 규명이 필요한 경우 등으로서 지방고용노동관서의 장이 요청하는 경우

제223조(역학조사에의 참석) ① 법 제141조제1항에 따라 공단에 역학조사 참석을 요구할 수 있는 사람은 다음 각 호와 같다.

1. 해당 사업주 또는 근로자대표
2. 해당 질병에 대하여 산업재해보상보험법 제36조제1항제1호 및 제5호에 따른 요양급여 및 유족급여를 신청한 자 또는 그 대리인(제222조제1항제2호에 따른 역학조사에 한한다)

② 공단은 제1항에 따라 역학조사 참석을 요구하는 경우에는 해당 역학조사에 제1항 각 호에 해당하는 사람을 참석시킬 수 있다.

제224조(역학조사평가위원회) ① 법 제141조제6항에 따라 공단은 역학조사 결과의 공정한 평가 및 그에 따른 근로자 건강보호방안 개발 등을 위하여 역학조사평가위원회를 설치·운영하여야 한다.

② 제1항에 따른 역학조사평가위원회의 구성·기능 및 운영 등에 필요한 사항은 고용노동부장관이 정한다.

CHAPTER 09

산업안전지도사 및 산업보건지도사

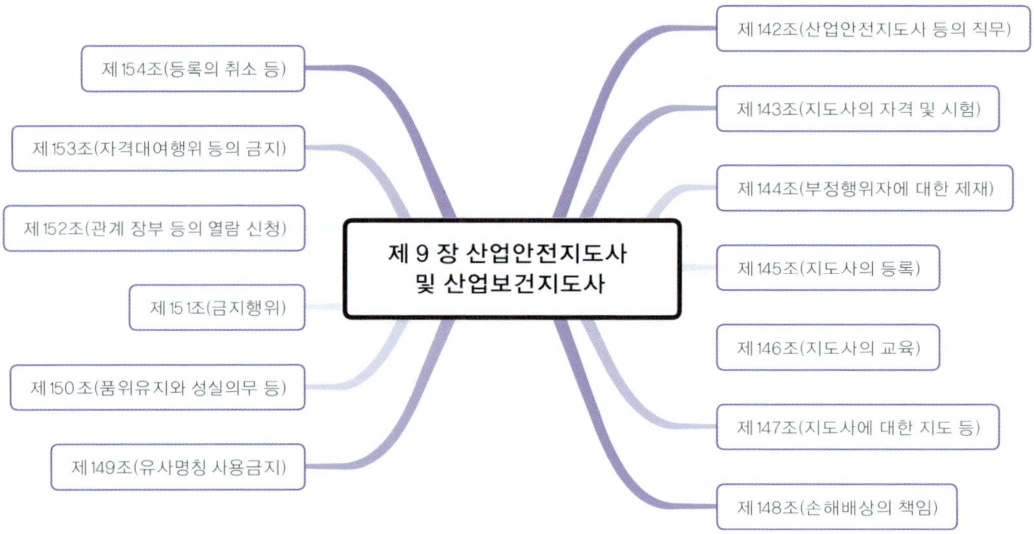
제 9 장 산업안전지도사
및 산업보건지도사
제142조(산업안전지도사 등의 직무)
제143조(지도사의 자격 및 시험)
제144조(부정행위자에 대한 제재)
제145조(지도사의 등록)
제146조(지도사의 교육)
제147조(지도사에 대한 지도 등)
제148조(손해배상의 책임)
제149조(유사명칭 사용금지)
제150조(품위유지와 성실의무 등)
제151조(금지행위)
제152조(관계 장부 등의 열람 신청)
제153조(자격대여행위 등의 금지)
제154조(등록의 취소 등)

CHAPTER 09

산업안전지도사 및 산업보건지도사

제142조(산업안전지도사 등의 직무) ① 산업안전지도사는 다음 각 호의 직무를 수행한다.

1. 공정상의 안전에 관한 평가・지도
2. 유해・위험의 방지대책에 관한 평가・지도
3. 제1호 및 제2호의 사항과 관련된 계획서 및 보고서의 작성
4. 그 밖에 산업안전에 관한 사항으로서 대통령령으로 정하는 사항

② 산업보건지도사는 다음 각 호의 직무를 수행한다.

1. 작업환경의 평가 및 개선 지도
2. 작업환경 개선과 관련된 계획서 및 보고서의 작성
3. 근로자 건강진단에 따른 사후관리 지도
4. 직업성 질병 진단(의료법 제2조에 따른 의사인 산업보건지도사만 해당한다) 및 예방 지도
5. 산업보건에 관한 조사・연구
6. 그 밖에 산업보건에 관한 사항으로서 대통령령으로 정하는 사항

③ 산업안전지도사 또는 산업보건지도사(이하 지도사라 한다)의 업무 영역별 종류 및 업무 범위, 그 밖에 필요한 사항은 대통령령으로 정한다.

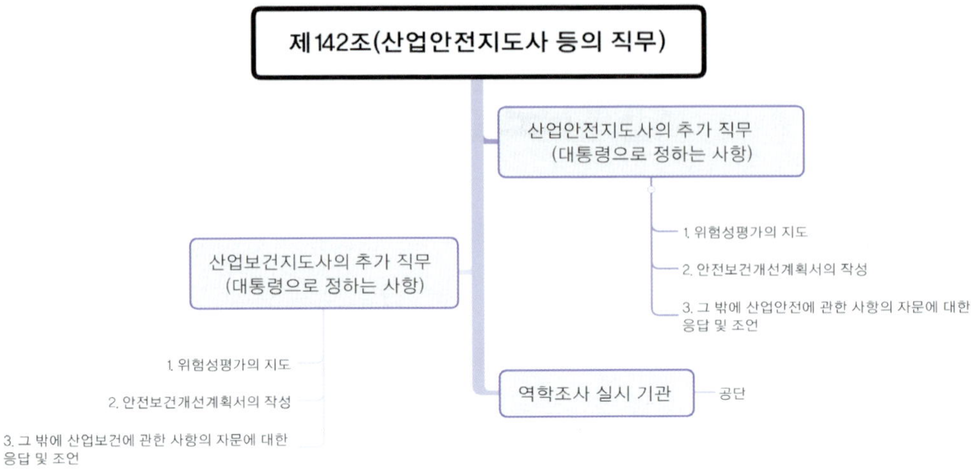

■ **조문해석**

산업안전지도사는 공정상의 안전에 관한 평가・지도, 유해・위험의 방지대책에 관한 평가・지도, 제1호 및 제2호의 사항과 관련된 계획서 및 보고서의 작성, 그 밖에 산업안전에 관한 사항으로서 대통령령으로 정하는 사항의 직무를 수행하며, 산업보건지도사는 작업환경의 평가 및 개선 지도, 작업환경 개선과 관련된 계획서 및 보고서의 작성, 근로자 건강진단에 따른 사후관리 지도, 직업성 질병 진단(의료법 제2조에 따른 의사인 산업보건지도사만 해당한다) 및 예방 지도, 산업보건에 관한 조사・연구, 그 밖에 산업보건에 관한 사항으로서 대통령령으로 정하는 사항의 직무를 수행한다.

그리고 산업안전지도사 또는 산업보건지도사의 업무 영역별 종류 및 업무 범위, 그 밖에 필요한 사항은 대통령령으로 정한다.

제143조(지도사의 자격 및 시험) ① 고용노동부장관이 시행하는 지도사 자격시험에 합격한 사람은 지도사의 자격을 가진다.

② 대통령령으로 정하는 산업안전 및 보건과 관련된 자격의 보유자에 대해서는 제1항에 따른 지도사 자격시험의 일부를 면제할 수 있다.

③ 고용노동부장관은 제1항에 따른 지도사 자격시험 실시를 대통령령으로 정하는 전문기관에 대행하게 할 수 있다. 이 경우 시험 실시에 드는 비용을 예산의 범위에서 보조할 수 있다. 〈개정 2020. 5. 26.〉

④ 제3항에 따라 지도사 자격시험 실시를 대행하는 전문기관의 임직원은

형법 제129조부터 제132조까지의 규정을 적용할 때에는 공무원으로 본다.

⑤ 지도사 자격시험의 시험과목, 시험방법, 다른 자격 보유자에 대한 시험 면제의 범위, 그 밖에 필요한 사항은 대통령령으로 정한다.

제143조(지도사의 자격 및 시험)

연1회 시험 시행

■ **조문해석**

고용노동부장관이 시행하는 지도사 자격시험에 합격한 사람은 지도사의 자격을 가지며 대통령령으로 정하는 산업안전 및 보건과 관련된 자격의 보유자에 대해서는 제1항에 따른 지도사 자격시험의 일부를 면제할 수 있으며 고용노동부장관은 제1항에 따른 지도사 자격시험 실시를 대통령령으로 정하는 전문기관에 대행하게 할 수 있다. 이 경우 시험 실시에 드는 비용을 예산의 범위에서 보조할 수 있다.

또한 지도사 자격시험 실시를 대행하는 전문기관의 임직원은 형법 제129조부터 제132조까지의 규정을 적용할 때에는 공무원으로 보고 지도사 자격시험의 시험과목, 시험방법, 다른 자격 보유자에 대한 시험 면제의 범위, 그 밖에 필요한 사항은 대통령령으로 정한다.

제144조(부정행위자에 대한 제재) 고용노동부장관은 지도사 자격시험에서 부정한 행위를 한 응시자에 대해서는 그 시험을 무효로 하고, 그 처분을 한 날부터 5년간 시험응시자격을 정지한다.

제144조(부정행위자에 대한 제재)

그 처분을 한 날부터 5년간
시험응시자격을 정지한다.

■ 조문해석

고용노동부장관은 지도사 자격시험에서 부정한 행위를 한 응시자에 대해서는 그 시험을 무효로 하고, 그 처분을 한 날부터 5년간 시험응시자격을 정지한다.

제145조(지도사의 등록) ① 지도사가 그 직무를 수행하려는 경우에는 고용노동부령으로 정하는 바에 따라 고용노동부장관에게 등록하여야 한다.

② 제1항에 따라 등록한 지도사는 그 직무를 조직적·전문적으로 수행하기 위하여 법인을 설립할 수 있다.

③ 다음 각 호의 어느 하나에 해당하는 사람은 제1항에 따른 등록을 할 수 없다.

1. 피성년후견인 또는 피한정후견인
2. 파산선고를 받고 복권되지 아니한 사람
3. 금고 이상의 실형을 선고받고 그 집행이 끝나거나(집행이 끝난 것으로 보는 경우를 포함한다) 집행이 면제된 날부터 2년이 지나지 아니한 사람
4. 금고 이상의 형의 집행유예를 선고받고 그 유예기간 중에 있는 사람
5. 이 법을 위반하여 벌금형을 선고받고 1년이 지나지 아니한 사람
6. 제154조에 따라 등록이 취소(이 항 제1호 또는 제2호에 해당하여 등록이 취소된 경우는 제외한다)된 후 2년이 지나지 아니한 사람

④ 제1항에 따라 등록을 한 지도사는 고용노동부령으로 정하는 바에 따라 5년마다 등록을 갱신하여야 한다.

⑤ 고용노동부령으로 정하는 지도실적이 있는 지도사만이 제4항에 따른 갱신등록을 할 수 있다. 다만, 지도실적이 기준에 못 미치는 지도사는 고용노동부령으로 정하는 보수교육을 받은 경우 갱신등록을 할 수 있다.

⑥ 제2항에 따른 법인에 관하여는 상법 중 합명회사에 관한 규정을 적용한다.

제145조(지도사의 등록)

지도사가 그 직무를 수행하려는 경우에는 고용노동부령으로 정하는 바에 따라 고용노동부장관에게 등록

제 1항 위반 500만원 이하의 과태료

■ 조문해석

지도사가 그 직무를 수행하려는 경우에는 고용노동부령으로 정하는 바에 따라 고용노동부장관에게 등록하여야 하고 등록한 지도사는 그 직무를 조직적 · 전문적으로 수행하기 위하여 법인을 설립할 수 있다. 또한 1. 피성년후견인 또는 피한정후견인, 2. 파산선고를 받고 복권되지 아니한 사람, 3. 금고 이상의 실형을 선고받고 그 집행이 끝나거나(집행이 끝난 것으로 보는 경우를 포함한다) 집행이 면제된 날부터 2년이 지나지 아니한 사람, 4. 금고 이상의 형의 집행유예를 선고받고 그 유예기간 중에 있는 사람, 5. 이 법을 위반하여 벌금형을 선고받고 1년이 지나지 아니한 사람, 6. 제154조에 따라 등록이 취소(이 항 제1호 또는 제2호에 해당하여 등록이 취소된 경우는 제외한다)된 후 2년이 지나지 아니한 사람 등 어느 하나에 해당하는 사람은 제1항에 따른 등록을 할 수 없다.

그리고 등록을 한 지도사는 고용노동부령으로 정하는 바에 따라 5년마다 등록을 갱신하여야 하며, 고용노동부령으로 정하는 지도실적이 있는 지도사만이 제4항에 따른 갱신등록을 할 수 있다. 다만, 지도실적이 기준에 못 미치는 지도사는 고용노동부령으로 정하는 보수교육을 받은 경우 갱신등록을 할 수 있다. 제2항에 따른 법인에 관하여는 상법 중 합명회사에 관한 규정을 적용한다.

제146조(지도사의 교육) 지도사 자격이 있는 사람(제143조제2항에 해당하는 사람 중 대통령령으로 정하는 실무경력이 있는 사람은 제외한다)이 직무를 수행하려면 제145조에 따른 등록을 하기 전 1년의 범위에서 고용노동부령으로 정하는 연수교육을 받아야 한다.

제146조(지도사의 교육)

직무를 수행하려면 제145조에 따른 등록을 하기 전 1년의 범위에서 고용노동부령으로 정하는 연수교육을 받아야 한다.

■ **조문해석**

지도사 자격이 있는 사람이 직무를 수행하려면 제145조에 따른 등록을 하기 전 1년의 범위에서 고용노동부령으로 정하는 연수교육을 받아야 한다.

제147조(지도사에 대한 지도 등) 고용노동부장관은 공단에 다음 각 호의 업무를 하게 할 수 있다.

1. 지도사에 대한 지도·연락 및 정보의 공동이용체제의 구축·유지
2. 제142조제1항 및 제2항에 따른 지도사의 직무 수행과 관련된 사업주의 불만·고충의 처리 및 피해에 관한 분쟁의 조정
3. 그 밖에 지도사 직무의 발전을 위하여 필요한 사항으로서 고용노동부령으로 정하는 사항

제147조(지도사에 대한 지도 등)

고용노동부장관은 공단에 다음 각 호의 업무를 하게 할 수 있다.

■ **조문해석**

고용노동부장관은 공단에 1. 지도사에 대한 지도·연락 및 정보의 공동이용체제의 구축·유지, 2. 제142조제1항 및 제2항에 따른 지도사의 직무 수행과 관련된 사업주의 불만·고충의 처리 및 피해에 관한 분쟁의 조정, 3. 그 밖에 지도사 직무의 발전을 위하여 필요한 사항으로서 고용노동부령으로 정하는 사항의 업무를 하게 할 수 있다.

제148조(손해배상의 책임) ① 지도사는 직무 수행과 관련하여 고의 또는 과실로 의뢰인에게 손해를 입힌 경우에는 그 손해를 배상할 책임이 있다.

② 제145조제1항에 따라 등록한 지도사는 제1항에 따른 손해배상책임을 보장하기 위하여 대통령령으로 정하는 바에 따라 보증보험에 가입하거나 그 밖에 필요한 조치를 하여야 한다.

제148조(손해배상의 책임)

등록한 지도사는 제1항에 따른 손해배상책임을 보장하기 위하여 대통령령으로 정하는 바에 따라 보증보험에 가입하거나 그 밖에 필요한 조치를 하여야 한다.

■ **조문해석**

지도사는 직무 수행과 관련하여 고의 또는 과실로 의뢰인에게 손해를 입힌 경우에는 그 손해를 배상할 책임이 있으며 제145조제1항에 따라 등록한 지도사는 제1항에 따른 손해배상책임을 보장하기 위하여 대통령령으로 정하는 바에 따라 보증보험에 가입하거나 그 밖에 필요한 조치를 하여야 한다.

제149조(유사명칭의 사용금지) 제145조제1항에 따라 등록한 지도사가 아닌 사람은 산업안전지도사, 산업보건지도사 또는 이와 유사한 명칭을 사용해서는 아니 된다.

제149조(유사명칭의 사용 금지)

위반 300만원 이하의 과태료

■ **조문해석**

제145조제1항에 따라 등록한 지도사가 아닌 사람은 산업안전지도사, 산업보건지도사 또는 이와 유사한 명칭을 사용해서는 아니 된다.

제150조(품위유지와 성실의무 등) ① 지도사는 항상 품위를 유지하고 신의와 성실로써 공정하게 직무를 수행하여야 한다.

② 지도사는 제142조제1항 또는 제2항에 따른 직무와 관련하여 작성하거나 확인한 서류에 기명·날인하거나 서명하여야 한다.

제150조(품위유지와 성실의무 등)

지도사는 제142조제1항 또는 제2항에 따른 직무와 관련하여 작성하거나 확인한 서류에 기명 · 날인하거나 서명하여야 한다.

■ **조문해석**

지도사는 항상 품위를 유지하고 신의와 성실로써 공정하게 직무를 수행하여야 하고, 제142조제1항 또는 제2항에 따른 직무와 관련하여 작성하거나 확인한 서류에 기명·날인하거나 서명하여야 한다.

제151조(금지행위) 지도사는 다음 각 호의 행위를 해서는 아니 된다.

1. 거짓이나 그 밖의 부정한 방법으로 의뢰인에게 법령에 따른 의무를 이행하지 아니하게 하는 행위
2. 의뢰인에게 법령에 따른 신고·보고, 그 밖의 의무를 이행하지 아니하게 하는 행위
3. 법령에 위반되는 행위에 관한 지도·상담

제151조(금지 행위)

지도사는 의뢰인에게 법령에 따른 신고 · 보고 그 밖의 의무를 이행하지 아니하게 하는 행위

■ 조문해석

지도사는 거짓이나 그 밖의 부정한 방법으로 의뢰인에게 법령에 따른 의무를 이행하지 아니하게 하는 행위, 의뢰인에게 법령에 따른 신고·보고, 그 밖의 의무를 이행하지 아니하게 하는 행위, 법령에 위반되는 행위에 관한 지도·상담의 행위를 해서는 아니 된다.

제152조(관계 장부 등의 열람 신청) 지도사는 제142조제1항 및 제2항에 따른 직무를 수행하는 데 필요하면 사업주에게 관계 장부 및 서류의 열람을 신청할 수 있다. 이 경우 그 신청이 제142조제1항 또는 제2항에 따른 직무의 수행을 위한 것이면 열람을 신청 받은 사업주는 정당한 사유 없이 이를 거부해서는 아니 된다.

제152조(관계 장부 등의 열람 신청)

지도사는 제142조제1항 및 제2항에 따른 직무를 수행하는 데 필요하면 사업주에게 관계 장부 및 서류의 열람을 신청할 수 있다.

■ 조문해석

지도사는 직무를 수행하는 데 필요하면 사업주에게 관계 장부 및 서류의 열람을 신청할 수 있다. 이 경우 사업주는 정당한 사유 없이 이를 거부해서는 아니 된다.

제153조(자격대여 행위 및 대여알선 행위 등의 금지) ① 지도사는 다른 사람에게 자기의 성명이나 사무소의 명칭을 사용하여 지도사의 직무를 수행하게 하거나 그 자격증이나 등록증을 대여해서는 아니 된다. 〈개정 2020. 3. 31.〉

② 누구든지 지도사의 자격을 취득하지 아니하고 그 지도사의 성명이나 사무소의 명칭을 사용하여 지도사의 직무를 수행하거나 자격증·등록

증을 대여받아서는 아니 되며, 이를 알선하여서도 아니 된다. 〈신설 2020. 3. 31.〉

[제목개정 2020. 3. 31.]

제153조(자격대여행위 및 대여알선행위 등의 금지)

지도사는 다른 사람에게 자기의 성명이나 사무소의 명칭을 사용하여 지도사의 직무를 수행하게 하거나 그 자격증이나 등록증을 대여해서는 아니 된다.

■ **조문해석**

지도사는 다른 사람에게 자기의 성명이나 사무소의 명칭을 사용하여 지도사의 직무를 수행하게 하거나 그 자격증이나 등록증을 대여해서는 아니 되며, 누구든지 지도사의 자격을 취득하지 아니하고 그 지도사의 성명이나 사무소의 명칭을 사용하여 지도사의 직무를 수행하거나 자격증·등록증을 대여받아서는 아니되며, 이를 알선하여서도 아니 된다.

제154조(등록의 취소 등) 고용노동부장관은 지도사가 다음 각 호의 어느 하나에 해당하는 경우에는 그 등록을 취소하거나 2년 이내의 기간을 정하여 그 업무의 정지를 명할 수 있다. 다만, 제1호부터 제3호까지의 규정에 해당할 때에는 그 등록을 취소하여야 한다. 〈개정 2020. 3. 31.〉

1. 거짓이나 그 밖의 부정한 방법으로 등록 또는 갱신등록을 한 경우
2. 업무정지 기간 중에 업무를 수행한 경우
3. 업무 관련 서류를 거짓으로 작성한 경우
4. 제142조에 따른 직무의 수행과정에서 고의 또는 과실로 인하여 중대재해가 발생한 경우
5. 제145조제3항제1호부터 제5호까지의 규정 중 어느 하나에 해당하게 된 경우
6. 제148조제2항에 따른 보증보험에 가입하지 아니하거나 그 밖에 필

요한 조치를 하지 아니한 경우

7. 제150조제1항을 위반하거나 같은 조 제2항에 따른 기명·날인 또는 서명을 하지 아니한 경우

8. 제151조, 제153조제1항 또는 제162조를 위반한 경우

제154조(등록의 취소 등)

고용노동부장관은 지도사가 다음 각 호의 어느 하나에 해당하는 경우에는 그 등록을 취소하거나 2년 이내의 기간을 정하여 그 업무의 정지를 명할 수 있다. 다만, 제1호부터 제3호까지의 규정에 해당 할 때에는 그 등록을 취소하여야 한다.

1. 거짓이나 그 밖의 부정한 방법으로 등록 또는 갱신등록을 한 경우
2. 업무정지 기간 중에 업무를 수행한 경우
3. 업무 관련 서류를 거짓으로 작성한 경우
4. 제142조에 따른 직무의 수행과정에서 고의 또는 과실로 인하여 중대재해가 발생한 경우
5. 제145조제3항제1호부터 제5호까지의 규정 중 어느 하나에 해당하게 된 경우
6. 제148조제2항에 따른 보증보험에 가입하지 아니하거나 그 밖에 필요한 조치를 하지 아니한 경우
7. 제150조제1항을 위반하거나 같은 조 제2항에 따른 기명·날인 또는 서명을 하지 아니한 경우
8. 제151조, 제153조제1항 또는 제162조를 위반한 경우

CHAPTER 10

근로감독관 등

제 10 장 근로감독관 등

- 제155조(근로감독관의 권한)
- 제156조(공단 소속 직원의 검사 및 지도 등)
- 제157조(감독기관에 대한 신고)

CHAPTER

10 근로감독관 등

제155조(근로감독관의 권한) ① 근로기준법 제101조에 따른 근로감독관(이하 근로감독관이라 한다)은 이 법 또는 이 법에 따른 명령을 시행하기 위하여 필요한 경우 다음 각 호의 장소에 출입하여 사업주, 근로자 또는 안전보건관리책임자 등(이하 관계인이라 한다)에게 질문을 하고, 장부, 서류, 그 밖의 물건의 검사 및 안전보건 점검을 하며, 관계 서류의 제출을 요구할 수 있다.

1. 사업장
2. 제21조제1항, 제33조제1항, 제48조제1항, 제74조제1항, 제88조제1항, 제96조제1항, 제100조제1항, 제120조제1항, 제126조제1항 및 제129조제2항에 따른 기관의 사무소
3. 석면해체·제거업자의 사무소
4. 제145조제1항에 따라 등록한 지도사의 사무소

② 근로감독관은 기계·설비 등에 대한 검사를 할 수 있으며, 검사에 필요한 한도에서 무상으로 제품·원재료 또는 기구를 수거할 수 있다. 이 경우 근로감독관은 해당 사업주 등에게 그 결과를 서면으로 알려야 한다.

③ 근로감독관은 이 법 또는 이 법에 따른 명령의 시행을 위하여 관계인에게 보고 또는 출석을 명할 수 있다.

④ 근로감독관은 이 법 또는 이 법에 따른 명령을 시행하기 위하여 제1항 각 호의 어느 하나에 해당하는 장소에 출입하는 경우에 그 신분을 나타내는 증표를 지니고 관계인에게 보여 주어야 하며, 출입 시

성명, 출입시간, 출입목적 등이 표시된 문서를 관계인에게 내주어야 한다.

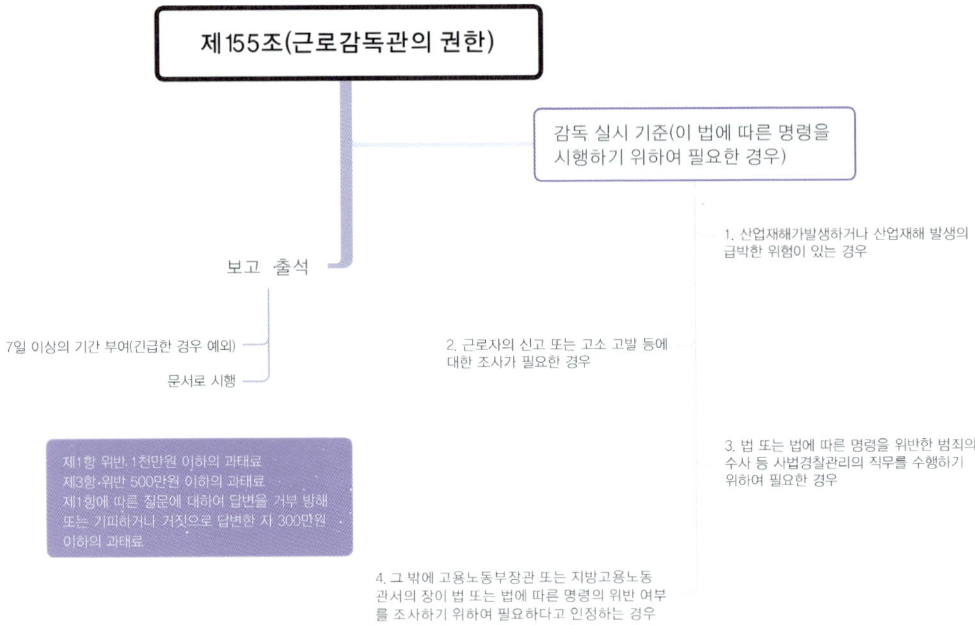

■ 조문해석

근로기준법 제101조에 따른 근로감독관은 이 법 또는 이 법에 따른 명령을 시행하기 위하여 필요한 경우 1. 사업장, 2. 제21조제1항, 제33조제1항, 제48조제1항, 제74조제1항, 제88조제1항, 제96조제1항, 제100조제1항, 제120조제1항, 제126조제1항 및 제129조제2항에 따른 기관의 사무소, 3. 석면해체·제거업자의 사무소, 4. 제145조제1항에 따라 등록한 지도사의 사무소의 장소에 출입하여 사업주, 근로자 또는 안전보건관리책임자 등(이하 관계인이라 한다)에게 질문을 하고, 장부, 서류, 그 밖의 물건의 검사 및 안전보건 점검을 하며, 관계 서류의 제출을 요구할 수 있다.

또한 근로감독관은 기계·설비 등에 대한 검사를 할 수 있으며, 검사에 필요한 한도에서 무상으로 제품·원재료 또는 기구를 수거할 수 있다. 이 경우 근로감독관은 해당 사업주 등에게 그 결과를 서면으로 알려야 하고, 이 법 또는 이 법에 따른 명령의 시행을 위하여 관계인에게 보고 또는 출석을 명할 수 있다.

그리고 근로감독관은 이 법 또는 이 법에 따른 명령을 시행하기 위하여 제1

항 각 호의 어느 하나에 해당하는 장소에 출입하는 경우에 그 신분을 나타내는 증표를 지니고 관계인에게 보여 주어야 하며, 출입 시 성명, 출입시간, 출입목적 등이 표시된 문서를 관계인에게 내주어야 한다.

시행규칙

제235조(감독기준)에 따라 근로감독관은 다음 각 호의 어느 하나에 해당하는 경우 법 제155조제1항에 따라 질문, 검사, 점검하거나 관계 서류의 제출을 요구할 수 있다,

1. 산업재해가 발생하거나 산업재해 발생의 급박한 위험이 있는 경우
2. 근로자의 신고 또는 고소·고발 등에 대한 조사가 필요한 경우
3. 법 또는 법에 따른 명령을 위반한 범죄의 수사 등 사법경찰관리의 직무를 수행하기 위하여 필요한 경우
4. 그 밖에 고용노동부장관 또는 지방고용노동관서의 장이 법 또는 법에 따른 명령의 위반 여부를 조사하기 위하여 필요하다고 인정하는 경우

제236조(보고·출석기간)에는 지방고용노동관서의 장은 법 제155조제3항에 따라 보고 또는 출석의 명령을 하려는 경우에는 7일 이상의 기간을 주어야 한다. 다만, 긴급한 경우에는 예외로 하며, 보고 또는 출석의 명령은 문서로 하여야 한다.

제156조(공단 소속 직원의 검사 및 지도 등) ① 고용노동부장관은 제165조제2항에 따라 공단이 위탁 받은 업무를 수행하기 위하여 필요하다고 인정할 때에는 공단 소속 직원에게 사업장에 출입하여 산업재해 예방에 필요한 검사 및 지도 등을 하게 하거나, 역학조사를 위하여 필요한 경우 관계자에게 질문하거나 필요한 서류의 제출을 요구하게 할 수 있다.

② 제1항에 따라 공단 소속 직원이 검사 또는 지도업무 등을 하였을 때에는 그 결과를 고용노동부장관에게 보고하여야 한다.

③ 공단 소속 직원이 제1항에 따라 사업장에 출입하는 경우에는 제155조제4항을 준용한다. 이 경우 "근로감독관"은 "공단 소속 직원"으로 본다.

제156조(공단 소속 직원의 검사 및 지도 등)

공단 소속 직원이 제1항에 따라 사업장에 출입하는 경우에는 제155조제4항을 준용한다. 이 경우 "근로감독관"은 "공단 소속 직원"으로 본다.

제 1항위반 300만원 이하의 과태료

■ **조문해석**

고용노동부장관은 제165조제2항에 따라 공단이 위탁 받은 업무를 수행하기 위하여 필요하다고 인정할 때에는 공단 소속 직원에게 사업장에 출입하여 산업재해 예방에 필요한 검사 및 지도 등을 하게 하거나, 역학조사를 위하여 필요한 경우 관계자에게 질문하거나 필요한 서류의 제출을 요구하게 할 수 있다. 또한 제1항에 따라 공단 소속 직원이 검사 또는 지도업무 등을 하였을 때에는 그 결과를 고용노동부장관에게 보고하여야 한다. 그리고 공단 소속 직원이 제1항에 따라 사업장에 출입하는 경우에는 제155조제4항을 준용한다. 이 경우 "근로감독관"은 "공단 소속 직원"으로 본다.

제157조(감독기관에 대한 신고) ① 사업장에서 이 법 또는 이 법에 따른 명령을 위반한 사실이 있으면 근로자는 그 사실을 고용노동부장관 또는 근로감독관에게 신고할 수 있다.

② 의료법 제2조에 따른 의사·치과의사 또는 한의사는 3일 이상의 입원치료가 필요한 부상 또는 질병이 환자의 업무와 관련성이 있다고 판단할 경우에는 의료법 제19조제1항에도 불구하고 치료과정에서 알게 된 정보를 고용노동부장관에게 신고할 수 있다.

③ 사업주는 제1항에 따른 신고를 이유로 해당 근로자에 대하여 해고나 그 밖의 불리한 처우를 해서는 아니 된다.

제157조(감독기관에 대한 신고)

치료과정에서 알게 된 정보의 신고 대상

업무와 관련성이 있는 3일 이상의 입원치료가 필요한 부상 또는 질병

의료법 제19조 제1항
제19조(정보 누설 금지) ① 의료인이나 의료기관 종사자는 이 법이나 다른 법령에 특별히 규정된 경우 외에는 의료·조산 또는 간호업무나 제17조에 따른 진단서·검안서·증명서 작성·교부 업무, 제18조에 따른 처방전 작성·교부 업무, 제21 조에 따른 진료기록 열람·사본 교부 업무, 제22조제2항에 따른 진료기록부 등 보존 업무 및 제23조에 따른 전자의무기록 작성·보관·관리 업무를 하면서 알게 된 다른 사람의 정보를 누설하거나 발표하지 못한다.

제3항 위반 5년 이하의 징역 또는 5천만원 이하의 벌금

■ **조문해석**

사업장에서 이 법 또는 이 법에 따른 명령을 위반한 사실이 있으면 근로자는 그 사실을 고용노동부장관 또는 근로감독관에게 신고할 수 있다. 또한 의료법 제2조에 따른 의사·치과의사 또는 한의사는 3일 이상의 입원치료가 필요한 부상 또는 질병이 환자의 업무와 관련성이 있다고 판단할 경우에는 의료법 제19조제1항에도 불구하고 치료과정에서 알게 된 정보를 고용노동부장관에게 신고할 수 있다. 그리고 사업주는 제1항에 따른 신고를 이유로 해당 근로자에 대하여 해고나 그 밖의 불리한 처우를 해서는 아니 된다.

CHAPTER 11

보칙

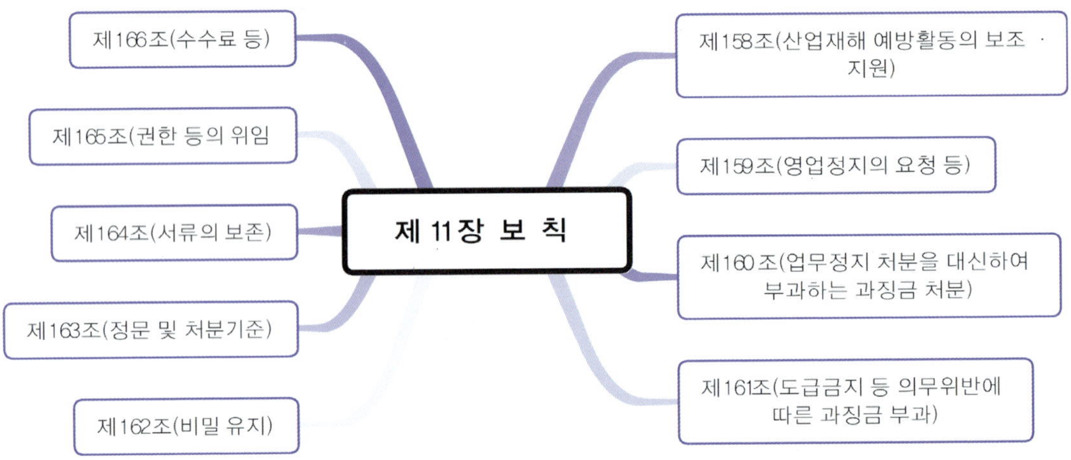
제 11장 보 칙
제158조(산업재해 예방활동의 보조 · 지원)
제159조(영업정지의 요청 등)
제160조(업무정지 처분을 대신하여 부과하는 과징금 처분)
제161조(도급금지 등 의무위반에 따른 과징금 부과)
제162조(비밀 유지)
제163조(청문 및 처분기준)
제164조(서류의 보존)
제165조(권한 등의 위임
제166조(수수료 등)

CHAPTER 11 보칙

제158조(산업재해 예방활동의 보조·지원) ① 정부는 사업주, 사업주단체, 근로자단체, 산업재해 예방 관련 전문단체, 연구기관 등이 하는 산업재해 예방사업 중 대통령령으로 정하는 사업에 드는 경비의 전부 또는 일부를 예산의 범위에서 보조하거나 그 밖에 필요한 지원(이하 보조·지원이라 한다)을 할 수 있다. 이 경우 고용노동부장관은 보조·지원이 산업재해 예방사업의 목적에 맞게 효율적으로 사용되도록 관리·감독하여야 한다.

② 고용노동부장관은 보조·지원을 받은 자가 다음 각 호의 어느 하나에 해당하는 경우 보조·지원의 전부 또는 일부를 취소하여야 한다. 다만, 제1호 및 제2호의 경우에는 보조·지원의 전부를 취소하여야 한다.

1. 거짓이나 그 밖의 부정한 방법으로 보조·지원을 받은 경우
2. 보조·지원 대상자가 폐업하거나 파산한 경우
3. 보조·지원 대상을 임의매각·훼손·분실하는 등 지원 목적에 적합하게 유지·관리·사용하지 아니한 경우
4. 제1항에 따른 산업재해 예방사업의 목적에 맞게 사용되지 아니한 경우
5. 보조·지원 대상 기간이 끝나기 전에 보조·지원 대상 시설 및 장비를 국외로 이전한 경우
6. 보조·지원을 받은 사업주가 필요한 안전조치 및 보건조치 의무를 위반하여 산업재해를 발생시킨 경우로서 고용노동부령으로 정

하는 경우

③ 고용노동부장관은 제2항에 따라 보조·지원의 전부 또는 일부를 취소한 경우에는 해당 금액 또는 지원에 상응하는 금액을 환수하되, 같은 항 제1호의 경우에는 지급받은 금액에 상당하는 액수 이하의 금액을 추가로 환수할 수 있다. 다만, 제2항제2호 중 보조·지원 대상자가 파산한 경우에 해당하여 취소한 경우는 환수하지 아니한다.

④ 제2항에 따라 보조·지원의 전부 또는 일부가 취소된 자에 대해서는 고용노동부령으로 정하는 바에 따라 취소된 날부터 3년 이내의 기간을 정하여 보조·지원을 하지 아니할 수 있다.

⑤ 보조·지원의 대상·방법·절차, 관리 및 감독, 제2항 및 제3항에 따른 취소 및 환수 방법, 그 밖에 필요한 사항은 고용노동부장관이 정하여 고시한다.

제158조(산업재해 예방활동의 보조 · 지원)

보조 ·지원 대상 산업재해 예방사업
(대통령령으로 정하는 사업)

1. 산업재해 예방을 위한 방호장치, 보호구, 안전설비 및 작업환경 개선 시설 · 장비 등의 제작, 구입, 보수, 시험, 연구, 홍보 및 정보 제공 등의 업무 2. 사업장 안전 · 보건관리에 대한 기술지원 업무 3. 산업 안전 · 보건 관련 교육 및 전문인력 양성 업무 4. 산업재해 예방을 위한 연구 및 기술개발 업무 5. 법 제11 조제3호에 따른 노무를 제공하는 자의 건강을 유지 · 증진하기 위한 시설의 운영에 관한 지원 업무 6. 안전 · 보건의식의 고취 업무 7. 법 제36조에 따른 위험성평가에 관한 지원 업무 8. 안전검사 지원업무 9. 유해인자의 노출 기준 및 유해성 · 위험성 조사 · 평가 등에 관한 업무 10. 직업성 질환의 발생 원인을 규명하기 위한 역학조사 · 연구 또는 직업성 질환 예방에 필요하다고 인정되는 시설 · 장비 등의 구입 업무 11. 작업환경측정 및 건강진단 지원 업무 12. 법 제126조제2항에 따른작업환경측정기관의 측정 분석 능력의 확인 및 법 제135조제3항에 따른 특수건강진단기관의 진단 · 분석능력의 확인에 필요한 시설 · 장비 등의 구입 업무 13. 산업의 학분야의 학술활동 및 인력 양성 지원에 관한 업무 14. 그 밖에 산업재해 예방을 위한 업무로서 산업재해보상보험 및 예방심의 위원회의 심의를 거쳐 고용노동부장관이 정하는 업무

■ 조문해석

정부는 사업주, 사업주단체, 근로자단체, 산업재해 예방 관련 전문단체, 연구기관 등이 하는 산업재해 예방사업 중 대통령령으로 정하는 사업에 드는 경비의 전부 또는 일부를 예산의 범위에서 보조하거나 그 밖에 필요한 지원(이하 보조・지원이라 한다)을 할 수 있다. 이 경우 고용노동부장관은 보조・지원이 산업재해 예방사업의 목적에 맞게 효율적으로 사용되도록 관리・감독하여야 한다.

또한 고용노동부장관은 보조・지원을 받은 자가 1. 거짓이나 그 밖의 부정한 방법으로 보조・지원을 받은 경우, 2. 보조・지원 대상자가 폐업하거나 파산한 경우, 3. 보조・지원 대상을 임의매각・훼손・분실하는 등 지원 목적에 적합하게 유지・관리・사용하지 아니한 경우, 4. 제1항에 따른 산업재해 예방사업의 목적에 맞게 사용되지 아니한 경우, 5. 보조・지원 대상 기간이 끝나기 전에 보조・지원 대상 시설 및 장비를 국외로 이전한 경우, 6. 보조・지원을 받은 사업주가 필요한 안전조치 및 보건조치 의무를 위반하여 산업재해를 발생시킨 경우로서 고용노동부령으로 정하는 경우의 어느 하나에 해당하는 경우 보조・지원의 전부 또는 일부를 취소하여야 한다. 다만, 제1호 및 제2호의 경우에는 보조・지원의 전부를 취소하여야 한다.

그리고 고용노동부장관은 제2항에 따라 보조・지원의 전부 또는 일부를 취소한 경우에는 해당 금액 또는 지원에 상응하는 금액을 환수하되, 같은 항 제1호의 경우에는 지급받은 금액에 상당하는 액수 이하의 금액을 추가로 환수할 수 있다. 다만, 제2항제2호 중 보조・지원 대상자가 파산한 경우에 해당하여 취소한 경우는 환수하지 아니하며 제2항에 따라 보조・지원의 전부 또는 일부가 취소된 자에 대해서는 고용노동부령으로 정하는 바에 따라 취소된 날부터 3년 이내의 기간을 정하여 보조・지원을 하지 아니할 수 있다. 이 경우 보조・지원의 대상・방법・절차, 관리 및 감독, 제2항 및 제3항에 따른 취소 및 환수 방법, 그 밖에 필요한 사항은 고용노동부장관이 정하여 고시한다.

시행령

제109조(산업재해 예방사업의 지원) 법 제158조제1항 전단에서 "대통령령으로 정하는 사업"이란 다음 각 호의 어느 하나에 해당하는 업무와 관련된 사업을 말한다.

1. 산업재해 예방을 위한 방호장치, 보호구, 안전설비 및 작업환경개선 시설·장비 등의 제작, 구입, 보수, 시험, 연구, 홍보 및 정보 제공 등의 업무
2. 사업장 안전·보건관리에 대한 기술지원 업무
3. 산업안전·보건 관련 교육 및 전문인력 양성 업무
4. 산업재해예방을 위한 연구 및 기술개발 업무
5. 법 제11조제3호에 따른 노무를 제공하는 자의 건강을 유지·증진하기 위한 시설의 운영에 관한 지원 업무
6. 안전·보건의식의 고취 업무
7. 법 제36조에 따른 위험성평가에 관한 지원 업무
8. 안전검사 지원 업무
9. 유해인자의 노출 기준 및 유해성·위험성 조사·평가 등에 관한 업무
10. 직업성 질환의 발생 원인을 규명하기 위한 역학조사·연구 또는 직업성 질환 예방에 필요하다고 인정되는 시설·장비 등의 구입 업무
11. 작업환경측정 및 건강진단 지원 업무
12. 법 제26조제2항에 따른 작업환경측정기관의 측정·분석 능력의 확인 및 법 제135조제3항에 따른 특수건강진단기관의 진단·분석 능력의 확인에 필요한 시설·장비 등의 구입 업무
13. 산업의학 분야의 학술활동 및 인력 양성 지원에 관한 업무
14. 그 밖에 산업재해 예방을 위한 업무로서 산업재해보상보험 및 예방심의위원회의 심의를 거쳐 고용노동부장관이 정하는 업무

제159조(영업정지의 요청 등) ① 고용노동부장관은 사업주가 다음 각 호의 어느 하나에 해당하는 산업재해를 발생시킨 경우에는 관계 행정기관의 장에게 관계 법령에 따라 해당 사업의 영업정지나 그 밖의 제재를 할 것을 요청하거나 공공기관의 운영에 관한 법률 제4조에 따른 공공기관의 장에게 그 기관이 시행하는 사업의 발주 시 필요한 제한을 해당 사업자에게 할 것을 요청할 수 있다.

1. 제38조, 제39조 또는 제63조를 위반하여 많은 근로자가 사망하거나 사업장 인근지역에 중대한 피해를 주는 등 대통령령으로 정하는 사고가 발생한 경우

2. 제53조제1항 또는 제3항에 따른 명령을 위반하여 근로자가 업무로 인하여 사망한 경우

② 제1항에 따라 요청을 받은 관계 행정기관의 장 또는 공공기관의 장은 정당한 사유가 없으면 이에 따라야 하며, 그 조치 결과를 고용노동부장관에게 통보하여야 한다.

③ 제1항에 따른 영업정지 등의 요청 절차나 그 밖에 필요한 사항은 고용노동부령으로 정한다.

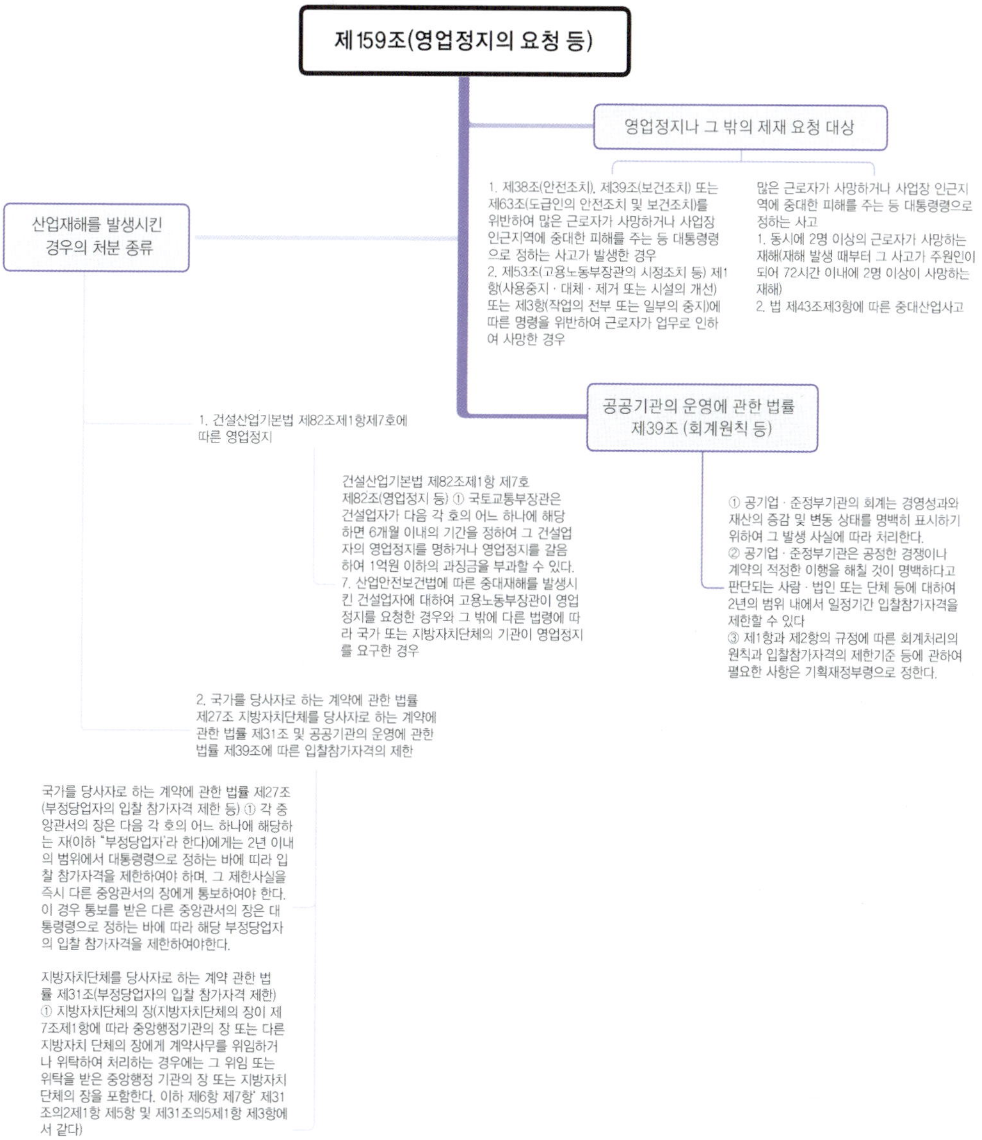

■ **조문해석**

고용노동부장관은 사업주가 1. 제38조, 제39조 또는 제63조를 위반하여 많은 근로자가 사망하거나 사업장 인근지역에 중대한 피해를 주는 등 대통령령으로 정하는 사고가 발생한 경우, 2. 제53조제1항 또는 제3항에 따른 명령을 위반하여 근로자가 업무로 인하여 사망한 경우의 어느 하나에 해당하는 산업재해를 발생시킨 경우에는 관계 행정기관의 장에게 관계 법령에 따라 해당 사업의 영업정지나 그 밖의 제재를 할 것을 요청하거나, 공공기관의 운영에 관한 법률 제4조에 따른 공공기관의 장에게 그 기관이 시행하는 사업의 발주 시 필요한 제한을 해당 사업자에게 할 것을 요청할 수 있다.

또한 제1항에 따라 요청을 받은 관계 행정기관의 장 또는 공공기관의 장은 정당한 사유가 없으면 이에 따라야 하며, 그 조치 결과를 고용노동부장관에게 통보하여야 한다. 그리고 제1항에 따른 영업정지 등의 요청 절차나 그 밖에 필요한 사항은 고용노동부령으로 정한다.

시행령

제110조(제재 요청 대상 등) 법 제159조제1항제1호에서 "많은 근로자가 사망하거나 사업장 인근지역에 중대한 피해를 주는 등 대통령령으로 정하는 사고"란 다음 각 호의 어느 하나를 말한다.

1. 동시에 2명 이상의 근로자가 사망하는 재해
2. 제43조제3항 각 호에 따른 사고

시행규칙

제238조(영업정지의 요청 등) ① 고용노동부장관은 사업주가 법 제159조제1항 각 호의 어느 하나에 해당하는 경우에는 관계 행정기관 또는 공공기관의 운영에 관한 법률 제6조에 따라 공기업으로 지정된 기관의 장에게 해당 사업주에 대하여 다음 각 호의 어느 하나에 해당하는 처분을 할 것을 요청할 수 있다.

1. 건설산업기본법 제82조제1항제7호에 따른 영업정지
2. 국가를 당사자로 하는 계약에 관한 법률 제27조, 지방자치단체를 당사자로 하는 계약에 관한 법률 제31조 및 공공기관의 운영에 관한 법률 제39조에 따른 입찰참가자격의 제한

② 영 제110조제1호에서 "동시에 2명 이상의 근로자가 사망하는 재해"란 해당 재해가 발생한 때부터 그 사고가 주원인이 되어 72시간 이내에 2명 이상이 사망하는 재해를 말한다.

제160조(업무정지 처분을 대신하여 부과하는 과징금 처분) ① 고용노동부장관은 제21조제4항(제74조제4항, 제88조제5항, 제96조제5항, 제126조제5항 및 제135조제6항에 따라 준용되는 경우를 포함한다)에 따라 업무정지를 명하여야 하는 경우에 그 업무정지가 이용자에게 심한 불편을 주거나 공익을 해칠 우려가 있다고 인정되면 업무정지 처분을 대신하여 10억원 이하의 과징금을 부과할 수 있다.

② 고용노동부장관은 제1항에 따른 과징금을 징수하기 위하여 필요한 경우에는 다음 각 호의 사항을 적은 문서로 관할 세무관서의 장에게 과세 정보 제공을 요청할 수 있다.

1. 납세자의 인적사항
2. 사용 목적
3. 과징금 부과기준이 되는 매출 금액
4. 과징금 부과사유 및 부과기준

③ 고용노동부장관은 제1항에 따른 과징금 부과처분을 받은 자가 납부기한까지 과징금을 내지 아니하면 국세 체납처분의 예에 따라 이를 징수한다.

④ 제1항에 따라 과징금을 부과하는 위반행위의 종류 및 위반 정도 등에 따른 과징금의 금액, 그 밖에 필요한 사항은 대통령령으로 정한다.

제160조(업무정지 처분을 대신하여 부과하는 과징금 처분)

과징금 부과 대상(10억원 이하)

1. 제21조(안전관리전문기관, 보건관리전문기관)
2. 제74조(건설재해예방전문지도기관)
3. 제88조(안전인증기관)
4. 제96조(안전검사기관)
5. 제126 조(작업환경측정기관)
6. 제135조(특수건강진단기관)

■ 조문해석

고용노동부장관은 제21조제4항(제74조제4항, 제88조제5항, 제96조제5항, 제126조제5항 및 제135조제6항에 따라 준용되는 경우를 포함한다)에 따라 업무정지를 명하여야 하는 경우에 그 업무정지가 이용자에게 심한 불편을 주거나 공익을 해칠 우려가 있다고 인정되면 업무정지 처분을 대신하여 10억원 이하의 과징금을 부과할 수 있다.

또한 고용노동부장관은 제1항에 따른 과징금을 징수하기 위하여 필요한 경우에는 1. 납세자의 인적사항, 2. 사용 목적, 3. 과징금 부과기준이 되는 매출 금액, 4. 과징금 부과사유 및 부과기준의 사항을 적은 문서로 관할 세무관서의 장에게 과세 정보 제공을 요청할 수 있다.

그리고 고용노동부장관은 제1항에 따른 과징금 부과처분을 받은 자가 납부기한까지 과징금을 내지 아니하면 국세 체납처분의 예에 따라 이를 징수하며,

제1항에 따라 과징금을 부과하는 위반행위의 종류 및 위반 정도 등에 따른 과징금의 금액, 그 밖에 필요한 사항은 대통령령으로 정한다.

제161조(도급금지 등 의무위반에 따른 과징금 부과) ① 고용노동부장관은 사업주가 다음 각 호의 어느 하나에 해당하는 경우에는 10억원 이하의 과징금을 부과·징수할 수 있다.

1. 제58조제1항을 위반하여 도급한 경우
2. 제58조제2항제2호 또는 제59조제1항을 위반하여 승인을 받지 아니하고 도급한 경우
3. 제60조를 위반하여 승인을 받아 도급받은 작업을 재하도급한 경우

② 고용노동부장관은 제1항에 따른 과징금을 부과하는 경우에는 다음 각 호의 사항을 고려하여야 한다.

1. 도급 금액, 기간 및 횟수 등
2. 관계수급인 근로자의 산업재해 예방에 필요한 조치 이행을 위한 노력의 정도
3. 산업재해 발생 여부

③ 고용노동부장관은 제1항에 따른 과징금을 내야 할 자가 납부기한까지 내지 아니하면 납부기한의 다음 날부터 과징금을 납부한 날의 전날까지의 기간에 대하여 내지 아니한 과징금의 연 100분의 6의 범위에서 대통령령으로 정하는 가산금을 징수한다. 이 경우 가산금을 징수하는 기간은 60개월을 초과할 수 없다.

④ 고용노동부장관은 제1항에 따른 과징금을 내야 할 자가 납부기한까지 내지 아니하면 기간을 정하여 독촉을 하고, 그 기간 내에 제1항에 따른 과징금 및 제3항에 따른 가산금을 내지 아니하면 국세 체납처분의 예에 따라 징수한다.

⑤ 제1항 및 제3항에 따른 과징금 및 가산금의 징수와 제4항에 따른 체납처분 절차, 그 밖에 필요한 사항은 대통령령으로 정한다.

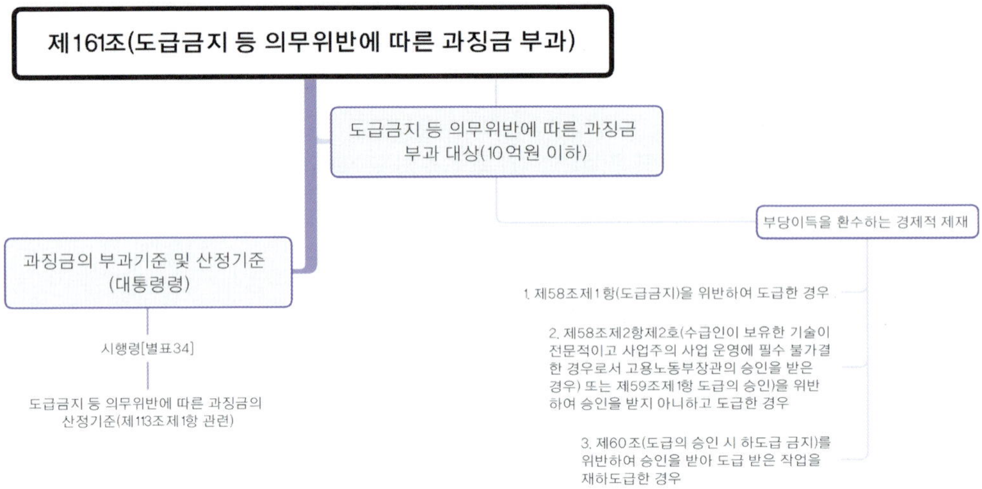

■ **조문해석**

고용노동부장관은 사업주가 제58조제1항을 위반하여 도급한 경우와 제58조제2항제2호 또는 제59조제1항을 위반하여 승인을 받지 아니하고 도급한 경우, 제60조를 위반하여 승인을 받아 도급받은 작업을 재하도급한 경우의 어느 하나에 해당하는 경우에는 10억원 이하의 과징금을 부과·징수할 수 있다. 또한 고용노동부장관은 제1항에 따른 과징금을 부과하는 경우에는 도급 금액, 기간 및 횟수 등, 관계수급인 근로자의 산업재해 예방에 필요한 조치 이행을 위한 노력의 정도, 산업재해 발생 여부 등의 사항을 고려하여야 한다. 그리고 고용노동부장관은 제1항에 따른 과징금을 내야 할 자가 납부기한까지 내지 아니하면 납부기한의 다음 날부터 과징금을 납부한 날의 전날까지의 기간에 대하여 내지 아니한 과징금의 연 100분의 6의 범위에서 대통령령으로 정하는 가산금을 징수한다. 이 경우 가산금을 징수하는 기간은 60개월을 초과할 수 없다.

제162조(비밀유지) 다음 각 호의 어느 하나에 해당하는 자는 업무상 알게 된 비밀을 누설하거나 도용해서는 아니 된다. 다만, 근로자의 건강장해를 예방하기 위하여 고용노동부장관이 필요하다고 인정하는 경우에는 그러하지 아니하다.

1. 제42조에 따라 제출된 유해위험방지계획서를 검토하는 자
2. 제44조에 따라 제출된 공정안전보고서를 검토하는 자

3. 제47조에 따른 안전보건진단을 하는 자
4. 제84조에 따른 안전인증을 하는 자
5. 제89조에 따른 신고 수리에 관한 업무를 하는 자
6. 제93조에 따른 안전검사를 하는 자
7. 제98조에 따른 자율검사프로그램의 인정업무를 하는 자
8. 제108조제1항 및 제109조제1항에 따라 제출된 유해성·위험성 조사보고서 또는 조사 결과를 검토하는 자
9. 제110조제1항부터 제3항까지의 규정에 따라 물질안전 보건자료 등을 제출 받는 자
10. 제112조제2항, 제5항 및 제7항에 따라 대체자료의 승인, 연장승인 여부를 검토하는 자 및 같은 조 제10항에 따라 물질안전 보건자료의 대체자료를 제공 받은 자
11. 제129조부터 제131조까지의 규정에 따라 건강진단을 하는 자
12. 제141조에 따른 역학조사를 하는 자
13. 제145조에 따라 등록한 지도사

제162조(비밀 유지)

1년이하의 징역 또는 1천만원 이하의 벌금

■ 조문해석

유해위험방지계획서를 검토, 공정안전보고서를 검토, 안전보건진단, 안전인증, 신고 수리에 관한 업무, 안전검사, 자율검사프로그램의 인정업무, 유해성·위험성 조사보고서 또는 조사결과, 물질안전 보건자료취급자, 대체자료의 승인 여부를 검토 및 물질안전 보건자료의 대체자료를 제공, 건강진단, 역학조사 등 등록한 지도 업무상 알게 된 비밀을 누설하거나 도용해서는 아니 된다. 다만, 근로자의 건강장해를 예방하기 위하여 고용노동부장관이 필요하다고 인정하는 경우에는 그러하지 아니하다.

제163조(청문 및 처분기준) ① 고용노동부장관은 다음 각 호의 어느 하나에 해당하는 처분을 하려면 청문을 하여야 한다.

1. 제21조제4항(제48조제4항, 제74조제4항, 제88조제5항, 제96조제5항, 제100조제4항, 제120조제5항, 제126조제5항, 제135조제6항 및 제140조제4항에 따라 준용되는 경우를 포함한다)에 따른 지정의 취소
2. 제33조제4항, 제82조제4항, 제102조제3항, 제121조제4항 및 제154조에 따른 등록의 취소
3. 제58조제7항(제59조제2항에 따라 준용되는 경우를 포함한다. 이하 제2항에서 같다), 제112조제8항 및 제117조제3항에 따른 승인의 취소
4. 제86조제1항에 따른 안전인증의 취소
5. 제99조제1항에 따른 자율검사프로그램 인정의 취소
6. 제118조제5항에 따른 허가의 취소
7. 제158조제2항에 따른 보조·지원의 취소

② 제21조제4항(제33조제4항, 제48조제4항, 제74조제4항, 제82조제4항, 제88조제5항, 제96조제5항, 제100조제4항, 제120조제5항, 제121조제4항, 제126조제5항, 제135조제6항 및 제140조제4항에 따라 준용되는 경우를 포함한다), 제58조제7항, 제86조제1항, 제91조제1항, 제99조제1항, 제102조제3항, 제112조제8항, 제117조제3항, 제118조제5항 및 제154조에 따른 취소, 정지, 사용 금지 또는 시정명령의 기준은 고용노동부령으로 정한다.

[시행일: 2021. 1. 16.] 제163조제1항제3호, 제163조제2항(제112조제8항에 관한 부분)

제163조(청문 및 처분기준)

청문 및 처분 기준을 두어 전문기관 및 교육기관 지정 취소, 안전인증의 취소, 자율검사프로그램 인정의 취소, 허가의 취소, 승인의 취소, 보조 지원의 취소와 함께 취소, 정지, 사용 금지 또는 시정 명령 등에 대하여 해당하는 처분을 하려면 청문을 하도록 규정

■ **조문해석**

고용노동부장관은 다음 각 호의 어느 하나에 해당하는 처분을 하려면 청문을 하여야 한다. 청문 및 처분기준을 두어 전문기관 및 교육기관 지정 취소, 안전인증의 취소, 자율검사프로그램 인정의 취소, 허가의 취소, 승인의 취소, 보조・지원의 취소와 함께 취소, 정지, 사용 금지 또는 시정명령 등에 대하여 해당하는 처분을 하려면 청문을 하도록 규정하고 있다.

제164조(서류의 보존) ① 사업주는 다음 각 호의 서류를 3년(제2호의 경우 2년을 말한다) 동안 보존하여야 한다. 다만, 고용노동부령으로 정하는 바에 따라 보존기간을 연장할 수 있다.

1. 안전보건관리책임자・안전관리자・보건관리자・안전보건관리담당자 및 산업보건의의 선임에 관한 서류
2. 제24조제3항 및 제75조제4항에 따른 회의록
3. 안전조치 및 보건조치에 관한 사항으로서 고용노동부령으로 정하는 사항을 적은 서류
4. 제57조제2항에 따른 산업재해의 발생 원인 등 기록
5. 제108조제1항 본문 및 제109조제1항에 따른 화학물질의 유해성・위험성 조사에 관한 서류
6. 제125조에 따른 작업환경측정에 관한 서류
7. 제129조부터 제131조까지의 규정에 따른 건강진단에 관한 서류

② 안전인증 또는 안전검사의 업무를 위탁 받은 안전인증기관 또는 안전검사기관은 안전인증·안전검사에 관한 사항으로서 고용노동부령으로 정하는 서류를 3년 동안 보존하여야 하고, 안전인증을 받은 자는 제84조제5항에 따라 안전인증 대상기계 등에 대하여 기록한 서류를 3년 동안 보존하여야 하며, 자율안전 확인대상기계 등을 제조하거나 수입하는 자는 자율안전기준에 맞는 것임을 증명하는 서류를 2년 동안 보존하여야 하고, 제98조제1항에 따라 자율안전검사를 받은 자는 자율검사프로그램에 따라 실시한 검사 결과에 대한 서류를 2년 동안 보존하여야 한다.

③ 일반석면 조사를 한 건축물·설비소유주 등은 그 결과에 관한 서류를 그 건축물이나 설비에 대한 해체·제거작업이 종료될 때까지 보존하여야 하고, 기관석면 조사를 한 건축물·설비소유주 등과 석면조사기관은 그 결과에 관한 서류를 3년 동안 보존하여야 한다.

④ 작업환경측정기관은 작업환경측정에 관한 사항으로서 고용노동부령으로 정하는 사항을 적은 서류를 3년 동안 보존하여야 한다.

⑤ 지도사는 그 업무에 관한 사항으로서 고용노동부령으로 정하는 사항을 적은 서류를 5년 동안 보존하여야 한다.

⑥ 석면해체·제거업자는 제122조제3항에 따른 석면해체·제거작업에 관한 서류 중 고용노동부령으로 정하는 서류를 30년 동안 보존하여야 한다.

⑦ 제1항부터 제6항까지의 경우 전산입력 자료가 있을 때에는 그 서류를 대신하여 전산입력 자료를 보존할 수 있다.

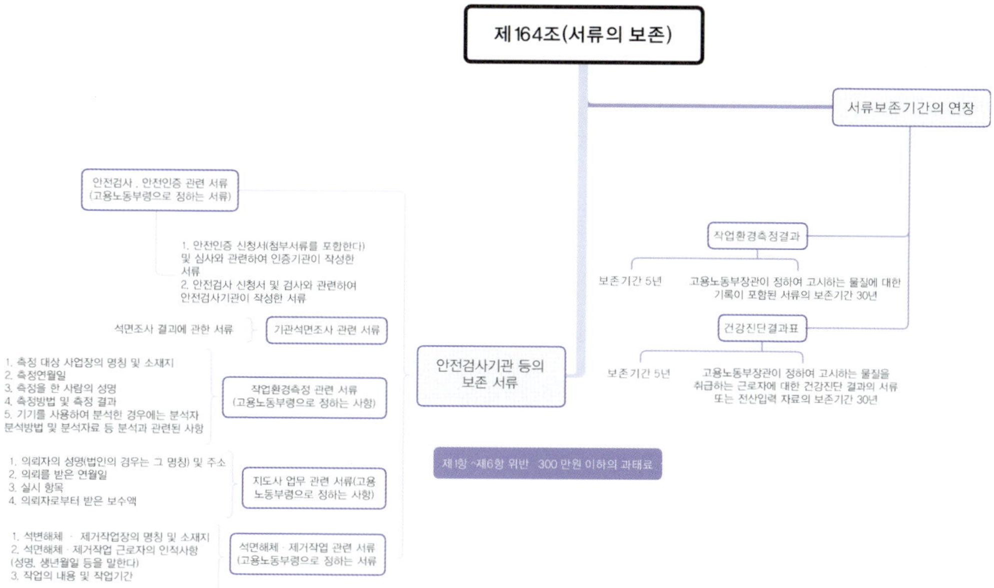

■ 조문해석

사업주는 1. 안전보건관리책임자 · 안전관리자 · 보건관리자 · 안전보건관리담당자 및 산업보건의의 선임에 관한 서류, 2. 제24조제3항 및 제75조제4항에 따른 회의록, 3. 안전조치 및 보건조치에 관한 사항으로서 고용노동부령으로 정하는 사항을 적은 서류, 4. 제57조제2항에 따른 산업재해의 발생 원인 등 기록, 5. 제108조제1항 본문 및 제109조제1항에 따른 화학물질의 유해성 · 위험성 조사에 관한 서류, 6. 제125조에 따른 작업환경측정에 관한 서류, 7. 제129조부터 제131조까지의 규정에 따른 건강진단에 관한 서류를 3년(제2호의 경우 2년을 말한다) 동안 보존하여야 한다. 다만, 고용노동부령으로 정하는 바에 따라 보존기간을 연장할 수 있다.

또한 안전인증 또는 안전검사의 업무를 위탁 받은 안전인증기관 또는 안전검사기관은 안전인증 · 안전검사에 관한 사항으로서 고용노동부령으로 정하는 서류를 3년 동안 보존하여야 하고, 안전인증을 받은 자는 제84조제5항에 따라 안전인증 대상기계 등에 대하여 기록한 서류를 3년 동안 보존하여야 하며, 자율안전 확인대상기계 등을 제조하거나 수입하는 자는 자율안전기준에 맞는 것임을 증명하는 서류를 2년 동안 보존하여야 하고, 제98조제1항에 따라 자율안전검사를 받은 자는 자율검사프로그램에 따라 실시한 검사 결과에 대한 서류를 2년 동안 보존하여야 한다.

그리고 일반석면 조사를 한 건축물·설비소유주 등은 그 결과에 관한 서류를 그 건축물이나 설비에 대한 해체·제거작업이 종료될 때까지 보존하여야 하고, 기관석면 조사를 한 건축물·설비소유주 등과 석면조사기관은 그 결과에 관한 서류를 3년 동안 보존, 작업환경측정기관은 작업환경측정에 관한 사항으로서 고용노동부령으로 정하는 사항을 적은 서류를 3년 동안 보존, 지도사는 그 업무에 관한 사항으로서 고용노동부령으로 정하는 사항을 적은 서류를 5년 동안 보존, 석면해체·제거업자는 제122조제3항에 따른 석면해체·제거작업에 관한 서류 중 고용노동부령으로 정하는 서류를 30년 동안 보존, 제1항부터 제6항까지의 경우 전산입력 자료가 있을 때에는 그 서류를 대신하여 전산입력 자료를 보존할 수 있다.

제165조(권한 등의 위임·위탁) ① 이 법에 따른 고용노동부장관의 권한은 대통령령으로 정하는 바에 따라 그 일부를 지방고용노동관서의 장에게 위임할 수 있다.

② 고용노동부장관은 이 법에 따른 업무 중 다음 각 호의 업무를 대통령령으로 정하는 바에 따라 공단 또는 대통령령으로 정하는 비영리법인 또는 관계 전문기관에 위탁할 수 있다.

1. 제4조제1항제2호부터 제7호까지 및 제9호의 사항에 관한 업무
2. 제11조제3호에 따른 시설의 설치·운영 업무
3. 제13조제2항에 따른 표준제정위원회의 구성·운영
4. 제21조제2항에 따른 기관에 대한 평가 업무
5. 제32조제1항 각 호 외의 부분 본문에 따른 직무와 관련한 안전보건교육
6. 제33조제1항에 따라 제31조제1항 본문에 따른 안전보건교육을 실시하는 기관의 등록 업무
7. 제33조제2항에 따른 평가에 관한 업무
8. 제42조에 따른 유해위험방지계획서의 접수·심사, 제43조제1항 및 같은 조 제2항 본문에 따른 확인
9. 제44조제1항 전단에 따른 공정안전보고서의 접수, 제45조제1항에

따른 공정안전보고서의 심사 및 제46조제2항에 따른 확인

10. 제48조제2항에 따른 안전보건진단기관에 대한 평가 업무
11. 제58조제3항 또는 제5항 후단(제59조제2항에 따라 준용되는 경우를 포함한다)에 따른 안전 및 보건에 관한 평가
12. 제74조제3항에 따른 건설재해 예방전문지도기관에 대한 평가 업무
13. 제84조제1항 및 제3항에 따른 안전인증
14. 제84조제4항 본문에 따른 안전인증의 확인
15. 제88조제3항에 따른 안전인증기관에 대한 평가 업무
16. 제89조제1항 각 호 외의 부분 본문에 따른 자율안전 확인의 신고에 관한 업무
17. 제93조제1항에 따른 안전검사
18. 제96조제3항에 따른 안전검사기관에 대한 평가 업무
19. 제98조제1항에 따른 자율검사프로그램의 인정
20. 제98조제1항제2호에 따른 안전에 관한 성능검사 교육 및 제100조제2항에 따른 자율안전검사기관에 대한 평가 업무
21. 제101조에 따른 조사, 수거 및 성능시험
22. 제102조제1항에 따른 지원과 같은 조 제2항에 따른 등록
23. 제103조제1항에 따른 유해·위험기계 등의 안전에 관한 정보의 종합관리
24. 제105조제1항에 따른 유해성·위험성 평가에 관한 업무
25. 제110조제1항부터 제3항까지의 규정에 따른 물질안전 보건자료 등의 접수 업무
26. 제112조제1항·제2항·제5항부터 제7항까지의 규정에 따른 물질안전 보건자료의 일부 비공개 승인 등에 관한 업무
27. 제116조에 따른 물질안전 보건자료와 관련된 자료의 제공
28. 제120조제2항에 따른 석면조사 능력의 확인 및 석면조사기관에 대한 지도·교육 업무
29. 제120조제3항에 따른 석면조사기관에 대한 평가 업무

30. 제121조제2항에 따른 석면해체·제거작업의 안전성 평가 업무
31. 제126조제2항에 따른 작업환경측정·분석능력의 확인 및 작업환경측정기관에 대한 지도·교육 업무
32. 제126조제3항에 따른 작업환경측정기관에 대한 평가 업무
33. 제127조제1항에 따른 작업환경측정 결과의 신뢰성 평가 업무
34. 제135조제3항에 따른 특수건강진단기관의 진단·분석능력의 확인 및 지도·교육 업무
35. 제135조제4항에 따른 특수건강진단기관에 대한 평가 업무
36. 제136조제1항에 따른 유해인자별 특수건강진단 전문연구기관 지정에 관한 업무
37. 제137조에 따른 건강관리카드에 관한 업무
38. 제141조제1항에 따른 역학조사
39. 제145조제5항 단서에 따른 지도사 보수교육
40. 제146조에 따른 지도사 연수교육
41. 제158조제1항부터 제3항까지의 규정에 따른 보조·지원 및 보조·지원의 취소·환수 업무

③ 제2항에 따라 업무를 위탁 받은 비영리법인 또는 관계 전문기관의 임직원은 형법 제129조부터 제132조까지의 규정을 적용할 때에는 공무원으로 본다.

제165조(권한 등의 위임 · 위탁)

제58조 제3항 또는 같은 조 제5항 후단 (제59조제2항에 따라 준용되는 경우를 포함한다)에 따른 안전 및 보건에 관한 평가 업무를 제165조제2항에 따라 위탁받은 자로서 그 업무를 거짓이 나 그 밖의 부정한 방법으로 수행한 자
——› 3년 이하의 징역 또는 3천만원 이하의 벌금

제84조제1항 및 제3항에 따른 안전인증 업무를 제165조제2항에 따라 위탁 받은 자로서 그 업무를 거짓이나 그 밖의 부정한 방법으로 수행한 자
——› 3년 이하의 징역 또는 3천만원 이하의 벌금

제93조 제1항에 따른 안전검사 업무를 제 165조 제2항에 따라 위탁 받은 자로서 그 업무를 거짓이나 그 밖의 부정한 방법으로 수행한
——› 3년 이하의 징역 또는 3천만원 이하의 벌금

■ 조문해석

권한 등의 위임·위탁규정을 두어 고용노동부장관의 권한은 대통령령으로 정하는 바에 따라 그 일부를 지방고용노동관서의 장에게 위임할 수 있으며, 공단 또는 대통령령으로 정하는 비영리 법인 또는 관계 전문기관에 위탁할 수 있다.

제166조(수수료 등) ① 다음 각 호의 어느 하나에 해당하는 자는 고용노동부령으로 정하는 바에 따라 수수료를 내야 한다.

1. 제32조제1항 각 호의 사람에게 안전보건교육을 이수하게 하려는 사업주
2. 제42조제1항 본문에 따라 유해위험방지계획서를 심사받으려는 자
3. 제44조제1항 본문에 따라 공정안전보고서를 심사받으려는 자
4. 제58조제3항 또는 같은 조 제5항 후단(제59조제2항에 따라 준용되는 경우를 포함한다)에 따라 안전 및 보건에 관한 평가를 받으려는 자
5. 제84조제1항 및 제3항에 따라 안전인증을 받으려는 자
6. 제84조제4항에 따라 확인을 받으려는 자
7. 제93조제1항에 따라 안전검사를 받으려는 자
8. 제98조제1항에 따라 자율검사프로그램의 인정을 받으려는 자
9. 제112조제1항 또는 제5항에 따라 물질안전 보건자료의 일부 비공개 승인 또는 연장승인을 받으려는 자
10. 제118조제1항에 따라 허가를 받으려는 자
11. 제140조에 따른 자격·면허의 취득을 위한 교육을 받으려는 사람
12. 제143조에 따른 지도사 자격시험에 응시하려는 사람
13. 제145조에 따라 지도사의 등록을 하려는 자
14. 그 밖에 산업안전 및 보건과 관련된 자로서 대통령령으로 정하는 자

② 공단은 고용노동부장관의 승인을 받아 공단의 업무 수행으로 인한 수익자로 하여금 그 업무 수행에 필요한 비용의 전부 또는 일부를 부담하게 할 수 있다.

제166조(수수료 등)

산업안전보건에 관한 교육 및 그 외 서류 심사를 받고자 하는 자는 고용노동부령으로 정하는 바에 따라 수수료를 내도록 규정하고 있다.

■ **조문해석**

산업안전보건에 관한 교육 및 그 외 서류 심사를 받고자 하는 자는 수수료를 내도록 규정이 있다.

제166조의2(현장실습생에 대한 특례) 제2조제3호에도 불구하고 직업교육훈련 촉진법 제2조제7호에 따른 현장실습을 받기 위하여 현장실습산업체의 장과 현장실습계약을 체결한 직업교육훈련생(이하 현장실습생이라 한다)에게는 제5조, 제29조, 제38조부터 제41조까지, 제51조부터 제57조까지, 제63조, 제114조제3항, 제131조, 제138조제1항, 제140조, 제155조부터 제157조까지를 준용한다. 이 경우 "사업주"는 "현장실습산업체의 장"으로, "근로"는 "현장실습"으로, "근로자"는 "현장실습생"으로 본다.

[본조신설 2020. 3. 31.]

제166조의2(현장실습생에 대한 특례)

"사업주"는 "현장실습산업체의 장"으로, "근로"는 "현장실습"으로, "근로자"는 "현장실습생"으로 본다.

CHAPTER 12

벌칙

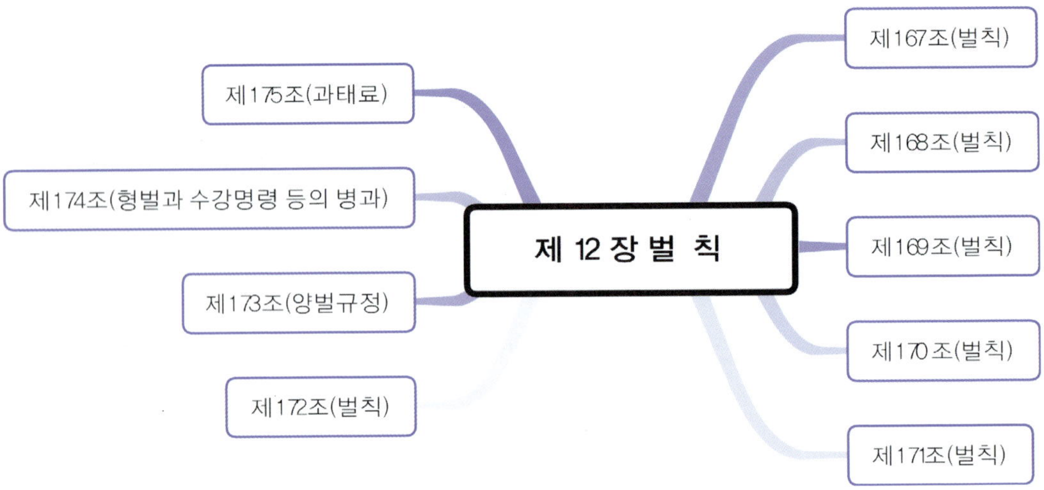
제 12 장 벌 칙
제167조(벌칙)
제168조(벌칙)
제169조(벌칙)
제170조(벌칙)
제171조(벌칙)
제172조(벌칙)
제173조(양벌규정)
제174조(형벌과 수강명령 등의 병과)
제175조(과태료)

CHAPTER 12

벌칙

제167조(벌칙) ① 제38조제1항부터 제3항까지(제166조의2에서 준용하는 경우를 포함한다), 제39조제1항(제166조의2에서 준용하는 경우를 포함한다) 또는 제63조(제166조의2에서 준용하는 경우를 포함한다)를 위반하여 근로자를 사망에 이르게 한 자는 7년 이하의 징역 또는 1억원 이하의 벌금에 처한다. 〈개정 2020. 3. 31.〉

② 제1항의 죄로 형을 선고받고 그 형이 확정된 후 5년 이내에 다시 제1항의 죄를 저지른 자는 그 형의 2분의 1까지 가중한다. 〈개정 2020. 5. 26.〉

제167조(벌칙)

근로자를 사망에 이르게 한 자는 7년 이하의 징역 또는 1억원 이하의 벌금에 처하도록 규정하고 있으며, 이번에 신설된 규정으로 형을 선고 받고 그 형이 확정된 후 5년 이내에 다시 항의 죄를 범한 자는 그 형의 2분의 1까지 가중 처벌

■ 조문해석

제38조제1항부터 제3항까지(제166조의2에서 준용하는 경우를 포함한다), 제39조제1항(제166조의2에서 준용하는 경우를 포함한다) 또는 제63조(제166조의2에서 준용하는 경우를 포함한다)를 위반하여 근로자를 사망에 이르게 한 자는 7년 이하의 징역 또는 1억원 이하의 벌금에 처하고 제1항의 죄로 형을 선고받고 그 형이 확정된 후 5년 이내에 다시 제1항의 죄를 저지른 자는 그 형의 2분의 1까지 가중한다.

제168조(벌칙) 다음 각 호의 어느 하나에 해당하는 자는 5년 이하의 징역 또는 5천만원 이하의 벌금에 처한다. 〈개정 2020. 3. 31., 2020. 6. 9.〉

1. 제38조제1항부터 제3항까지(제166조의2에서 준용하는 경우를 포함한다), 제39조제1항(제166조의2에서 준용하는 경우를 포함한다), 제51조(제166조의2에서 준용하는 경우를 포함한다), 제54조제1항(제166조의2에서 준용하는 경우를 포함한다), 제117조제1항, 제118조제1항, 제122조제1항 또는 제157조제3항(제166조의2에서 준용하는 경우를 포함한다)을 위반한 자
2. 제42조제4항 후단, 제53조제3항(제166조의2에서 준용하는 경우를 포함한다), 제55조제1항(제166조의2에서 준용하는 경우를 포함한다)·제2항(제166조의2에서 준용하는 경우를 포함한다) 또는 제118조제5항에 따른 명령을 위반한 자

제168조(벌칙)

중대재해 발생하였을 때 즉시 해당 작업을 중지시키고 근로자를 작업장소에서 대피시키는 등 안전보건조치 미흡인 경우에도 처벌하도록 하였다.
또한 중대재해가 발생하였을 때 사업장의 재해가 다시 발생할 경우의 급박한 위험이 판단될 때 즉시 작업중지를 시키고 위반한 경우 처벌하도록 하였다.

■ **조문해석**

1. 제38조제1항부터 제3항까지(제166조의2에서 준용하는 경우를 포함한다), 제39조제1항(제166조의2에서 준용하는 경우를 포함한다), 제51조(제166조의2에서 준용하는 경우를 포함한다), 제54조제1항(제166조의2에서 준용하는 경우를 포함한다), 제117조제1항, 제118조제1항, 제122조제1항 또는 제157조제3항(제166조의2에서 준용하는 경우를 포함한다)을 위반한 자 또는 2. 제42조제4항 후단, 제53조제3항(제166조의2에서 준용하는 경우를 포함한

다), 제55조제1항(제166조의2에서 준용하는 경우를 포함한다)·제2항(제166조의2에서 준용하는 경우를 포함한다) 또는 제118조제5항에 따른 명령을 위반한 자는 어느 하나에 해당하는 자는 5년 이하의 징역 또는 5천만원 이하의 벌금에 처하며 중대재해가 발생하였을 때 즉시 해당 작업을 중지시키고 근로자를 작업장소에서 대피시키는 등 안전보건조치 미흡인 경우에도 처벌하도록 하였다.

제169조(벌칙) 다음 각 호의 어느 하나에 해당하는 자는 3년 이하의 징역 또는 3천만원 이하의 벌금에 처한다. 〈개정 2020. 3. 31.〉

1. 제44조제1항 후단, 제63조(제166조의2에서 준용하는 경우를 포함한다), 제76조, 제81조, 제82조제2항, 제84조제1항, 제87조제1항, 제118조제3항, 제123조제1항, 제139조제1항 또는 제140조제1항(제166조의2에서 준용하는 경우를 포함한다)을 위반한 자
2. 제45조제1항 후단, 제46조제5항, 제53조제1항(제166조의2에서 준용하는 경우를 포함한다), 제87조제2항, 제118조제4항, 제119조제4항 또는 제131조제1항(제166조의2에서 준용하는 경우를 포함한다)에 따른 명령을 위반한 자
3. 제58조제3항 또는 같은 조 제5항 후단(제59조제2항에 따라 준용되는 경우를 포함한다)에 따른 안전 및 보건에 관한 평가 업무를 제165조제2항에 따라 위탁 받은 자로서 그 업무를 거짓이나 그 밖의 부정한 방법으로 수행한 자
4. 제84조제1항 및 제3항에 따른 안전인증 업무를 제165조제2항에 따라 위탁 받은 자로서 그 업무를 거짓이나 그 밖의 부정한 방법으로 수행한 자
5. 제93조제1항에 따른 안전검사 업무를 제165조제2항에 따라 위탁 받은 자로서 그 업무를 거짓이나 그 밖의 부정한 방법으로 수행한 자
6. 제98조에 따른 자율검사프로그램에 따른 안전검사 업무를 거짓이나 그 밖의 부정한 방법으로 수행한 자

제169조(벌칙)

특히 도급인이 도급인의 사업장에서
관계 수급인의 근로자에게
안전보건조치를 하지 않은 경우에도
처벌규정을 두었다.

■ **조문해석**

1. 제44조제1항 후단, 제63조(제166조의2에서 준용하는 경우를 포함한다), 제76조, 제81조, 제82조제2항, 제84조제1항, 제87조제1항, 제118조제3항, 제123조제1항, 제139조제1항 또는 제140조제1항(제166조의2에서 준용하는 경우를 포함한다)을 위반한 자
2. 제45조제1항 후단, 제46조제5항, 제53조제1항(제166조의2에서 준용하는 경우를 포함한다), 제87조제2항, 제118조제4항, 제119조제4항 또는 제131조제1항(제166조의2에서 준용하는 경우를 포함한다)에 따른 명령을 위반한 자
3. 제58조제3항 또는 같은 조 제5항 후단(제59조제2항에 따라 준용되는 경우를 포함한다)에 따른 안전 및 보건에 관한 평가 업무를 제165조제2항에 따라 위탁 받은 자로서 그 업무를 거짓이나 그 밖의 부정한 방법으로 수행한 자
4. 제84조제1항 및 제3항에 따른 안전인증 업무를 제165조제2항에 따라 위탁 받은 자로서 그 업무를 거짓이나 그 밖의 부정한 방법으로 수행한 자
5. 제93조제1항에 따른 안전검사 업무를 제165조제2항에 따라 위탁 받은 자로서 그 업무를 거짓이나 그 밖의 부정한 방법으로 수행한 자
6. 제98조에 따른 자율검사프로그램에 따른 안전검사 업무를 거짓이나 그 밖의 부정한 방법으로 수행한 자 등의 어느 하나에 해당하는 자는 3년 이하의 징역 또는 3천만원 이하의 벌금에 처한다.

제170조(벌칙) 다음 각 호의 어느 하나에 해당하는 자는 1년 이하의 징역 또는 1천만원 이하의 벌금에 처한다. 〈개정 2020. 3. 31.〉

1. 제41조제3항(제166조의2에서 준용하는 경우를 포함한다)을 위반하여

해고나 그 밖의 불리한 처우를 한 자

2. 제56조제3항(제166조의2에서 준용하는 경우를 포함한다)을 위반하여 중대재해 발생 현장을 훼손하거나 고용노동부장관의 원인조사를 방해한 자
3. 제57조제1항(제166조의2에서 준용하는 경우를 포함한다)을 위반하여 산업재해 발생 사실을 은폐한 자 또는 그 발생 사실을 은폐하도록 교사(敎唆)하거나 공모(共謀)한 자
4. 제65조제1항, 제80조제1항·제2항·제4항, 제85조제2항·제3항, 제92조제1항, 제141조제4항 또는 제162조를 위반한 자
5. 제85조제4항 또는 제92조제2항에 따른 명령을 위반한 자
6. 제101조에 따른 조사, 수거 또는 성능시험을 방해하거나 거부한 자
7. 제153조제1항을 위반하여 다른 사람에게 자기의 성명이나 사무소의 명칭을 사용하여 지도사의 직무를 수행하게 하거나 자격증·등록증을 대여한 사람
8. 제153조제2항을 위반하여 지도사의 성명이나 사무소의 명칭을 사용하여 지도사의 직무를 수행하거나 자격증·등록증을 대여받거나 이를 알선한 사람

제170조(벌칙)

산업재해 사실을 은폐한자 또는 그 발생사실을 은폐하도록 교사하거나 공모한 자에 대하여 처벌 규정을 두었다.

■ **조문해석**

1. 제41조제3항(제166조의2에서 준용하는 경우를 포함한다)을 위반하여 해고나 그 밖의 불리한 처우를 한 자
2. 제56조제3항(제166조의2에서 준용하는 경우를 포함한다)을 위반하여 중대재해 발생 현장을 훼손하거나 고용노동부장관의 원인조사를 방해한 자

3. 제57조제1항(제166조의2에서 준용하는 경우를 포함한다)을 위반하여 산업재해 발생 사실을 은폐한 자 또는 그 발생 사실을 은폐하도록 교사(敎唆)하거나 공모(共謀)한 자
4. 제65조제1항, 제80조제1항ㆍ제2항ㆍ제4항, 제85조제2항ㆍ제3항, 제92조제1항, 제141조제4항 또는 제162조를 위반한 자
5. 제85조제4항 또는 제92조제2항에 따른 명령을 위반한 자
6. 제101조에 따른 조사, 수거 또는 성능시험을 방해하거나 거부한 자
7. 제153조제1항을 위반하여 다른 사람에게 자기의 성명이나 사무소의 명칭을 사용하여 지도사의 직무를 수행하게 하거나 자격증ㆍ등록증을 대여한 사람
8. 제153조제2항을 위반하여 지도사의 성명이나 사무소의 명칭을 사용하여 지도사의 직무를 수행하거나 자격증ㆍ등록증을 대여받거나 이를 알선한 사람 등의 어느 하나에 해당하는 자는 1년 이하의 징역 또는 1천만원 이하의 벌금에 처한다.

제170조의2(벌칙) 제174조제1항에 따라 이수명령을 부과받은 사람이 보호관찰소의 장 또는 교정시설의 장의 이수명령 이행에 관한 지시에 따르지 아니하여 보호관찰 등에 관한 법률 또는 형의 집행 및 수용자의 처우에 관한 법률에 따른 경고를 받은 후 재차 정당한 사유 없이 이수 명령 이행에 관한 지시에 따르지 아니한 경우에는 다음 각 호에 따른다.

1. 벌금형과 병과된 경우는 500만원 이하의 벌금에 처한다.
2. 징역형 이상의 실형과 병과된 경우에는 1년 이하의 징역 또는 1천만원 이하의 벌금에 처한다.

[본조신설 2020. 3. 31.]

제170조의 2(벌칙)

제174조제1항에 따라 이수명령을 부과받은 사람이 보호관찰소의 장 또는 교정시설의 장의 이수명령 이행에 관한 지시에 따르지 아니하여 「보호관찰 등에 관한 법률」 또는 「형의 집행 및 수용자의 처우에 관한 법률」에 따른 경고를 받은 후 재차 정당한 사유 없이 이수명령 이행에 관한 지시에 따르지 아니한 경우

■ **조문해석**

제174조제1항에 따라 이수명령을 부과받은 사람이 보호관찰소의 장 또는 교정시설의 장의 이수명령 이행에 관한 지시에 따르지 아니하여 보호관찰 등에 관한 법률 또는 형의 집행 및 수용자의 처우에 관한 법률에 따른 경고를 받은 후 재차 정당한 사유 없이 이수명령 이행에 관한 지시에 따르지 아니한 경우에는 1. 벌금형과 병과된 경우는 500만원 이하의 벌금에 처한다. 2. 징역형 이상의 실형과 병과된 경우에는 1년 이하의 징역 또는 1천만원 이하의 벌금에 처한다 등에 따른다.

제171조(벌칙) 다음 각 호의 어느 하나에 해당하는 자는 1천만원 이하의 벌금에 처한다. 〈개정 2020. 3. 31.〉

1. 제69조제1항・제2항, 제89조제1항, 제90조제2항・제3항, 제108조제2항, 제109조제2항 또는 제138조제1항(제166조의2에서 준용하는 경우를 포함한다)・제2항을 위반한 자
2. 제90조제4항, 제108조제4항 또는 제109조제3항에 따른 명령을 위반한 자
3. 제125조제6항을 위반하여 해당 시설・설비의 설치・개선 또는 건강진단의 실시 등의 조치를 하지 아니한 자
4. 제132조제4항을 위반하여 작업장소 변경 등의 적절한 조치를 하지 아니한 자

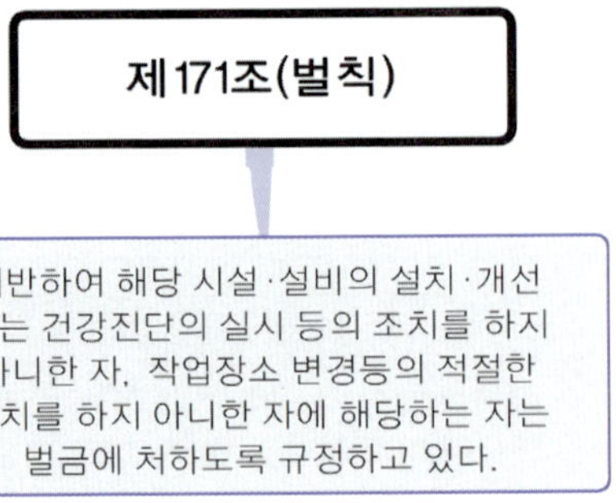

■ **조문해석**

법 제171조에는 1. 제69조제1항·제2항, 제89조제1항, 제90조제2항·제3항, 제108조제2항, 제109조제2항 또는 제138조제1항을 위반한 자, 2. 제90조제4항, 제108조제4항 또는 제109조제 3항에 따른 명령을 위반한 자, 3. 제125조제6항을 위반하여 해당 시설·설비의 설치·개선 또는 건강진단의 실시 등의 조치를 하지 아니한 자, 4. 제132조제4항을 위반하여 작업장소 변경 등의 적절한 조치를 하지 아니한 자에 해당하는 자는 1천만원 이하의 벌금에 처하도록 규정하고 있다.

제172조(벌칙) 제64조제1항 또는 제2항을 위반한 자는 500만원 이하의 벌금에 처한다.

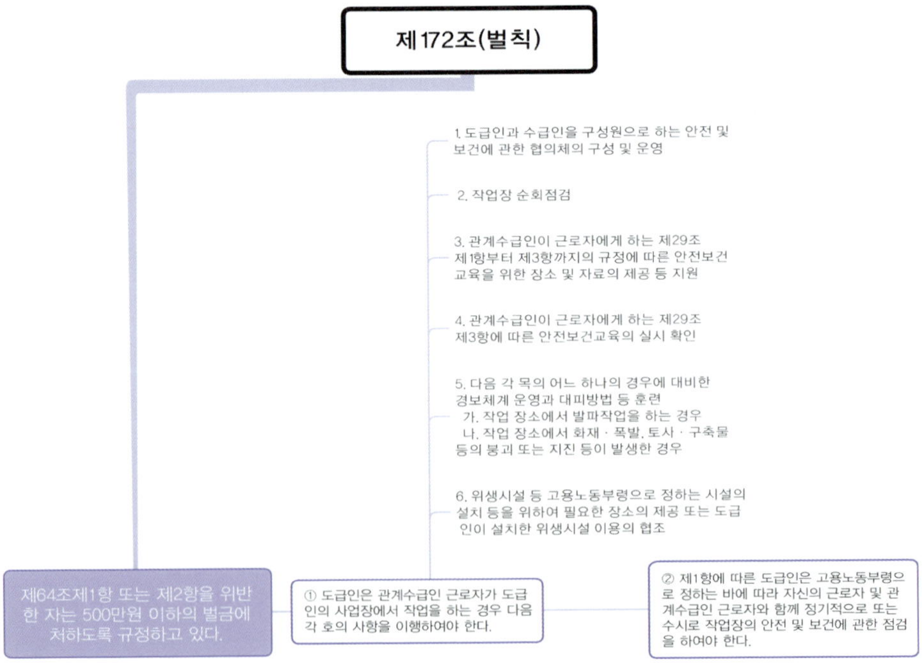

■ **조문해석**

법 제172조에는 제64조제1항 또는 제2항을 위반한 자는 500만원 이하의 벌금에 처하도록 규정하고 있다.

제173조(양벌규정) 법인의 대표자나 법인 또는 개인의 대리인, 사용인, 그 밖의 종업원이 그 법인 또는 개인의 업무에 관하여 제167조제1항 또는 제168조부터 제172조까지의 어느 하나에 해당하는 위반행위를 하면 그 행위자를 벌하는 외에 그 법인에게 다음 각 호의 구분에 따른 벌금형을, 그 개인에게는 해당 조문의 벌금형을 과(科)한다. 다만, 법인 또는 개인이 그 위반행위를 방지하기 위하여 해당 업무에 관하여 상당한 주의와 감독을 게을리하지 아니한 경우에는 그러하지 아니하다.

1. 제167조제1항의 경우: 10억원 이하의 벌금
2. 제168조부터 제172조까지의 경우: 해당 조문의 벌금형

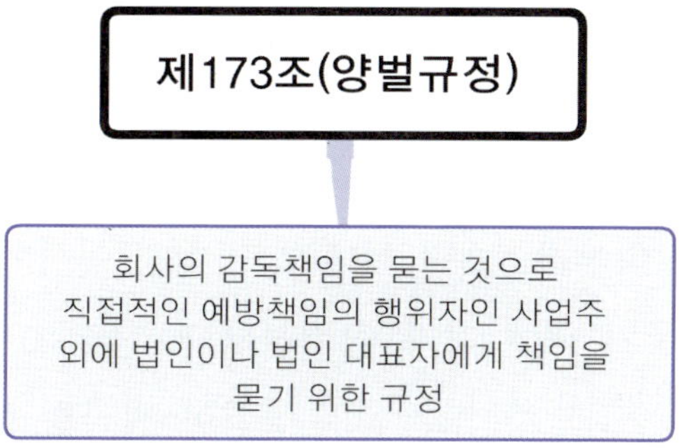

■ **조문해석**

법인의 대표자나 법인 또는 개인의 대리인, 사용인, 그 밖의 종업원이 그 법인 또는 개인의 업무에 관하여 제167조제1항 또는 제168조부터 제172조까지의 어느 하나에 해당하는 위반행위를 하면 그 행위자를 벌하는 외에 그 법인에게 1. 제167조제1항의 경우: 10억원 이하의 벌금, 2. 제168조부터 제172조까지의 경우: 해당 조문의 벌금형 등의 구분에 따른 벌금형을, 그 개인에게는 해당 조문의 벌금형을 과(科)한다. 다만, 법인 또는 개인이 그 위반행위를 방지하기 위하여 해당 업무에 관하여 상당한 주의와 감독을 게을리하지 아니한 경우에는 그러하지 아니하다. 이 양벌규정은 산업안전보건법 위반 사건에 대

하여 회사의 감독책임을 묻는 것으로 직접적인 예방책임의 행위자인 사업주 외에 법인이나 법인 대표자에게 책임을 묻기 위한 규정이다.

제174조(형벌과 수강명령 등의 병과) ① 법원은 제38조제1항부터 제3항까지(제166조의2에서 준용하는 경우를 포함한다), 제39조제1항(제166조의2에서 준용하는 경우를 포함한다) 또는 제63조(제166조의2에서 준용하는 경우를 포함한다)를 위반하여 근로자를 사망에 이르게 한 사람에게 유죄의 판결(선고유예는 제외한다)을 선고하거나 약식명령을 고지하는 경우에는 200시간의 범위에서 산업재해 예방에 필요한 수강명령 또는 산업안전보건프로그램의 이수명령(이하 이수명령이라 한다)을 병과(倂科)할 수 있다. 〈개정 2020. 3. 31.〉

② 제1항에 따른 수강명령은 형의 집행을 유예할 경우에 그 집행유예기간 내에서 병과하고, 이수명령은 벌금 이상의 형을 선고하거나 약식명령을 고지할 경우에 병과한다. 〈신설 2020. 3. 31.〉

③ 제1항에 따른 수강명령 또는 이수명령은 형의 집행을 유예할 경우에는 그 집행유예기간 내에, 벌금형을 선고하거나 약식명령을 고지할 경우에는 형 확정일부터 6개월 이내에, 징역형 이상의 실형(實刑)을 선고할 경우에는 형기 내에 각각 집행한다. 〈개정 2020. 3. 31.〉

④ 제1항에 따른 수강명령 또는 이수명령이 벌금형 또는 형의 집행유예와 병과된 경우에는 보호관찰소의 장이 집행하고, 징역형 이상의 실형과 병과된 경우에는 교정시설의 장이 집행한다. 다만, 징역형 이상의 실형과 병과된 이수명령을 모두 이행하기 전에 석방 또는 가석방되거나 미결구금일수 산입 등의 사유로 형을 집행할 수 없게 된 경우에는 보호관찰소의 장이 남은 이수명령을 집행한다. 〈개정 2020. 3. 31.〉

⑤ 제1항에 따른 수강명령 또는 이수명령은 다음 각 호의 내용으로 한다. 〈개정 2020. 3. 31.〉

1. 안전 및 보건에 관한 교육
2. 그 밖에 산업재해 예방을 위하여 필요한 사항

⑥ 수강명령 및 이수명령에 관하여 이 법에서 규정한 사항 외의 사항에 대해서는 보호관찰 등에 관한 법률을 준용한다. 〈개정 2020. 3. 31.〉

제174조(형벌과 수강명령 등의 병과)

처벌이 경미한 상태이므로 형사처벌 대상 사업주에게 형사처벌 외에 산재예방에 필요한 벌칙성 교육을 병과할 수 있도록 법률개정은 중요한 내용

■ **조문해석**

법원은 제38조제1항부터 제3항까지(제166조의2에서 준용하는 경우를 포함한다), 제39조제1항(제166조의2에서 준용하는 경우를 포함한다) 또는 제63조(제166조의2에서 준용하는 경우를 포함한다)를 위반하여 근로자를 사망에 이르게 한 사람에게 유죄의 판결(선고유예는 제외한다)을 선고하거나 약식명령을 고지하는 경우에는 200시간의 범위에서 산업재해 예방에 필요한 수강명령 또는 산업안전보건프로그램의 이수명령(이하 이수명령이라 한다)을 병과(倂科)할 수 있다. 또한 제1항에 따른 수강명령은 형의 집행을 유예할 경우에 그 집행유예기간 내에서 병과하고, 이수명령은 벌금 이상의 형을 선고하거나 약식명령을 고지할 경우에 병과한다. 그리고 제1항에 따른 수강명령 또는 이수명령은 형의 집행을 유예할 경우에는 그 집행유예기간 내에, 벌금형을 선고하거나 약식명령을 고지할 경우에는 형 확정일부터 6개월 이내에, 징역형 이상의 실형(實刑)을 선고할 경우에는 형기 내에 각각 집행하고 제1항에 따른 수강명령 또는 이수명령이 벌금형 또는 형의 집행유예와 병과된 경우에는 보호관찰소의 장이 집행하고, 징역형 이상의 실형과 병과된 경우에는 교정시설의 장이 집행한다. 다만, 징역형 이상의 실형과 병과된 이수명령을 모두 이행하기 전에 석방 또는 가석방되거나 미결구금일수 산입 등의 사유로 형을 집행할 수 없게 된 경우에는 보호관찰소의 장이 남은 이수명령을 집행한다.

수강명령 또는 이수명령은 1. 안전 및 보건에 관한 교육, 2. 그 밖에 산업재해 예방을 위하여 필요한 사항의 내용으로 하고 수강명령 및 이수명령에 관하여

이 법에서 규정한 사항 외의 사항에 대해서는 보호관찰 등에 관한 법률을 준용한다.

제175조(과태료) ① 다음 각 호의 어느 하나에 해당하는 자에게는 5천만원 이하의 과태료를 부과한다.

1. 제119조제2항에 따라 기관석면 조사를 하지 아니하고 건축물 또는 설비를 철거하거나 해체한 자
2. 제124조제3항을 위반하여 건축물 또는 설비를 철거하거나 해체한 자

② 다음 각 호의 어느 하나에 해당하는 자에게는 3천만원 이하의 과태료를 부과한다. 〈개정 2020. 3. 31.〉

1. 제29조제3항(제166조의2에서 준용하는 경우를 포함한다) 또는 제79조제1항을 위반한 자
2. 제54조제2항(제166조의2에서 준용하는 경우를 포함한다)을 위반하여 중대재해 발생 사실을 보고하지 아니하거나 거짓으로 보고한 자

③ 다음 각 호의 어느 하나에 해당하는 자에게는 1천500만원 이하의 과태료를 부과한다. 〈개정 2020. 3. 31.〉

1. 제47조제3항 전단을 위반하여 안전보건진단을 거부·방해하거나 기피한 자 또는 같은 항 후단을 위반하여 안전보건진단에 근로자대표를 참여시키지 아니한 자
2. 제57조제3항(제166조의2에서 준용하는 경우를 포함한다)에 따른 보고를 하지 아니하거나 거짓으로 보고한 자
3. 제141조제2항을 위반하여 정당한 사유 없이 역학조사를 거부·방해하거나 기피한 자
4. 제141조제3항을 위반하여 역학조사 참석이 허용된 사람의 역학조사 참석을 거부하거나 방해한 자

④ 다음 각 호의 어느 하나에 해당하는 자에게는 1천만원 이하의 과태료를 부과한다. 〈개정 2020. 3. 31., 2020. 6. 9.〉

1. 제10조제3항 후단을 위반하여 관계수급인에 관한 자료를 제출하지 아니하거나 거짓으로 제출한 자
2. 제14조제1항을 위반하여 안전 및 보건에 관한 계획을 이사회에 보고하지 아니하거나 승인을 받지 아니한 자
3. 제41조제2항(제166조의2에서 준용하는 경우를 포함한다), 제42조제1항·제5항·제6항, 제44조제1항 전단, 제45조제2항, 제46조제1항, 제67조제1항, 제70조제1항, 제70조제2항 후단, 제71조제3항 후단, 제71조제4항, 제72조제1항·제3항·제5항(건설공사도급인만 해당한다), 제77조제1항, 제78조, 제85조제1항, 제93조제1항 전단, 제95조, 제99조제2항 또는 제107조제1항 각 호 외의 부분 본문을 위반한 자
4. 제47조제1항 또는 제49조제1항에 따른 명령을 위반한 자
5. 제82조제1항 전단을 위반하여 등록하지 아니하고 타워크레인을 설치·해체하는 자
6. 제125조제1항·2항에 따라 작업환경측정을 하지 아니한 자
7. 제129조제1항 또는 제130조제1항부터 제3항까지의 규정에 따른 근로자 건강진단을 하지 아니한 자
8. 제155조제1항(제166조의2에서 준용하는 경우를 포함한다) 또는 제2항(제166조의2에서 준용하는 경우를 포함한다)에 따른 근로감독관의 검사·점검 또는 수거를 거부·방해 또는 기피한 자

⑤ 다음 각 호의 어느 하나에 해당하는 자에게는 500만원 이하의 과태료를 부과한다. 〈개정 2020. 3. 31.〉

1. 제15조제1항, 제16조제1항, 제17조제1항, 제18조제1항, 제19조제1항 본문, 제22조제1항 본문, 제24조제1항·제4항, 제25조제1항, 제26조, 제29조제1항·제2항(제166조의2에서 준용하는 경우를 포함한다), 제31조제1항, 제32조제1항(제1호부터 제4호까지의 경우만 해당한다), 제37조제1항, 제44조제2항, 제49조제2항, 제50조제3항, 제62조제1항, 제66조, 제68조제1항, 제75조제6항, 제77조제2항, 제

90조제1항, 제94조제2항, 제122조제2항, 제124조제1항(증명자료의 제출은 제외한다), 제125조제7항, 제132조제2항, 제137조제3항 또는 제145조제1항을 위반한 자

2. 제17조제3항, 제18조제3항 또는 제19조제3항에 따른 명령을 위반한 자
3. 제34조 또는 제114조제1항을 위반하여 이 법 및 이 법에 따른 명령의 요지, 안전보건관리규정 또는 물질안전 보건자료를 게시하지 아니하거나 갖추어 두지 아니한 자
4. 제53조제2항(제166조의2에서 준용하는 경우를 포함한다)을 위반하여 고용노동부장관으로부터 명령받은 사항을 게시하지 아니한 자
5. 제110조제1항부터 제3항까지의 규정을 위반하여 물질안전 보건자료, 화학물질의 명칭·함유량 또는 변경된 물질안전 보건자료를 제출하지 아니한 자
6. 제110조제2항제2호를 위반하여 국외제조자로부터 물질안전 보건자료에 적힌 화학물질 외에는 제104조에 따른 분류기준에 해당하는 화학물질이 없음을 확인하는 내용의 서류를 거짓으로 제출한 자
7. 제111조제1항을 위반하여 물질안전 보건자료를 제공하지 아니한 자
8. 제112조제1항 본문을 위반하여 승인을 받지 아니하고 화학물질의 명칭 및 함유량을 대체자료로 적은 자
9. 제112조제1항 또는 제5항에 따른 비공개 승인 또는 연장승인 신청 시 영업비밀과 관련되어 보호사유를 거짓으로 작성하여 신청한 자
10. 제112조제10항 각 호 외의 부분 후단을 위반하여 대체자료로 적힌 화학물질의 명칭 및 함유량 정보를 제공하지 아니한 자
11. 제113조제1항에 따라 선임된 자로서 같은 항 각 호의 업무를 거짓으로 수행한 자
12. 제113조제1항에 따라 선임된 자로서 같은 조 제2항에 따라 고용노동부장관에게 제출한 물질안전 보건자료를 해당 물질안전 보건자

료대상물질을 수입하는 자에게 제공하지 아니한 자

13. 제125조제1항 및 제2항에 따른 작업환경측정 시 고용노동부령으로 정하는 작업환경측정의 방법을 준수하지 아니한 사업주(같은 조 제3항에 따라 작업환경측정기관에 위탁한 경우는 제외한다)
14. 제125조제4항 또는 제132조제1항을 위반하여 근로자대표가 요구하였는데도 근로자대표를 참석시키지 아니한 자
15. 제125조제6항을 위반하여 작업환경측정 결과를 해당 작업장 근로자에게 알리지 아니한 자
16. 제155조제3항(제166조의2에서 준용하는 경우를 포함한다)에 따른 명령을 위반하여 보고 또는 출석을 하지 아니하거나 거짓으로 보고한 자

⑥ 다음 각 호의 어느 하나에 해당하는 자에게는 300만원 이하의 과태료를 부과한다. 〈개정 2020. 3. 31.〉

1. 제32조제1항(제5호의 경우만 해당한다)을 위반하여 소속 근로자로 하여금 같은 항 각 호 외의 부분 본문에 따른 안전보건교육을 이수하도록 하지 아니한 자
2. 제35조를 위반하여 근로자대표에게 통지하지 아니한 자
3. 제40조(제166조의2에서 준용하는 경우를 포함한다), 제108조제5항, 제123조제2항, 제132조제3항, 제133조 또는 제149조를 위반한 자
4. 제42조제2항을 위반하여 자격이 있는 자의 의견을 듣지 아니하고 유해위험방지계획서를 작성·제출한 자
5. 제43조제1항 또는 제46조제2항을 위반하여 확인을 받지 아니한 자
6. 제73조제1항을 위반하여 지도를 받지 아니한 자
7. 제84조제6항에 따른 자료 제출 명령을 따르지 아니한 자
8. 제108조제1항에 따른 유해성·위험성 조사보고서를 제출하지 아니하거나 제109조제1항에 따른 유해성·위험성 조사 결과 또는 유해성·위험성 평가에 필요한 자료를 제출하지 아니한 자
9. 제111조제2항 또는 제3항을 위반하여 물질안전 보건자료의 변경

내용을 반영하여 제공하지 아니한 자

10. 제114조제3항(제166조의2에서 준용하는 경우를 포함한다)을 위반하여 해당 근로자를 교육하는 등 적절한 조치를 하지 아니한 자
11. 제115조제1항 또는 같은 조 제2항 본문을 위반하여 경고표시를 하지 아니한 자
12. 제119조제1항에 따라 일반석면 조사를 하지 아니하고 건축물이나 설비를 철거하거나 해체한 자
13. 제122조제3항을 위반하여 고용노동부장관에게 신고하지 아니한 자
14. 제124조제1항에 따른 증명자료를 제출하지 아니한 자
15. 제125조제5항, 제132조제5항 또는 제134조제1항·제2항에 따른 보고, 제출 또는 통보를 하지 아니하거나 거짓으로 보고, 제출 또는 통보한 자
16. 제155조제1항(제166조의2에서 준용하는 경우를 포함한다)에 따른 질문에 대하여 답변을 거부·방해 또는 기피하거나 거짓으로 답변한 자
17. 제156조제1항(제166조의2에서 준용하는 경우를 포함한다)에 따른 검사·지도 등을 거부·방해 또는 기피한 자
18. 제164조제1항부터 제6항까지의 규정을 위반하여 서류를 보존하지 아니한 자

⑦ 제1항부터 제6항까지의 규정에 따른 과태료는 대통령령으로 정하는 바에 따라 고용노동부장관이 부과·징수한다.

[시행일:2021. 1. 16.] 제175조제5항제3호(제114조제1항에 관한 부분), 제175조제6항제2호(제35조제5호에 관한 부분)

제175조(과태료)

과태료는 대통령령으로 정하는 바에
따라 고용노동부장관이 부과 · 징수한다.

부칙 〈제17433호, 2020. 6. 9.〉

이 법은 공포한 날부터 시행한다. 다만, 제168조제2호와 제175조제4항제6호의 개정규정은 공포 후 3개월이 경과한 날부터 시행하고, 법률 제17187호 산업안전보건법 일부개정법률 제168조제2호의 개정규정은 10월 1일부터 시행한다.

참고문헌

국가법령정보센터, https://www.law.go.kr/

김성돈, 가칭 질서위반법의 체계와 이른바 질서위반행위의 구조, 법조 2004・10(Vol.577).

김승년, 노동법 발달에 관한 비교법제사적 고찰, 단국대학교 대학원, 박사학위논문, 1997.

김원주, 집행벌, 월간고시, 1988.

김유성, 사업자의 안전배려의무, 한국사법행정학회, 1992.

김형배, 미국노동입법의 전개과정, 고시연구 제8권7호, 1987.

김희성, 미국의 노동쟁의조정제도, 노동법에 있어서 권리와 책임, 김형배교수화갑기념논문집, 박영사, 1994.

노동부, 노동백서, 2008.

노동부, 산업안전보건법 제・개정 발자취, 노동부산업안전국, 2003.

민경식, 노사분쟁의 소송외적 방법에 의한 해결, 중앙대 법학논문집 제13집, 김이열교수화갑기념논문집, 1988.

박 준, 동남아제국의 노동쟁의조정제도, 노동 제113호, 1984.

박두용 외, 위험성 평가제도의 도입방안에 대한 연구, 노동부, 2004.

박두용, "외국의 위험성 평가제도-EU Directive 89/391/EEC)", 산업보건 통권 제228호, 대한산업보건협회, 2007.

박두용, 21C 노동환경권 변화에 따른 산재예방 실효성 확보방안에 관한 연구 –산재사고처리절차 및 처벌 특별법 중심으로–, 산업안전보건연구원, 2003.

박두용, 21세기 노동환경권변화에 따른 산재예방 실효성확보방안에 관한 연구, 산업안전보건연구원, 2003.

박두용, 위험성평가제도의 구체적인 도입방안연구, 산업안전보건연구원, 2009.

박두용, 주요 선진국의 사업장 안전관리 일원화제도 및 운영실태에 관한 연구, 노동부, 2003.

박두용, 주요선진국의 사업장 안전관리 일원화 제도 및 운영실태에 관한 연구, 노동부, 2003.

산업안전공단, 한・일 산업안전위반 판례집, 1995.

산업안전보건공단, 재해조사 분석.

송강직・이진국, 산업재해 은폐에 대한 처벌방안, 산업안전보건연구원, 2015.

이상국, 산업안전보건법, 대명출판사, 2019.

정진우, 안전관리론, 청문각, 2020.

조영수, 전부개정 산업안전보건법 업무 편람, 메이킹북스, 2020.

조흠학, 산업안전보건법, 신광문화사, 2020.

조흠학 외, 산재발생보고제도 개편방안에 관한 연구, 산업안전보건연구원, 2016.

저자소개

■ **위국환**

동아대학교 법학박사(재난안전)
부경대학교 안전공학과 졸업(공학석사)
현) CAROLINE UNIVERSITY(USA) 재난사회복지학과 교수

■ **방원석**

경상국립대학교 경영학박사(마케팅)
서강대학교 경영학석사(인사조직)
공군사관학교 산업공학 졸업
현) 경상국립대학교 연구교수

■ **장소은**

부산대학교 교육학박사
현) 경성대학교 교육학과 교수

■ **김선화**

CANADA CHRISTIAN COLLEGE 상담학박사(코칭)
동아대학교 법학박사 수료
경성대학교 교육학박사 수료
현) 한국해양대학교 겸임교수

■ **염미숙**

경성대학교 교육학박사(평생교육)
CANADA CHRISTIAN COLLEGE 상담학박사(코칭)
현) CAROLINE UNIVERSITY(USA) 재난사회복지학과 교수

■ **최보경**

부경대학교 이학박사(수학)
부경대학교 체육학박사 수료
현) CAROLINE UNIVERSITY(USA) 재난사회복지학과 교수

■ **권시연**

대구한의학대학교 교육학석사(평생교육)
현) 대구공업대학교 겸임교수

■ **이현정**

경남대학교 교육학석사(평생교육)
현) 거창도립대학교 겸임교수

■ **김희영**

동서대학교 사회복지학석사(사회복지)
현) CAROLINE UNIVERSITY(USA) 재난사회복지학과 교수

■ **홍영숙**

대구교육대학교 교육학석사(윤리인성)
현) 대구교육대학교 외래교수

■ **민윤경**

기업재난관리사
산업위생관리사
현) 한국인재뱅크 수석연구원

산업안전보건법령해석(도해식)

초판 1쇄 인쇄 / 2021년 10월 25일
초판 1쇄 발행 / 2021년 10월 30일

•

저 자 / 위국환 · 방원석 · 장소은
김선화 · 염미숙 · 최보경
권시연 · 이현정 · 김희영
홍영숙 · 민윤경
발행인 / 이 중 수
발행처 / **동 문 사**

•

서울특별시 서대문구 홍제원 1길 12
(홍제동 137-8)
Tel: 02)736-3718(대), 736-3710, 3720
Fax: 02)736-3719
등록번호: 1974.04.27 제9-17호
가격: 32,000원

•

ISBN: 979-11-6328-349-2(93530)
E-mail: dong736@naver.com

산업안전보건법령해석(도해식) 부록

산업안전보건법령 해석(도해식) 부록

INDUSTRIAL SAFETY AND HEALTH ACT

동 문 사

CONTENTS

부록

산업안전보건법 도해

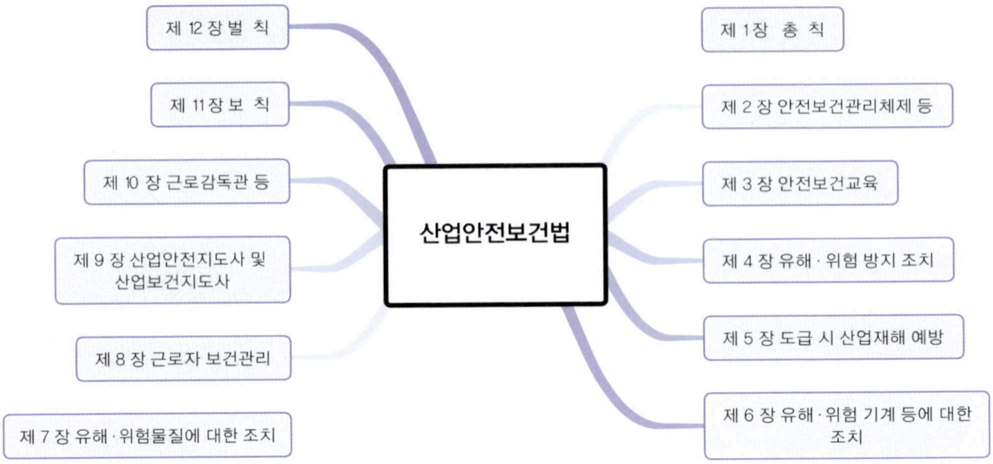
산업안전보건법
제 1장 총 칙
제 2 장 안전보건관리체제 등
제 3 장 안전보건교육
제 4 장 유해 · 위험 방지 조치
제 5 장 도급 시 산업재해 예방
제 6 장 유해 · 위험 기계 등에 대한 조치
제 7 장 유해 · 위험물질에 대한 조치
제 8 장 근로자 보건관리
제 9 장 산업안전지도사 및 산업보건지도사
제 10 장 근로감독관 등
제 11장 보 칙
제 12 장 벌 칙

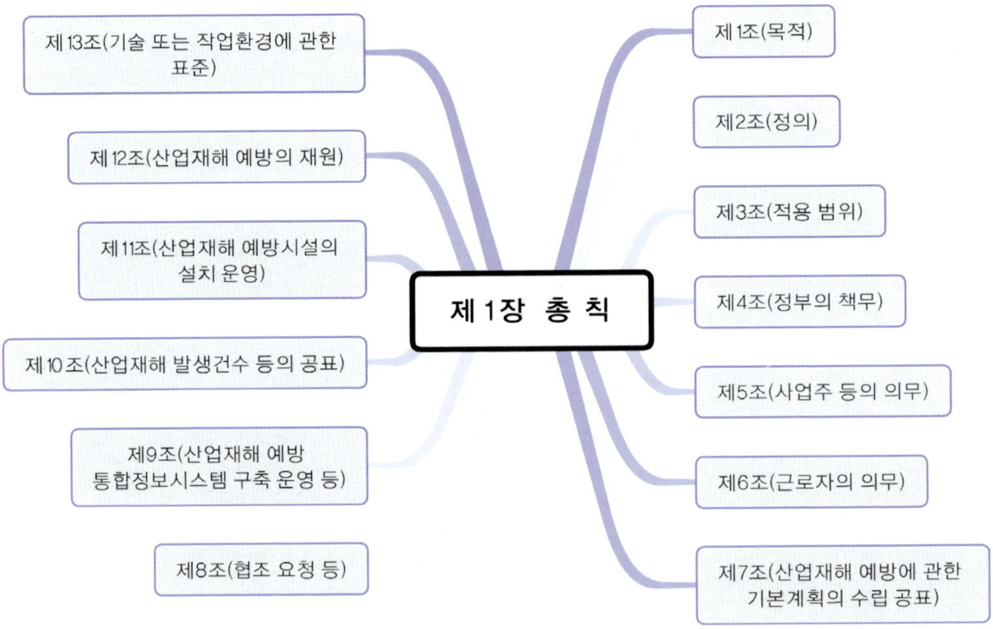
제 1장 총 칙
제1조(목적)
제2조(정의)
제3조(적용 범위)
제4조(정부의 책무)
제5조(사업주 등의 의무)
제6조(근로자의 의무)
제7조(산업재해 예방에 관한 기본계획의 수립 공표)
제8조(협조 요청 등)
제9조(산업재해 예방 통합정보시스템 구축 운영 등)
제10조(산업재해 발생건수 등의 공표)
제11조(산업재해 예방시설의 설치 운영)
제12조(산업재해 예방의 재원)
제13조(기술 또는 작업환경에 관한 표준)

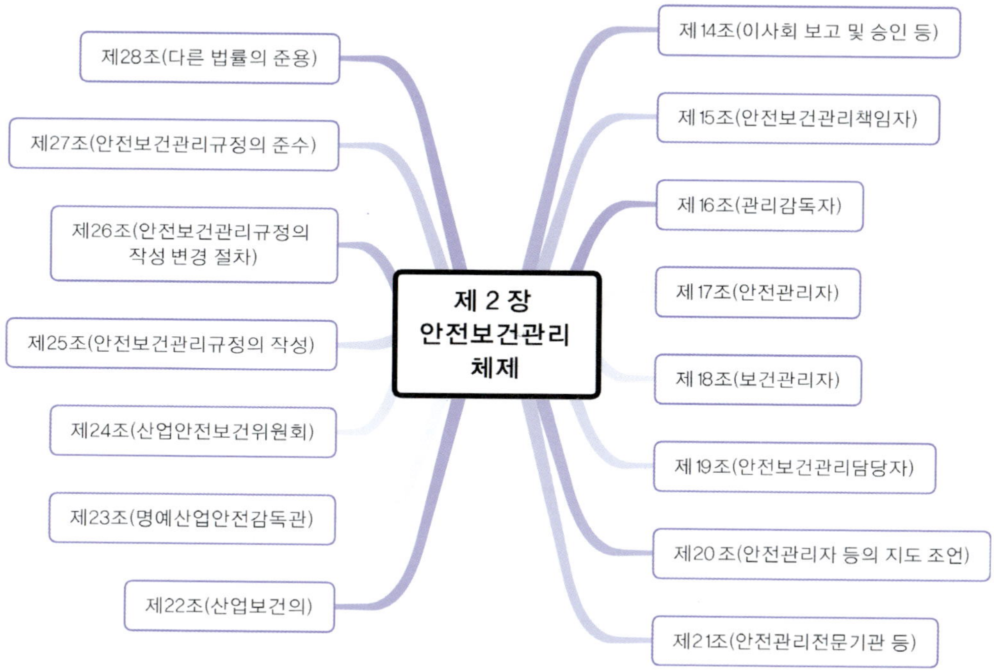
제 2 장
안전보건관리
체제
제14조(이사회 보고 및 승인 등)
제15조(안전보건관리책임자)
제16조(관리감독자)
제17조(안전관리자)
제18조(보건관리자)
제19조(안전보건관리담당자)
제20조(안전관리자 등의 지도 조언)
제21조(안전관리전문기관 등)
제22조(산업보건의)
제23조(명예산업안전감독관)
제24조(산업안전보건위원회)
제25조(안전보건관리규정의 작성)
제26조(안전보건관리규정의 작성 변경 절차)
제27조(안전보건관리규정의 준수)
제28조(다른 법률의 준용)

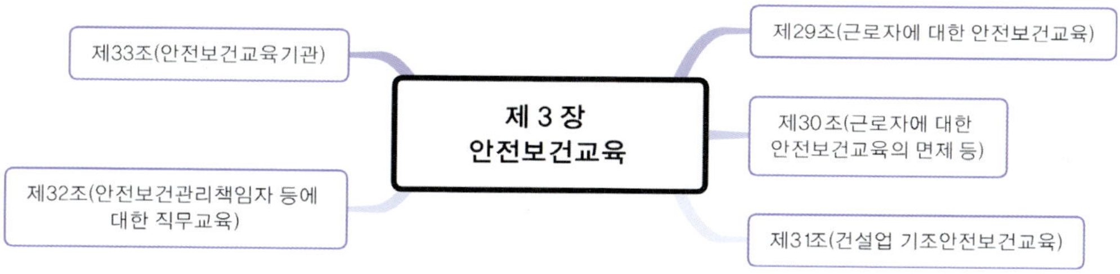
제 3 장
안전보건교육
제29조(근로자에 대한 안전보건교육)
제30조(근로자에 대한 안전보건교육의 면제 등)
제31조(건설업 기초안전보건교육)
제32조(안전보건관리책임자 등에 대한 직무교육)
제33조(안전보건교육기관)

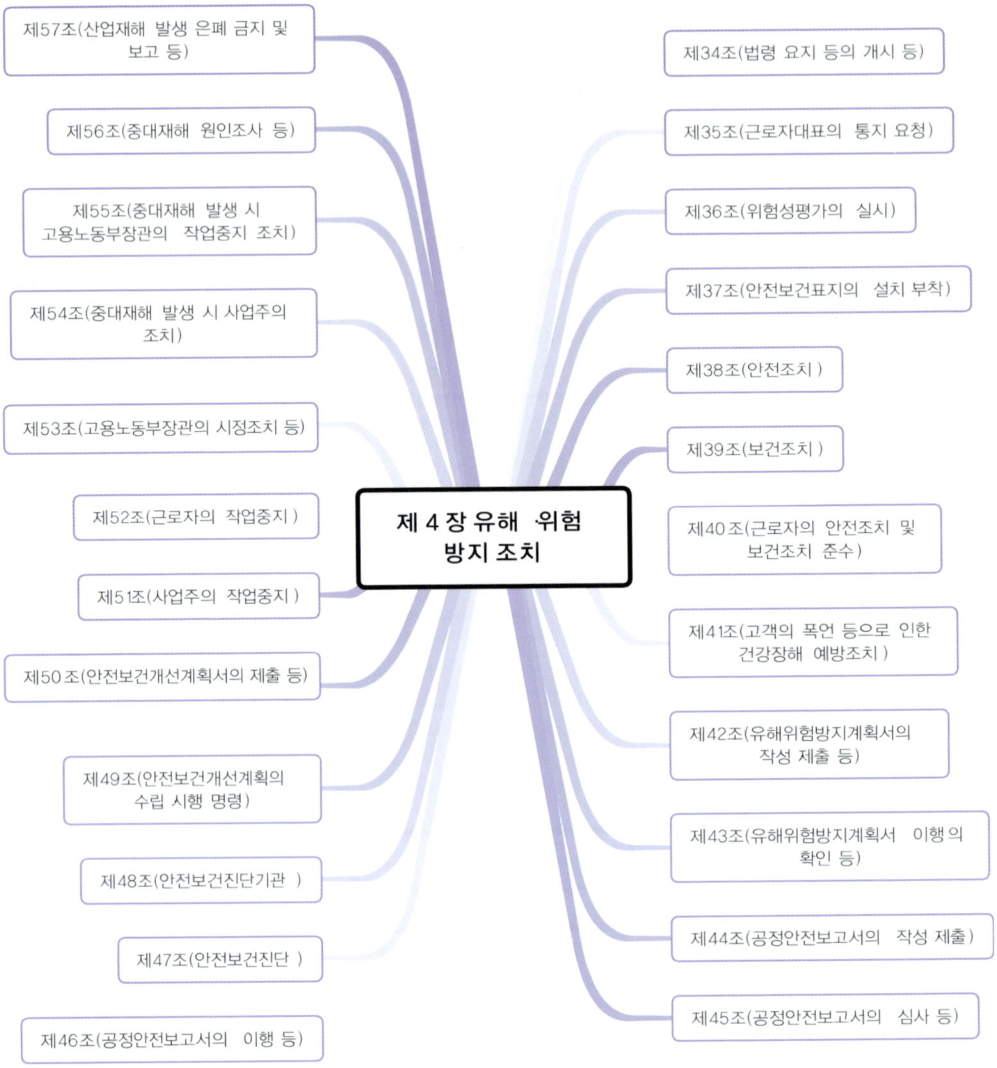
제 4 장 유해 ·위험 방지 조치
제34조(법령 요지 등의 개시 등)
제35조(근로자대표의 통지 요청)
제36조(위험성평가의 실시)
제37조(안전보건표지의 설치 부착)
제38조(안전조치)
제39조(보건조치)
제40조(근로자의 안전조치 및 보건조치 준수)
제41조(고객의 폭언 등으로 인한 건강장해 예방조치)
제42조(유해위험방지계획서의 작성 제출 등)
제43조(유해위험방지계획서 이행의 확인 등)
제44조(공정안전보고서의 작성 제출)
제45조(공정안전보고서의 심사 등)
제46조(공정안전보고서의 이행 등)
제47조(안전보건진단)
제48조(안전보건진단기관)
제49조(안전보건개선계획의 수립 시행 명령)
제50조(안전보건개선계획서의 제출 등)
제51조(사업주의 작업중지)
제52조(근로자의 작업중지)
제53조(고용노동부장관의 시정조치 등)
제54조(중대재해 발생 시 사업주의 조치)
제55조(중대재해 발생 시 고용노동부장관의 작업중지 조치)
제56조(중대재해 원인조사 등)
제57조(산업재해 발생 은폐 금지 및 보고 등)

제 5 장 도급 시 산업재해 예방

- 제58조(유해한 작업의 도급금지)
- 제59조(도급의 승인)
- 제60조(도급의 승인 시 하도급 금지)
- 제61조(적격 수급인 선정 의무)
- 제62조(안전보건총괄책임자)
- 제63조(도급인의 안전조치 및 보건조치)
- 제64조(도급에 따른 산업재해 예방조치)
- 제65조(도급인의 안전 및 보건에 관한 정보 제공 등)
- 제66조(도급인의 관계수급인에 대한 시정조치)
- 제67조(건설공사발주자의 산업재해 예방 조치)
- 제68조(안전보건조정자)
- 제69조(공사기간 단축 및 공법변경 금지)
- 제70조(건설공사 기간의 연장)
- 제71조(설계변경의 요청)
- 제72조(건설공사 등의 산업안전보건관리비 계상 등)
- 제73조(건설공사의 산업재해 예방 지도)
- 제74조(건설재해예방전문지도기관)
- 제75조(안전 및 보건에 관한 협의체 등의 구성 운영에 관한 특례)
- 제76조(기계·기구 등에 대한 건설공사도급인의 안전조치)
- 제77조(특수형태근로종사자에 대한 안전조치 및 보건조치 등)
- 제78조(배달종사자에 대한 안전조치)
- 제79조(가맹본부의 산업재해 예방 조치)

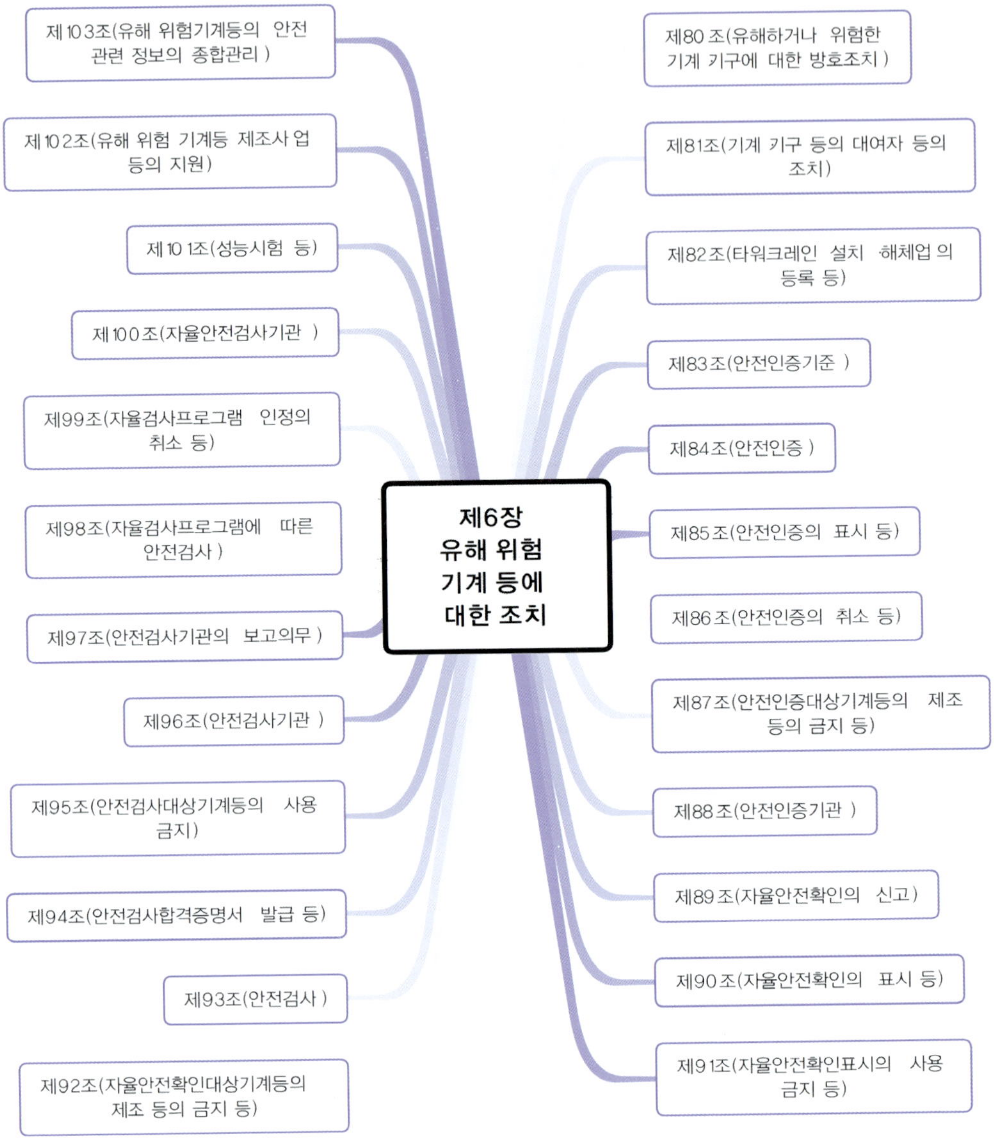
제6장
유해 위험
기계 등에
대한 조치
제80조(유해하거나 위험한 기계 기구에 대한 방호조치)
제81조(기계 기구 등의 대여자 등의 조치)
제82조(타워크레인 설치 해체업 의 등록 등)
제83조(안전인증기준)
제84조(안전인증)
제85조(안전인증의 표시 등)
제86조(안전인증의 취소 등)
제87조(안전인증대상기계등의 제조 등의 금지 등)
제88조(안전인증기관)
제89조(자율안전확인의 신고)
제90조(자율안전확인의 표시 등)
제91조(자율안전확인표시의 사용 금지 등)
제92조(자율안전확인대상기계등의 제조 등의 금지 등)
제93조(안전검사)
제94조(안전검사합격증명서 발급 등)
제95조(안전검사대상기계등의 사용 금지)
제96조(안전검사기관)
제97조(안전검사기관의 보고의무)
제98조(자율검사프로그램에 따른 안전검사)
제99조(자율검사프로그램 인정의 취소 등)
제100조(자율안전검사기관)
제101조(성능시험 등)
제102조(유해 위험 기계등 제조사업 등의 지원)
제103조(유해 위험기계등의 안전 관련 정보의 종합관리)

제 7 장 유해·위험물질에 대한 조치

- 제104조(유해인자의 분류기준)
- 제105조(유해인자의 유해성 위험성 평가 및 관리)
- 제106조(유해인자의 노출기준 설정)
- 제107조(유해인자 허용기준의 준수)
- 제108조(신규화학물질의 유해성·위험성 조사)
- 제109조(중대한 건강장해 우려 화학물질의 유해성·위험성 조사)
- 제110조(물질안전보건자료의 작성 및 제출)
- 제111조(물질안전보건자료의 제공)
- 제112조(물질안전보건자료의 일부 비공개 승인 등)
- 제113조(국외제조자가 선임한 자에 의한 정보 제출 등)
- 제114조(물질안전보건자료의 게시 및 교육)
- 제115조(물질안전보건자료대상물질 용기 등의 경고표시)
- 제116조(물질안전보건자료와 관련된 자료의 제공)
- 제117조(유해·위험물질의 제조 등 금지)
- 제118조(유해·위험물질의 제조 등 허가)
- 제119조(석면조사)
- 제120조(석면조사기관)
- 제121조(석면 해체·제거업의 등록 등)
- 제122조(석면의 해체·제거)
- 제123조(석면 해체·제거 작업기준의 준수)
- 제124조(석면 농도기준의 준수)

제 8 장 근로자 보건관리

- 제125조(작업환경측정)
- 제126조(작업환경측정기관)
- 제127조(작업환경측정 신뢰성 평가)
- 제128조(작업환경전문연구기관의 지정)
- 제129조(일반건강진단)
- 제130조(특수건강진단 등)
- 제131조(임시건강진단 명령 등)
- 제132조(건강진단에 관한 사업주의 의무)
- 제133조(건강진단에 관한 근로자의 의무)
- 제134조(건강진단기관 등의 결과보고 의무)
- 제135조(특수건강진단기관)
- 제136조(유해인자별 특수건강진단 전문연구기관의 지정)
- 제137조(건강관리카드)
- 제138조(질병자의 근로 금지 제한)
- 제139조(유해 ·위험작업에 대한 근로시간 제한 등)
- 제140조(자격 등에 의한 취업 제한 등)
- 제141조(역학조사)

제 9 장 산업안전지도사 및 산업보건지도사

- 제142조(산업안전지도사 등의 직무)
- 제143조(지도사의 자격 및 시험)
- 제144조(부정행위자에 대한 제재)
- 제145조(지도사의 등록)
- 제146조(지도사의 교육)
- 제147조(지도사에 대한 지도 등)
- 제148조(손해배상의 책임)
- 제149조(유사명칭 사용금지)
- 제150조(품위유지와 성실의무 등)
- 제151조(금지행위)
- 제152조(관계 장부 등의 열람 신청)
- 제153조(자격대여행위 등의 금지)
- 제154조(등록의 취소 등)

제 10 장 근로감독관 등

- 제155조(근로감독관의 권한)
- 제156조(공단 소속 직원의 검사 및 지도 등)
- 제157조(감독기관에 대한 신고)

제 11장 보 칙

- 제158조(산업재해 예방활동의 보조 · 지원)
- 제159조(영업정지의 요청 등)
- 제160조(업무정지 처분을 대신하여 부과하는 과징금 처분)
- 제161조(도급금지 등 의무위반에 따른 과징금 부과)
- 제162조(비밀 유지)
- 제163조(청문 및 처분기준)
- 제164조(서류의 보존)
- 제165조(권한 등의 위임
- 제166조(수수료 등)

제 12 장 벌 칙

- 제167조(벌칙)
- 제168조(벌칙)
- 제169조(벌칙)
- 제170조(벌칙)
- 제171조(벌칙)
- 제172조(벌칙)
- 제173조(양벌규정)
- 제174조(형벌과 수강명령 등의 병과)
- 제175조(과태료)

제 1장 총 칙

- 제1조(목적)
- 제2조(정의)
- 제3조(적용 범위)
- 제4조(정부의 책무)
- 제5조(사업주 등의 의무)
- 제6조(근로자의 의무)
- 제7조(산업재해 예방에 관한 기본계획의 수립 공표)
- 제8조(협조 요청 등)
- 제9조(산업재해 예방 통합정보시스템 구축 운영 등)
- 제10조(산업재해 발생건수 등의 공표)
- 제11조(산업재해 예방시설의 설치 운영)
- 제12조(산업재해 예방의 재원)
- 제13조(기술 또는 작업환경에 관한 표준)

제1조(목적)

- 보호대상에서는 제외되었던 특수형태근로종사자와 배달종사자를 보호 대상자 포함
- 추후 새로운 유형의 노무제공관계에서 보호대상의 확장성을 담보하기 위해 정의에서 노무를 제공하는 자의 범위를 한정하지 않음
  - 노무를 제공하는 자는 자신의 노동력을 타인에게 제공하는 자
- 개별 조문에서는 사업주와 근로자, 특수형태근로종사자로부터 노무를 제공받는 자와 특수형태근로종사자 등 의무주체와 보호대상을 연결
  - 근로자에 대한 보호조치는 사업주가, 특수형태근로종사자에 대한 보호조치는 특수형태 근로종사자로부터 노무를 제공받는 자가 수행
  - 개별 조문의 개정 없이는 새로운 형태의 노무를 제공하는 자가 보호영역 안으로 들어올 수 없도록 규정
    - 제77조(특수형 태근로종사자에 대한 안전조치 및 보건조치 등)
    - 제78조(배달종사자에 대한 안전조치)

제2조(정의)

용어 6-11호 추가

중대재해
1. 사망자가 1명 이상 발생한 재해
2. 3개월 이상의 요양이 필요한 부상자가 동시에 2명 이상 발생한 재해
3. 부상자 또는 직업성질병자가 동시에 10명 이상 발생한 재해

민법 제664조(도급의 의의) 도급은 당사자 일방이 어느 일을 완성할 것을 약정하고 상대방이 그 일의 결과에 대하여 보수를 지급할 것을 약정함으로써 그 효력이 생긴다.

제3조(적용 범위)

- 사업의종류는 통계법에 따라 통계청장이 고시한 한국표준산업분류
- 상시근로자 수 산정방법은 해당사업 또는사업장에서 법 적용사유발생일 전 1개월(사업이 성립한 날부터 1개월 미만인 경우에는 그 사업이 성립한 날 이후의 기간을 말한다. 이하 "산정기간"이라 한다) 동안 사용한 근로자의 연인원을 같은 기간 중의 가동 일수로 나누어 산정한다.(근로기준법 시행령제7조의2)
- 사업 또는 사업장의 판단 기준
  - 산업안전보건법은 단위 사업장별로 그 업종, 규모 등에 따라 적용하므로 본사, 공장, 지점, 영업소, 출장소 등이 장소적으로 분산되어 있는 경우에는 원칙적으로 각각 별개 의 사업장으로 본다.
  - 장소적으로 분산되어 있다 할지라도 지점, 영업소 등의 노무관리, 회계 등이 명확하게 독립적으로 운영되지 않는 등 업무처리 능력을 감안할 때 하나의 사업장이라고 말할 정도의 독립성이 없는 경우에는 직근 상위조직과 일괄하여 하나의 사업으로 본다.
  - 사업이란 어떤 일을 일정한 목적과 계획을 가지고 짜임새 있게 지속적으로 경영
- 법의 전부 또는 일부를 적용하지 아니하는 사업 또는 사업장 (대통령령으로 정하는 종류의 사업 또는 사업장)
- 공공행정 및 교육서비스업에 종사하는 현업근로자 보호 강화

제4조(정부의 책무)

시행령
제3조(산업재해 예방을 위한 시책 마련) 고용노동부장관은 법 제4조제1항제2호에 따른 산업재해 예방 지원 및 지도를 위하여 산업재해 예방기법의 연구 및 보급, 안전 · 보건 기술의 지원 및 교육에 관한 시책을 마련해야 한다.

1항 3호의 신설 「근로기준법」 제76조의2에 따른 직장 내 괴롭힘 예방을 위한 조치기준 마련, 지도 및 지원

산업재해에 관한 조사
산업안전보건 근로감독관 집무규정 제26조(조사대상재해) 1항

- 중대재해
- 근로자의 부상 또는 사업장 인근지역에 피해를 동반한 중대산업사고(법 제 44조 관련)
- 그 밖에 장관 또는 지방관서장이 필요하다고 인정하는 재해

제5조(사업주 등의 의무)

산업안전보건법의 이행 의무자 확대
근로자의 안전 및 건강의 유지 증진 의무자
1. 사업주
2. 제77조에 따른 특수형태근로종사자로부터 노무를 제공받는 자(신설)
3. 제78조에 따른 물건의 수거 배달 등을 중개하는 자(신설)

산업재해를 방지하기 위하여 필요한 조치 의무자 확대
1. 기계 ·기구와 그 밖의 설비를 설계 ·제조 또는 수입하는 자(기존)
2. 원재료 등을 제조 수입하는 자
3. 건설물을 발주 ' 설계 ·건설하는 자(발주 신설)

발주(건설공사발주자) : 건설공사를 도급하는 자로서 건설공사의 시공을 주도하여 총괄 관리하지 아니하는 자를 말한다. 다만, 도급받은 건설공사를 다시 도급하는 자는 제외한다.

제6조(근로자의 의무)

제101조(감독 기관) ① 근로조건의 기준을 확보하기 위하여 고용노동부와 그 소속 기관에 근로감독관을 둔다. 〈개정 2010. 6. 4.〉
② 근로감독관의 자격, 임면(任免), 직무 배치에 관한 사항은 대통령령으로 정한다.

제7조(산업재해 예방에 관한 기본계획의 수립·공표)

산업재해보상보험법 제8조제1항(산업재해보상보험 및 예방심의위원회) ① 산업재해보상보험 및 예방에 관한 중요 사항을 심의하게 하기 위하여 고용노동부에 산업재해보상보험및예방심의위원회(이하 "위원회"라 한다)를 둔다.

제8조(협조 요청 등)

산업재해 예방을 위한 정보 또는 자료의 제공 및 관계 전산망의 이용 요청 및 이에 대한 협조를 명확히 법제화

공공기관의 운영에 관한 법률 제4조(공공기관)① 국가 · 지방자치단체가 아닌 법인 · 단체 또는 기관(이하 "기관"이라 한다)으로서 다음 각 호의 어느 하나에 해당하는 기관을 공공기관으로 지정할 수 있다.

②제1항의 규정에 불구하고 기획재정부장관은 다음 각 호의 어느 하나에 해당하는 기관을 공공기관으로 지정할수 없다.

④제1항제2호의 규정에 따른 정부지원액과 총수입액의 산정 기준 · 방법 및 동항제3호 내지 제5호의 규정에 따른 사실상 지배력 확보의 기준에 관하여 필요한 사항은 대통령령으로 정한다.

제9조(산업재해 예방 통합정보시스템 구축 · 운영 등)

산업재해 예방 통합정보시스템 구축 운영 정보 사항

- 「산업재해보상보험법」 제6조에 따른 적용 사업 또는 사업장에 관한 정보
- 법 제93조에 따른 안전검사 결과 법 제125조에 따른 작업환경측정 결과 등 안전 보건에 관한 정보
- 산업재해 발생에 관한 정보
- 그 밖에 산업재해 예방을 위하여 고용노동부장관이 정하여 고시하는 정보

제10조(산업재해 발생 건수 등의 공표)

통합공표 대상 업종 확대(대통령령으 로 정하는 사업장)

- 도급인이 사용하는 상시근로자 수가 500 명 이상인 다음 각 호의 어느 하나에 해당하는 사업장으로서 도급인 사업장의 사고사망만인율(질병으로 인한 사망재해자를 제외하고 산출한 사망만인율을 밀한다)보다 관계수급인의 근로자를 포함하여 산출한 사고 사망만인율이 높은 사업장을 말한다.
  - 제조업,
  - 철도운송업,
  - 도시철도운송업
  - 전기업(신설)

통합공표 대상 장소 확대(대통령령으 로 정하는 장소)

- 도급인의 사업장
- 도급인이 제공하거나 지정한 경우로서 도급인이 지배 관리하는 장소

제11조(산업재해 예방시설의 설치 · 운영)

1. 산업 안전 및 보건에 관한 지도시설, 연구시설 및 교육시설

2. 안전보건진단 및 작업환경측정을 위한 시설

3. 노무를 제공하는 사람의 건강을 유지 · 증진하기 위한 시설

4. 그 밖에 고용노동부령으로 정하는 산업재해 예방을 위한 시설

제12조(산업재해 예방의 재원)

산업재해보상보험법 제95조제1항 (산업재해보상보험및예방기금의 설치 및 조성) ①고용노동부장관은 보험사업, 산업재해 예방 사업에 필요한 재원을 확보하고, 보험급여에 충당하기 위하여 산업재해보상보험및예방기금(이하 "기금"이라 한다)을 설치한다.

제13조(기술 또는 작업환경에 관한 표준)

- 법 제5조 제2항(사업주 등의 의무)
- 법 제38조(안전조치)
- 법 제39조(보건안전)

제 2 장 안전보건관리체제 등

- 제1절 안전보건관리체제
  - 제14조(이사회 보고 및 승인 등)
  - 제15조(안전보건관리책임자)
  - 제16조(관리감독자)
  - 제17조(안전관리자)
  - 제18조(보건관리자)
  - 제19조(안전보건관리담당자)
  - 제20조(안전관리자 등의 지도 조언)
  - 제21조(안전관리전문기관 등)
  - 제22조(산업보건의)
  - 제23조(명예산업안전감독관)
  - 제24조(산업안전보건위원회)
- 제2절 안전보건관리규정
  - 제25조(안전보건관리규정의 작성)
  - 제26조(안전보건관리규정의 작성 변경 절차)
  - 제27조(안전보건관리규정의 준수)
  - 제28조(다른 법률의 준용)

제14조(이사회 보고 및 승인 등)

기업차원에서 체계적인 산업재해예방이 작동

안전 및 보건에 관한 계획의 이사회 보고 승인 대상 회사(대통령령으로 정하는 회사)

1. 상시근로자 500 명 이상을 사용하는 회사
2. 건설산업기본 제23조에 따른 전년도 시공능력평가액(토목 건축공사업에 한함) 상위 1,000위 이내의 건설회사

1. 안전 및 보건에 관한 경영방침
2. 안전 보건관리 조직의 구성 인원 및 역할
3. 안전 보건 관련 예산및 시설현황
4. 안전 및 보건에 관한 전년도 활동실적 및 다음 연도 활동계획

대표이사
–상법제389조에 의한 대표이사와 제408조의2에 의한 대표집행임원을 말한다.

안전 및 보건에 관한 계획 수립시 포함 내용

제15조(안전보건관리책임자)

안전보건관리책임자의 자격

안전보건관리책임재사업장을 실질적으로 총괄하여 관리하는 사람)
1. 해당 사업의 경영에 대한 실질적인 책임과 권한을 가진 최종관리자를 말하는 것으로 안전보건관리의 실시주제를 명확히 하여 사업장의 안전보건관리를 원활히 수행하도록 함
2. 일반적으로 개인사업주 또는 법인의 대표이사가 사업장에 상주하는 경우에는 개인사업주 또는 법인의 대표이사가 해당사업을 실질적으로 총괄 관리하는 자로서 안전보건관리책임자
3. 개인사업주 또는 법인의 대표이사가 사업장에 상주하지 못하는 경우로서 사업주가 공장장(명칭에 무관)등에게 사업경영의 실질적인 권한과 책임을 위임한 경우에는 개인사업주 또는 법인을 대리하여 실질적으로 사업을 경영하는 자(부사장, 공장장, 지점장, 사업소장, 현장소장 등)가 안전보건관리책임자(산업안전보건 업무편람 / 고용부)

선임 사실 및 업무의 수행내용을 증명할 수 있는 서류의 비치

증명할 수 있는 서류
선임서, 사내 위임전결규정,
인사발령지, 현장 대리인선임계 등

1. 위험성평가의 실시에 관한 사항
2. 안전보건규칙에서 정히는 근로자의 위험 또는 건강장해의 방지에 관한 사항

안전보건관리책임자의 추가 업무 (고용노동부령으로 정하는 사항)

안전보건관리책임자를 두어야 할 사업의 종류 및 규모(대통령령)

제16조(관리감독자)

관리감독자의 범위 확대

생산과 관련되는 업무와 그 소속 직원을 직접 지휘 · 감독하는 직위에 있는 사람

관리감독자의 업무(산업 안전 및 보건에 관한 업무로서 대통령령으로 정하는 업무)

1. 사업장 내 관리감독자가 지휘 · 감독하는 작업과 관련된 기계 · 기구 또는 설비의 안전 · 보건 점검 및 이상 유무의 확인
2. 관리감독자에게 소속된 근로자의 작업복 · 보호구 및 방호장치의 점검과 그 착용, 사용에 관한 교육 · 지도
3. 해당 작업에서 발생한 산업재해에 관한 보고 및 이에 대한 응급조치
4. 해당작업의 작업장 정리 · 정돈 및 통로 확보에 대한 확인 감독
5. 해당사업장의 다음각목의 어느하나에 해당하는사람의 지도 · 조언에 대한 협조
가.산업보건의
나.안전관리자
다. 보건관리자
라. 안전보건관리담당자
6. 위험성평가에 관한 업무중 유해 · 위험요인의 파악에 대한 참여 및 그 결과에 따른 개선조치의 시행 참여
7. 그 밖에 해당 작업의 안전 · 보건에 관한 사항으로서 고용노동부령으로 정하는 사항

관리감독자의 추가업무 삭제

1. 유해하거나 위험한 작업에 근로자를 사용할 때 실시하는 특별교육 중 안전에 관한 교육(사업주 의무로 변경)
2. 유해 · 위험기계등의 안전에 관한 성능검사

제1항 위반 500만원 이하의 과태료

제17조(안전관리자)

- 안전관리자를 선임 규모를 상시근로자 수로 명확히 함.
- 안전관리자의 선임방법(대통령령)
  - 시행령[별표3]
    안전관리자를 두어야 하는 사업의 종류,
    사업장의 상시근로자 수, 안전관리자의 수 및
    선임방법(제 16조제1항 관련)
- 도급사업의 안전관리자 선임을 위한 상시근로자
- 안전관리자 공동 선임 가능 사업장(건설업 추가)
  - 같은 사업주가 경영하는 둘 이상의 사업장의 경우
    상시근로자 수의 합계가 300 명 이내인 사업장
    같은 사업주가 경영하는 둘 이상의 공사의 경우
    공사금액의 합계가 120억원(토목공사는 150억원)
    이내인 사업장
    공동선임 대상 1. 같은 시 군 구(자치구를 말한다)
    지역에 소재하는 경우 2. 사업장 간의 경계를
    기준으로 15 킬로미터 이내에 소재하는 경우
- 수급인 및 관계수급인의 안전관리자 선임 면제
- 건설업안전관리자 선임 기준 확대
- 안전관리자의 업무위탁
- 안전관리자 선임 보고 기한
- 안전관리자 증원 ·교체임명 명령
- 안전관리자의 업무

제18조(보건관리자)

보건관리자 선임 규모를 상시근로자 수로 명확히 함.

보건관리자의 선임방법(대통령령)

시행령[별표3]
보건관리자를 두어야 하는 사업의 종류.
사업장의 상시근로자 수, 보건관리자의 수 및
선임방법(제 20조제1항 관련)

같은 사업주가 경영하는 둘 이상의 사업장의 경우
상시근로자 수의 합계가 300 명 이내인 사업장
같은 사업주가 경영하는 둘 이상의 공사의 경우
공사금액의 합계가 120억원(토목공사는 150억원)
이내인 사업장
공동선임 대상 1. 같은 시 군 구(자치구를 말한다)
지역에 소재하는 경우 2. 사업장 간의 경계를
기준으로 15 킬로미터 이내에 소재하는 경우

도급사업의 안전관리자 선임을 위한 상시근로자

보건관리자 공동 선임 가능 사업장

수급인 및 관계수급인의 보건관리자 선임 면제

보건관리자의 업무위탁

보건관리자 선임 보고 기한

보건관리자 증원 ·교체임명 명령

보건관리자의 업무

제19조(안전보건관리담당자)

안전보건관리담당자의 선임 대상 사업장(대통령령)

다음 각 호의 사업으로 상시근로자 20명 이상 50명 미만 사업
1. 제조업
2. 임업
3. 하수, 폐수 및 분뇨 처리업
4. 폐기물 수집, 운반, 처리 및 원료 재생업
5. 환경 정화및복원업

제1항 위반 500만원 이하의 과태료
제3항 위반 500만원 이하의 과태료

제20조(안전관리자 등의 지도 조언)

안전관리자 또는 보건관리자의 건의에 대한 조치의무 부여

조치 의무자
1. 사업주
2. 안전보건관리 책임자
3. 관리 감독자

제21조(안전관리전문기관 등)

대통령령으로 정하는 취소 사유

제22조(산업보건의)

산업보건의 선임 대상 사업장

상시근로자 50명 이상인 사업장

산업보건의 선임 제외 사업장

의사를 보건관리자로 선임한 경우
보건관리전문기관에 보건관리자의 업무를 위탁한 경우

산업보건의 선임 면제

기업활동규제완화에 관한 특별조치법 제28조(기업의 자율 고용) ①다음 각 호의 어느 하나에 해당하는 사람은 다음 각 호의 해당 법률에도 불구하고 채용 고용, 임명 지정 또는 선임(이하 "채용"이라 한다)하지 아니할 수 있다.

제1항 위반 500만원 이하의 과태료

제23조(명예산업안전감독관)

명예감독관위촉

1. 산업안전보건위원회 또는 노사협의체 설치 대상 사업의 근로자 중에서 근로자대표가사업주의 의견을 들어 추천하는 사람
2. 노동조합 및 노동관계조정법 제10조에 따른 연합단체인 노동조합 또는 그 지역 대표기구에 소속된 임직원 중에서 해당 연합단체인 노동조합 또는 그 지역대표기구가 추천하는 사람
3. 전국 규모의 사업주 단체 또는 그 산하 조직에 소속된 임직원 중에서 해당 단체 또는 그 산하 조직이 추천하는 사람
4. 산업재해 예방 관련 업무를 하는 단체 또는 그 산하조직에 소속된 임직원 중에서 해당 단체 또는 그 산하조직이 추천하는 사람

명예감독관의 업무

명예감독관의 업무 범위는 해당 사업장에서의 업무(제8호의 경우는 제외한다)로 한정하며, 상기 제2호부터 제4호까지의 규정에 따라 위촉된 명예감독관의 업무 범위는 제8호부터 제10호까지의 업무로 한정

1. 사업장에서 하는 자체점검 참여 및 근로감독관이 하는 사업장 감독 참여
2. 사업장 산업재해 예방계획 수립 참여 및 사업장에서 하는 기계 ·기구 자체검사 입회
3. 법령을 위반한 사실이 있는 경우 사업주에 대한 개선 요청 및 감독기관에 신고
4. 산업재해 발생의 급박한 위험이 있는 경우 사업주에 대한 작업중지 요청
5. 작업환경측정, 근로자 건강진단 시의 입회 및 그 결과에 대한 설명회 참여
6. 직업성 질환의 증상이 있거나 질병에 걸린 근로자가 여러 명 발생한 경우 사업주에 대한 임시건강진단 실시 요청
7. 근로자에 대한 안전수칙 준수 지도
8. 법령 및 산업재해 예방정책 개선 건의
9. 안전 ·보건 의식을 북돋우기 위한 활동과 무재해운동 등에 대한 참여와 지원
10. 그 밖에 산업재해 예방에 대한 홍보 등 산업재해 예방업무와 관련하여 고용노동부장관이 정하는 업무

제24조(산업안전보건위원회)

- 산업안전보건위원회의 심의 ·의결 사항
- 회의
- 회의결과 등의 주지
- 산업안전보건위원회 구성 대상사업의 종류
  - 시행령 [별표9]
- 산업안전보건위원회의 구성
  - 위원장/위원
  - 위원의 임기
  - 구성의 예외
- 의결되지 아니한 사항 등의 처리
  - 제3자 중재기관
    지방고용노동관서의 장, 한국산업안전보건공단 지도원장 안전보건관리대행기관의 지회장, 작업환경측정기관의 장, 특수건강진단의 장, 산업안전 ·산업위생지도사, 기타 산업안전보건에 학식과 경험이 있는자 등 노사합의에 의하여 결정한자

제1항, 제4항 위반 500만원 이하의 과태료

제25조(안전보건관리규정의 작성)

- 안전보건관리규정을 작성하여야 할 사업의 종류 및 규모
  - 시행규칙[별표2]
- 안전보건관리규정의 세부 내용
  - 시행규칙[별표3]

제 1항 위반
500만원 이하의 과태료

제26조(안전보건관리규정의 작성 변경 절차)

- 안전보건관리규정 작성시기
- 안전보건관리규정의 작성변경 절차
- 안전보건관리규정 통합 작성

제27조(안전보건관리규정의 준수)

안전관리준수는 사업주가 작성하고 사업장 구성원이 준수를 이행해야 한다.

시행령 제24조

제28조(다른 법률의 준용)

근로기준법 중 취업규칙에 관한 규정

제93조 (취업규칙의 작성, 신고)
제94조 (규칙의 작성, 변경 절차)
제95조 (제재 규정의 제한)
제96조 (단체협약의 준수)
제97조 (위반의 효력)

제 3 장 안전보건교육

- 제29조(근로자에 대한 안전보건교육)
- 제30조(근로자에 대한 안전보건교육의 면제 등)
- 제31조(건설업 기초안전보건교육)
- 제32조(안전보건관리책임자 등에 대한 직무교육)
- 제33조(안전보건교육기관)

제29조(근로자에 대한 안전보건교육)

- 안전 ·보건교육 기록보존
  - 교육실시 결과를 특정한 서식을 정하여 기록 ·보존하도록 의무화하고 있지 않으므로 사업주는 교육실시 관련 서류를 문서 또는 전산입력 자료(스캔 포함)의 형태 여부에 관계없이 그실시 여부를 증명
- 안전보건교육 교육과정별 교육시간
  - 시행규칙[별표4]
- 안전보건교육 교육대상별 교육내용
  - 시행규칙[별표5]
    - 근로자안전보건교육
    - 건설업기초안전보건교육
    - 안전보건관리책임자
    - 특수형태근로종사자에 대한 안전보건교육
    - 검사원 성능검사교육
    - 물질안전보건자료에 관한 교육
- 사업주가 근로자에게 안전보건교육을 실시하는 경우 강사 자격
  - 고용노동부장관이 정하는 기준
  - 산업안전보건교육규정 [별표1]

제 3항 위반3천만원 이하의 과태료
제 1항 위반 제2항 위반 500 만원 이하의 과태료

제30조(근로자에 대한 안전보건교육의 면제 등)

안전보건교육의 면제

① 전년도에 산업재해가 발생하지 아니한 사업장은 기준 시간의 100분의 50까지의 범위에서 근로자 정기교육 시간의 면제

② 관리감독자가 다음 각 호의 교육을 이수한 경우 시간의 면제

1. 직무교육기관에서 실시한 전문화교육
2. 직무교육기관에서 실시한 인터넷 원격교육
3. 공단에서 실시한 안전보건관리담당자 양성교육
4. 검사원 성능검사 교육
5. 그 밖에 고용노동부장관이 근로자 정기교육 면제 대상으로 인정 하는 교육

③ 채용 또는 변경된 작업에 경험이 있을 경우 채용 시 교육 또는 특별교육 시간을 다음 각호의 기준에 따라 면제

1. 같은 종류의 업종에 6개월 이상 근무한 경험이 있는 근로자를 이직 후 1년 이내 채용 100분의 50
2. 특별교육 대상작업에 6개월 이상 근무 경험자가 다음 각 호에 해당하는 경우 100분 의 50
3. 채용 시 교육 또는 특별교육을 이수한 근로자가 같은 도급인의 사업장내에서 이전에 하던 업무와 동일한 업무에 종사하는 경우 채용 시 교육 또는 특별교육 면제

비정규직에서 정규직으로 전환시 채용시 교육여부

사업장에 채용되어 계속 근무해 오던 근로자가 동일한 업무, 동일한 작업환경 하에서 단순히 고용형태가 변경된 경우라면 별도의 채용시 교육을 실시하지 않아도 됨
(안전정책과-2946, '04. 6. 3)

동일 현장 내에서 다른 협력업체로 소속변경 시의 채용시 교육여부

근로자 채용시 실시하는 안전보건교육은 신규 채용된 근로자에게 해당 작업장의 안전 관련 정보, 작업시 유의사항 등을 교육하는 취지로 같은 현장 내에서 협력업체의 소속만 변경된 경우라면 별도의 신규채용 시 교육은 실시하지 않아도 됨
(산안68307-10014, '01.2.9)

제31조(건설업 기초안전보건 교육)

교육시간 및 교육내용
(법 제29조 준용)

채용시교육의 대체

건설현장에서 일용근로자를 채용할 때마다 반복적으로 실시하던 1시간의 채용 시 교육을 4시간의 1회 기초안전보건교육으로 대체

제 1항 위반
500만원 이하의 과태료

제32조(안전보건관리책임자 등에 대한 직무교육)

- 신규교육
  - 관리책임자 등으로 선임된 때에는 선임일로부터 3개월(의사인 보건관리자의 경우는 1년) 이내에 신규교육을 이수
- 보수교육
  - 신규교육을 이수한 후에 매 2년이 되는 날을 기준으로 전후 3개월 사이에 보수교육을 이수 대상자 본인이 원할 경우 그 시기를 앞당겨 받을 수 있으며 차기 보수 교육일은 이수일로부터 기산
- 신규교육의 면제
  - 직무교육을 이수한 사람이 다른 사업장으로 전직하여 신규로 선임되어 선임신고를 하는 경우에는 신규교육을 이수한 것으로 본다. [산업안전보건 업무편람 / 고용부]
- 교육시간 및 교육내용 (법 제29조 준용)

제 1항 1호부터 4호까지 위반 500만원 이하의 과태료
제 1항 5호 위반 300만원 이하의 과태료

제33조(안전보건교육기관)

- 법 제29조(근로자에 대한 안전보건교육)
- 법 제31조(건설업 기초안전보건교육)
- 법 제32조(안전보건관리책임자 등에 대한 직무교육)
- 법 제21조(안전관리전문기관 등)

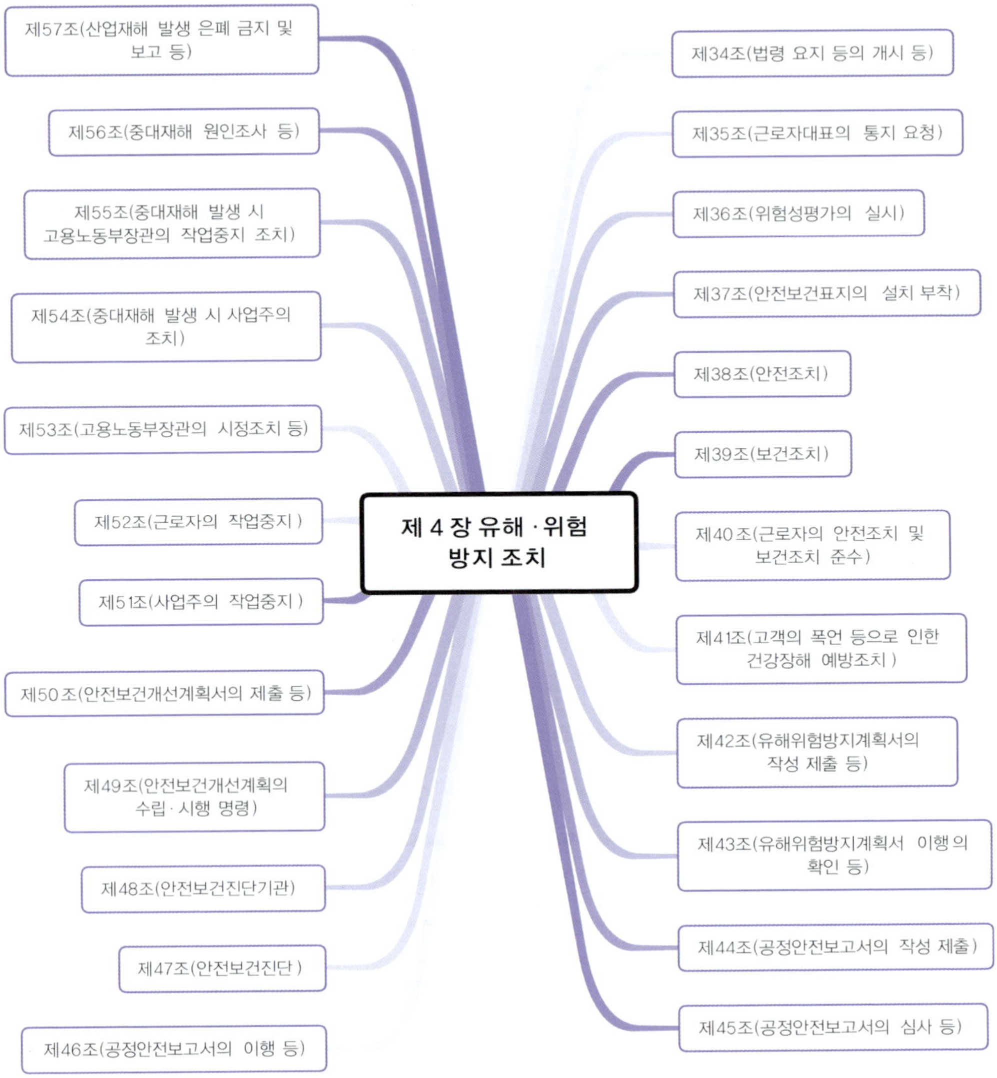

제34조(법령 요지 등의 게시 등)

위반 500만원 이하의 과태료

第35조(근로자대표의 통지 요청)

통지 요청 항목 법에 추가
(2호, 3호)

2. 제47조에 따른 안전보건진단 결과에 관한 사항
3. 제49조에 따른 안전보건개선계획의 수립 -시행에 관한 사항

위반 300만원이하의 과태료

第36조(위험성평가의 실시)

위험성평가의 실시자

관리감독자는 위험성평가를 위한 업무에 기인하는 유해 ·위험요인의 파악 및 그 결과에 따른 개선조치를 시행하고 해당 작업장의 근로자는 위험성평가 참여

위험성평가의 결과와 조치사항의 기록 ·보존

위험성평가의내용
1. 위험성평가 대상의 유해 위험요인
2. 위험성 결정의내용
3. 위험성 결정에 따른 조치의 내용
4. 그 밖에 위험성평가의 실시내용을 확인하기 위하여 필요한 사항으로서 고용노동부장관이 정하여 고시하는 사항
실시자료 3년간 보존

평가의 방법, 절차 및 시기, 그 밖에 필요한 사항(고용노동부장관이 정하여 고시)

위험성평가의 방법, 위험성평가 인정범위, 위험성평가의 실시시기

第37조(안전보건표지의 설치 · 부착)

외국인근로자의 고용 등에 관한 법률 제2조(외국인근로자의 정의)

"외국인근로자"란
대한민국의 국적을 가지지 아니한 사람으로서 국내에 소재하고 있는 사업 또는 사업장에서 임금을 목적으로 근로를 제공하고 있거나 제공하려는 사람을 말한다. 다만, 출입국관리법 제 18조제1항에 따라 취업활동을 할 수 있는 체류자격을 받은 외국인 중 취업분야 또는 체류기간 등을 고려하여 대통령령으로 정하는 사람은 제외한다

안전보건표지의 종류, 형태, 색채, 용도 등(규칙 별표6, 별표7, 별표8 참조)

제1항 위반 500만원 이하의 과태료

제38조(안전조치)

안전조치를 취해야 할 위험요인

설비 물질 에너지등에 의한 위험
불량한 작업방법 등에 의한 위험
특정 장소에서 작업을 할 때 발생할 수 있는 위험

안전조치에 관한 구체적인 사항(고용노동부령)

"산업안전보건기준에 관한 규칙"

제1항부터 제3항까지 위반
-사망
7년 이하의 징역 또는 1억원 이하의 벌금형을 선고 받고 그 형이 확정된 후 5년 이내에 다시 제1항의 죄를 범한 자는 그 형의 2분의 1까지 가중
-사망 외
5년 이하의 징역 또는 5천만원 이하의 벌금(기타)

제39조(보건조치)

보건조치를 취해야 할 건강장해 요인

1. 원재료·가스 증기 분진 ˙흄 미스트·산소결핍·병원체등에 의한 건강장해
2. 방사선·유해광선·고온 저온·초음파·소음 진동 이상기압등에 의한 건강장해
3. 사업장에서 배출되는 기체 −액체 또는 찌꺼기 등에 의한 건강장해
4. 계측감시, 컴퓨터 단말기 조작, 정밀공작 등의 작업에 의한 건강장해
5. 단순반복작업 또는 인체에 과도한 부담을 주는 작업에 의한 건강장해(근골격계질환)
6. 환기 −채광·조명·보온 방습 청결 등의 적정기준을 유지하지 아니하여 발생하는 건강장해

근골격계질환 예방 조치(유해요인 조사)

근골격계부담작업에 대해 3년마다 유해요인조사 실시

신설 사업장의 경우 신설일로부터 1년 이내에 최초의 유해요인 조사 실시

유해요인 조사 사항

1. 설비 작업공정 작업량 작업속도등 작업장상황
2. 작업시간 작업자세 작업방법 등 작업조건
3. 작업과 관련된 근골격계질환 징후와 증상 유무 등

지체 없이 유해요인 조사를 실시하여야 하는 경우

1. 근골격계질환자발생 2. 근골격계부담작업에 해당하는 새로운 작업 설비를 도입한 경우 3.근골격계부담작업에 해당하는 업무의 양과 작업공정 등 작업환경을 변경한 경우

근골격계질환 예방관리 프로그램의 수립 시행 대상

1. 근골격계질환으로 인정받은 근로자가 연간 10명 이상 발생한 사업장 2. 5명 이상 발생한 사업장으로서 발생 비율이 그 사업장 근로자 수의 10% 이상인 경우 3. 근골격계질환 예방과 관련하여 노사 간 이견이 지속되는 사업장으로서 고용노동부장관이 필요하다고 인정하여 근골격계질환예방관리 프로그램을 수립하여 시행할 것을 명령한 경우

근골격계부담작업의 범위(근골격계 부담작업의 범위 및 유해요인조사 방법에 관한 고시)

제1항 위반
사망
7년 이하의 징역 또는 1억원 이하의 벌금형을 선고 받고 그 형이 확정된 후 5년 이내에 다시 제 1항의 죄를 범한 자는 그 형의 2분의 1까지 가중
사망 외
5년 이하의 징역 또는 5천만원 이하의 벌금

보건조치에 관한 구체적인 사항

산업안전보건기준에 관한 규칙

제40조(근로자의 안전조치 및 보건조치 준수)

고용노동부령으로 정한 조치 사항의 준수(고용노동부령)

"산업안전보건기준에 관한 규칙"

위반
300만원 이하의 과태료

제41조(고객의 폭언 등으로 인한 건강장해 예방조치)

고객의 폭언 등으로 인한 건강장해 예방조치
(건강장해를 예방하기 위하여 고용노동부령)

1. 폭언 등을 하지 아니하도록 요청하는 문구 게시 또는 음성 안내
2. 고객과의 문제 상황 발생 시 대처방법 등을 포함하는 고객응대 업무 매뉴얼 마련
3. 고객응대 업무 매뉴얼의 내용 및 건강장해 예방 관련 교육 실시
4. 그 밖에 건강장해 예방을 위하여 필요한 조치

고객의 폭언 등으로 인한 건강장해 발생에 대한 조치
(업무의 일시적 중단 또는 전환 등 대통령령)

1. 업무의 일시적중단 또는 전환
2. 휴게시간의 연장
3. 폭언 등으로 인한 건강장해 관련 치료 및 상담지원
4. 관할 수사기관 또는 법원에 증거물 증거서류를 제출하는 등 고소, 고발 또는 손해배상청구등을 하는데 필요한 지원

정보통신망 이용촉진 및 정보보호 등에 관한 법률 제2조(정의) 제1항제1호

①이 법에서 사용하는 용어의 뜻은 다음과 같다.

1. "정보통신망"이란 전기통신사업법 제2조제2호에 따른 전기통신설비를 이용하거나 전기통신설비와 컴퓨터 및 컴퓨터의 이용기술을 활용하여 정보를 수집 ·가공 ·저장 ·검색 ·송신 또는 수신하는 정보통신 체제를 말한다.

제42조(유해위험방지계획서의 작성 · 제출 등)

대상 업종(대통령령으로 정하는 사업의 종류 및 규모에 해당하는 사업)

다음 각 호의 어느 하나에 해당하는 사업으로서 해당 제품의 생산 공정과 직접적으로 · 관련된 건설물 · 기계 – 기구 및 설비 등 일체를 설치 · 이전하거나 그 주요 구조부분을 변경하려는 경우(전기 계약용량이 300kw 이상인 사업)

대상 기계 ·기구 및 설비(대통령령으로 정하는 기계 ·기구 및 설비)

설치 이전하거나 그 주요 구조부분을 변경하려는 경우
1. 금속이나 그 밖의 광물의 용해로(금속 또는 비금속광물을 해당물질의 녹는점 이상으로 가열하여 용해하는 노로서 용량이 3톤 이상인 것)
2. 화학설비(특수화학설비로 단위공정 중에 저장되는 양을 포함하여 하루 동안 제조 또는 취급할 수 있는 양이 안전보건규칙 [별표 9]에 따른 위험물질의 기준량 이상인 것)

특수화학설비, 건조설비, 국소배기장치, 밀폐설비, 전체환기 설비

제출기한 및 제출기관

해당 작업 시작 15일 전까지 공단에 제출

관련세부내용

제조업 등 유해 위험방지계획서 제출 · 심사 확인에 관한 고시

대상 건설공사(대통령령으로 정하는 크기, 높이 등에 해당하는 건설공사)

1. 다음의 건축물또는시설등의 건설 –개조 또는 해체
① 31미터 이상인 건축물 또는 인공구조물
② 연면적 3만제곱미터 이상인 건축물
③ 연면적 5천제곱미터 이상의 다음 시설
2. 연면적 5천제곱미터 이상의 냉동 · 냉장창고시설의 설비공사 및 단열공사
3. 최대 지간 길이가 50 미터 이상인 교량 건설등 공사
4. 터널건설등의 공사
5. 다목적댐, 발전용댐 및 저수용량 2천만톤 이상의 용수 전용 댐,지방상수도 전용 댐 건설 등의 공사
6. 깊이 10미터 이상인 굴착공사

건설공사 유해위험방지계획서의 자체심사 및 확인업체

산업재해발생률 등을 고려하여 고용노동부령으로 정하는 기준에 해당하는 사업주

제4항 후단 5년 이하의 징역 또는 5천만원 이하의 벌금
제1항 위반 1 천만원 이하의 과태료
제5항위반 1천만원 이하의 과태료
제6항위반 1 천만원 이하의 과태료
제2항위반 300만원 이하의 과태료

건설공사 유해위험방지계획서의 작성시 의견 청취 건설안전분야 자격(고용노동부령으로 정하는 자격을 갖춘 자)

1. 건설안전 분야 산업안전지도사 2.건설안전기술사 또는 토목 · 건축 분야 기술사 3. 건설안전산업기사 이상으로서 건설안전 관련 실무경력이 7년(기사는 5년) 이상인 사람

제43조(유해위험방지계획서 이행의 확인 등)

유해위험방지계획서의 이행 확인 (확인자 한국산업안전보건공단)

확인시점
1. 건설공사 외 –시운전단계
2. 건설공사 –건설공사 중 6개월 이내마다확인 내용
1. 유해 ·위험방지계획서의 내용과 실제공사 내용이 부합하는지 여부
2. 법 제42조제6항에 따른 유해 · 위험방지계획서 변경 내용의 적정성
3. 추가적인 유해 ·위험 요인의 존재 여부

유해위험방지계획서의 이행 확인의 대체

등록된 지도사에게 유해 위험방지계획서에 대한 평기를 받은 후 제출한 사업장으로 현장방문을 지도사의 확인결과로 대체할 수 있다. 다만, 건설업의 경우 최근 2년간 사망재해(시행규칙 [별표 1] 제3호 마목에 따른 재해는 제외한다)가 발생한 경우에는 그러하지아니한다.

시행규칙 [별표1]제3호 마목
마. 사고사망자 중 다음의 어느 하나에 해당하는 경우로서 사업주의 법 위반으로 인한 것이 아니라고 인정되는 재해에 의한 사고 사망자는 사고사망자 수 산정에서 제외한다.
1. 방화, 근로자간 또는 타인간의 폭행에 의한 경우
2.도로교통법에 따라 도로에서 발생한 교통사고에 의한 경우(해당 공사의 공사용 차량 장비에 의한 사고는 제외한다)
3. 태풍 ·홍수 ·지진 눈사태 등 천재지변에 의한 불가항력적인 재해의 경우
4. 작업과 관련이 없는 제3자의 과실에 의한 경우(해당 목적물 완성을 위한 작업자 간의 과실은 제외한다)
5. 삭제
6. 그 밖에 아유회, 체육행사 취침 , 휴식 중의 사고 등 건설작업과 직접 관련이 없는 경우

제3항 위반 1년 이하의 징역 또는 1천만원 이하의 벌금
제1항 위반 300만원 이하의 과태료

건설공사 유해위험방지계획서의 이행 확인(확인자 ;자체심사 및 확인업체)

확인시점
건설공사 준공 시까지 6개월 이내마다
확인내용
1. 유해 ·위험방지계획서의 내용과 실제공사 내용이 부합하는지 여부 2. 법 제42조제6항에 따른 유해 · 위험방지계획서 변경내용의 적정성 3. 추가적인 유해 · 위험요인의 존재 여부

자체심사 및 확인방법
가. 자체심사는 임직원 및 외부 전문가 중 다음에 해당하는 사람 1명 이상이 참여하도록 해야한다.
1) 산업안전지도사(건설안전 분야만 해당한다)
2) 건설안전기술사
3) 건설안전기사(산업안전기사 이상의 자격을 취득한 사람으로서 건설안전 실무경력이 3년 이상인 사람을 포함한다)로서 공단에서 실시하는 유해 ·위험방지계획서 심사전문화 교육과정을 28시간 이상 이수한 사람
나. 자체확인은 가목의 인력기준에 해당하는 사람이 실시하도록 하여야 함
다. 자체 확인을 실시한 사업주는 별지 103호 서식의 유해 · 위험방지 계획서 자체 확인 결과서를 작성하여 해당 사업장에 갖추어 두어야 함

제44조(공정안전보고서의 작성 · 제출)

공정안전보고서의 제출 대상 설비(대통령령으로 정하는 유해하거나 위험한 설비)

디음 각 호의 사업 그 보유설비
1. 원유정제처리업
2. 기타 석유정제물 재처리업
3. 석유화학계 기초화학물질 제조업 또는 합성수지 및 기타 플라스틱물질 제조업. 다만, 합성수지 및 기타 플라스틱물질 제조업은 [별표] 13의 제1호(인화성 가스) 또는 제2호(인화성 액체)에 해당하는 경우로 한정한다.
4. 질소화합물, 질소 · 인산 및 칼리질 화학비료 제조업 중 질소질 화학비료 제조업 5. 복합비료 및 기타 화학비료 제조업 중 복합비료 제조업(단순혼합 또는 배합에 의한 경우는 제외한다)
6. 화학살균 살충제 및 농업용 약제 제조업(농약 원제 제조만 해당한다 7. 화약 및 불꽃제품 제조업

상기 외의 사업을 하는 사업장의 경우에는 시행령 [별표]13에 따른 유해 · 위험물질 중 하나 이상을 같은 표에 따른 규정량 이상 제조, 취급 · 저장하는 설비 및 그 설비의 운영과 관련된 모든 공정설비

공정안전보고서의 제출 제외 대상 설비

1. 원자력 설비
2. 군사시설
3. 사업주가 해당 사업장 내에서 직접 사용하기 위한 난방용 연료의 저장설비 및 사용설비
4. 도매 · 소매시설
5. 차량등의 운송설비
6. 액화석유가스의 안전관리 및 사업법에 따른 액화석유유가스의 충전 · 저장시설
7. 도시가스사업법에 따른 가스공급시설
8. 그 밖에 고용노동부장관이 누출 · 화재 · 폭발 등으로 인한 피해의 정도가 크지 않다고 인정하여 고시하는 설비

중대산업사고(대통령령으로 정하는 사고)

1. 근로자가 사망하거나 부상을 입을 수 있는 공정안전보고서의 제출 대상 사업의 보유설비(공정안전보고서의 제출 대상 제외설비는 제외한다)에서의 누출 화재 폭발 사고
2. 인근 지역의 주민이 인적 피해를 입을 수 있는 공정안전보고서의 제출 대상 사업의 보 유설비에서의 누출 · 화재 · 폭발 사고

공정안전보고서의 내용

1. 공정안전자료 2. 공정위험성평가서
3. 안전운전계획 4. 비상조치계획
5. 그 밖에 공정상의 안전과 관련하여 고용노동부장관이 필요하다고 인정하여 고시하는 사항 공정안전보고서의 제출 · 심사 확인 및 이행상태평가등에 관한 규정

공정안전보고서의 제출 시기

설치 – 이전 주요 구조 부분의 변경공사의 착공일 30 일 전까지

공정안전보고서의 작성

산업안전보건위원회의 심의를 거쳐야 함.
(다만, 산업안전보건위원회가 설치되어 있지 아니한 사업장의 경우에는 근로자대표의 의견을 들어야 함)

공정안전보고서의 작성자

공정안전보고서의 제출 기관
한국산업안전보건공단

제 1항후단 위반 3년 이하의 징역 또는 3천만원 이하의 벌금
제1항 전단 위반 1천만원 이하의 과태료
제2항위반 500만원 이하의 과태료

제45조(공정안전보고서의 심사 등)

제1항 후단 명령 위반
3년 이하의 징역 또는 3천만원 이하의 벌금
제2항위반 1천만원 이하의 과태료

제46조(공정안전보고서의 이행 등)

공정안전보고서의 이행 확인

다음 각 호의 시기 별로 공단의 확인을 받아야 함.
1. 신규로 설치될 유해 하거나 위험한 설비에 대해서는 설치 과정 및 설치 완료 후 시운전 단계에서 각 1회
2. 기존에 설치되어 사용 중인 유해하거나 위험한 설비에 대해서는 심사 완료 후 3개월 이내
3. 유해하거나 위험한 설비와 관련한 공정의 중대한 변경이 있는 경우에는 변경 완료 후 1개월 이내
4. 유해하거나 위험한 설비 또는 이와 관련된 공정에 중대한 사고 또는 결함이 발생한 경우에는 1개월 이내.
다만, 법 제47조에 따른 안전보건진단을 받은 사업장 등 고용노동부장관이 정하여 고시하는 사업장의 경우에는 확인을 생략할 수 있다.

공정안전보고서의 이행 확인 생략
화공안전 분야 산업안전지도사 대학에서 조교수 이상으로 재직하고 있는 사람으로서 화공 관련 교과를 담당하고 있는 사람 그 밖에 자격 및 관련 업무 경력 등을 고려하여 고용노동부장관이 정하여 고시하는 요건을 갖춘 사람에게 규칙 제50조제3호아목에 따른 자체감사를 하게 하고 그 결과를 공단에 제출한 경우에는 공단은 확인을 생략할 수 있다.
시행규칙 제50조제3호아(자체감사 및 사고 조사 계획)

공정안전보고서 이행 상태의 평가

확인 후 1년이 경과한 날부터 2년 이내에 공정안전보고서 이행상태의 평가 실시 (고용노동부)
이행상태평가 후 4년마다 이행상태평가 실시
다음 각 호에 해당하는 경우 1년 또는 2년마다 실시
1. 이행상태평가 후 사업주가 이행상태평가를 요청하는 경우
2. 변경요소 관리계획 미준수로 공정안전보고서 이행상태가 불량한 것으로 인정되는 경우 등 고용노동부장관이 정하여 고시하는 경우

> 제5항위반
> 3년 이하의 징역 또는 3천만원 이하의 벌금
> 제1 항위반
> 1천만원 이하의 과태료
> 제2항위반
> 300만원 이하의 과태료

제47조(안전보건진단)

안전보건진단대상

추락 · 붕괴, 화재 · 폭발, 유해하거나 위험한 물질의 누출 등 산업재해 발생의 위험이 현저히 높은 사업장

안전보건진단 의뢰 의무자

진단명령을 받은 사업주

안전보건진단 의뢰 기간

안전보건진단 명령을 받은 날로 부터 15일이내

안전보건진단기관의 결과의 보고

진단을의뢰받은날로부터 30일 이내에 해당사업장의 사업주 및 관할지방노동관서의 장에게 제출

> 제3항 위반
> 1천500만원 이하의 과태료
> 제1항 위반
> 1천만원 이하의 과태료

안전보건진단의 종류 및 내용(대통령 령)

시행령[별표 14]

제48조(안전보건진단기관)

시행령 제47조

[별표 15], [별표 16], [별표 17] 에 따른 인력 · 시설 및 장비 등의 요건을 갖춘 자로 한정하고 동 시행규칙 제58조에 안전보건진단기관의 평가기준

제49조(안전보건개선계획의 수립 · 시행 명령)

안전보건개선계획의 수립 · 시행 명령 대상 사업장

1. 산업재해율이 같은 업종의 규모별 평균 산업재해율보다 높은 사업장 2. 사업주가 필요한 안전조치 또는 보건조치를 이행하지 아니하여 중대재해가 발생한 사업장
3. 대통령령으로 정하는 수 이상의 직업성 질병자가 발생한 사업장 4. 유해인자의 노출기준을 초과한 사업장 대통령령으로 정하는 수 이상– 연간 직업성 질병자가 2명 이상 발생한 사업장

안전보건진단을 받아 안전보건개선계획 수립 · 시행 대상 시업장(대통령령으로 정하는 사업장)

1. 산업재해율이 같은 업종 평균 산업재해율의 2배 이상인 사업장 2. 사업주가 필요한 안전조치 또는 보건조치를 이행하지 아니하여 중대재해가 발생한 사업장
3. 직업성 질병자가 연간 2명 이상(상시근로자 1천명 이상 사업장의 경우 3명 이상) 발생한 사업장
4. 작업환경 불량, 화재 · 폭발 또는 누출사고 등으로 사회적 물의를 일으킨 사업장

제1항 위반 1천만원 이하의 과태료
제2항 위반 500만원이하의 과태료

안전보건개선계획의 수립 절차

산업안전보건위원회의 심의를 거쳐야 함 (다만, 산업안전보건위원회가 설치되어 있지 아니한 사업장의 경우에는 근로자대표의 의견을 들어야 함)

제50조(안전보건개선계획서의 제출 등)

- 제출기한
  - 안전보건개선계획서 수립 · 시행 명령을 받은 날부터 60일 이내
- 제출기관
  - 관할 지방고용노동관서
- 안전보건개선계획서에 포함 내용
  1. 시설
  2. 안전보건관리체제
  3. 안전보건교육
  4. 산업재해 예방 및 작업환경의 개선을 위하여 필요한 사항
- 안전보건개선계획서의 검토
  - 지방노동관서의 장은 접수일로부터 15일 이내 심사 결과를 사업주에게 통보 지방노동관서장의 안전보건개선계획서 적정여부 검토 이 경우 안전보건개선계획서의 적정 여부 확인을 공단 또는 지도사에게 요청할 수 있다.

제 3항위반 500만원 이하의 과태료

제51조(사업주의 작업중지)

- 제54조(중대재해 발생 시 사업주의 조치)
  - 조항분할

제52조(근로자의 작업중지)

- 근로자의 작업중지권 명확화
  - 근로자는산업재해가 발생 할 급박한 위험이 있는 경우에는 작업을 중지하고 대피할 수 있다.

제53조(고용노동부장관의 시정조치 등)

고용노동부장관의 시정조치 명령(고용노동부령으로 정하는 필요한 조치하지 않은 경우)

1. 안전보건규칙에서 건설물 또는 그 부속건설물 기계 기구 설비 원재료에 대하여 정하는 안전조치 또는 보건조치
2. 안전인증대상기계등의 사용금지
3. 자율안전확인대상기계등의 사용금지
4. 안전검사대상기계등의 사용금지(안전검사를 받지 아니한 기계)
5. 안전검사대상기계등의 사용금지(자율검사프로그램의 인정이 취소된 기계)
6. 제조 등 금지물질의 사용금지
7. 허가 대상물질에 대한 허가

고용노동부장관의 사용의 중지 명령에 따른 사업주의 준수 사항

사용중지명령서 또는 표지의 빌부 및 부착
근로자에게 해당 사항의 공지
사용중지명령의 해제 전 해당 건설물 또는 그 부속건설물 및 기계 · 기구 · 설비 · 원재료의 사용금지
사용중지명령서 등의 제거 및 훼손 금지

고용노동부장관의 작업 중지 명령

작업중지명령서 또는 표지의 발부 및 부착
근로자에게 해당 사항의 공지
작업중지명령의 해제 전 해당건설물등의 시용금지
작업중지명령서 등의 제거 및 훼손 금지

시정조치 명령서의 게시

시정 할 때까지 위반장소 또는 사내 게시판 등에 게시

제3항위반 5년 이하의 징역 또는 5천만원 이하의 벌금
제1항 위반 3년 이하의 징역 또는 3천만원 이하의 벌금
제2항 위반 500만원이하의 과태료

제54조(중대재해 발생 시 사업주의 조치)

중대재해 발생 시 보고
(고용노동부령으로 정하는 바)

지체 없이 다음 각 호의 사항을 사업장 소재지를 관할하는 지방고용노동관서의 장에게 전화 · 팩스 또는 그 밖에 적절한 방법으로 보고
1. 발생 개요 및 피해 상황
2. 조치 및 전망
3. 그 밖의 중요한 사항

제1항 위반
5년 이하의 징역 또는 5천만원 이하의 벌금
제2항 위반
3천만원 이하의 과태료

제55조(중대재해 발생 시 고용노동부장관의 작업중지 조치)

작업중지명령서

작업중지를 명하는 경우
작업중지명령서의 발부

작업중지명령 대상

부분작업중지
중대재해가 발생한 사업장에 산업재해가 다시 발생할 급박한 위험이 있는 경우에 해당 작업 또는 중대재해가 발생한 작업과 동일한 작업에 대하여 작업 중지 조치
동일한 작업
사업장 안에 중대재해 발생작업과 동일한 작업이 있고 그 동일한 작업에서 안전시설 미비 등으로 산업재해가 발생 할 급박한 위험이 있는 경우
전체작업중지
토사 ·구축물 붕괴, 화재 ·폭발 등 재해가 발생한 장소 주변으로 산업 재해가 확산 하는 등 추가 대형 사고의 발생 우려가 높은 경우

작업중지의 해제신청

'작업중지명령해제신청서'를 사업장 관할지방고용노동관서에 제출 제출 전 유해 위험요인 개선내용에 대하여 중대재해 발생 해당 작업 근로자의 의견을 들어야 한다.

작업중지해제 심의위원회

사업장과 이해관계가 없는 관련 분야의 외부 전문가를 포함하여 4명 이상으로 구성
1. 지방고용노동관서의 장
2. 공단소속 전문가
3. 해당 사업장과 이해관계가 없는 외부 전문가
안전 ·보건조치의 개선이 인정되는 경우 작업중지명령의 해제

작업중지의 해제

근로감독간의 안전 보건을 위하여 필요한 조치의 확인 해제요청일 다음 날부터 4일이내 '작업중지해제 심의위원회'를 열어 해제 여부를 심의 결정

제 1항 위반
5년 이하의 징역 또는 5천만원 이하의 벌금

기타조치사항

안전관리자 선임대상 사업장에서 안전 보건조치를 소홀히 해 중대재해가 발생하여 잠재적인 위험이 있는 경우는 안전 보건진단을 명령하고 재해예방대책을 수립하여 시행토록 조치
참조 "중대재해 발생에 따른 작업중지의 범위 해제절차 및 심의위원회 운영기준"

제56조(중대재해 원인조사 등)

중대재해 원인조사

현장방문조사
재해조사에 필요한 안전보건 관련 서류 및 목격자 진술 등의 확보
중대재해 발생의 원인이 사업주의 법 위반에 기인한 것인지 여부 등을 조사

근로감독관 집무규정(산업안전보건)

- 제26조(조사대상재해 등)
- 제27조(재해조사 및 처리)
- 제28조(재해조사방법 등)
- 제29조(중대재해특별조사 등)

제3항 위반
1년 이하의 징역 또는 1천만원 이하의 벌금

제57조(산업재해 발생 은폐 금지 및 보고 등)

산업재해 발생에 대한 기록 •보존 방법(고용노동부령으로)

1. 산업재해조사표 사본의 보존
2. 요양신청서의 사본에 재해 재발방지 계획 첨부 보존
3. 다음 사항의 기록 보존
가. 사업장의 개요 및 근로자의 인적사항
나. 재해 발생의 일시 및 장소
다. 재해 발생의 원인 및 과정
라. 재해재발방지계획

산업재해 발생 원인 등의 보존

3년동안보존

산업재해 발생 보고(고용노동부령으로 정하는 산업재해)

산업재해조사표를 작성하여 관할 지방고용노동관서의 장에게 제출
1. 사망자(지체없이)
2. 3 일 이상의 휴업이 필요한 부상자 또는 질병자(1개월 이내)

제 1항 위반
1년 이하의 징역 또는 1천만원 이하의 벌금
제 3 항 위반
1천500만원 이하의 과태료

제 5 장 도급 시 산업재해 예방

제1절 도급의 제한

- 제58조(유해한 작업의 도급금지)
- 제59조(도급의 승인)
- 제60조(도급의 승인 시 하도급 금지)
- 제61조(적격 수급인 선정 의무)

제2절 도급인의 안전조치 및 보건조치

- 제62조(안전보건총괄책임자)
- 제63조(도급인의 안전조치 및 보건조치)
- 제64조(도급에 따른 산업재해 예방조치)
- 제65조(도급인의 안전 및 보건에 관한 정보제공 등)
- 제66조(도급인의 관계수급인에 대한 시정조치)

제3절 건설업 등의 산업재해 예방

- 제67조(건설공사발주자의 산업재해 예방 조치)
- 제68조(안전보건조정자)
- 제69조(공사기간 단축 및 공법변경 금지)
- 제70조(건설공사 기간의 연장)
- 제71조(설계변경의 요청)
- 제72조(건설공사 등의 산업안전보건관리비 계상 등)
- 제73조(건설공사의 산업재해 예방 지도)
- 제74조(건설재해예방전문지도기관)
- 제75조(안전및보건에 관한 협의체등의 구성운영에 관한특례)
- 제76조(기계 기구 등에 대한 건설공사도급인의 안전조치)

제4절 그 밖의 고용형태에서의 산업재해 예방

- 제77조(특수형태근로종사자에 대한 안전조치및보건조치 등)
- 제78조(배달종사자에 대한 안전조치)
- 제79조(가맹본부의 산업재해 예방조치)

제58조(유해한 작업의 도급금지)

도급금지 대상 작업

1. 도금작업
2. 수은, 납 또는 카드뮴을 제련, 주입, 가공 및 가열하는 작업
3. 허가대상물질을 제조하거나 사용하는 작업

도급금지 작업의 제외

1. 일시 · 간헐적으로 하는 작업을 도급하는 경우
2. 수급인이 보유한 기술이 전문적이고 사업주(수급인에게 도급을 한 도급인으로서의 사업주를 말한다)의 사업 운영에 필수 불가결한 경우로서 고용노동부장관의 승인을 받은 경우

일시적 작업
– 그 수요가 갑자기 발생하여 상시인력 고용이 불가능한 경우로 30 일 이내 종료되는 1회성 작업

간헐적 작업
– 작업의 수요는 예측이 되나, 오랜 기간의 간격을 두고 발생하여 상시인력 고용이 어려운 경우로 연간 총 작업일수가 60일을 초과하지 않는 작업

(도급금지 도급승인 제도 운영지침 / 산재예방보상정책국 화학사고예방과 (2019년 12월)

도급금지 작업의 도급 승인

승인 및 연장승인을 위한 안전 및 보건에 관한 평가의 실시

시행일(유해한 작업의 도급금지에 관한 경과조치)
이 법 시행 당시 종전의 규정에 따라 도급인가를 받은 사업주는 그 인가의 남은 기간이 3년을 넘지 아니하는 경우에는 그 남은 기간 동안, 3년을 초과하거나 그 인가 기간이 정해지지 아니한 경우에는 이 법 시행 이후 3년까지 제58조제1항의 개정 규정에도 불구하고 종전의 규정에 따른다.

안전및보건에관한평가 기관

고용노동부장관이 고시하는 기관

안전및보건에 관한평가 내용

시행규칙 [별표 12]
안전 및 보건에 관한 평가의 내용
(제74조제2항 및 제78조제4항 관련)

제1항, 제2항 2호위반 10억원 이하의 과징금
제3항, 제5항위반 3년 이하의 징역 또는 3천만원 이하의 벌금

제59조(도급의 승인)

도급승인 대상 작업(대통령령으로 정하는 작업)

1. 중량비율 1% 이상의 황산, 불화수소, 질산, 염화수소를 취급하는 설비를 개조 · 분해 · 해체 · 철거하는 작업 또는 해당 설비의 내부에서 이루어지는 작업. 다만, 도급인이 해당 화학물질을 모두 제거한 후 증빙자료를 첨부하여 고용노동부장관에게 신고한 경우는 제외한다.
2. 그 밖에 산업재해보상보험법 제8조제1호에 따른 '산업재해보상보험 및 예방심의위원회'의 심의를 거쳐 고용노동부장관이 정하는 작업

산업재해보상보험법 제8조제1항(산업재해보상보험및예방심의위원회)
①산업재해보상보험 및 예방에 관한 중요 사항을 심의하게 하기 위하여 고용노동부에 산업재해보상보험 및 예방심의위원회(이하 "위원회"라 한다)를 둔다.

도급승인, 연장승인 및 변경승인 신청

도급승인 신청서, 연장신청서, 변경신청서에 다음 각 호의 서류를 첨부하여 관할 지방 고용노동관서의 장에게 제출

1. 도급대상 작업의 공정 관련 서류 일체
   1) 기계 · 설비의 종류 및 운전조건
   2) 유해 · 위험물질의 종류 사용량
   3) 유해 · 위험요인의 발생 실태 및 종사 근로자 수
2. 도급작업 안전보건관리계획서
   1) 안전작업절차
   2) 도급 시 안전 보건관리 및 도급작업에 대한 안전 · 보건시설
3. 안전 및 보건에 관한 평가 결과(변경승인은 제외)

도급금지 작업의 도급 승인

승인 및 연장승인을 위한 안전 및 보건에 관한 평가의 실시

안전 및 보건에 관한 평가 기관

고용노동부장관이 고시하는 기관

도급승인, 연장승인 및 변경승인의 작업별 승인 기준

1. 공통 : 작업공정의 안전성, 안전보건관리계획 및 안전 및 보건에 관한 평가 결과의 적정성
2. 상기 도급승인 대상작업 1호에 따른 작업
3. 상기 도급승인 대상작업 2호에 따른 작업

고용노동부장관이 정한 기준

유해 · 위험 작업 중 도급 시 재해 발생 가능성이 높은 작업을 도급 승인 대상으로 하고, 긴급하고 중대한 사유로 도급 제한이 필요 할 경우 법령의 개정 없이 도급 승인 대상을 정할 수 있는 제도 마련

제1항 위반 : 10억원 이하의 과징금
제2항 위반 : 3년 이하의 징역 또는 3천만원 이하의 벌금

제60조(도급의 승인 시 하도급 금지)

위반 10억원 이하의 과징금

제61조(적격 수급인 선정 의무)

적격 수급인과의 도급계약 체결 의무 부여

사업주로 하여금 안전 보건에 관한 조치이행
능력이 충분한 자와 도급계약을 체결하도록 함

제62조(안전보건총괄책임자)

안전보건총괄책임자 지정 대상 사업장(관계수급인 근로자가 도급인의 사업장에서 작업을 하는 경우)

안전보건총괄책임자

도급인 사업장의 안전보건관리책임자를
안전보건총괄책임자로 지정 산업재해를
예방하기 위한 업무를 총괄하여 관리

안전보건총괄책임자를 지정한 경우에는
건설기술 진흥법 제64조제1항제1호에 따른
안전총괄책임자를 둔 것으로 봄

건설기술 진흥법 제64조(건설공사의
안전관리조직) ①안전관리계획을 수립하는
건설사업자 및주택건설등록업자는 다음 각 호의
사람으로 구성된 안전관리조직을 두어야 한다.
해당 건설1공사의 시공 및 안전에 관한 업무를
총괄하여 관리하는 안전총괄책임자
. 토목, 건축2 전기, 기계, 설비 등 건설공사의 각
분야별 시공 및 안전관리를 지휘하는 분야별 안
전관리책임자
. 건설공사3현장서 직접 시공 및 안전관리를
담당하는 안전관리담당자
4. 수급인과 하수급인으로 구성된 협의체의
구성원

안전보건총괄책임자 지정 대상사업
(대통령령)

1. 총 상시근로자(수급인의 근로자 포함)가 100
명(선박 및 보트 건조업, 1차 금속 제조업 및
토사석 광업의 경우에는 50명) 이상인 사업
2. 해당 공사의 총 공사금액(수급인의
공사금액을 포함)이 20억원 이상인 건설업

제1항 위반
500만원 이하의 과태료

안전보건총괄책임자의 직무
(대통령령)

1. 위험평가의 실시에 관한사항
2. 작업의 중지
3. 도급사업 시의 안전 ·보건 조치
4. 수급인의 산업안전보건관리비의 집행 감독 및 그
사용에 관한 관계 수급인 간의 협의 ·조정
5. 안전인증대상기계등과 자율안전확인대상기계등의
사용 여부 확인

사업주의 준수사항

직무 수행에 필요한 권한 부여
선임 사실 및 업무 수행 내용을 증명할 수 있는
서류 비치

제63조(도급인의 안전조치 및 보건조치)

도급인의 안전조치 및 보건조치 대상 사업

사무직에 종사하는 근로자만 사용하는 사업을 제외한 사업

관계수급인 근로자의 작업행동에 관한 직접적인 조치는 제외

관계수급인 근로자의 작업행동에 관해 직접 지시 시 불법파견 소지

도급인의 산업재해 예방을 위한 안전조치 및 보건조치 대상 작업

① 관계수급인근로자가 도급인의 사업장에서 작업을 하는 경우

② 도급인이 제공하거나 지정한 경우로서 도급인이 지배 · 관리하는 다음 각 호의 장소에서 작업을 하는 경우

1. 토사 · 구축물 인공구조물 등이 붕괴될 우려가 있는 장소
2. 기계 · 기구 등이 넘어지거나 무너질 우려가 있는 장소
3. 안전난간의 설치가 필요한 장소
4. 비계 또는 거푸집을 설치 하거나 해제하는 장소
5. 건설용 리프트를 운행하는 장소
6. 지반을 굴착하거나 발파 작업을 하는 장소
7. 엘리베이터홀 등 근로자가 추락할 위험이 있는 장소
8. 석면이 붙어 있는 물질을 파쇄 또는 해체하는 작업을 하는 장소
9. 공중 전선에 가까운 장소로서 시설물의 설치 · 해체 , 점검 및 수리 등의 작업을 할 때 감전의 위험이 있는 장소
10. 물체가 떨어지거나 날아올 위험이 있는 장소
11. 프레스 또는 전단기를 사용하여 작업을 하는 장소
12. 차량계 하역운반기계 또는 차량계 건설기계를사용하여 작업하는 장소
13. 전기 기계 · 기구를 사용하여 감전의 위험이 있는 작업을 하는 장소
14. 철도산업발전기본법 제3조제4호에 따른 철도차량 도시철도법에 따른 도시철도 차량을 포함한다)에 의한 충돌 또는 협착의 위험이 있는 작업을 하는 장소
15. 그 밖에 고용노동부령으로 정하는 장소

1) 화재 · 폭발 우려가 있는 다음 각 목의 어느 하나에 해당하는 작업을 하는 장소
가. 선박 내부에서의 용접 · 용단작업
나. 인화성 물질을 취급 저장하는 설비 및 용기에서의 용접 · 용단작업(안전보건규칙 제225조 제14호)
다. 특수화학설비에서의 용접 · 용단 작업(안전보건규칙 제273조)
라. 가연물이 있는 곳에서의 용접 · 용단 및 금속의 가열 등 화기를 사용하는 작업이나 연삭숫돌에 의한 건식연마작업 등 불꽃이 될 우려가 있는 작업
2) 양중기에 의한 충돌 또는 협착의 위험이 있는 작업을 하는 장소 (안전보건규칙 제132조)
3) 유기화학물취급 특별 장소(안전보건규칙 제420조제7호)
4) 방사선 업무를 하는 장소(안전보건규칙 제574조 각 호)
5) 밀폐공간(안전보건규칙 제618조제1 호)
6) 위험물질을 제조하거나 취급하는 장소(안전보건규칙 별표 1)
7) 화학설비 및 그 부속 설비에 대한 정비 · 보수작업이

위반
사망 7년 이하의 징역 또는 1억원 이하의 벌금형을 선고받고 그 형이 확정된 후 5년 이내에 다시 제1항의 죄를 범한 자는 그 형의 2분의 1까지 가중 사망 외 3년 이하의 징역 또는 3천만원 이하의 벌금

제64조(도급에 따른 산업재해 예방조치)

도급에 따른 산업재해 예방조치

제1항 제2항 위반
500 만원 이하의 벌금

안전 및 보건에 관한 협의체의 구성 및 운영

① 구성 :도급인 및 그의 수급인 전원
② 협의체의 협의사항
1. 작업의 시작 시간
2. 작업 또는 작업장 간의 연락 방법
3. 재해발생 위험이 있는 경우 대피 방법
4. 작업장에서의 법 제36조에 따른 위험성평가의 실시에 관한 사항
5. 사업주와 수급인 또는 수급인 상호 간의 연락 방법 및 작업공정의 조정
③ 정기회의 :매월 1회 이상(회의 결과의 기록 · 보존)

작업장의순회점검
① 점검자 :도급인
② 순회점검의 실시 횟수
1. 다음 각 목의 사업 : 2일에 1회 이상
가.건설업
나.제조업
다.토사석광업
라 서적, 잡지 및 기타 인쇄물 출판업
마. 음악 및 기타 오디오물 출판업
바. 금속 및 비금속 원료 재생업
2. 제1호각목의 사업을 제외한 사업 : 1주일에 1회 이상
③ 관계수급인의 준수사항
1. 도급인이 실시하는 순회점검의 거부 방해 또는 기피 금지
2. 점검 결과 도급인의 시정요구에 대한 이행
④ 도급인은 관계수급인이 실시하는 근로자의 안전 ·보건교육 필요한 사항(장소 및 자료의 제공)의 요청 시 협조

위생시설 등의 설치 협조(고용노동부령으로 정하는 시설)
1. 휴게시설
2. 세면 목욕시설
3. 세탁시설
4. 탈의시설
5. 수면시설
1호에서 5호까지의 시설을 설치하는 때에는 해당 시설에 대해 "산업안전보건기준에 관한 규칙"에서 정하고 있는 기준을 준수하여야 함

합동 안전 ·보건점검(안전 및 보건에 관한 점검)
점검반의 구성
1. 도급인(같은 사업 내에 지역을 달리하는 사업장이 있는 경우에는 그 사업장의 안전보건관리책임자)
2. 관계수급인(같은 사업 내에 지역을 달리하는 사업장이 있는 경우에는 그 사업장의 안전보건관리책임자
3. 도급인 및 관계수급인의 근로자 각 1명(관계수급인의 근로자의 경우에는 해당 공정에만 해당한다)
합동 안전 ·보건점검의 실시 횟수
1. 다음 각 목의 사업 :2개월에 1회 이상
가. 건설업
나. 선박 및 보트 건조업
2. 제1호의 사업을 제외한 사업 :분기에 1회 이상

제65조(도급인의 안전 및 보건에 관한 정보 제공 등)

안전 ·보건 정보 제공 및 내용 (고용노동부령으로 정하는 바)

다음 각 호의 사항을 적은 문서(전자문서 포함)를 해당 도급작업이 시작되기 전까지 수급인에게 제공
1. 안전보건규칙 [별표 7]에 따른 화학설비 및 그 부속설비에서 제조·사용·운반 또는 저장하는 위험물질 및 관리대상 유해물질의 명칭과 그 유해성·위험성
2. 안전·보건상 유해하거나 위험한 작업에 대한 안전·보건상의 주의사항
3. 안전·보건상 유해하거나 위험한 물질의 유출 등 사고가 발생한 경우에 필요한 조치의 내용

화학설비 및 그 부속설비의 종류 (제227조부터 제229조까지, 제243조 및 제2편제2장제4절 관련)

안전 ·보건정보의 제공 대상 작업

1. 폭발성·발화성·인화성·독성 등의 유해성·위험성이 있는 화학물질 중 고용노동부령으로 정하는 화학물질 또는 그 화학물질을 함유한 혼합물을 제조·사용·운반 또는저장하는 반응기·증류탑·배관 또는 저장탱크로서 고용노동부령으로 정하는 설비를 개조, 분해·해체 또는 철거하는 작업
2. 제1호에 따른 설비의 내부에서 이루어지는 작업
3. 질식 또는 붕괴의 위험이 있는 작업으로서 대통령령으로 정하는 작업

고용노동부령으로 정하는 화학물질 또는 그 화학물질을 함유한 혼합물: 안전보건 규칙 [별표 1] 및 [별표 12]에 따른 위험물질 및 관리대상 유해물질

- 안전보건 규칙 [별표 1]위험물질의 종류(제16조·제17조 및 제225조 관련)
- 안전보건 규칙 [별표 12] 관리대상 유해물질의 종류(제420조, 제439조 및 제440조 관련)

고용노동부령으로 정하는 설비: 안전보건규칙 [별표 7]에 따른 화학설비 및 그 부속설비

- 안전보건규칙 [별표 7] 화학설비 및 그 부속설비의 종류 (제227조부터 제229조까지, 제243조 및 제2편제2장제4절 관련)

대통령령으로 정하는 작업
1. 산소결핍, 유해가스 등으로 인한 질식의 위험이 있는 장소로서 고용노동부령으로 정하는 장소에서 이루어지는 작업
2. 토사, 구축물·인공구조물 등의 붕괴 우려가 있는 장소에서 이루어지는 작업

질식의 위험이 있는 장소: 안전보건규칙 [별표 18]에 따른 밀폐 공간

- 안전보건규칙 [별표 18] 밀폐공간(규칙 제618조제1호 관련)

수급인이 도급받은 작업을 하도급하는 경우

제공받은 문서의 사본을 해당 하도급작업이 시작되기 전까지 하수급인에게 제공

> 제 1항 위반
> 1년 이하의 징역 또는 1천만원 이하의 벌금

도급인의 확인

수급인이 사용하는 근로자가 제공된 정보에 따라 필요한 조치를 받고 있는지 확인 및 확인을 위하여 필요한 때에는 해당 조치와 관련된 기록 등 자료의 제출 요청

제66조(도급인의 관계수급인에 대한 시정조치)

시정조치

시정조치 의무를 시정조치 권한으로 변경
시정하도록 필요한 조치를 하여야 한다. (의무)
시정하도록 필요한 조치를 할 수 있다. (권한)

시정조치 대상

관계수급인
관계수급인 근로자에게 위반행위에 대해 시정
조치할 경우 불법파견 소지 발생

위반
오백만원 이하의 과태료

제67조(건설공사발주자의 산업재해 예방 조치)

발주자의 산업재해 예방조치 대상 건설공사 (대통령령으로 정하는 건설공사)

총 공사금액이 50억원 이상인 공사

건설공사 계획단계의 기본안전보건대장에 포함 사항

1. 공사규모, 공사예산 및 공사기간 등 사업개요
2. 공사현장 제반정보
3. 공사시 유해 ·위험요인과 감소대책 수립을 위한 설계조건

건설공사 설계단계의 설계안전보건대장에 포함 사항

1. 안전한 작업을 위한 적정 공사기간 및 공사금액 산출서
2. 설계조건을 반영하여 공사 중 발생할 수 있는 주요 유해 ·위험요인 및 감소대책에 대한 위험성평가 내용(건설기술진흥법 시행령 제75조의2에 따른 설계안전검토보고서 작성 시 제외)
3. 유해 ·위험방지계획서 작성계획
4. 안전보건조정자 배치계획
5. 산업안전보건관리비 산출내역서
6. 건설공사의 산업재해예방지도 실시계획

건설공사 시공단계의 공사안전보건대장에 포함 사항

1. 설계안전보건대장의 위험성평가 내용이 반영된 공사 중 안전보건 조치 이행 계획
2. 유해 위험방지계획서의 심사 및 확인 결과에 대한 조치내용
3. 산업안전보건관리비 사용계획 및 사용내역
4. 건설공사의 산업재해예방 지도 계획여부, 지도 결과 및 조치내용

제1항 위반
1천만원 이하의 과태료

제68조(안전보건조정자)

안전보건조정자의 선임 의무자

2개 이상의 건설공사를 도급한 건설공사발주자

안전보건조정자 선임 대상 건설공사

각 건설공사 금액의 합이 50억원 이상

안전보건조정자의 자격

제1호, 제4호, 제5호, 제6호, 제7호 에 해당하는 사람 중에서 선임
제2호, 제3호에 해당하는 사람 중에서 지정
1. 법 제143조제1항에 따른 산업안전지도사
2. 건설기술 진흥법 제2조제6호에 따른 발주청이 발주하는 건설공사인 경우 발주청이 같은 법 제49조제1항에 따라 선임한 공사감독자
3. 다음 각 목의 어느 하나에 해당하는 사람으로서 해당 건설공사 중 주된 공사의 책임감리자
가. 건축법 제25조에 따라 지정된 공사감리자
나. 건설기술 진흥법 제2조제5호에 따른 감리업무의 수행자
다. 주택법 제43조에 따라 지정된 감리자
라. 전력기술관리법 제 12조에 따라 배치된 감리원
마. 정보통신공사업법 제8조2항에 따라 해당 건설공사에 대하여 감리업무를 수행하는 자
4. 건설산업기본법 제8조에 따른 종합공사에 해당하는 건설현장에서 관리책임자로서 3년이상재직한사람
5. 국가기술자격법에 따른 건설안전기술사
6. 국가기술자격법에 따른 건설안전기사를 취득한 후 건설안전 분야에서 5년 이상의 실무경력이있는 사람
7. 국가기술자격법에 따른 건설안전산업기사를 취득한 후 건설안전분야에서 7년 이상의 실무경력이 있는 사람

안전보건조정자의 업무

1. 같은 장소에서 행하여지는 각각의 공사 간에 혼재된 작업의 파악
2. 제1호에 따른 혼재된 작업으로 인한 산업재해 발생의 위험성 파악
3. 제1호에 따른 혼재된 작업으로 인한 산업재해를 예방하기 위한 작업의 시기 ·내용 및 안전보건조치 등의 조정
4. 각각의 공사 도급인의 안전보건관리책임자 간 작업 내용에 관한 정보 공유 여부의 확인 도급인 및 수급인에게 업무 수행을 위한 자료의 제출 요구

제1항 위반
500만원 이하의 과태료

안전보건조정자의 지정 또는 선임 시기

착공 전일(도급인에게 공지)

제69조(공사기간 단축 및 공법변경 금지)

제1항 제2항 위반 1천만원 이하의 과태료

제70조(건설공사 기간의 연장)

건설공사 기간의 연장 사유

1. 태풍 · 홍수 등 악천후 · 전쟁 · 사변 · 지진 · 화재 · 전염병 · 폭동 그 밖에 계약 당사자가 통제할 수 없는 사태의 발생 등 불가항력의 사유가 있는 경우
2. 건설공사 발주자에게 책임이 있는 사유로 착공이 지연되거나 시공이 중단된 경우

건설공사 기간의 연장 요청 (요청자 –도급인 또는 관계수급인)

1. 연장요청 사유가 종료된 날부터 10일이 되는 날까지
2. 건설공사도급인은 요청 일로 부터 30일 이내에 공사기간 연장 조치를 하거나 10일 이내에 건설공사발주자에게 그 기간의 연장을 요청
3. 건설공사발주자는 요청을 받은 날부터 30일 이내에 공사 기간 연장 조치
4. 건설공사도급인은 건설공사발주자로 부터 공사기간 연장 조치 에 대한 결과를 통보받은 날부터 5 일 이내에 관계

제1항, 제2항 후단 위반 1천만원 이하의 과태료

제71조(설계변경의 요청)

설계변경 요청 대상 (대통령령으로 정하는 가설구조물)

1. 높이 31 미터 이상인 비계
2. 작업 발판 일체형 거푸집 또는 높이 6미터 이상인 거푸집 동바리
3. 터널의 지보공 또는 높이 2미터 이상인 흙막이 지보공
4. 동력을 이용하여 움직이는 가설구조물

설계 변경을 위한 의견 청취 대상 전문가의 범위 (대통령령으로 정하는 전문가)

공단 또는 다음 각 호의 어느 하나에 해당하는 사람

1. 건축구조기술사(토목공사 및 제1항제3호의 구조물은 제외한다)
2. 토목구조기술사(토목공사로 한정한다)
3. 토질 및 기초기술사(제1항제3호의 구조물로 한정한다)
4. 건설기계기술사(제1항제4호의 구조물로 한정한다)

설계변경을 요청받은 도급인

설계변경 요청서를 받은 날부터 30일 이내에 설계를 변경 후 관계수급인에게 통보하거나 설계변경 요청서를 받은 날부터 10일 이내에 건설공사발주자에게 제출

설계변경을 요청받은 건설공사발주자

설계변경 요청서를 받은 날부터 30일 이내에 설계를 변경한 후 도급인에게 통보 또는 불승인 통보

건설공사발주자로 부터 승인 또는 불승인 통보를 받은 도급인

통보 받은 날로 부터 5일 이내에 관계수급인에게 그 결과 통보

제3항 후단 위반 1천만원 이하의 과태료
제4항 위반 1천만원 이하의 과태료

제72조(건설공사 등의 산업안전보건관리비 계상 등)

산업안전보건관리비 계상의무자

건설공사발주자, 건설공사도급인(건설공사 발주자로부터 건설공사를 최초로 도급받은 수급인은 제외), 선박의 건조 또는 수리를 최초로 도급받은 수급인

산업안전보건관리비의 계상 (고용노동부장관이 정하여 고시하는 바)

"건설업 산업안전보건관리비 계상 및 사용기준"

건설업 산업안전보건관리비 계상 및 사용기준(고용노동부고시)

계상대상
총 공사금액 2천만원 이상인 공사
계상기준
대상액이 5억원 미만 또는 50억원 이상일 때에는 대상액에 [별표 1]에서 정한 비율을 곱한 금액 대상액이 5억원 이상 50억원 미만일 때에는 대상액에 [별표 1]에서 정한 비율(X)을 곱한 금액에 기초액(C)을 합한 금액
대상액 : 재료비 + 직접노무비
-다만, 발주자가 재료를 제공하거나 물품이 완제품의 형태로 제작 또는 납품되어 설치되는 경우에 해당 재료비 또는 완제품의 가액을 대상액에 포함시킬 경우의 안전관리비는 해당 재료비 또는 완제품의 가액을 포함시키지 않은 대상액을 기준으로 계상한 안전관리비의 1.2배를 초과할 수 없다.

(별표 1) 공사 종류 및 규모별 안전관리비 계상기준표

사용기준

안전관리비를 다음 각 호의 항목별 사용기준에 따라 건설사업장에서 근무하는 근로자의 산업재해 및 건강장해 예방을 위한 목적으로만 사용하여야 함.

[별표 1의2] 관리감독자 안전보건업무 수행 시 수당지급 작업
[별표 2] 사용불가 내역

산업안전보건관리비의 사용

1. 건설공사도급인은 그의 관계수급인에게 해당 사업의 위험도를 고려하여 적정하게 산업안전보건관리비를 지급하여 사용하게 할 수 있다.
2. 건설공사도급인은 산업안전보건관리비를 그가 사용하는 근로자와 그의 관계 수급인이 사용하는 근로자의 산업재해 및 건강장해 예방에 사용하고 그 사용명세서를 매월(공사가 1개월 이내에 종료되는 사업의 경우에는 해당 공사 종료 시) 작성하고 건설공사 종료 후 1년간 보존

제1항위반 1천만원 이하의 과태료
제3항위반 1천만원 이하의 과태료
제5항(도급인에 한함) 위반 1천만원 이하의 과태료

제73조(건설공사의 산업재해 예방 지도)

건설재해예방 지도 대상 (대통령령으로 정하는 건설공사 도급인)

1. 공사금액 1억원 이상 120억원(토목공사업에 속하는 공사는 150억원) 미만인 공사
2. 건축법 제11조에 따른 건축허가의 대상이 되는 공사

건설재해예방 지도 제외 대상

1. 공사기간이 1개월 미만인 공사 2. 육지와 연결되지 아니한 섬지역(제주특별자치도는 제외)에서 이루어지는 공사 3. 사업주가 안전관리자의 자격을 가진 사람을 선임(같은 광역 자치단체의 지역 내에서 같은 사업주가 경영하는 셋 이하의 공사에 대하여 공동으로 안전관리자 자격을 가진 사람 1 명을 선임한 경우를 포함)하여 제16조(안전관리자의 업무) 제1 항 각 호에 따른 안전관리자의 업무만을 전담하도록 하는 공사 4. 유해 · 위험방지계획서를 제출하여야 하는 공사

건설재해예방전문지도기관의 지도 기준 (대통령령)

시행령 [별표 18]

제 1항 위반 300만원 이하의 과태료

제74조(건설재해예방전문지도기관)

시행령 제61조 (건설재해예방전문지도기관의 지정 요건)

"대통령령으로 정하는 인력 시설 및 장비 등의 요건"이란 법 제145조에 따라 등록한 산업안전지도사(전기안전 또는 건설안전 분야의 산업안전지도사만 해당한다)

별표 19

제75조(안전 및 보건에 관한 협의체 등의 구성 · 운영에 관한 특례)

노사협의체의 설치 대상 (대통령령으로 정하는 규모의 건설공사)

공사금액이 120억원(토목공사업은 1 50억원) 이상

노사협의체의 구성(대통령령으로 정하는 바)

① 근로자 위원
1. 도급 또는 하도급 사업을 포함한 전체 사업의 근로자대표
2. 근로자대표가 지명한 명예감독관 1 명(다만, 명예감독관이 위촉되어 있지 아니한 경우에는 근로자대표가 지명하는 해당 사업장 근로자 1명)
3. 공사금액이 20억원 이상인 도급 또는 하도급 사업의 근로자대표(근로자위원과 사용자위원은 합의 시 공사금액이 20억원 미만 가능)
4. 해당 사업의 건설기계 운전자 포함 가능(근로자 위원과 사용자 위원은 합의 시)

② 사용자 위원
1. 도급 또는 하도급 사업을 포함한 전체 사업의 대표자
2. 안전관리자 1명
3. 보건관리자 1명(보건관리자 선임대상 건설업으로 한정한다)
4. 공사금액이 20억원 이상인 공사의 관계 수급인(근로자 위원과 사용자 위원은 합의 시 공사 금액이 20억원 미만 가능)

노사협의체의 운영

회의
1. 정기회의 ; 2개월마다 노사협의체의 위원장이 소집
2. 임시회의 · 위원장이 필요하다고 인정할 때에 소집

노사협의체의 회의
회의결과 등의 주지, 위원장의 선출
노사협의체에서 의결되지 않 은 사항에 대한 처리방법 :'산업안전보건위원회' 준용

제6항 위반 500만원 이하의 과태료

노사협의체의 심의 ·의결 사항

1. 사업장의 산업재해 예방계획의 수립에 관한사항
2. 안전보건관리규정의 작성 및 변경에 관한 사항
3. 안전보건교육 관한 사항
4. 작업환경측정 등 작업환경의 점검 및 개선에 관한 사항
5. 근로자의 건강진단등 건강관리에 관한사항
6. 중대재해의 원인 조사 및 재발 방지대책 수립에 관한 사항
7. 산업재해에 관한 통계의 기록 및 유지에 관한 사항
8. 유해하거나 위험한 기계 · 기구 설비를 도입한 경우 안전 및 보건 관련 조치에 관한 사항
9. 그 밖에 해당 사업장 근로자의 안전 및 보건을 유지 · 증진시키기 위하여 필요한 사항

노사협의체의 협의사항

1. 산업재해 예방방법 및 산업재해가 발생한 경우의 대피방법
2. 작업의 시작 시간 및 작업 및 작업장 간의 연락 방법
3. 그 밖의 산업재해 예방과 관련된 사항

제76조(기계 · 기구 등에 대한 건설공사도급인의 안전조치)

건설공사 도급인의 안전 보건조치 대상 기계 · 기구 또는 설비(대통령 령으로 정하는 기계 · 기구 또는 설비)

1. 타워크레인
2. 건설용리프트
3. 항타기 및 항발기

기계 · 기구등에 대한 건설공사도급인의 안전조치 의무

기계 · 기구 또는 설비가 설치되어 있거나 작동하고 있는 경우 또는 이를 설치 해체 조립하는 등의 작업을 하는 경우에는 다음 각 호 사항의 확인 또는 조치	1. 작업시작 전 기계 – 기구 등을 소유 또는 대여하는 자와 합동으로 안전점검 실시
	2. 작업을 수행하는 사업주의 작업계획서 작성 및 이행여부 확인(타워크레인과 항타기 및 항발기 한함)
	3. 작업자가 법 제140조에서 정한 자격 · 면허 · 경험 또는 기능을 가지고 있는지 여부 확인(타워크레인과 항타기 및 항발기 한함)
	4. 그 밖에 해당 기계 · 기구 또는 설비 등에 대하여 안전보건규칙에서 정하고 있는 안전보건 조치
	5. 기계 · 기구 등의 결함, 작업방법과 절차 미준수, 강풍 등 이상 환경으로 인하여 작업수행시 현저한 위험이 예상되는 경우 작업중지 조치

위반 3년이하의 징역 또는 3천만원 이하의 벌금

제77조(특수형태근로종사자에 대한 안전조치 및 보건조치 등)

안전조치 및 보건조치 실시 대상 특수형태 근로종사자

- 다음 각 호의 요건을 모두 충족하는 사람
  - 대통령령으로 정하는 직종에 종사할 것
    - 1. 보험을 모집하는 사람으로서 다음 각 목의 어느 하나에 해당하는 자
      가 보험설계사
      나. 우체국보험의 모집을 전업으로 하는 사람
    - 2. 등록된 건설기계를 직접 운전하는 사람
    - 3. 한국표준직업분류표의 세세분류에 따른 학습지 교사
    - 4. 직장체육시설로 설치된 골프장 또는 체육시설업의 등록을 한 골프장서 골프경기를 보조하는 골프장 캐디
    - 5. 한국표준직업분류표의 세분류에 따른 택배원인 사람으로서 택배사업(소화물을 집화 · 수송 과정을 거쳐 배송하는 사업을 말한다)에서 집화 또는 배송 업무를 하는 사람
    - 6. 한국표준직업분류표의 세분류에 따른 택배원인 사람으로서 고용노동부장관이 정하는 기준에 따라 주로 하나의 퀵서비스업자로부터 업무를 의뢰받아 배송 업무를 하는 사람
    - 7. 대출모집인
    - 8. 신용카드회원 모집인
    - 9. 고용노동부장관이 정하는 기준에 따라 주로 하나의 대리운전업자로부터 업무를 의뢰받아 대리운전업무를 하는 사람
  - 주로 하나의 사업에 노무를 상시적으로 제공하고 보수를 받아 생활할 것
  - 노무를 제공할 때 타인을 사용하지 아니할 것

안전 및 보건 교육 대상 특수형태근로종사자

1. 등록된 건설기계를 직접 운전하는 사람 2. 직장체육시설로 설치된 골프장 또는 체육시설업의 등록을 한 골프장에서 골프경기를 보조하는 골프장 캐디 3. 한국표준직업분류표의 세분류에 따른 택배원인 사람으로서 택배사업(소화물을 집화 · 수송과정을 거쳐 배송하는 사업을 말한다)에서 집화 또는 배송 업무를 하는 사람 4. 한국표준직업분류표의 세분류에 따른 택배원인 사람으로서 고용노동부장관이 정하는 기준에 따라 주로 하나의 퀵서비스업자로부터 업무를 의뢰받아 배송업무를 하는 사람 5. 고용노동부장관이 정하는 기준에 따라 주로 하나의 대리 운전업자로부터 업무를 의뢰 받아 대리운전 업무를 하는 사람

교육시간 및 교육내용

- 시행규칙 별표4
- 강사의 자격
- 교육일부면제
  - 같은 종류의 업종에 6개월 이상 근무한 경험이 있는 근로자를 이직 후 1 년 이내에 채용하는 경우 채용 시 교육시간의 100분의 50이상 실시

제1항 위반 1천만원이하의 과태료
제2항 위반 500만원 이하의 과태료

제78조(배달종사자에 대한 안전조치)

이동통신단말장치 유통구조 개선에 관한 법률 제2조(정의)제4호

"이동통신단말장치"란 이용자가 이동통신서비스를 이용하기 위하여 필요한 단말장치를 말한다.

자동차관리법 제3조(자동차의 종류) 제1항제5호

이륜자동차 총배기량 또는 정격출력의 크기와 관계없이 1인 또는 2인의 사람을 운송하기에 적합하게 제작된 이륜의 자동차 및 그와 유사한 구조로 되어 있는 자동차

위반 1천만원 이하의 과태료

제79조(가맹본부의 산업재해 예방 조치)

가맹본부의 산재해예방조치

가맹점사업자에게 가맹점의 설비나 기계 원자재 또는 상품 등을 공급하는 경우에 가맹점 사업자와 그 소속근로자의 산업재해 예방을 위하여 다음 각 호의 조치를 해야 한다.

1. 가맹점의 안전 및 보건에 관한 프로그램의 마련 시행
2. 가맹본부가 가맹점에 설치하거나 공급하는 설비 기계 및 원자재 또는 상품 등에 대하여 가맹점 사업자에게 안전 및 보건에 관한 정보의 제공

산업재해예방조치 시행 대상 가맹본부(대통령령으로 정하는 가맹본부)

다음 각 호의 어느 하나에 해당하는 업종으로서 가맹점의 수가 200개소 이상의 가맹본부

1. 대분류가 "외식"인 업종
2. 대분류가 "도소매"이면서 중분류가 "편의점"인 업종

업종은 가맹사업거래의 공정화에 관한 법률 제6조의2에 따른 가맹사업정보제공시스템의 정보공개서 항목 준용

안전 및 보건에 관한 프로그램의 내용(고용노동부령)

1. 안전보건경영방침 및 안전보건활동 계획
2. 가맹본부의 프로그램 운영 조직 구성, 역할 및 가맹점사업자에 대한 안전보건교육 지원체계
3. 가맹점 내 위험요소 및 예방대책 등을 포함한 가맹점 안전보건매뉴얼
4. 가맹점의 재해 발생에 대비한 가맹본부 및 가맹점사업자의 조치사항

가맹본부의 가맹점사업자에 대한 교육

연 1회 이상 교육 실시

안전 및 보건에 관한 정보 제공 방법

1. 가맹계약서의 관계 서류에 포함하여 제공
2. 가맹본부가 가맹점에 설비 · 기계 및 원자재 또는 상품 등을 설치하거나 공급하는 때에 제공
3. 가맹점사업자와 그 직원에 대한 교육 · 훈련 시에 제공
4. 그 밖에 프로그램 운영을 위하여 가맹본부가 가맹점사업자에 대하여 정기 · 수시 방문 지도시에 제공
5. 정보통신망 등을 이용하여 수시로 제공

제2호 :"가맹본부"라 함은 가맹사업과 관련하여 가맹점사업자에게 가맹점운영권을 부여하는 사업자를 말한다.

제3호 "가맹점사업자"라 함은 가맹사업과 관련하여 가맹본부로부터 가맹점 운영권을 부여받은 사업자를 말한다

제1항 위반 3천만원 이하의 과태료

제 6 장 유해 위험 기계 등에 대한 조치

제1절 유해하거나 위험한 기계 등에 대한 방호조치 등

- 제80조(유해하거나 위험한 기계 · 기구에 대한 방호조치)
- 제81조(기계 · 기구 등의 대여자 등의 조치)
- 제82조(타워크레인 설치 · 해체업의 등록 등)

제2절 안전인증

- 제83조(안전인증기준)
- 제84조(안전인증)
- 제85조(안전인증의 표시 등)
- 제86조(안전인증의 취소 등)
- 제87조(안전인증대상기계등의 제조 등의 금지 등)

제3절 자율안전확인의 신고

- 제89조(자율안전확인의 신고)
- 제90조(자율안전확인의 표시 등)
- 제91조(자율안전확인표시의 사용금지 등)
- 제92조(자율안전확인대상기계등의 제조 등의 금지 등)

제4절 안전검사

- 제93조(안전검사)
- 제94조(안전검사합격증명서 발급 등)
- 제95조(안전검사대상기계등의 사용금지)
- 제96조(안전검사기관)
- 제97조(안전검사기관의 보고의무)
- 제98조(자율검사프로그램에 따른 안전검사)
- 제99조(자율검사프로그램 인정의 취소 등)
- 제100조(자율안전검사기관)

제5절 유해 위험기계등의 조사 및 지원 등

- 제101조(성능시험 등)
- 제102조(유해 · 위험기계등 제조사업 등의 지원)
- 제103조(유해 · 위험기계등의 안전 관련 정보의 종합관리)

제80조(유해하거나 위험한 기계 · 기구에 대한 방호조치)

방호조치를 하여야 할 유해하거나 위험한 기계 · 기구 (대통령령으로 정하는 것)

시행령 [별표 20]

동력으로 작동하는 기계 · 기구 방호조치
1. 작동 부분에 돌기 부분이 있는 것.
2. 동력전달 부분 또는 속도조절 부분이 있는 것
3. 회전기계에 물체 등이 말려 들어갈 부분이 있는 것의 방호조치 (고용노동부령으로 정하는 방호조치)

1. 작동 부분의 돌기부분은 묻힘형으로 하거나 덮개를 부착할 것
2. 동력전달부분 및 속도조절부분에는 덮개를 부착하거나 방호망을 설치할 것
3. 회전기계의 물림점(롤러 · 기어 등)에는 덮개 또는 울을 설치할 것

사업주와 근로자의 방호조치 해체 시의 조치 (고용노동부령으로 정하는 경우)

1. 방호조치를 해체하려는 경우는 사업주의 허가를 받아 해체할 것
2. 방호조치를 해체한 후 그 사유가 소멸된 경우는 지체 없이 원상으로 회복시킬 것
3. 방호조치의 기능이 상실된 것을 발견한 경우는 지체 없이 사업주에게 신고할 것(사업주는 즉시 수리, 보수 및 작업 중지 등 적절한 조치의 시행)

제1항 위반 1년이하의 징역 또는 1천만원 이하의 벌금
제2항 위반 1년이하의 징역 또는 1천만원 이하의 벌금
제4항 위반 1년이하의 징역 또는 1천만원 이하의 벌금

제81조(기계 · 기구 등의 대여자 등의 조치)

대여하거나 대여받는 자의 안전조치 및 보건조치 대상 기계 · 기구 · 설비 또는 건축물(대통령령으로 정하는 기계 , 기구 설비 또는 건축물)

시행령 [별표 21]

대여자의 조치

1. 해당 기계등을 미리 점검하고 이상을 발견한 때에는 즉시 보수하거나 그 밖에 필요한 정비를 할 것
2. 해당 기계등을 대여 받은 자에게 다음 각 목의 사항을 적은 서면을 발급할 것
가. 해당 기계등의 성능 및 방호조치의 내용
나. 해당 기계등의 특성 및 사용 시의 주의 사항
다. 해당 기계등의 수리 · 보수 및 점검 내역과 주요 부품의 제조일
라. 해당 기계등의 정밀진단 및 수리 후 안전점검 내역 주요 안전 부품의 교환이력 및 제조일
3. 사용을 위하여 설치 · 해체 작업(기계등을 높이는 작업을 포함한다. 이하 같다)이 필요한 기계등을 대여하는 경우로서 해당 기계 등의 설치 · 해체 작업을 다른 설치 · 해체업자에게 위탁하는 경우에는 다음 각 목의 사항을 준수할 것
가. 설치 · 해체업자가 기계등의 설치 · 해체에 필요한 법령 상 자격을 갖추고 있는지와 설치 · 해체에 필요한 장비를 갖추고 있는 지를 확인할 것
나. 설치 · 해체업자에게 제2호 각 목의 사항을 적은 서면을 발급하고, 해당 내용을 주지 시킬것
다. 설치 · 해체업자가 설치, 해체 작업 시 안전보건규칙에 따른 산업안전보건기준을 준수하고 있는지를 확인할 것
4. 해당 기계 등을 대여 받은 자에게 제3호가목 및 다목에 따른 확인결과를 알릴 것

대여받은 자의 조치

① 대여하는 자가 방호조치의 내용 등을 적은 서면을 발급하지 아니하는 경우 해당 기계 등을 대여받은 자는 해당 사항 대한 정보제공을 요구할 수 있다.
② 기계등을 대여받은 자가 기계등을 대여한 자에게 반환하는 경우에는 해당 기계등의 수리 · 보수 및 점검 내역과 부품 교체사항 등을 적은 서면을 발급해야 한다.
③ 대여받은 자가 사용하는 근로자가 아닌 사람에게 해당 기계등을 조작하도록 하는 경우에는 다음 각 호의 조치를 하여야 한다. (해당 기계등을 구입할 목적으로 기종의 선정 등을 위하여 대여받는 경우는 제외)
1. 해당 기계등을 조작하는 사람이 관계 법령에서 정하는 자격이나 기능을 가진 사람인지 확인할 것
2. 해당 기계등을 조작하는 사람에게 다음 각 목의 사항을 주지시킬 것
가.작업의내용 나.지휘계통 다. 연락 신호등의방법 라. 운행경로, 제한속도, 그 밖에 해당 기계등의 운행에 관한 사항
마. 그밖에 해당기계등의 조작에 따른 산업재해를 방지하기 위하여 필요한사항
④ 타워크레인을 대여받은 자의 조치
1. 타워크레인을사용하는 작업 중에 타워크레인 장비 간 또는 타워크레인과 인접 구조물간 충돌위험이 있으면 충돌 방지장치를 설치하는 등 충돌방지를 위하여 필요한 조치를 할 것
2. 타워크레인 설치 · 해제 작업이 이루어지는 동안 작업과정 전반(全船)을 영상으로 기록하여 대여기간 동안 보관할 것

기계등을 조작하는 자의 의무

가.작업의 내용
나.지휘계통
다.연락 · 신호등의 방법
라. 운행경로, 제한속도, 그 밖의 해당 기계등의 운행에 관한 사항
마. 그 밖에 해당 기계등의 조작에 따른 산업재해를 방지하기 위하여 필요한 사항

대여 공장건축물에 대한 공동사용자의 조치

① 대여 하는 자
공용으로 사용하는 공장건축물로서 다음 각 호의 어느 하나의 장치를 설치한 것을 대여하는 자는 해당 건축물을 대여 받은자가 2명 이상인 경우로서 다음 각 호의 어느 하나의 장치의 전부 또는 일부를 공용으로 사용하는 경우에는 그 공용부분의 기능이 유효하게 작동되도록 하기 위하여 점검 · 보수 등 필요한 조치를 하여야 한다.
1. 국소배기장치 2. 전체환기장치 3. 배기처리장치
② 대여 받은 자
건축물을 대여 받은 자는 국소 배기장치 소음방지를 위한 칸막이벽, 그 밖에 산업재해 예방을 위하여 필요한 설비의 설치에 관하여 해당 설비의 설치에 수반된 건축물의 변경승인, 해당 설비의 설치공사에 필요한 시설의 이용 등 편의 제공을 건축물을 대여한 자에게 요구할 수 있다. 이 경우 건축물을 대여한 자는 특별한 사정이 없는 한 이에 따라야 한다.

위반 3년이하의 징역 또는 3천만원 이하의 벌금

제82조(타워크레인 설치 · 해체업의 등록 등)

타워크레인 설치 · 해체업 등록에 필요한 인력 시설 및 장비 기준의 신설

타워크레인 설치 해체업의 등록 절차의 신설

시행일(제 82조제 2항)

이 법 시행 이후 사업주가 타워크레인 설치 해체 작업에 관한 계약을 체결하는 경우부터 적용
타워크레인 설치 해체업의 등록등에 관한 경과조치
① 이 법 시행 당시 타워크레인 설치 해체업을 영위하고 있는 자는 이 법 시행일부터 3개월까지는 등록을 하지 아니하고 타워크레인 설치 해체업을 영위할수 있다.
② 제 82조제 2항의 개정규정에도 불구하고 사업주는 이 법 시행일부터 3개월까지는 타워크레인 설치 해체업을 등록하지 아니한 자로 하여금 타워크레인을 설치하거나 해체하는 작업을 하도록 할 수 있다.

제1항 위반 1천만원 이하의 과태료
제2항 위반 3년이하의 징역 또는 3천만원 이하의 벌금

第83조(안전인증기준)

안전인증기준 "방호장치 안전인증 고시"(고용노동부고시)

第84조(안전인증)

안전인증 대상기계 등(대통령령으로 정하는 것)

1. 다음각목에 해당하는 기계 및 설비
가. 프레스 나. 전단기 및 절곡기 다. 크레인
라.리프트 마. 압력용기 바. 롤러기 사. 사출성형기
아. 고소작업대 자.곤돌라

2. 다음 각목에 해당하는 방호장치
가 프레스 및 전단기 방호장치
나. 양중기용 과부하방지장치
다. 보일러 압력방출용 안전밸브
라. 압력용기 압력방출용 안전밸브
마. 압력용기 압력방출용 파열판
바. 절연용 방호구 및 활선작업용기구
사 방폭구조 전기기계 · 기구 및 부품
아. 추락 · 낙하 및 붕괴 등의 위험 방지 및 보호에 필요한 가설기자재로서 고용노동부장관이 정하여 고시하는 것
자. 충돌 · 협착 등의 위험 방지에 필요한 산업용 로봇 방호장치로서 고용노동부장관이 정하여 고시하는 것

3. 다음 각 목에 해당하는 보호구
가. 추락 및 감전 위험 방지용 안전모 나. 안전화
다. 안전장갑 라. 방진마스크 마. 방독마스크
바. 송기마스크 사. 전동식 호흡보호구
아. 보호복 자. 안전대 차. 차광 및 비산물 위험방지용 보안경 카. 용접용보안면 타. 방음용 귀마개 또는 귀덮개

설치 · 이전 및 주요 구조 부분을 변경하는 경우 안전인증을 받아야 하는 기계(고용노동부령으로 정하는 안전인증대상기계등)

1. 설치 · 이전하는 경우 안전인증을 받아야 하는 기계
가. 크레인 나. 리프트 다. 곤돌라

2. 주요 구조 부분을 변경하는 경우 안전인증을 받아야 하는 기계 가. 프레스 나. 전단기 및 절곡기 다. 크래인 라.리프트 마.압력용기 바. 롤러기 사. 사출성형기 아. 고소작업대 자.곤돌라

안전인증의 전부 면제 대상

1. 연구개발을 목적으로 제조 · 수입하거나 수출을 목적으로 제조하는 경우 2. 고압가스 안전관리법 제 17조제1항에 따른 검사를 받은 경우 3. 에너지이용 합리화법 제39조 제1항 및 제2항에 따른 검사를 받은 경우 4. 전기사업법 제63조에 따른 검사를 받은 경우 5. 항만법 제26조제1항 제1호 제2호 및 제4호에 따른 검사를 받은 경우
6. 광산안전법 제9조에 따른 검사 중 광업시설의 설치공사 또는 변경공사가 완료된 때에 받는 검사를 받은 경우
7. 건설기계관리법 제13조제1항제1호 , 제2호 · 제3호에 따른 검사를 받은 경우 또는 같은 법 제 18조에 따른 형식 승인을 받거나 같은 조에 따른 형식 신고를 한 경우
8. 선박안전법 제7조에 따른 검사를 받은 경우
9. 원자력안전법 제16조제1항에 따른 검사를 받은 경우
10. 화재예방, 소방시설 설치 · 유지 및 안전관리에 관한 법률 제36조제1항에 따른 형식 승인을 받은 경우 11. 방위사업법 제28조제1 항에 따른 품질보증을 받은 경우
12. 위험물안전관리법 제8조제1항 또는 제20조제2항에 따른 검사를 받은 경우

안전인증의 일부 면제 대상

다음 각 호의 어느 하나에 해당하는 인증 또는 시험을 받았거나 그 일부 항목이 안전 인증기준과 같은 수준 이상인 것으로 인정되는 경우에는 해당 인증 또는 시험이나 그 일부 항목에 한하여 안전인증을 면제함.
1. 고용노동부장관이 정하여 고시하는 외국의 안전인증기관에서 인증을 받은 경우
2. 전기용품 및 생활용품 안전관리법 제5조에 따른 안전인증을 받은 경우
3. 산업표준화법 제 15조에 따른 인증을 받은 경우
4. 국가표준기본법에 따른 시험 · 검사기관에서 실시하는 시험을 받은 경우
5. 국제전기기술위원회 (IEC)의 국제방폭전기기계 · 기구 상호인정제도(IECEx Scheme)에 따라 인증을 받은 경우

안전인증 확인의 방법 및 주기

안전인증을 받은 자에 대하여 다음 각 호의 사항을 확인하여야 함. 1. 안전인증서에 적힌 제조 사업장에서 해당 유해 · 위험기계등을 생산하고 있는지 여부
2. 안전인증을 받은 유해 · 위험기계 등이 안전인증 기준에 적합한지 여부(이 경우 심사 종류 및 방법은 제 114조의제1 항제4호를 준용한다)
3. 제조자가 안전인증을 받을 당시의 기술능력 · 생산체계를 지속적으로 유지하고 있는지 여부
4. 유해 · 위험기계등이 서면심사 내용과 같은 수준 이상의 재료 및 부품을 사용하고 있는지 여부

2년에 1 회 이상확인(다만, 다음 각 호에 모두 해당하는 경우에는 3년에 1 회 이상 확인)
1. 최근 3년 동안 법 제86조제1 항에 따라 안전인증이 취소되거나 안전인증표시의 사용 금지 또는 개선명령을 받은 사실이 없는 경우 2. 최근 2회의 확인 결과 기술능력 및 생산체계가 고용노동부장관이 정하는 기준 이상 경우

제 1항 위반 3년 이하의 징역 또는 3천만원 이하의 벌금
제6항 위반 300만원 이하의 과태료

제85조(안전인증의 표시 등)

- 안전인증표시
- 안전인증대상기계가 아닌 유해위험기계의 안전인증의 표시

제1항 위반 1천만원 이하의 과태료
제2항 위반 1년 이하의 징역 또는 1천만원 이하의 벌금
제3항 위반 1년 이하의 징역 또는 1천만원 이하의 벌금
제4항 위반 1년 이하의 징역 또는 1천만원 이하의 벌금

제86조(안전인증의 취소 등)

- 안전인증의 취소
  - 고용노동부장관은 안전인증을 받은 자에 대해 안전인증을 취소하거나 6개월 이내의 기간을 정하여 안전인증표시의 사용금지 또는 안전인증기준에 맞게 시정하도록 명할 수 있음
- 안전인증 취소 공고
  - 안전인증을 취소한 날부터 30일 이내에 다음 각 호의 사항을 관보와 신문 등의 진흥에 관한 법률 제9조제1호에 따라 그 보급지역을 전국으로 하여 등록한 일반일간신문 또는 인터넷 등에 공고하여야 함.
    1. 유해 ·위험기계등의 명칭 및 형식번호
    2. 안전인증번호
    3. 제조자(수입자) 및 대표자
    4. 사업장 소재지
    5. 취소일자 및 취소사유
- 안전인증신청금지
  - 안전인증이 취소된 날부터 1년 이내

시행일(안전인증 신청에 관한 경과조치)
이 법 시행 전에 종전의 제34조(안전인증)의3에 따라 안전인증이 취소된 자는 제86조(안전인증의 취소 등)제3항의 개정규정 에도 불구하고 종전의 규정에 따른다.

제87조(안전인증대상기계 등의 제조 등의 금지 등)

다음 각 호의 경우 안전인증대상기계등을 제조 · 수입 · 양도 · 대여 · 사용하거나 양도 · 대여의 목적으로 진열 금지

1. 안전인증을 받지 아니한 경우(안전인증이 전부 면제되는 경우는 제외)
2. 안전인증기준에 맞지 아니하게 된 경우
3. 안전인증이 취소되거나 안전인증표시의 사용 금지 명령을 받은 경우

상기 사항을 위반한 경우

수거 · 파기명령

제1항 위반 3년 이하의 징역 또는 3천만원 이하의 벌금
제2항위반 3년 이하의 징역 또는 3천만원 이하의 벌금

제88조(안전인증기관)

안전인증기관의 지정 대상 기관

1. 공단
2. 다음 각 목의 어느 하나에 해당하는 기관으로서 고용노동부령으로 정하는 인력 시설 및 장비를 갖춘 기관

가. 산업안전 보건 또는 산업재해 예방을 목적으로 설립된 비영리법인

나. 기계 및 설비 등의 인증 ' 검사, 생산기술의 연구개발 · 교육 · 평가 등의 업무를 목적으로 설립된 공공기관의 운영에 관한 법률에 따른 공공기관

제89조(자율안전확인의 신고)

자율안전확인대상기계 등
(대통령령으로 정하는 것)

1. 기계 및 설비
가. 연삭기 또는 연마기(휴대형은 제외한다) 나. 산업용 로봇 다. 혼합기 라. 파쇄기 또는 분쇄기 마. 식품 가공용 기계(파쇄 ·절단 ·혼합 ·제변기만 해당한다)
바. 컨베이어 사. 자동차정비용 리프트 아. 공작기계(선반, 드릴기, 평삭 ·형삭기, 밀링만 해당한다) 자. 고정형 목재가공용기계(둥근톱, 대패, 루타기, 띠톱, 모떼기 기계만 해당한다) 차.인쇄기

2. 방호장치 가. 아세틸렌 용접장치용 또는 가스집합 용접장치용 안전기 나. 교류 아크용접기용 자동전격방지기
다. 롤러기급정지장치 라. 연삭기덮개 마. 목재 가공용 둥근톱 반발 예방장치와 날 접촉 예방장치 바. 동력식 수동대패용 칼날 접촉 방지장치 사. 추락 ·낙하 및 붕괴 등의 위험 방지 및 보호에 필요한 가설기자재 제75조제1항제2호아목 추락 낙하 및 붕괴 등의 위험 방지 및 보호에 필요한 가설기자재로서 고용노동부장관이 정하여 꾀하는 것의 가설기자재는 제외한다 로서 고용노동부장관이 정하여 고시하는 것

3. 보호구 가. 안전모 제75조제1항제3호가목 추락 및 감전 위험방지용 안전모의 안전모는 제외한다. 나. 보안경 제75조제1항제3호차목 차광 및 비산물 위험방지용 보안경의 보안경은 제 외한다. 다. 보안면 제75조제1항제3호카목 용접용 보안면의 보안면은 제외한다.

자율안전확인의 신고 면제 대상
(고용노동부령으로 정하는 경우)

1. 전기용품 및 생활용품 안전관리 법 제5조 및 제8조에 따른 안전인증 및 안전검사를 받은 경우
2. 산업표준화법 제 15조에 따른 인증을 받은 경우
3. 농업기계화촉진법 제9조에 따른 검정을 받은 경우
4. 국제전기기술위원회(IEC)의 국제방폭전기기계 기구 상호인정제도(IECEX Schem e)에따라 인증을 받은 경우

제 1항 1천만원 이하의 벌금

자율안전확인 신고 서류의 보존
자율안전확인대상 기계 ·기구 및 방호장치 ·보호구 등이 자율안전기준에 맞는 것임을 증명하는 서류를 2년간 보존하여야 함

제90조(자율안전확인의 표시 등)

제 2항 위반 1천만원이하의 벌금
제 3항 위반 1천만원이하의 벌금
제4항 위반 1천만원이하의벌금
제 1항 위반 500 만원이하의 과태료

제91조(자율안전확인표시의 사용 금지 등)

자율안전확인표시의 사용 금지 공고 사항

1. 자율안전확인대상기계등의 명칭 및 형식번호
2. 자율안전확인번호
3. 제조자(수입자)
4. 사업장소재지
5. 사용금지 기간 및 사용금지 사유

제92조(자율안전확인대상기계등의 제조 등의 금지 등)

제조 · 수입 · 양도 · 대여 · 사용 또는 양도 · 대여의 목적으로 진열 금지

1. 신고를 하지 아니한 경우(신고가 면제되는 경우는 제외한다)
2. 거짓이나 그 밖의 부정한 방법으로 신고를 한 경우
3. 자율안전확인대상기계등의 안전에 관한 성능이 자율안전 기준에 맞지 아니하게 된 경우
4. 자율안전확인표시의 사용 금지 명령을 받은 경우

제1항 위반 1년 이하의 징역 또는 1천만원 이하의 벌금
제2항 위반 1년 이하의 징역 또는 1천만원 이하의 벌금

제93조(안전검사)

안전검사대상기계(대통령령으로 정하는 것)

안전검사 절차에 관한 고시[별표 1]

안전검사 면제 대상 기계(고용노동부령으로 정하는 경우)

1. 「건설기계관리법」 제13조제1 항제1호제2호 및 제4호에 따른 검사를 받은 경우(안전검사주기에 해당하는 시기의 검사로 한정한다)
2. 「고압가스 안전관리법」 제17 조제2항에 따른 검사를 받은 경우
3. 「광산안전법」 제9조에 따른 검사 중 광업시설의 설치 · 변경공사 완료 후 일정한 기간이 지날 때마다 받는 검사를 받은 경우
4. 「선박안전법」 제8조부터 제12조까지의 규정에 따른 검사를 받은 경우
5. 「에너지이용 합리화법」 제39조제4항에 따른 검사를 받은 경우
6. 「원자력안전법」 제22조제1항에 따른 검사를 받은 경우
7. 「위험물안전관리법」 제18조에 따른 정기점검 또는 정기검사를 받은 경우
8. 「전기사업법」 제65조에 따른 검사를 받은 경우
9. 「항만법」 제26조제1 항제3호에 따른 검사를 받은 경우
10. 「화재예방, 소방시설 설치 유지 및 안전관리에 관한 법률」 제25조제1항에 따른 자체점검등을 받은 경우
11. 「화학물질관리법」제24조제3항 본문에 따른정기검사를 받은 경우

안전검사의 주기

① 사업장에 설치가 끝난 날부터 3년 이내에 최초 안전검사를 실시하되, 그 이후부터 2년마다(건설현장에서 사용하는 것은 최초로 설치한 날부터 6개월마다)
1. 크레인(이동식 크레인은 제외한다)
2. 리프트(이삿짐운반용 리프트는 제외한다) 및 곤돌라

②「자동치관리법」 제8조에 따른 신규등록 이후 3년 이내에 최초 안전검사를 실시하되, 그 이후부터 2년마다
1. 이동식크레인
2. 이삿짐운반용 리프트 및 고소작업대

③사업장에 설치가 끝난 날부터 3년 이내에 최초 안전검사를 실시하되, 그 이후부터 2년마다(공정안전보고서를 제출하여 확인을 받은 압력용기는 4년마다)
1. 프레스 2. 전단기 3. 압력용기 4. 국소배기장치 5. 원심기 6. 롤러기 7. 사출성형기 8. 컨베이어 및 산업용 로봇

안전검사의 신청

검사주기 만료일 30일전에 안전검사기관에 제출

제1항 전단 위반 1천만원의 과태료

제94조(안전검사합격증명서 발급 등)

안전검사합격증명서

제2항 위반 500만원 이하의 과태료

제95조(안전검사대상기계등의 사용 금지)

위반 1000만원 이하의 과태료

제96조(안전검사기관)

안전검사기관으로 지정받을 수 있는 기관

1. 공단
2. 다음 각 목의 어느 하나에 해당하는 기관으로서 [별표24]에 따른 인력시설 및 장비를 갖춘 기관 가. 산업안전 · 보건 또는 산업재해 예방을 목적으로 설립된 비영리법인 나. 기계 및 설비 등의 인증 · 검사 생산기술의 연구개발 · 교육 · 평가 등의 업무를 목적으로 설립된 공공기관의 운영에 관한 법률에 따른 공공기관

제97조(안전검사기관의 보고의무)

제95조 각 호의 어느 하나에 해당하는 안전검사대상기계등을 발견하였을 때에는 이를 고용노동부장관에게 지체 없이 보고

제95조(안전검사대상기계등의 사용 금지)
사업주는 다음 각 호의 어느 하나에 해당하는 안전검사대상기계등을 사용해서는 아니 된다.
1. 안전검사를 받지 아니한 안전검사 대상기계 등(제93조제2항에 따라 안전검사가 면제되는 경우는 제외한다)
2. 안전검사에 불합격한 안전검사대상기계 등

제98조(자율검사프로그램에 따른 안전검사)

자율검사프로그램의 실시방법

1. 사업주가 검사원 자격을 가진 자를 고용하여 자율검사프로그램에 따라 실시
2. "자율안전검사기관"에 자율안전검사를 위탁하여 실시

자율안전검사원의 자격

1. 국가기술자격법에 따른 기계 · 전기 · 전자 화공 또는 산업안전 분야에서 기사 이상의 자격을 취득한 사람으로서 해당 분야의 실무경력이 3년 이상인 사람
2. 국가기술자격법에 따른 기계 · 전기 · 전자 · 화공 또는 산업안전 분야에서 산업기사 이상의 자격을 취득한 사람으로서 해당분야의 실무경력이 5년 이상인 사람
3. 국가기술자격법에 따른 기계 · 전기 · 전자 화공 또는 산업안전 분야에서 기능사 이상의 자격을 취득한 사람으로서 해당분야의 실무경력이 7년 이상인 사람
4. 고등교육법에 따른 학교 중 수업연한이 4년인 학교(같은 법 및 다른 법령에 따라 이와 같은 수준 이상의 학력이 인정되는 학교를 포함한다)에서 기계 · 전기 · 전자 · 화공 또는 산업안전분야의 관련학과를 졸업한 사람으로서 해당분야의 실무경력이 3년 이상인 사람
5. 고등교육법에 따른 학교 중 제4호에 따른 학교 외의 학교(같은 법 및 다른 법령에 따라 이와 같은 수준 이상의 학력이 인정되는 학교를 포함한다)에서 기계 · 전기 · 전자 · 화공 또는 산업안전분야의 관련학과를 졸업한사람으로서 해당분야의 실무경력이 5년 이상인 사람
6. 초 · 중등교육법에 따른 고등학교 · 고등기술학교에서 기계 · 전기 또는 전자 화공 관련 학과를 졸업한사람으로서 해당분야의 실무경력이 7년 이상인 사람
7. 자율검사프로그램에 따라 안전에 관한 성능검사 교육을 이수하고, 해당 분야의 실무경력이 1년 이상인 사람

자율검사프로그램의 인정 요건

1. 검사원을 고용하고 있을 것
2. 고용노동부장관이 정하여 고시하는 바에 따라 검사를 할 수 있는 장비를 갖추고 이를 유지 · 관리 할 수 있을 것
3. 안전검사 주기의 2분의1에 해당하는 주기(영 제78조제1항제3호)의 크레인 중 건설현장 외에서 사용하는 크레인의 경우에는 6개월마다 검사를 할 것
4. 자율검사프로그램의 검사기준이 안전검사 기준을 충족할 것

자율검사프로그램 인정에 필요한 검사장비 보유기준

안전검사 절차에 관한 고시[별표 2] — 검사장비유지 관리
① 검사장비의 이력카드를 작성하고 장비의 점검 · 수리 등의 현황을 기록할 것
② 검사장비는 교정주기와 방법을 설정하고 관리할 것
③ 검사장비는 수시 또는 정기적으로 점검을 실시할 것
④ 검사원은 검사장비의 조작 사용 방법을 숙지할 것

3년 이하의 징역 또는 3천만원이하의 벌금 — 자율검사프로그램에 따른 안전검사 업무를 거짓이나 그 밖의 부정한 방법으로 수행한 자

자율프로그램에 따른 검사기록의 보존

검사결과를 기록한 서류를 2년간 보존

제99조(자율검사프로그램 인정의 취소 등)

제2항 위반 1천만원 이하의 과태료

제 100 조(자율안전검사기관)

자율안전검사기관의 지정 요건

시행령 [별표25]에 따른 인력 시설 및 장비를 갖추어야 함.

제101조(성능시험 등)

사업장 대한 제품 제조 과정의 조사 (대통령령으로 정하는 바)

① 제조 과정 조사를 하는 경우에는 유해 · 위험기계등을 제조하는 사업장에서 안전인증기준 또는 자율안전 기준에 적합하게 생산하는지 여부를 조사
② 유해 · 위험기계등의 성능시험을 하는 경우에는 제조 · 수입 · 양도 대여하거나 양도 · 대여의 목적으로 진열된 유해 · 위험기계등 중에서 그 시료를 수거하여 실시
③ 제1항 및 제2항에 따른 제조 과정 조사 및 성능시험 절차 및 방법 등에 필요한 사항은 고용노동부령으로 정한다.

성능시험 절차 방법 (고용노동부령)

규칙 제101조(안전인증 심사의 종류 및 방법) 규칙 제111조(확인의 방법 및 주기 등) 제1항 및 규칙 제120조(자율안전확인대상기계 기구등의 신고방법)의 규정을 준용함.

제102조(유해 · 위험기계등 제조사업 등의 지원)

지원내용

1. 설계 · 시공, 연구 · 개발 및 시험에 관한 기술 지원
2. 설계 · 시공, 연구 · 개발 및 시험 비용의 일부 또는 전부의 지원
3. 연구 · 개발, 품질관리를 위한 시험장비 구매 비용의 일부 또는 전부의 지원
4. 국내외 전시회 개최 비용의 일부 또는 전부의 지원
5. 공단이 소유하고 있는 공업소유권의 우선사용 지원
6. 그 밖의 고용노동부장관이 등록업체의 제조 · 설계 · 시공능력의 향상을 위하여 필요하다고 인정하는 사업의 지원

제103조(유해·위험기계등의 안전 관련 정보의 종합관리)

정보 종합관리, 제공, 자료제출 요청, 종합정보망 구축운영

제 7 장 유해 위험물질에 대한 조치

- 제1절 유해 · 위험물질의 분류 및 관리
  - 제104조(유해인자의 분류기준)
  - 제105조(유해인자의 유해성 · 위험성 평가 및 관리)
  - 제106조(유해인자의 노출기준 설정)
  - 제107조(유해인자 허용기준의 준수)
  - 제108조(신규화학물질의 유해성 · 위험성 조사)
  - 제109조(중대한건강장해 우려화학물질의 유해성 · 위험성조사)
  - 제110조(물질안전보건자료의 작성 및 제출)
  - 제111조(물질안전보건자료의 제공)
  - 제112조(물질안전보건자료의 일부 비공개 승인 등)
  - 제113조(국외제조자가 선임한 자에 의한 정보 제출 등)
  - 제114조(물질안전보건자료의 게시 및 교육)
  - 제115조(물질안전보건자료대상물질 용기 등의 경고표시)
  - 제116조(물질안전보건자료와 관련된 자료의 제공)
- 제2절 석면에 대한 조치
  - 제119조(석면조사)
  - 제120조(석면조사기관)
  - 제121조(석면해체 · 제거업의 등록 등)
  - 제122조(석면해체 · 제거)
  - 제123조(석면해체 · 제거 작업기준의 준수)
  - 제124조(석면농도기준의 준수)

제 104 조(유해인자의 분류기준)

- 유해인자의 분류기준 (고용노동부령으로 정하는 바)
  - 시행규칙 [별표 18]

제105조(유해인자의 유해성 · 위험성 평가 및 관리)

유해성 ·위험성 평가대상 선정기준

1. 규칙 제143조제1항 각 호로 분류하기 위하여 유해성 위험성 평가가 필요한 유해인 자
2. 노출 시 변이원성, 흡입독성, 생식독성, 발암성 등 근로자의 건강장해 발생이 의심되는 유해인자
3. 그 밖에 사회적 물의를 일으키는 등 유해성 위험성 평가가 필요한 유해인자

유해인자의 구분 관리(제148조제1항)

유해성 ·위험성 평가 결과 등을 고려하여 다음 각 호의 물질 또는 인자로 정하여 관리

1. "노출기준"설정 대상 유해인자(법 제106 조)
2. "허용기준"설정 대상 유해인자(법 제 107조 1항)
3. 제조 등 금지물질(법 제117조)
4. 제조 등 허가물질(법 제118조)
5. 작업환경측정 대상 유해인자(규칙 제186조1항)
6. 특수건강진단 대상 유해인자(규칙 별표 22 제1호부터 제3호까지)
7. 관리대상 유해물질(안전보건규칙 제 420조 제1호)

제106조(유해인자의 노출기준 설정)

유해인자의 노출기준의 설정 시 고려 사항

1. 해당 유해인자에 따른 건강장애에 관한 연구 실태 조사의 결과
2. 해당 유해인자의 유해성 위험성의 평가 결과
3. 해당 유해인잔의 노출기준 적용에 관한 기술적 타당성

고시
화학물질 및 물리적 인자의 노출기준

제107조(유해인자 허용기준의 준수)

허용기준 이하 유지 대상 유해인자 (대통령령으로 정하는 유해인자)

시행령 [별표26]의 허용기준 유지 대상 유해인자

직업병이 발생하였거나 CMR (발암성 · 생식독성 · 변이원성) 등 高유해성으로 인한 직업병 발생의 우려가 있는 다음의 24종(4호, 6호, 7호, 8호, 9호, 10호, 11호, 13호, 15호, 16호, 18호, 보건자료대상물질을 구성하는 19호, 20호, 21호, 22호, 23호, 24호, 25호, 27호, 29호, 30호, 31호, 34호, 38호)의 화학물질을 허용기준 설정물질로 추가지정

유해인자의 허용기준 (고용노동부령으로 정하는 허용기준)

시행규칙 [별표19]

허용기준 설정 대상 유해인자의 노출농도 측정

작업환경측정

임시작업과 단시간작업

임시작업
일시적으로 하는 작업 중 월 24시간 미만인 작업을 말한다. 다만, 월 10시간 이상 24 시간 미만인 작업이 매월 행하여지는 작업은 제외한다.

단시간작업
관리대상 유해물질을 취급하는 시간이 1일 1시간 미만인 작업을 말한다. 다만, 1일 1 시간 미만인 작업이 매일 수행되는 경우는 제외한다.

임시작업과 단시간 작업의 경우 "관리대상 유해물질"은 "허용기준 설정 대상 유해인자"로 본다

제1항 각 호 외의 부분 본문을 위반 1천만원의 과태료

제108조(신규화학물질의 유해성 · 위험성 조사)

신규화학물질의 유해성 · 위험성 조사보고서의 제출

신규화학물질을 제조하거나 수입하려는 자는 제조하거나 수입하려는 날 30일(연간 제조하거나 수입하려는 양이 100킬로그램 이상 1톤 미만인 경우에는 14일) 전까지 "유해성 · 위험성 조사보고서"를 고용노동부장관에게 제출하여야 한다. (다만, 그 신규화학물질을 화학물질의 등록 및 평가 등에 관한 법률 제10조에 따라 환경부장관에게 등록한 경우에는 고용노동부장관에게 유해성 · 위험성 조사보고서를 제출한 것으로 본다.)

유해성 ·위험성 조사 제외 화학물질 (대통령령으로 정하는 화학물질)

1. 원소
2. 천연으로 산출된 화학물질
3. 건강기능식품에 관한 법률 제3조제1호에 따른 건강기능식품
4. 군수품관근법 제2조 및 방위사업법 제3조 제2호에 따른 군수품 군수품관리법 제3조에 따른 통상품은 제외한다
5. 농약관리법 제2조제1호 및 제3호에 따른 농약 및 원제
6. 마약류 관리에 관한 법률 제2조제1호에 따른 마약류
7. 비료관리법 제2조제1호에 따른 비료
8. 사료관리법 제2조제1호에 따른 사료
9. 생활화학제품 및 살생물제의 안전관리에 관한 법률 제3조제7호 및 제8호에 따른 살생물물질및살생물제품
10. 식품위생법 제2조제1호 및 제2호에 따른 식품 및 식품첨가물
11. 약사법 제2조제4호 및 제7호에 따른 의약품 및 의약외품
12. 원자력안전법 제2조제5호에 따른 방사성물질
13. 위생용품 관리법 제2조제1호에 따른 위생용품
14. 의료기기법 제2조제항에 따른 의료기기
15. 총포 · 도검 · 화약류 등의 안전관리에 관한 법률 제2조제3항에 따른 화약류
16. 화장품법 제2조제1호에 따른 화장품과 화장품에 사용하는 원료
17. 법 제108조제3항에 따라 고용노동부장관이 명칭 · 유해성 · 위험성, 근로자의 건강장해 예방을 위한 조치 사항 및 연간 제조량 · 수입량을 공표한 물질로서 공표된 연간제조량 수입량 이하로 제조하거나 수입한 물질
18. 고용노동부장관이 환경부장관과 협의 때 고시하는 화학물질 목록에 기록되어 있는 물질

고용노동부장관의 확인 면제

화학물질의 등록 및 평가 등에 관한 법률 제11조에 따라 환경부장관으로부터 화학물 질의 등록 면제 확인을 받은 경우

신규화학물질의 유해성 , 위험성 조사 및 조사보고서 제출 제외 대상

일반소비자 생활용 신규화학물질의 유해성 · 위험성 조사 제외(고용노동부령으로 정하는경우) 다음 각 호의 어느 하나에 해당하는 경우로서 고용노동부장관의 확인을 받은 경우

1. 해당 신규화학물질이 완성된 제품으로서 국내에서 가공하지 아니하는 경우
2. 해당 신규화학물질의 포장 또는 용기를 국내에서 변경하지 아니하거나 국내에서 포장하거나 용기에 담지 아니하는 경우
3. 해당 신규화학물질이 직접 소비자에게 제공되고 국내의 사업장서 사용되지 아니한 경우

소량 신규화학물질의 유해성 · 위험성 조사 제외 (수입량이 소량)
– 연간 수입량이 100 킬로그램 미만인 경우로서 고용노동부장관의 확인(유효기간은 1년) 을 받은 경우

그 밖의 신규화학질의 유해성 · 위험성 조사 제외 (그 밖의 위해의 정도가 적다고 인정 되는 경우로서 고용노동부령으로 정하는 경우)
– 고용노동부장관의 확인을 받은 다음 각 호의 경우

1. 제조하거나 수입하려는 신규화학물질이 시험 · 연구를 위하여 사용되는 경우
2. 신규화학물질을 전량 수출하기 위하여 연간 10톤 이하로 제조하거나 수입하는 경우
3. 신규화학물질이 아닌 화학물질로만 구성된 고분자화학물로서 고용노동부장관이 정하여 고시하는 경우

제2항, 제4항 위반 1천만원이하의 벌금
제1항 위반 300만원 이하의 과태료
제5항 위반 300만원 이하의 과태료

신규화학물질의 명칭 등의 공표

고용노동부장관은 신규화학물질제조자등이 유해성 · 위험성조사보고서를 제출하거나 환경부장관으로부터 신규화학물질 등록자료 등을 제공받은 경우 다음 각호의 사항을 일간신문 등에 공표하고 관계 부처에 통보하여야 한다.

1. 명칭
2. 유해성 · 위험성
3. 조치사항 및 연간 제조량 – 수입량

고용노동부장관은 사업주가 신규화학물질의 명칭과 CAS번호에 대한 정보보호를 요청하는 경우 그 타당성을 평가하여 해당 정보보호기간 동안에 화학물질의 등록 및 평가 등에 관한 법률 제2조제13호에 따른 총칭명으로 공표할 수 있으며, 그 정보보 호기간이 끝나면 그 신규화학물질의 명칭 등을 공표하여야 한다.

제109조(중대한 건강장해 우려 화학물질의 유해성 · 위험성 조사)

제2항, 제3항 위반 1천만원이하의 벌금
제1항 위반 300만원 이하의 과태료

화학물질의 유해성 · 위험성 조사결과의 제출

"화학물질의 유해성 ·위험성 조사결과서"를 명령을 받은 날 부터 45일 이내에 고용노동부장관에게 다음 각 호의 서류 및 자료를 첨부하여 제출(다만, 기한 내에 제출할 수 없는 부득이한 사유가 있을 때에는 30일의 범위에서 제출 기한을 연장)

1. 해당 화학물질의 안전 보건에 관한 자료
2. 해당 화학물질의 독성 시험성적서
3. 해당 화학물질의 제조 또는 사용 취급 방법을 기록한 서류 및 제조 또는 사용 공정도
4. 그 밖에 해당 화학물질의 유해성 ·위험성과 관련된 서류 및 자료

제110조(물질안전보건자료의 작성 및 제출)

물질안전보건자료

작성대상
화학물질 또는 이를 함유한 혼합물로서 법 제104조의 유해인자 분류기준에 해당하는 것(물질안전보건자료대상물질)

제출의무자
제조하거나 수입하려는 자
MSDS를 양도 ·제공 받는 자에게만 제공하므로 정부는 유통되는 화학물질의 현황 파악이 곤란한 점을 개선함

제출기관
고용노동부장관

물질안전보건자료의 작성 •제출 제외 대상 화학물질(대통령령으로 정하는 것)

1. 건강기능식품에 관한 법률 제3조제1호에 따른 건강 기능식품
2. 농약관리법 제2조제1호에 따른 농약
3. 마약류 관리에 관한 법률 제2조제2호 및 제3호에 따른 마약 및 향정신성의약품
4. 비료관리법 제2조제1호에 따른 비료
5. 사료관리법 제2조제1 호에 따른 사료
6. 생활주변방사선 안전관리법 제2조제2호에 따른 원료물질
7. 생활화학제품 및 살생물제의 안전관리에 관한 법률 제3조제4호 및 제8호에 따른 안전확인대상생활화학제품 및 살생물제품 중 일반소비자의 생활용으로 제공되는 제품
8. 식품위생법 제2조제1호 및 제2호에 따른 식품 및 식품첨가물
9. 약사법 제2조제4호 및 제7호에 따른 의약품 및 의약외품
10. 원자력안전법 제2조제5호에 따른 방사성물질
11. 위생용품 관리법 제2조제1호에 따른 위생용품
12. 의료기기법 제2조제1 항에 따른 의료기기
13. 총포 도검 화약류 등의 안전관리에 관한 법률 제2조제3항에 따른 화약류
14. 폐기물관리법 제2조제1호에 따른 폐기물
15. 화장품법 제2조제1호에 따른 화장품
16. 제1호부터 제15호까지의 규정 외의 화학물질 또는 혼합물로서 일반소비자의 생활용으로 제공되는 것(일반소비자의 생활용으로 제공되는 화학물질 또는 혼합물이 사업장 내에서 취급되는 경우를 포함한다
17. 고용노동부장관이 정하여 고시하는 연구 개발용 화학물질 또는 화학제품. 이 경우 법 제110조제1 항부터 제3항까지의 규정에 따른 자료의 제출만 제외된다.
18. 그 밖의 고용노동부장관이 독성 · 폭발성 등으로 인한 위해의 정도가 적다고 인정하여 고시하는 화학물질

물질안전보건자료의 기재 사항

1. 제품명 2. 물질안전보건자료대상물질을 구성하는 화학물질 중 제104조에 따른 분류기준에 해당하는 화학물질의 명칭 및 함유량 3. 안전 및 보건상의 취급 주의 사항 4. 건강 및 환경에 대한 유해성, 물리적 위험성 5. 물리 화학적 특성 등 고용노동부령으로 정하는 사항

고용노동부령으로 정하는 사항 1) 물리 ·화학적 특성 2) 독성에 관한 정보 3) 폭발 화재 시의 대처 방법 4) 응급조치 요령 5) 그 밖에 고용노동부장관이 정하는 사항
※ 물질안전보건자료의 신뢰성이 확보될 수 있도록 인용된 자료의 출처 기재

물질안전보건자료 등의 제출방법 및 시기

물질안전보건자료 대상물질을 제조하거나 수입하기 전에 공단에 제출 •공단이 구축하여 운영하는 "물질안전보건자료시스템"을 통한 전자적 방법으로 제출

변경된 물질안전보건자료 항목의 제출(고용노동부령으로 정하는 사항이 변경된 경우)

1. 제품명(구성성분의 명칭 및 함유량의 변경이 없는 경우에 한함)
2. 건강 및 환경에 대한 유해성, 물리적 위험성
3. 물질안전보건자료대상물질을 구성하는 화학물질 중 제146조에 따른 분류기준에 해당하는 화학물질의 명칭 및 함유량(제품명의 변경 없이 구성성분의 명칭 및 함유량만 변경된 경우에 한한다)

변경된 물질안전보건자료 항목의 제출 시기

즉시

자료의 열람

고용노동부장관은 환경부장관이 화학물질의 등록 및 평가 등에 관한 법률시행규칙 제35조의2에 따른 화학물질안전정보의 제공 범위에 대한 승인을 위하여 필요하다고 요청하는 경우에는 물질안전보건자료시스템의 자료 중 해당 화학물질과 관련된 자료를 열람하게 할 수 있다.

제1항 위반 500만원 이하의 과태료
제 1항 2호위반 500만원 이하의 과태료
제2항위반 500만원 이하의 과태료
제3항위반 500만원 이하의 과태료

제111조(물질안전보건자료의 제공)

물질안전보건자료의 제공 의무자

① 대상물질을 양도하거나 제공하는 자는 이를 양도받거나 제공받는 자에게 제공
② 대상물질을 제조하거나 수입한 자는 이를 양도받거나 제공받은 자에게 변경된 (제110조제3항) 물질안전보건자료의 제공
③ 대상물질을 양도하거나 제공한 자(제조하거나 수입한 자는 제외)는 변경된(제110조제3항) 물질안전보건자료를 제공받은 경우 이를 양도받거나 제공받은 자에게 제공
④ 제1항부터 제3항까지의 규정에 따른 물질안전보건자료 또는 변경된 물질안전보건자료의 제공방법 및 내용, 그 밖에 필요한 사항은 고용노동부령으로 정한다.

물질안전보건자료의 제공 방법

물질안전보건자료시스템 제출시 부여된 번호를 해당 물질안전보건자료에 반영하여 물질안전보건자료대상물질과 함께 제공 고용노동부장관이 정하여 고시한 바에 따라 제공 동일한 상대방에게 같은 물질안전보건자료대상물질을 2회 이상 계속하여 양도 또는 제공하는 경우 변경이 없는 한 추가로 물질안전보건자료를 제공하지 않을 수 있다.(요청 시 반복 제공)

제1항 위반 500만원 이하의 과태료
제2항 위반 300만원 이하의 과태료
제3항 위반 300만원 이하의 과태료

제112조(물질안전보건자료의 일부 비공개 승인 등)

물질안전보건자료의 비공개

영업비밀과 관련되어 화학물질의 명칭 및 함유량의 비공개 고용노동부장관의 승인을 받아 해당 화학물질의 명칭 및 함유량을 대체할 수 명칭 및 함유량을 기재

비공개 승인 신청

물질안전보건자료대상물질을 제조하거나 수입하기 전에 물질안전보건자료시스템을 통하여 승인 신청(공단에 제출)

비공개 승인 신청 서류

1. 비공개 하고자 하는 화학물질의 명칭 및 함유량이 부정경쟁방지 및 영업비밀 보호에 관한 법률 제2조제2호에 따른 영업비밀에 해당함을 입증하는 자료로서 고용노동부장관이 정하여 고시하는 자료
2. 대체자료
3. 비공개하고자 하는 화학물질의 명칭 및 함유량 건강 및 환경에 대한 유해성, 물리적 위험성 정보
4. 물질안전보건자료
5. 법 제104조에 따른 분류기준에 해당하지 아니하는 화학물질의 명칭 및 함유량
6. 그 밖에 비공개 승인을 위해 필요한 정보로서 고용노동부장관이 정하여 고시하는 서류

비공개 승인의 유효기간

5년

제 1항 위반 500만원 이하의 과태료
제5항 위반 500만원 이하의 과태료
제10항위반500만원 이하의 과태료

부정경쟁방지 및 영업비밀 보호에 관한 법률 제2조(정의)제2호"영업비밀"이란 공공연히 알려져 있지 아니하고 독립된 경제적 가치를 가지는 것으로서, 비밀로 관리된 생산방법, 판매방법, 그 밖에 영업활동에유용한 기술상 또는 경영상의 정보를 말한다.

비공개연장 승인 신청

유효기간이 만료되기 30일 전까지 신청

비공개 승인 결과에 대한 이의신청

결과에 이의가 있는 경우 해당통보를 받은 날부터 20일 이내

대체자료로 적힌 화학물질의 명칭 및 함유량 정보의 제공 요구

근로자에게 중대한 건강 장해가 발생하는 등 고용노동부령으로 정하는 경우 정보의 제공 요구 사유
1. 물질안전보건자료대상물질로 인하여 발생한 직업성 질병에 대한 근로자의 치료를 위하여 필요하다고 판단하는 경우
2. 물질안전보건자료대상물질로 인하여 근로자에게 직업성 질환 등 중대한 건강상의 장해가 발생할 우려가 있다고 판단하는 경우
3. 근로자에게 발생한 직업성 질환의 원인 규명을 위해 필요하다고 판단하는 경우 정보의 제공 요구자
1. 근로자를 진료하는 의사
2. 보건관리자 및 보건관리전문기관
3. 산업보건의
4. 근로자대표
5. 역학조사 실시 업무를 위탁받은 기관
6. 업무상질병판정위원회

제113조(국외제조자가 선임한 자에 의한 정보 제출 등)

국외제조자가 선임한 자(수입하는 자를 갈음)의 업무

1. 물질안전보건자료의 작성·제출
2. 화학물질의 명칭 및 함유량 또는 확인서류의 제출
3. 대체자료 기재 승인, 유효기간 연장승인 또는 이의신청

수입 화학물질의 경우 국외제조자가 제품복제 등을 우려하여 해당 정보를 수입자에게 제공하지 않을 가능성 배제

선임요건(고용노동부령으로 정하는 요건을 갖춘 자)

1. 대한민국 국민
2. 대한민국 안에 주소(법인인 경우에는 그 소재지를 말한다)를 가진 자

선임 및 해임의 신고

제 1항위반 500만원 이하의 과태료
제2항위반 500만원 이하의 과태료

제114조(물질안전보건자료의 게시 및 교육)

물질안전보건자료의 게시 및 비치 방법(고용노동부령으로 정하는 방법)

1. 물질안전보건자료대상물질을 취급하는 작업공정이 있는 장소
2. 작업장 내 근로자가 가장 보기 쉬운 장소
3. 근로자가 작업 중 쉽게 접근할 수 있는 장소에 설치된 전산장비 (고용노동부장관이 정하는 조치 준수)

건설현장의 물질안전보건자료의 게시 및 비치 방법

임시 작업 또는 단시간 작업의 경우 물질안전보건자료대상물질의 관리 요령으로 게시 및 비치 가능

임시 작업
일시적으로 하는 작업 중 월 24시간 미만인 작업을 말한다. 다만, 월 10시간 이상 24시간 미만인 작업이 매월 행하여지는 작업은 제외한다.

단시간 작업
관리대상 유해물질을 취급하는 시간이 1일 1시간 미만인 작업을 말한다. 다만, 1일 1시간 미만인 작업이 매일 수행되는 경우는 제외한다.

물질안전보건자료대상물질의 관리 요령(물질안전보건자료 대상 물질의 관리 요령)

포함내용
- 1. 건강 및 환경에 대한 유해성, 물리적 위험성
- 3. 안전 및 보건상의 취급주의 사항
- 4. 적절한보호구
- 5. 응급조치 요령 및 사고시 대처방법

물질안전보건자료에 관한 교육

근로자의 안전보건교육으로 갈음

교육시간 및 내용 등의 기록 보존

교육내용
1. 대상화학물질의 명칭(또는제품명)
2. 물리적 위험성 및 건강 유해성
3. 취급상의 주의사항
4. 적절한보호구
5. 응급조치 요령 및 사고시 대처방법
6. 물질안전보건자료 및 경고표지를 이해하는 방법

교육시기
1. 물질안전보건자료대상물질을 제조·사용·운반 또는 저장하는 작업에 근로자를 배치하게 된 경우
2. 새로운 물질안전보건자료대상물질이 도입된 경우
3. 유해성·위험성 정보가 변경된 경우

제1항위반 500만원 이하의 과태료
제3항위반 300만원 이하의 과태료

제115조(물질안전보건자료대상물질 용기 등의 경고표시)

경고표시 의무자

물질안전보건자료대상물질을 양도하는 자, 제공하는 자, 취급 사업주

경보표시 방법

물질안전보건자료대상물질 단위로 경고표지를 작성하여 용기 및 포장에 붙이거나 인쇄하는 등 유해 위험정보가 명확히 나타나도록 함

경고표시의 인정

1. 고압가스 안전관리법 제 11조의2에 따른 용기 등의 표시
2. 위험물 선박운송 및 저장규칙 제6조제1항 및 제26조제1항에 따른 표시(같은 규칙 제26조 제1항 따라 해양수산부장관이 고시하는 수입물품에 대한 표시는 최초의 사용
3. 위험물안전관리법 제20조제1항에 따른 위험물의 운반 용기에 관한 표시
4. 항공안전법 시행규칙 제209조제6항에 따라 국토교통부장관이 고시하는 포장물의 표기(수입물품에 대한 표기는 최초의 사용사업장으로 반입되기 전까지만 해당한다)
5. 화학물질관리법 제16조에 따른 유해화학물질에 관한 표시

경고표시에 포함 사항

1. 명칭:제품명
2. 그림문자:화학물질의 분류에 따라 유해 · 위험의 내용을 나타내는 그림
3. 신호어 :유해 ·위험의 심각성 정도에 따라 표시하는 "위험" 또는 "경고"문구
4. 유해 ·위험 문구:화학물질의 분류에 따라 유해 위험을 알리는 문구
5. 예방조치 문구. 화학물질에 노출되거나 부적절한 저장 ·취급 등으로 발생하는 유해 ·· 위험을 방지하기 위하여 알리는 주요 유의사항
6. 공급자 정보:물질안전보건자료대상물질의 제조자 또는 공급자의 이름 및 전화번호 등

경고표시의 생략 (고용노동부령으로 정하는 경우)

1. 양도하거나 제공하는 자가 물질안전보건자료대상물질을 담은 용기에 이미 경고표시를 한 경우
2. 근로자가 경고표시가 되어 있는 용기에서 물질안전보건자료대상물질을 옮겨 담기 위하여 일시적으로 용기를 사용하는 경우

제1항 위반 300만원 이하의 과태료
제2항 위반 300만원 이하의 과태료

제116조(물질안전보건자료와 관련된 자료의 제공)

물질안전보건자료 관련 자료의 제공

제공자 고용노동부장관

고용노동부장관 및 공단은 관련된 자료를 제공하기 위하여 물질안전보건자료 대상물질을 제조하거나 수입하는 자에게 물질안전보건자료와 관련된 자료를 요청할 수 있다

제117조(유해 · 위험물질의 제조 등 금지)

제조 · 수입 · 양도 · 제공 또는 사용의 금지 유해물질(대통령으로 정하는 물질 / 제조 등 금지물질

1. 직업성 암을 유발하는 것으로 확인되어 근로자의 건강에 특히 해롭다고 인정되는 물질

2. 유해성 위험성이 평가된 유해 인자나 유해성 위험성이 조사된 화학물질 중 근로자에게 중대한 건강장해를 일으킬 우려가 있는 물질

제조 등 금지물질

화학물질관리법 제2조(정의)제5호 "금지물질"이란 위해성이 크다고 인정되는 화학물질로서 모든 용도로의 제조, 수입, 판매, 보관 · 저장, 운반 또는 사용을 금지하기 위하여 환경부장관이 관계 중앙행정기관의장과의 협의와 화학물질의 등록 및 평가 등에 관한 법률 제7조에 따른 회학물질평가위원회의 심의를 거쳐 고시한 것을 말한다

제한물질 · 금지물질의 지정(환경부 고시 별표4)

화학물질관리법의 금지물질 적용 제외 물질

제조 등 금지물질을 제조 수입 · 양도 ·제공 또는 사용이 가능한 경우

시험 · 연구 또는 검사 목적의 경우로서 다음 각 호의 어느 하나에 해당하는 경우
1. 제조 · 수입 또는 사용을 위하여 고용노동부령으로 정하는 요건을 갖추어 고용노동부장관의 승인을 받은 경우
2. 화학물질관리법 .제18조제1항 단서에 따른 금지물질의 판매 허가를 받은 자가 같은 항 단서에 따라 판매 허가를 받은 자나 제1호에 따라 사용 승인을 받은 자 에게 제조 등 금지물질을 양도 또는 제공하는 경우

제18조(금지물질의 취급금지 및 제한물질의 취급제한
1. 누구든지 금지물질을 취급하여서는 아니 된다. 다만, 금지물질에 해당하는 시험용 · 연구용 검사용 시약을 그 목적으로 제조 · 수입 · 판매 하려는 자가 환경부령으로 정하는 바에 따라 환경부장관의 허가를 받은 경우는 그러하지 아니하다

제1항 위반 5년 이하의 징역 또는 5천만원 이하의 벌금

제118조(유해 · 위험물질의 제조 등 허가)

유해 위험물질의 제조 사용 등의 허가

대체물질이 개발되지 아니한 물질 등 대통령령으로 정하는 물질(허가대상물질)을 제조하거나 사용하려는 자는 고용노동부장관의 허가를 받아야 함

제조 또는 사용허가를 받아야 하는 유해물질(대통령령으로 정하는 물질)

제조등 허가의 신청

제조 ·사용허가 신청서에 다음 각 호의 서류를 첨부하여 관할 지방고용노동관서의 장에게 제출

1. 사업계획서(제조 수입 ·사용의 목적 양 등에 관한 사항을 포함하여야 한다)

2. 산업보건 관련 조치를 위한 시설 장치의 명칭 구조 성능 등에 관한 서류

3. 해당 사업장의 전체 작업공정도, 각 공정별로 취급하는 물질의 종류 ·취급량 및 공정별 종사 근로자 수에 관한 서류

지방고용노동관서의 장은 필요한 경우 공단에 신청서 및 첨부 서류의 검토 등 요청

제 1항, 제 5항 위반
5년 이하의 징역 또는 5천만원 이하의 벌금
제 3항
3년 이하의 징역 또는 3천만원 이하의 벌금
제4항
3년 이하의 징역 또는 3천만원 이하의 벌금

제119조(석면조사)

석면조사

건축물이나 설비를 철거하거나 해체하려는 경우에 해당 건축물이나 설비의 소유주 또는 임차인 등(건축물 · 설비소유주등)은 석면함유 여부 등을 조사한 후 그 결과를 기록 보존하여야함

석면조사의무자 –"건축물이나 설비의 소유주 또는 임차인 등"은 해당 건축물이나 설비의 철거 권한과 의도가 있어야 하는 바 건축물 소유주, 임차인, 사업시행자, 재개발 조합 등이 이에 해당됨(석면해체 ·제거업자는 해당되지 않음)

일반석면조사 –건축물이나 설비를 철거 · 해체하려는 경우로서 소유주 또는 임차인 등이 그 건축물이나 설비의 석면함유 여부를 육안, 설계도서, 자재이력 등 적절한 방법을 통하여 조사

기관석면조사 –건축물이나 설비를 철거 –해체하려는 경우로서 대통령령으로 정하는 규모 이상의 건축물 설비소유주등이 석변조사기관으로 하여금 실시하는 조사

기관석면조사 대상(대통령령으로 정하는 규모 이상의 건축물 설비)

1. 건축물(제2호에 따른 주택은 제외)의 연면적 합계가 50㎡이면서, 그 건축물의 철거 해체하려는 부분의 면적 합계가 50㎡ 이상인 경우 2. 주택 건축법 시행령 제2조제 12호에 따른 부속건축물을 포함)의 연면적 합계가 200㎡이면서, 그 주택의 철거 해체하려는 부분의 면적 합계가 200㎡이상인 경우
3. 설비의 철거 해체하려는 부분에 다음 각 목의 어느 하나에 해당히는 자재(물질을 포함)를 사용한 면적의 합이 15 ㎡이상 또는 그 부피의 합이 ㎥이상인 경우
가.단열재 나.보온재 다.분무재 라.내화피복재 마. 개스킷 바. 패킹재 사 실링재 아. 그 밖에 가목부터 사목까지의 자재와 유사한 용도로 사용되는 자재로서 고용노동부장관이 정때 고시한 자재
4. 파이프 길이의 합이 80㎡이면서 그 파이프의 철거 , 해체하려는 부분의 보온재로 사용된 길이의 합에 80㎡이상인 경우

기관석면조사의 생략(석면함유 여부가 명백한 경우 등 대통령령으로 정하는 사유)

기관석면조사 대상 중 다음 사항의 경우에는 지방고용노동관서의 장에게 확인신청서를 제출하여 확인을 받은 후 석면조사를 생략

1. 건축물이나 설비의 철거 해체 부분에 사용된 자재가 설계도서, 자재 이력 등 관련 자료를 통해 석면을 함유하고 있지 않음이 명백하다고 인정되는 경우
2. 건축물이나 설비의 철거 해체 부분에 석면이 1%(무게 %) 초과하여 함유된 자재를 사용하였은이 명백하다고 인정되는 경우

석면안전관리법에 따라 건축물이나 설비에 대한 석면조사를 실시한 경우 지방고용노동관서의 장에게 확인 신청서를 제출한 경우 석면조사를 생략

석면조사 결과의 보존

일반석면조사를 한 건축물 · 설비소유주등은 그 결과에 관한 서류를 그 건축물이나 설비에 대한 해체, 제거작업이 종료될 때까지 보존히여야 하고 기관석면조사를 한 건축물 · 설비소유주등과 석면조사기관은 그 결과에 관한 서류를 3년 동안 보존하여야 함

제 1항 위반 300만원 이하의 과태료
제2항 위반 5천만원 이하의 과태료
제4항 위반 3년 이하의 징역 또는 3천만원 이하의 벌금

제120조(석면조사기관)

전문 인력 및 시설과 장비를 갖추고 고용노동부장관이 실시하는 석면조사 능력 평가에서 적합판정을 받은 다음 각호의 자

각 호

1. 국가또는 지방자치단체의 소속 기관
2. 의료법에 따른 종합병원 또는 병원
3. 고등교육법 제2조제1호부터 제6호까지의 규정에 따른 대학 또는 그 부속기관
4. 석면조사 업무를 하려는 법인

제121조(석면해체 · 제거업의 등록 등)

평가기준

1. 석면해체 -제거작업 기준의 준수 여부
2. 장비의 성능
3. 보유인력의 교육이수, 능력 개발 전산화 정도 및 그 밖에 필요한 사항

평가실시기관

공단

평가결과의 공표

고용노동부 또는 공단 홈페이지에 게시하는 등 다양한 매체 활용

제122조(석면의 해체 · 제거)

석면해체 ·제거업자를 통한 석면해체 ·제거 대상
(대통령령으로 정하는 함유량과 면적 이상의 석면이 함유되어 있는 경우)

1. 철거 ·해체하려는 벽체재료, 바닥재 천장재 및 지붕재 등의 자재에 석면이 1%(무게%)를 초과하여 함유되어 있고 그 자재의 면적의 합이 50㎡이상인 경우
2. 석면이 1%(무게 %)를 초과하여 함유된 분무재 또는 내화피복재를 사용한 경우
3. 석면이 1%(무게 %)를 초과하여 함유된 다음 각 목의 어느 하나(분무재 및 내화피복재는 제외한다)에 해당하는 자재의 면적의 합이 15㎡ 이상 또는 그 부피의 합이 1㎥ 이상인 경우
가.단열재 나.보온재 다. 분무재 라.내화피복재 마. 개스킷 바. 패킹재 사. 실링재 아. 그 밖에 가목부터 사목까지의 자재와 유사한 용도로 사용되는 자재로서 고용노동부장관이 정하여 고시한 자재
4. 파이프에 사용된 보온재에서 석면이 1%(무게 %)를 초과하여 함유되어 있고, 그 보온재 길이의 합이 80m 이상인 경우

기관석면조사를 실시한 기관의 석면해체 ·제거 금지

석면해체 · 제거작업 신고

석면해체 제거작업 시작 7일 전까지 석면해체 · 제거작엽 장소의 소재지를 관할하는 지방고용노동관서의 장에게 석면해체 – 제거작업 신고서에 다음 서류를 첨부하여 제출
1. 공사계약서사본
2. 석면 해체 ·제거 작업계획서(비산방지 및 폐기물 처리방법 포함)
3. 석면조사결과서

제 1항 5년 이하의 징역 또는 5천만원 이하의 벌금
제 2항 위반 500만원 이하의 과태료
제 3항위반 300만원 이하의 과태료

제123조(석면해체 · 제거 작업기준의 준수)

석면 ·해체 제거작업업기준의 준수
(고용노동부령으로 정하는 석면의 해체 · 제거의 작업기준을 준수)

철거하거나 해체하는 자
산업안전보건기준에 관한 규칙
제489조~497조의 기준 준수

근로자의 준수사항
제491조 개인보호구의 지급 착용
제492조출입의 금지
제493조 흡연 등의 금지

제 1항 위반 3년 이하의 징역 또는 3천만원 이하의 벌금
제2항 위반 300만원 이하의 과태료

제124조(석면농도기준의 준수)

석면해체 ·제거작업 완료 후의 석면농도기준 (고용노동부령으로 정하는 기준)

- 1㎠당 0.0 1개 이하

석면농도측정 결과의 제출

- 석면해체 ·제거작업이 완료된 후 "석면농도측정 결과보고서"와 "석면농도측정 결과표" 등 석면농도기준의 준수 여부에 대한 증명자료를 관할 지방고용노동관서의 장에게 지체없이제출

석면농도를 측정할 수 있는 자의 자격 (공기 중 석면농도를 측정할 수 있는 자)

1. 석면조사기관에 소속된 산업위생관리산업기사 또는 대기환경산업기사 이상의 자격을 가진사람
2. 작업환경측정기관에 소속된 산업위생관리산업기사 이상의 자격을 가진 사람

석면농도의 측정 방법

1. 석면해체 제거작업장 내의 작업이 완료된 상태를 확인한 후 공기가 건조한 상태에서 측정할 것
2. 작업장 내에 침전된 분진을 흩날린 후 측정할 것
3. 시료채취기를 작업이 이루어진 장소에 고정하여 공기 중 입자상 물질을 채취하는 지역 시료채취방법으로 측정 할 것
4. 측정방법의 구체적인 사항 그 밖의 시료채취 수 분석방법 등에 관하여 필요한 사항은 "석면조사 및 안전성 평가 등에 관한 고시"에 따른다.

제3항위반 5천만원 이하의 과태료
제 1항(증명자료의 제출은 제외한다) 위반 500만원 이하의 과태료
제 1항(증명자료를 제출하지 아니한 자) 위반 300만원 이하의 과태료

제 8 장 근로자 보건관리

제1절 근로환경의 개선

- 제125조(작업환경측정)
- 제126조(작업환경측정기관)
- 제127조(작업환경측정 신뢰성 평가)
- 제128조(작업환경전문연구기관의 지정)

제2절 건강진단 및 건강관리

- 제129조(일반건강진단)
- 제130조(특수건강진단)
- 제131조(임시건강진단 명령 등)
- 제132조(건강진단에 관한 사업주의 의무)
- 제133조(건강진단에 관한 근로자의 의무)
- 제134조(건강진단기관 등의 결과보고 의무)
- 제135조(특수건강진단기관)
- 제136조(유해인자별 특수건강진단 전문연구기관의 지정)
- 제137조(건강관리카드)
- 제138조(질병자의 근로 금지 · 제한)
- 제139조(유해 위험작업에 대한 근로시간 제한 등)
- 제140조(자격 등에 의한 취업 제한 등)
- 제141조(역학조사)

제125조(작업환경측정)

작업환경측정 대상 작업장
(고용노동부령으로 정하는 작업장)

작업환경측정 대상 유해인자에 노출되는
근로자가 있는 작업장

시행규칙[별표21]

작업환경측정 제외 작업장

1. 관리대상 유해물질의 허용소비량을 초과하지 아니하는 작업장(그 관리대상 유해물질에 관한 작업환경측정만 해당한다)

2. 임시작업 및 단시간 작업을 하는 작업장 (고용노동부 장관이 정하여 고시하는 물질을 취급하는 작업은 제외한다)

임시작업 일시적으로 하는 작업 중 월 24시간 미만인 작업을 말한다. 다만, 월 10시간 이상 24시간 미만인 작업이 매월 행하여지는 작업은 제외한다

단시간작업 관리대상 유해물질을 취급하는 시간이 1일 1시간 미만인 작업을 말한다. 다만, 1일 1시간 미만인 작업이 매일 수행되는 경우는 제외한다.

고용노동부장관이 정하여 고시하는 물질

허가대상유해물질

특별관리물질

적용 제외 작업장(분진에 관한 작업환경측정만
용 제외 작업장 :살수설비나 주유설비를 갖추고
나 주유를 하면서 분진이 흩날리지 않도록
우로 산업안전보건기준에 관한 규칙에서 정한

업환경측정 대상 유해인자의 노출 수준이

작업환경 측정 의무화

수급인의 작업장의 경우 도급인이 작업환경측정 의무 규정

제6항 1천만원이하의 벌금
제 1항위반 1천만원 이하의 과태료
※(제 125조제 1항 및 제 2항)에 따른 작업환경측정 시 고용노동부령으로 정하는 작업환경측정의 방법을 준수하지 아니한 사업주(같은 조 제 3항에 따라 작업환경측정기관에 위탁한 경우는 제외한다) 500만원 이하의 과태료
제4항위반 500만원 이하의 과태료
제5항위반 300만원 이하의 과태료

제126조(작업환경측정기관)

작업환경측정기관의 유형 및 업무 범위
(작업환경측정기관의 유형, 업무 범위)

1. 사업장 위탁측정기관-위탁받은 사업장

2. 사업장 자체측정기관
그 사업장(계열회사 사업장을 포함한다) 또는 그 사업장 내에서사업의 일부가 도급계약에 의하여 시행되는 경우에는 수급인의 사업장

제6항 위반 500만원 이하의 과태료

제127조(작업환경측정 신뢰성 평가)

작업환경측정 신뢰성 평가의 대상

1. 작업환경측정 결과가 노출기준 미만인데도 직업병 유소견자가 발생한 경우
2. 공정설비, 작업방법 또는 사용 화학물질의 변경 등 작업 조건의 변화가 없는데도 유해인자 노출수준이 현저히 달라진 경우
3. 작업환경측정방법을 위반하여 작업환경측정을 한 경우 등 신뢰성평가의 필요성이 인정되는 경우

신뢰성평가기관

공단

제128조(작업환경전문연구기관의 지정)

작업환경전문연구기관

그 밖에 필요한 사항은 고용노동부장관이 정하여 고시한다.

제129조(일반건강진단)

일반건강진단 실시의 인정 (고용노동부령으로 정하는 건강진단)

1. 국민건강보험법에 따른 건강검진
2. 선원법에 따른 건강진단
3. 진폐의 예방과 진폐 근로자의 보호 등에 관한 법률에 따른 정기 건강진단
4. 학교보건법에 따른 건강진단
5. 항공안전법에 따른 신체진단
6. 그 밖에 일반건강진단의 검사항목을 모두 포함하여 실시한 건강진단

일반건강진단 실시 기관

1. 특수건강진단기관
2. 건강검진기본법 제3조제2호에 따른 건강검진기관
   - 건강검진기본법 제3조제2호 "건강검진기관"이란 국가건강검진을 실시하기 위하여 제14조에 따라 지정을 받아 건강검진을 시행하는 기관을 말한다.
   - 제14조(검진기관의 지정) ①「의료법」 제3조에 따른 의료기관 및「지역보건법」 제10조에 따른 보건소(보건의료원을 포함한다)가 국가건강검진을 수행하고자 하는 경우에는 보건복지부장관으로 부터 검진기관으로 지정을 받아야 한다
     - 제1항에 따른 검진기관의 인력 시설 및 장비 등 검진기관 지정기준 및 절차는 보건복지부령으로 정한다

일반건강진단의 실시 주기

- 사무직에 종사하는 근로자(공장 또는 공사현장과 같은 구역에 있지 아니한 사무실에서 서무 인사 경리 · 판매 설계 등의 사무업무에 종사하는 근로자를 말하며, 판매업무 등에 직접 종사하는 근로자는 제외한다) 2 년에 1회 이상
- 그밖의 근로자 1년에 1회 이상

사업주의 일반건강진단 실시에 따른 조치 사항

- 일반건강진단 실시 시기를 안전보건관리규정 또는 취업규칙에 규정하는 등 일반건강진단이 정기적으로 실시되도록 노력하여야 한다

건강진단비용

- 국민건강보험법에서 정한 기준
  - 건강검진 실시기준(보건복지부고시) 제12조(검진비용의 부담) ① 제6조제1항에 따른 건강보험가입자 및 피부양자의 검진비용은 공단이 전액 부담한다

제1항 위반 1천만원 이하의 과태료

제130조(특수건강진단 등)

- **특수건강진단 실시의 인정 (고용노동부령으로 정하는 건강진단)**
  - 1. 원자력안전법에 따른 건강진단(방사선만 해당한다)
  - 2. 진폐의 예방과 진폐근로자의 보호 등에 관한 법률에 따른 정기 건강진단(광물성 분진만 해당한다)
  - 3. 진단용 방사선 발생장치의 안전관리에 관한 규칙에 따른 건강진단방사선만 해당한다)
  - 4. 그 밖에 다른 법령에 따라 특수건강진단의 검사항목을 모두 포함하여 실시한 건강진단(해당하는 유해인자)만 해당한다.
- **특수건강진단 대상 업무 (고용노동부령으로 정하는 유해인자에 노출되는 업무)**
  - 시행규칙[별표22]
- **특수건강진단의 실시 시기 및 주기**
  - 시행규칙[별표23]
- **특수건강진단의 실시 주기의 단축**
- **안전보건관리규정 또는 취업규칙에 규정**
  - 특수건강진단 실시의 시기
- **작업환경측정 결과 또는 특수건강진단 실시 결과에 따라 다음 각 호의 어느 하나에 해당하는 근로자에 대해서는 다음 회에 한정 특수건강진단 주기를 2분의 1로 단축**
  - 1. 작업환경을 측정한 결과 노출기준 이상인 작업공정에서 해당 유해인지에 노출되는 모든 근로자
  - 2. 특수건강진단 수시건강진단 또는 임시건강진단을 실시한 결과 직업병 유소견자가 발견된 작업공정에서 해당 유해인지에 노출되는 모든 근로자(다만, 특수건강진단 수시건강진단 또는 임시건강진단을 실시한 의사로부터 특수건강진단 주기를 단축하는 것이 필요하지 않다는 소견을 제출 받은 경우에는 그러하지 아니하다)
  - 3. 특수건강진단 또는 임시건강진단을 실시한 결과 해당 유해인자에 대하여 특수건강진단 실시 주기를 단축하여야 한다는 의사의 소견을 받은 근로자
- **배치전건강진단의 실시시기**
  - 해당 작업에 배치하기 전
  - 제1항 위반 1천만원 이하의 과태료
제2항위반 1천만원 이하의 과태료
제3항위반 1천만원 이하의 과태료
- **배치전건강진단 실시의 면제 (고용노동부령으로 정하는 근로자)**
  - 1. 다른 사업장에서 해당 유해인자에 대하여 다음 각 목의 어느 하나에 해당하는 건강진단을 받고 6개월이 지나지 아니한 근로자로서 건강진단 결과를 적은 서류(이하 "건강진단개인표"라 한다) 또는 그 사본을 제출한 근로자
    - 가. 배치전건강진단
    - 나. 배치전건강진단의 제1차 검사항목을 포함하는 특수건강진단, 수시건강진단 또는임시건강진단
    - 다. 배치전건강진단의 제1차 검사항목 및 제2차 검사항목을 포함하는 건강진단
  - 2. 해당 사업장에서 해당 유해인자에 대하여 제1호 각 목의 어느 하나에 해당하는 건강진단을 받고 6개월이 지나지 아니한 근로자
- **수시건강진단 대상 근로자 (고용노동부령으로 정하는 근로자)**
  - 특수건강진단대상업무의 해당 유해인자로 인한 것이라고 의심되는 직업성 천식, 직업 성 피부염, 그 밖에 건강장해 증상을 보이거나 의학적 소견이 있는 근로자로 다음 각호의 어느 하나에 해당하는 근로자
    - 1. 산업보건의, 보건관리자, 보건관리 업무를 위탁받은 기관이 필요하다고 판단하여 사업주에게 수시건강진단을 건의한 근로자
    - 2. 해당 근로자나 근로자대표 또는 위촉된 명예산업안전감독관이 사업주에게 수시건강진 단을 요청한 근로자
  - 지체 없이 수시건강진단의 실시 대상 근로자
- **건강진단비용**
  - 사업주
  - 정부의 지원
    - 근로자 건강진단 실시기준(고용노동부고시) 제21조(정부의 지원)
- **건강진단 실시 기관**
  - 특수건강진단기관

제131조(임시건강진단 명령 등)

- 임시건강진단 명령(고용노동부령으로 정하는 경우)
  - 특수건강진단 대상 유해인자 또는 그 밖의 유해인자에 의한 중독 여부, 질병에 걸렸는지 여부 또는 질병의 발생 원인 등을 확인하기 위하여 필요하다고 인정되는 경우로 다음 각 호의 경우
    - 1. 같은 부서에 근무하는 근로자 또는 같은 유해인자에 노출되는 근로자에게 유사한 질병의 자각 타각증상이 발생한 경우
    - 2. 직업병 유소견자가 발생하거나 여러 명이 발생할 우려가 있는 경우
    - 그 밖에 지방고용노동관서의 장이
- 건강진단실시 기관
  - 특수건강진단센터

제1항 위반 3년 이하의 징역 또는 3천만원 이하의 벌금

제132조(건강진단에 관한 사업주의 의무)

- 건강진단 결과에 따른 사업주의 사후관리
  - 건강진단결과 근로자의 건강을 유지하기 위하여 필요한 조치
    - 작업장소 변경, 작업 전환, 근로시간 단축, 야간근로의 제한, 작업환경측정 또는 시설 설비의 설치 ·개선 등의 조치
    - 근로자에게 해당 조치 내용에 대하여 설명 실시
- 조치 결과를 관할 지방고용노동관서의 장에게 제출(고용노동부령으로 정하는 사업주)
  - 특수건강진단, 수시건강진단, 임시건강진단의 결과 특정 근로자에 대하여 근로 금지 및 제한, 작업 전환, 근로시간 단축, 또는 직업병 확진 의뢰 안내의 조치가 필요하다는 건강진단을 실시한 의사의 소견이 있는 기록된 건강진단 결과표를 송부 받은 사업주는 송부 받은 날로부터 30일 이내에 "사후관리 조치결과 보고서"에 건강진단결과표, 해당조치의 실시를 증명할 수 있는 서류 또는 실시 계획 등을 첨부하여 제출

제4항 위반 1천만원이하의 벌금
제1항위반 제2항위반 500만원 이하의 과태료
제3항위반 제5항위반 300만원 이하의 과태료

제133조(건강진단에 관한 근로자의 의무)

근로자는 사업주가 실시하는 건강진단을 받아야 한다

위반 300만원 이하의 과태료

제134조(건강진단기관 등의 결과보고 의무)

건강진단 결과의 보고
(건강진단기관이 근로자에게)

- 건강진단 실시 일부터 30일 이내
- 질병 유소견자가 발견된 경우에는 건강진단을 실시한 날부터 30일 이내에 해당 근로자에게 의학적 소견 및 사후관리에 필요한 사항과 업무수행의 적합성 여부(특수건강진단 기관인 경우에만 해당한다)를 설명

건강진단 결과의 보고
(건강진단기관이 사업주에게)

건강진단을 실시한 날부터 30일 이내 건강진단결과표를 사업주에게 송부

1. 일반건강진단을 실시한 경우 일반건강진단결과표
2. 특수건강진단 · 배치전건강진단 수시건강진단 및 임시건강진단을 실시한 경우 특수 · 배치전 · 수시 · 임시건강진단 결과표

건강진단 결과의 보고
(특수건강진단기관이 지방고용노동관서의 장에게)

건강진단(특수건강진단 · 수시건강진단 · 임시건강진단)을 실시한 날부터 30일 이내

제1항 제2항 위반 300만원 이하의 과태료

제135조(특수건강진단기관)

특수건강진단기관의 지정요건

지방고용노동관서의 장은 의료법에 따른 의료기관으로서 인력 · 시설 및 장비 등의 요건을 갖춘 의료 기관을 특수건강진단 기관으로 지정

제136조(유해인자별 특수건강진단 전문연구기관의 지정)

- 특수건강진단 전문연구기관 지원업무의 대행
  - 고용노동부장관은 지원업무 등을 공단으로 하여금 대행하게 할 수 있다.
- 특수건강진단 전문연구기관의 지정 (고용노동부장관이 정하여 고시)
  - 근로자 건강진단 관리규정(고용노동부예규)
    - 제11조(지정분야 및 대상) 고용노동부장관은 다음 각 호의 어느 하나에 해당하는 경우 특수건강진단 배치전건강진단 수시 건강진단의 대상유해인자별 특수검진전문연구기관(이하 "전문연구기관"이라 한다)을 지정 할 수 있다.
      - 1. 특수건강진단기관으로 유해인자에 대한 연구실적 등을 감안하여 직업병 예방에 기여할 수 있다 고 인정되는 경우
      - 2. 지정받고자 하는 유해인자에 대한 연구를 수행할 수 있는 인력 시설 장비를 갖춘 비영리 법인이나 의과대학의 부속병원 또는 연구기관으로서 유해인자에 대한 연구실적 등을 감안하여 직업병 예방에 기여 할 수 있다고 인정되는 경우

제137조(건강관리카드)

- 건강관리카드의 발급 대상 (시행규칙 별표 25에서 정한 대상)
  - 1. 고용노동부장관은 고용노동부령으로 정하는 건강장해가 발생할 우려가 있는 업무
  - 2. 고용노동부령으로 정하는 요건을 갖춘 사람
- 건강관리카드 소지자의 무료 건강진단
  - 카드의 발급 대상 업무에서 더 이상 종사하지 아니하는 경우에는 매년(카드 발급 대상 · 업무에서 종사하지 아니하게 된 첫 해는 제외한다) 1회 공단 또는 특수건강진단기관에서 실시하는 건강진단을 무료로 받을 수 있음
  - 같은 업무에 재취업하고 있는 기간 중에는 제외

제3항위반 500만원 이하의 과태료

제138조(질병자의 근로 금지 · 제한)

질병자의 근로금지 (고용노동부령으로 정하는 질병)

- 감염병, 정신질환 또는 근로로 인하여 병세가 크게 악화될 우려가 있는 질병으로 다음 각 호의 어느 하나에 해당하는 사람은 의사의 진단에 따라 근로를 금지
  - 1. 전염될 우려가 있는 질병에 걸린 사람 다만 전염을 예방하기 위한 조치를 한 경우에는 그러하지 아니하다
  - 2. 조현병, 마비성 치매에 걸린 사람
  - 3. 심장·신장·폐 등의 질환이 있는 사람으로서 근로에 의하여 병세가 악화될 우려가 있는 사람
  - 4. 제1호부터 제3호까지의 규정에 준하는 질병으로서 고용노동부장관이 정하는 질병에 걸린 사람
- 근로를 금지하거나 근로를 다시 시작하도록 하는 경우에는 미리 보건관리자(의사인 보건관리자만 해당한다) 산업보건의 또는 건강진단을 실시한 의사의 의견을 청취

질병자의 근로 제한 (고용노동부령으로 정하는 질병)

- 다음 각 호의 사람에게 해당 유해물질 또는 방사선을 취급하거나 해당 유해물질의 분진·증기 또는 가스가 발산되는 업무 또는 해당 업무로 인하여 근로자의 건강을 악화 시킬 우려가 있는 업무에 종사 금지
  - 1. 건강진단 결과 유기화합물·금속류 등의 유해물질에 중독된 사람
  - 2. 해당 유해물질에 중독될 우려가 있다고 의사가 인정하는 사람
  - 3. 진폐의 소견이 있는 사람
  - 4. 방사선에 피폭된 사람
- 다음 각 호의 어느 하나에 해당하는 질병이 있는 근로자에 대하여 고기압 업무에 종사 금지
  - 1. 감압증이나 그 밖에 고기압에 의한 장해 또 그 후유증
  - 2. 결핵, 급성상기도감염, 진폐, 폐기종 그 밖의 호흡기계의 질병
  - 3. 빈혈증, 심장판막증, 관상동맥경화증, 고혈압증 그 밖의 혈액 또는 순환기계의 질병
  - 4. 정신신경증, 알코올중독, 신경통 그 밖의 정신신경계의 질병
  - 5. 메니에르씨병, 중이염 그 밖의 이관협착을 수반하는 귀 질환
  - 6. 관절염, 류마티스 그 밖의 운동기계의 질병
  - 7. 천식, 비만증, 바세도우씨병 그 밖에 알레르기성 내분비계·물질대사 또는 영양장해 등과 관련된 질병

제1항, 제2항 위반 1천만원이하의 벌금

제139조(유해 · 위험작업에 대한 근로시간 제한 등)

근로시간 제한 유해 ·위험작업 (대통령령으로 정하는 작업)

잠함 또는 잠수작업 등 높은기압에서 하는 작업

1일 6시간, 1주 34시간을 초과 금지

안전조치 및 보건조치 외에 작업과 휴식의 적정한 배분 및 근로시간과 관련된 근로조건의 개선을 통한 근로자의 건강 보호조치 대상작업 (대통령령으로 정하는 유해하거나 위험한 작업)

1. 갱 내에서 하는 작업
2. 다량의 고열물체를 취급하는 작업과 현저히 덥고 뜨거운 장소에서 하는 작업
3. 다량의 저온물체를 취급하는 작업과 현저히 춥고 차가운 장소에서 하는 작업
4. 라듐방사선이나 엑스선 그 밖의 유해 방사선을 취급하는 작업
5. 유리 흙 돌 광물의 먼지가 심하게 날리는 장소에서 하는 작업
6. 강렬한 소음이 발생히는 장소에서 하는 작업
7. 착맘기 등에 의하여 신체에 강렬한 진동을 주는 작업
8. 인력으로 중량물을 취급하는 작업
9. 납 수은 ·크롬 망간 ·카드륨 등의 중금속 또는 이황화탄소 유기용제, 그 밖에 고용노동부령으로 정하는 특정 화학물질의 먼지 증기 또는 가스가 많이 발생하는 장소에서 하는 작업

제 1항 위반
3 년 이하의 징역 또는 3천만원 이하의 벌금

제140조(자격 등에 의한 취업 제한 등)

자격 면허 경험 또는 기능에 의한 취업제한
(고용노동령으로 정하는 작업)

유해하거나 위험한 작업으로서 상당한 지식이나 숙련도가 요구되는 고용노동부령으로 정하는 작업의 경우 그 작업에 필요한 자격 면허 경험 또는 기능을 가진 근로자가 아닌 사람에게 그 작업을 하게 해서는 아니된다.

고용노동부령 (유해 · 위험작업의 취업 제한에 관한 규칙)

자격 · 면허 · 경험 또는 기능이 필요한 작업 및 해당 자격 · 면허 · 경험 또는 기능

제 1항 위반 3년 이하의 징역 또는 3천만원 이하의 벌금

제141조(역학조사)

역학조사

1. 작업환경측정 또는 건강진단의 실시 결과만으로 직업성 질환에 걸렸는지를 판단하기 곤란한 근로자의 질병에 대하여 사업주 근로자대표 보건관리자(보건관리전문기관을 포함한다) 또는 건강진단기관의 의사가 역학조사를 요청하는 경우
2. 근로복지공단이 고용노동부장관이 정하는 바에 따라 업무상 질병 여부의 결정을 위하여 역학조사를 요청하는 경우
3. 공단이 직업성 질환의 예방을 위하여 필요하다고 판단하여 역학조사평가위원회의 심의를 거친 경우
4. 그 밖에 직업성 질환에 걸렸는지 여부로 사회적 물의를 일으킨 질병에 대하여 작업장내 유해요인과의 연관성 규명이 필요한 경우 등으로서 지방고용노동관서의 장이 요청

사업주 또는 근로자대표의 역학조사 요청

산업안전보건위원회의 의결을 거치거나 각각 상대방의 동의를 받아야 함.

제4항 위반 1년 이하의 징역 또는 1천만원 이하의 벌금
제2항 위반 1천500만원 이하의 과태료
제3항 위반 1천500만원 이하의 과태료

역학조사 실시 기관

공단

역학조사 참석

1. 규칙 제222조 1항제1호 내지 제4호에 따른 역학조사 해당사업주 또는 근로자대표
2. 규칙 제222조 1항 제2호에 따른 역학조사 해당 질병에 대해 산업재해보상보험법의 요양급여를 신청한 근로자 및 유족급여를 신청한 자 또는 그 대리인

제 9 장 산업안전지도사 및 산업보건지도사

- 제142조(산업안전지도사 등의 직무)
- 제143조(지도사의 자격 및 시험)
- 제144조(부정행위자에 대한 제재)
- 제145조(지도사의 등록)
- 제146조(지도사의 교육)
- 제147조(지도사에 대한 지도 등)
- 제148조(손해배상의 책임)
- 제149조(유사명칭 사용금지)
- 제150조(품위유지와 성실의무 등)
- 제151조(금지행위)
- 제152조(관계 장부 등의 열람 신청)
- 제153조(자격대여행위 등의 금지)
- 제154조(등록의 취소 등)

제142조(산업안전지도사 등의 직무)

- 산업안전지도사의 추가 직무 (대통령으로 정하는 사항)
  1. 위험성평가의 지도
  2. 안전보건개선계획서의 작성
  3. 그 밖에 산업안전에 관한 사항의 자문에 대한 응답 및 조언
- 산업보건지도사의 추가 직무 (대통령으로 정하는 사항)
  1. 위험성평가의 지도
  2. 안전보건개선계획서의 작성
  3. 그 밖에 산업보건에 관한 사항의 자문에 대한 응답 및 조언
- 역학조사 실시 기관 – 공단

제143조(지도사의 자격 및 시험)

- 연1회 시험 시행

제144조(부정행위자에 대한 제재)

그 처분을 한 날부터 5년간 시험응시자격을 정지한다.

제145조(지도사의 등록)

지도사가 그 직무를 수행하려는 경우에는 고용노동부령으로 정하는 바에 따라 고용노동부장관에게 등록

제 1항 위반 500만원 이하의 과태료

제146조(지도사의 교육)

직무를 수행하려면 제145조에 따른 등록을 하기 전 1년의 범위에서 고용노동부령으로 정하는 연수교육을 받아야 한다.

제147조(지도사에 대한 지도 등)

고용노동부장관은 공단에 다음 각 호의 업무를 하게 할 수 있다.

제148조(손해배상의 책임)

등록한 지도사는 제1항에 따른 손해배상책임을 보장하기 위하여 대통령령으로 정하는 바에 따라 보증보험에 가입하거나 그 밖에 필요한 조치를 하여야 한다.

제149조(유사명칭의 사용 금지)

위반 300만원 이하의 과태료

제150조(품위유지와 성실의무 등)

지도사는 제142조제1항 또는 제2항에 따른 직무와 관련하여 작성하거나 확인한 서류에 기명 · 날인하거나 서명하여야 한다.

제151조(금지 행위)

지도사는 의뢰인에게 법령에 따른 신고 · 보고 그 밖의 의무를 이행하지 아니하게 하는 행위

제152조(관계 장부 등의 열람 신청)

지도사는 제142조제1항 및 제2항에 따른 직무를 수행하는 데 필요하면 사업주에게 관계 장부 및 서류의 열람을 신청할 수 있다.

제153조(자격대여행위 및 대여알선행위 등의 금지)

지도사는 다른 사람에게 자기의 성명이나 사무소의 명칭을 사용하여 지도사의 직무를 수행하게 하거나 그 자격증이나 등록증을 대여해서는 아니 된다.

제154조(등록의 취소 등)

고용노동부장관은 지도사가 다음 각 호의 어느 하나에 해당하는 경우에는 그 등록을 취소하거나 2년 이내의 기간을 정하여 그 업무의 정지를 명할 수 있다. 다만, 제1호부터 제3호까지의 규정에 해당 할 때에는 그 등록을 취소하여야 한다.

1. 거짓이나 그 밖의 부정한 방법으로 등록 또는 갱신등록을 한 경우
2. 업무정지 기간 중에 업무를 수행한 경우
3. 업무 관련 서류를 거짓으로 작성한 경우
4. 제142조에 따른 직무의 수행과정에서 고의 또는 과실로 인하여 중대재해가 발생한 경우
5. 제145조제3항제1호부터 제5호까지의 규정 중 어느 하나에 해당하게 된 경우
6. 제148조제2항에 따른 보증보험에 가입하지 아니하거나 그 밖에 필요한 조치를 하지 아니한 경우
7. 제150조제1항을 위반하거나 같은 조 제2항에 따른 기명 · 날인 또는 서명을 하지 아니한 경우
8. 제151조, 제153조제1항 또는 제162조를 위반한 경우

제 10 장 근로감독관 등

- 제155조(근로감독관의 권한)
- 제156조(공단 소속 직원의 검사 및 지도 등)
- 제157조(감독기관에 대한 신고)

제155조(근로감독관의 권한)

감독 실시 기준(이 법에 따른 명령을 시행하기 위하여 필요한 경우)

1. 산업재해가발생하거나 산업재해 발생의 급박한 위험이 있는 경우
2. 근로자의 신고 또는 고소 고발 등에 대한 조사가 필요한 경우
3. 법 또는 법에 따른 명령을 위반한 범죄의 수사 등 사법경찰관리의 직무를 수행하기 위하여 필요한 경우
4. 그 밖에 고용노동부장관 또는 지방고용노동관서의 장이 법 또는 법에 따른 명령의 위반 여부를 조사하기 위하여 필요하다고 인정하는 경우

보고 출석

- 7일 이상의 기간 부여(긴급한 경우 예외)
- 문서로 시행

제1항 위반 1천만원 이하의 과태료
제3항 위반 500만원 이하의 과태료
제1항에 따른 질문에 대하여 답변을 거부 방해 또는 기피하거나 거짓으로 답변한 자 300만원 이하의 과태료

제156조(공단 소속 직원의 검사 및 지도 등)

공단 소속 직원이 제1항에 따라 사업장에 출입하는 경우에는 제155조제4항을 준용한다. 이 경우 "근로감독관"은 "공단 소속 직원"으로 본다.

제 1항위반 300만원 이하의 과태료

제157조(감독기관에 대한 신고)

치료과정에서 알게 된 정보의 신고 대상

업무와 관련성이 있는 3일 이상의 입원치료가 필요한 부상 또는 질병

의료법 제19조 제1항
제19조(정보 누설 금지) ① 의료인이나 의료기관 종사자는 이 법이나 다른 법령에 특별히 규정된 경우 외에는 의료 · 조산 또는 간호업무나 제17조에 따른 진단서 · 검안서 · 증명서 작성 · 교부 업무, 제18조에 따른 처방전 작성 · 교부 업무, 제21 조에 따른 진료기록 열람 · 사본 교부 업무, 제22조제2항에 따른 진료기록부 등 보존 업무 및 제23조에 따른 전자의무기록 작성 · 보관 · 관리 업무를 하면서 알게 된 다른 사람의 정보를 누설하거나 발표하지 못한다.

제3항 위반 5년 이하의 징역 또는 5천만원 이하의 벌금

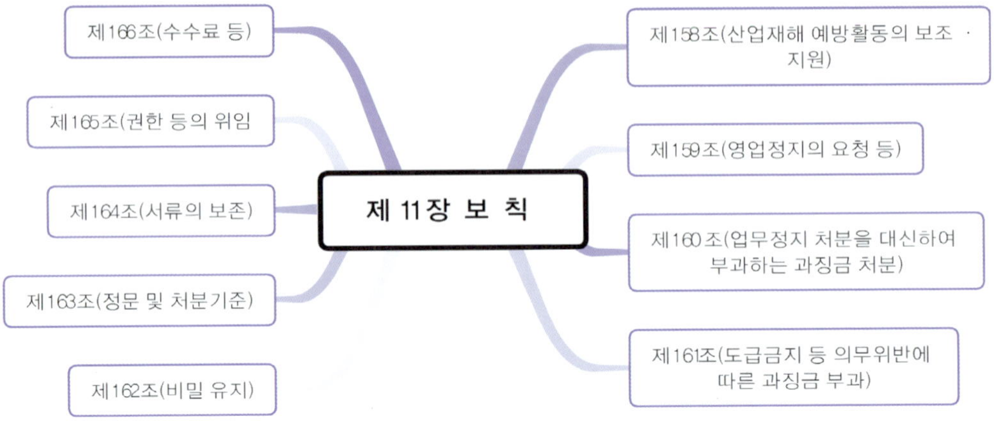

제158조(산업재해 예방활동의 보조 · 지원)

보조 ·지원 대상 산업재해 예방사업
(대통령령으로 정하는 사업)

1. 산업재해 예방을 위한 방호장치, 보호구, 안전설비 및 작업환경 개선 시설 · 장비 등의 제작, 구입, 보수, 시험, 연구, 홍보 및 정보 제공 등의 업무 2. 사업장 안전 · 보건관리에 대한 기술지원 업무 3. 산업 안전 · 보건 관련 교육 및 전문인력 양성 업무 4. 산업재해 예방을 위한 연구 및 기술개발 업무 5. 법 제11 조제3호에 따른 노무를 제공하는 자의 건강을 유지 · 증진하기 위한 시설의 운영에 관한 지원 업무 6. 안전 · 보건의식의 고취 업무 7. 법 제36조에 따른 위험성평가에 관한 지원 업무 8. 안전검사 지원업무 9. 유해인자의 노출 기준 및 유해성 · 위험성 조사 · 평가 등에 관한 업무 10. 직업성 질환의 발생 원인을 규명하기 위한 역학조사 · 연구 또는 직업성 질환 예방에 필요하다고 인정되는 시설 · 장비 등의 구입 업무 11. 작업환경측정 및 건강진단 지원 업무 12. 법 제126조제2항에 따른작업환경측정기관의 측정 분석 능력의 확인 및 법 제135조제3항에 따른 특수건강진단기관의 진단 · 분석능력의 확인에 필요한 시설 · 장비 등의 구입 업무 13. 산업의 학분야의 학술활동 및 인력 양성 지원에 관한 업무 14. 그 밖에 산업재해 예방을 위한 업무로서 산업재해보상보험 및 예방심의 위원회의 심의를 거쳐 고용노동부장관이 정하는 업무

제159조(영업정지의 요청 등)

영업정지나 그 밖의 제재 요청 대상

1. 제38조(안전조치), 제39조(보건조치) 또는 제63조(도급인의 안전조치 및 보건조치)를 위반하여 많은 근로자가 사망하거나 사업장 인근지역에 중대한 피해를 주는 등 대통령령으로 정하는 사고가 발생한 경우
2. 제53조(고용노동부장관의 시정조치 등) 제1항(사용중지 · 대체 · 제거 또는 시설의 개선) 또는 제3항(작업의 전부 또는 일부의 중지)에 따른 명령을 위반하여 근로자가 업무로 인하여 사망한 경우

많은 근로자가 사망하거나 사업장 인근지역에 중대한 피해를 주는 등 대통령령으로 정하는 사고

1. 동시에 2명 이상의 근로자가 사망하는 재해(재해 발생 때부터 그 사고가 주원인이 되어 72시간 이내에 2명 이상이 사망하는 재해)
2. 법 제43조제3항에 따른 중대산업사고

산업재해를 발생시킨 경우의 처분 종류

1. 건설산업기본법 제82조제1항제7호에 따른 영업정지

건설산업기본법 제82조제1항 제7호
제82조(영업정지 등) ① 국토교통부장관은 건설업자가 다음 각 호의 어느 하나에 해당하면 6개월 이내의 기간을 정하여 그 건설업자의 영업정지를 명하거나 영업정지를 갈음하여 1억원 이하의 과징금을 부과할 수 있다.
7. 산업안전보건법에 따른 중대재해를 발생시킨 건설업자에 대하여 고용노동부장관이 영업정지를 요청한 경우와 그 밖에 다른 법령에 따라 국가 또는 지방자치단체의 기관이 영업정지를 요구한 경우

2. 국가를 당사자로 하는 계약에 관한 법률 제27조 지방자치단체를 당사자로 하는 계약에 관한 법률 제31조 및 공공기관의 운영에 관한 법률 제39조에 따른 입찰참가자격의 제한

국가를 당사자로 하는 계약에 관한 법률 제27조(부정당업자의 입찰 참가자격 제한 등) ① 각 중앙관서의 장은 다음 각 호의 어느 하나에 해당하는 자(이하 "부정당업자'라 한다)에게는 2년 이내의 범위에서 대통령령으로 정하는 바에 따라 입찰 참가자격을 제한하여야 하며, 그 제한사실을 즉시 다른 중앙관서의 장에게 통보하여야 한다. 이 경우 통보를 받은 다른 중앙관서의 장은 대통령령으로 정하는 바에 따라 해당 부정당업자의 입찰 참가자격을 제한하여야한다.

지방자치단체를 당사자로 하는 계약 관한 법률 제31조(부정당업자의 입찰 참가자격 제한) ① 지방자치단체의 장(지방자치단체의 장이 제7조제1항에 따라 중앙행정기관의 장 또는 다른 지방자치 단체의 장에게 계약사무를 위임하거나 위탁하여 처리하는 경우에는 그 위임 또는 위탁을 받은 중앙행정 기관의 장 또는 지방자치단체의 장을 포함한다. 이하 제6항 제7항' 제31조의2제1항 제5항 및 제31조의5제1항 제3항에서 같다)

공공기관의 운영에 관한 법률 제39조 (회계원칙 등)

① 공기업 · 준정부기관의 회계는 경영성과와 재산의 증감 및 변동 상태를 명백히 표시하기 위하여 그 발생 사실에 따라 처리한다.
② 공기업 · 준정부기관은 공정한 경쟁이나 계약의 적정한 이행을 해칠 것이 명백하다고 판단되는 사람 · 법인 또는 단체 등에 대하여 2년의 범위 내에서 일정기간 입찰참가자격을 제한할 수 있다
③ 제1항과 제2항의 규정에 따른 회계처리의 원칙과 입찰참가자격의 제한기준 등에 관하여 필요한 사항은 기획재정부령으로 정한다.

제160조(업무정지 처분을 대신하여 부과하는 과징금 처분)

과징금 부과 대상(10억원 이하)

1. 제21조(안전관리전문기관, 보건관리전문기관)
2. 제74조(건설재해예방전문지도기관)
3. 제88조(안전인증기관)
4. 제96조(안전검사기관)
5. 제126 조(작업환경측정기관)
6. 제135조(특수건강진단기관)

제161조(도급금지 등 의무위반에 따른 과징금 부과)

도급금지 등 의무위반에 따른 과징금 부과 대상(10억원 이하)

부당이득을 환수하는 경제적 제재

1. 제58조제1항(도급금지)을 위반하여 도급한 경우
2. 제58조제2항제2호(수급인이 보유한 기술이 전문적이고 사업주의 사업 운영에 필수 불가결한 경우로서 고용노동부장관의 승인을 받은 경우) 또는 제59조제1항 도급의 승인)을 위반하여 승인을 받지 아니하고 도급한 경우
3. 제60조(도급의 승인 시 하도급 금지)를 위반하여 승인을 받아 도급 받은 작업을 재하도급한 경우

과징금의 부과기준 및 산정기준(대통령령)

시행령[별표34]

도급금지 등 의무위반에 따른 과징금의 산정기준(제113조제1항 관련)

제162조(비밀 유지)

1년이하의 징역 또는 1천만원 이하의 벌금

제163조(청문 및 처분기준)

청문 및 처분 기준을 두어 전문기관 및 교육기관 지정 취소, 안전인증의 취소, 자율검사프로그램 인정의 취소, 허가의 취소, 승인의 취소, 보조 지원의 취소와 함께 취소, 정지, 사용 금지 또는 시정 명령 등에 대하여 해당하는 처분을 하려면 청문을 하도록 규정

제164조(서류의 보존)

서류보존기간의 연장

- 작업환경측정결과
  - 보존기간 5년
  - 고용노동부장관이 정하여 고시하는 물질에 대한 기록이 포함된 서류의 보존기간 30년
- 건강진단결과표
  - 보존기간 5년
  - 고용노동부장관이 정하여 고시하는 물질을 취급하는 근로자에 대한 건강진단 결과의 서류 또는 전산입력 자료의 보존기간 30년

안전검사기관 등의 보존 서류

- 안전검사 . 안전인증 관련 서류(고용노동부령으로 정하는 서류)
  1. 안전인증 신청서(첨부서류를 포함한다) 및 심사와 관련하여 인증기관이 작성한 서류
  2. 안전검사 신청서 및 검사와 관련하여 안전검사기관이 작성한 서류
- 기관석면조사 관련 서류
  - 석면조사 결과에 관한 서류
- 작업환경측정 관련 서류(고용노동부령으로 정하는 사항)
  1. 측정 대상 사업장의 명칭 및 소재지
  2. 측정연월일
  3. 측정을 한 사람의 성명
  4. 측정방법 및 측정 결과
  5. 기기를 사용하여 분석한 경우에는 분석자 분석방법 및 분석자료 등 분석과 관련된 사항
- 지도사 업무 관련 서류(고용노동부령으로 정하는 사항)
  1. 의뢰자의 성명(법인의 경우는 그 명칭) 및 주소
  2. 의뢰를 받은 연월일
  3. 실시 항목
  4. 의뢰자로부터 받은 보수액
- 석면해체 · 제거작업 관련 서류(고용노동부령으로 정하는 서류
  1. 석변해체 · 제거작업장의 명칭 및 소재지
  2. 석면해체 · 제거작업 근로자의 인적사항(성명, 생년월일 등을 말한다)
  3. 작업의 내용 및 작업기간

제1항 ~제6항 위반 300 만원 이하의 과태료

제165조(권한 등의 위임 · 위탁)

제58조 제3항 또는 같은 조 제5항 후단 (제59조제2항에 따라 준용되는 경우를 포함한다)에 따른 안전 및 보건에 관한 평가 업무를 제165조제2항에 따라 위탁받은 자로서 그 업무를 거짓이 나 그 밖의 부정한 방법으로 수행한 자
3년 이하의 징역 또는 3천만원 이하의 벌금

제84조제1항 및 제3항에 따른 안전인증 업무를 제165조제2항에 따라 위탁 받은 자로서 그 업무를 거짓이나 그 밖의 부정한 방법으로 수행한 자
3년 이하의 징역 또는 3천만원 이하의 벌금

제93조 제1항에 따른 안전검사 업무를 제 165조 제2항에 따라 위탁 받은 자로서 그 업무를 거짓이나 그 밖의 부정한 방법으로 수행한
3 년 이하의 징역 또는 3천만원 이하의 벌금

제166조(수수료 등)

산업안전보건에 관한 교육 및 그 외 서류 심사를 받고자 하는 자는 고용노동부령으로 정하는 바에 따라 수수료를 내도록 규정하고 있다.

제166조의2(현장실습생에 대한 특례)

"사업주"는 "현장실습산업체의 장"으로, "근로"는 "현장실습"으로, "근로자"는 "현장실습생"으로 본다.

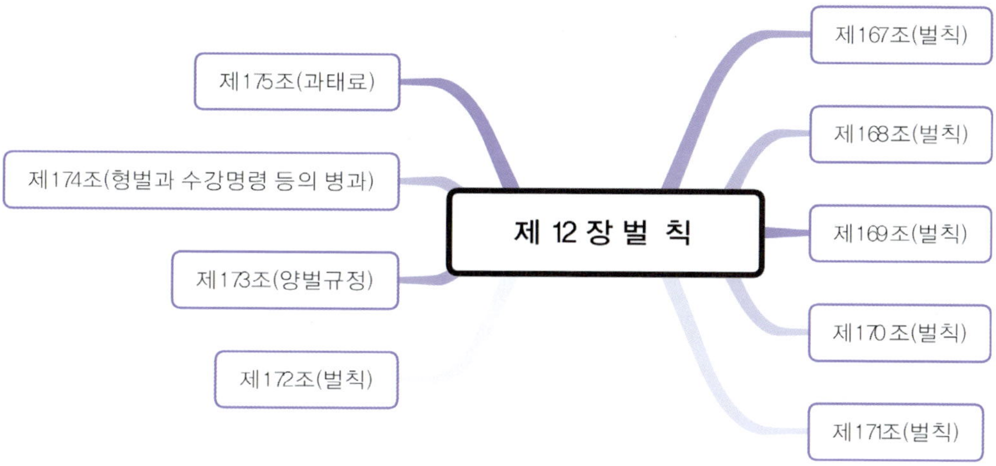

제167조(벌칙)

근로자를 사망에 이르게 한 자는 7년 이하의 징역 또는 1억원 이하의 벌금에 처하도록 규정하고 있으며, 이번에 신설된 규정으로 형을 선고 받고 그 형이 확정된 후 5년 이내에 다시 항의 죄를 범한 자는 그 형의 2분의 1까지 가중 처벌

제168조(벌칙)

중대재해 발생하였을 때 즉시 해당 작업을 중지시키고 근로자를 작업장소에서 대피시키는 등 안전보건조치 미흡인 경우에도 처벌하도록 하였다.
또한 중대재해가 발생하였을 때 사업장의 재해가 다시 발생할 경우의 급박한 위험이 판단될 때 즉시 작업중지를 시키고 위반한 경우 처벌하도록 하였다.

제169조(벌칙)

특히 도급인이 도급인의 사업장에서
관계 수급인의 근로자에게
안전보건조치를 하지 않은 경우에도
처벌규정을 두었다.

제170조(벌칙)

산업재해 사실을 은폐한자 또는 그
발생사실을 은폐하도록 교사하거나
공모한 자에 대하여 처벌 규정을 두었다.

제170조의 2(벌칙)

제174조제1항에 따라 이수명령을
부과받은 사람이 보호관찰소의 장 또는
교정시설의 장의 이수명령 이행에 관한
지시에 따르지 아니하여 「보호관찰
등에 관한 법률」 또는 「형의 집행 및
수용자의 처우에 관한 법률」에 따른
경고를 받은 후 재차 정당한 사유 없이
이수명령 이행에 관한 지시에 따르지
아니한 경우

제171조(벌칙)

위반하여 해당 시설·설비의 설치·개선 또는 건강진단의 실시 등의 조치를 하지 아니한 자, 작업장소 변경등의 적절한 조치를 하지 아니한 자에 해당하는 자는 벌금에 처하도록 규정하고 있다.

제172조(벌칙)

제64조제1항 또는 제2항을 위반한 자는 500만원 이하의 벌금에 처하도록 규정하고 있다.

① 도급인은 관계수급인 근로자가 도급인의 사업장에서 작업을 하는 경우 다음 각 호의 사항을 이행하여야 한다.

1. 도급인과 수급인을 구성원으로 하는 안전 및 보건에 관한 협의체의 구성 및 운영
2. 작업장 순회점검
3. 관계수급인이 근로자에게 하는 제29조 제1항부터 제3항까지의 규정에 따른 안전보건교육을 위한 장소 및 자료의 제공 등 지원
4. 관계수급인이 근로자에게 하는 제29조 제3항에 따른 안전보건교육의 실시 확인
5. 다음 각 목의 어느 하나의 경우에 대비한 경보체계 운영과 대피방법 등 훈련
   가. 작업 장소에서 발파작업을 하는 경우
   나. 작업 장소에서 화재 · 폭발, 토사 · 구축물 등의 붕괴 또는 지진 등이 발생한 경우
6. 위생시설 등 고용노동부령으로 정하는 시설의 설치 등을 위하여 필요한 장소의 제공 또는 도급인이 설치한 위생시설 이용의 협조

② 제1항에 따른 도급인은 고용노동부령으로 정하는 바에 따라 자신의 근로자 및 관계수급인 근로자와 함께 정기적으로 또는 수시로 작업장의 안전 및 보건에 관한 점검을 하여야 한다.

제173조(양벌규정)

회사의 감독책임을 묻는 것으로 직접적인 예방책임의 행위자인 사업주 외에 법인이나 법인 대표자에게 책임을 묻기 위한 규정

제174조(형벌과 수강명령 등의 병과)

처벌이 경미한 상태이므로 형사처벌
대상 사업주에게 형사처벌 외에
산재예방에 필요한 벌칙성 교육을
병과할 수 있도록 법률개정은 중요한 내용

제175조(과태료)

과태료는 대통령령으로 정하는 바에
따라 고용노동부장관이 부과 · 징수한다.